KB064657

부 모 됨 의
뇌 과 학

MOTHER BRAIN: How Neuroscience Is Rewriting the Story of Parenthood
by Chelsea Conaboy

부모됨의 뇌과학

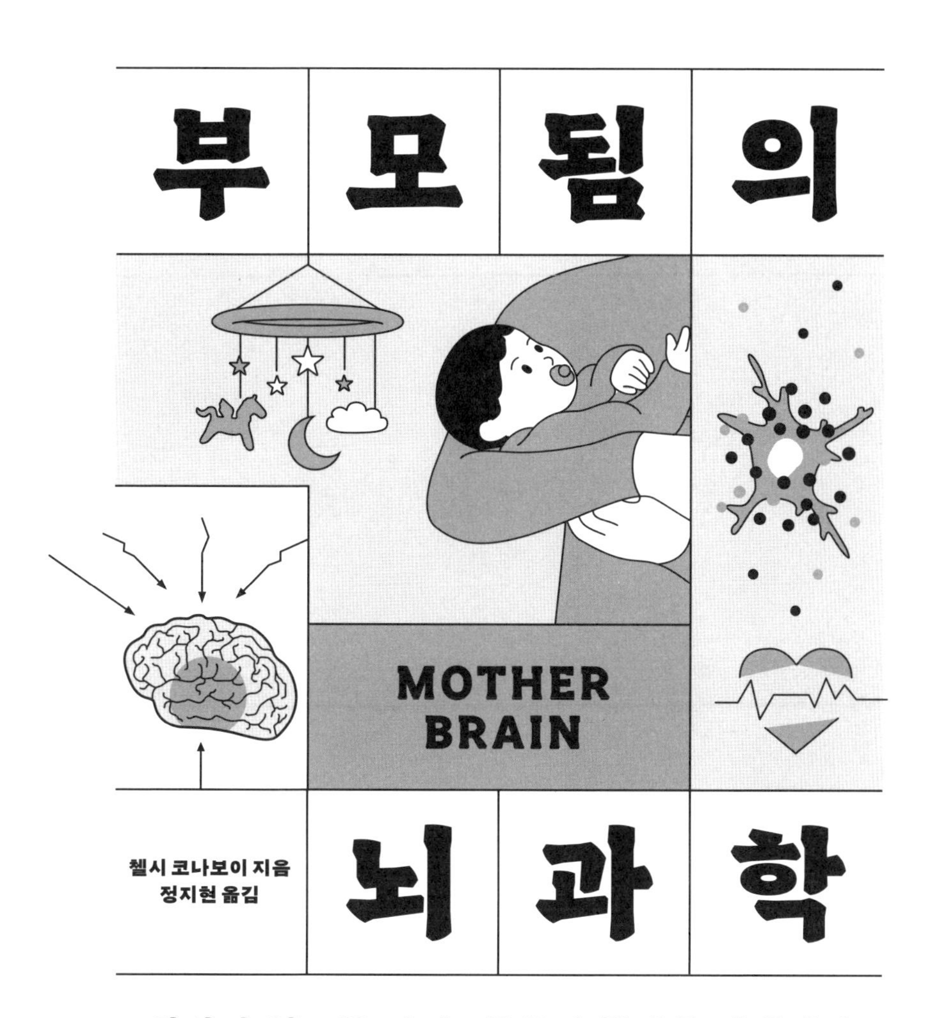

첼시 코나보이 지음
정지현 옮김

환상과 혐오를 넘어, 돌봄의 확장을 탐색하다

코쿤북스

* 일러두기

1. 모든 각주는 옮긴이주이다. 원주는 본문에 번호로 표시하고 미주 처리했다.
2. 인명, 지명 등 외래어는 국립국어원의 외래어표기법을 따랐다. 단, 일부 단어들은 국내 매체에서 통용되는 사례를 참조했다.

나의 두 아이를 위해

목차

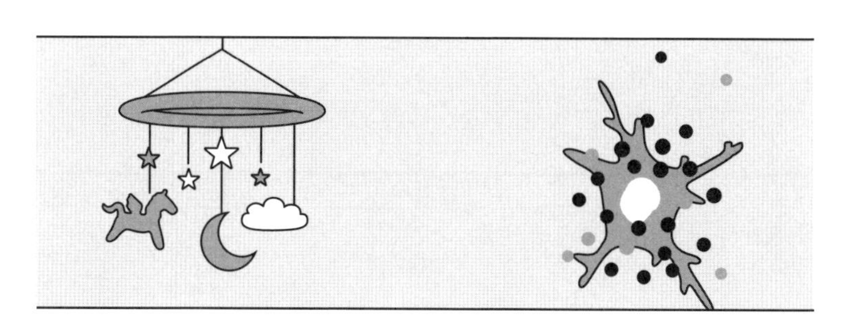

시작하며 9

1장 스위치가 켜진다고? 17
2장 엄마 본능 만들기 55
3장 관심만이 필요할 뿐 99
4장 아기와 나 153
5장 고대의 가계도 203
6장 돌봄 본능 247
7장 변화가 시작되는 곳 293
8장 거울 속의 그 사람 357
9장 너와 나 사이 395

감사의 말 437
주 441
찾아보기 496
추천사 506

시작하며

엄마가 된다는 것은 무엇을 의미할까?

사람마다 경험은 다를 수밖에 없다. 개인의 경험은 상황에 좌우되는데 상황에는 무수히 많은 변수가 따른다. 임신이라는 첫 단계부터가 그렇다. 계획된 임신인지 아닌지, 임신을 고민했는지, 임신 사실을 발견하고 괴로움을 느꼈는지, 임신 기간을 파트너와 함께했는지 혹은 혼자 보내야 했는지, 정자를 은행에서 제공받았는지, 수월한 자연 임신이었는지 아니면 의학의 도움을 받아야 했는지 등. 하지만 일반적으로 부모가 된다는 것, 특히 엄마가 된다는 것은 지극히 개인적인 경험으로 비추어진다. 어머니는 신성불가침이고 사랑의 구현이다. 모성은 너무도 소중해서 직접적으로 들여다보고 분석할 수 없다. 그래서 우리는 모성을 옆에서 비스듬히 바라본다. 아기가 가진 변화의 힘을 찬미한다. 무슨 변화인지 구체적으로 언급하지는 않지만, “아기가 생기면 모든 것이 변한다”는 존슨앤드존슨Johnson & Johnson의 캐치프레이즈에 공감한다.

하지만 많은 여성에게 그 질문은 위험하게 느껴진다. 그 질문에 직접적으로 답하려면 엄마됨이 자신을 **어떻게** 변화시키는지 알아야 하기 때문이다. 아기를 낳은 후 어떻게 달라졌고, 아기를 낳은 적 없는 사람들과 어떻게 다른지. 또 남자들하고는 어떻게 다른지 알아야 한다. 그런데 보통 이때 '다르다'는 예전보다 못하다는 뜻을 담고 있다. 잘 잊고 정신 사납고 기진맥진하다. 몸이 뜻대로 움직이지 않고 항상 도덕적 해이의 경계에 있으며, 확실히 예전보다 덜 흥미로운 사람이 되었다. 그러니 생각하지 않는 쪽이 낫다.

엄마는 약 40주에 이르는 임신 기간에(임신을 시도하고 유산으로 고생하는 시간을 포함하면 훨씬 더 길다) 임신이 몸과 가슴, 엉덩이, 허리선, 심장 기능, 골반기저근, 성욕에 미치는 영향에 관한 엄청난 정보의 홍수를 만난다. 우리의 행동이 자녀에게 어떤 영향을 미치고, 우리의 모든 선택이 아이의 신체 발달과 평생에 걸친 몸과 마음의 건강에 어떤 식으로 영향을 미치는가에 대한 조언이 우리를 압도한다. 하지만 정작 우리 자신에 대해 알게 되는 것은 없다. 파트너에 대한 것은 더더욱 없다. 엄마가 되기까지의 준비 과정에서 접하는 모든 정보 중에서 우리는 아기가 우리를, 우리 내면의 삶을 어떻게 바꾸는지에 대해 무엇을 알게 되는가? 엄마가 된다는 것은 무엇을 의미하는가?

이 질문은 논바이너리* 부모들, 아빠들, 동성 파트너들의 존재를 인정하지 않는 듯하다. 부모됨의 변화에서 그들의 이야기는 '더

---

* nonbinary. 이분법적 분류를 벗어난 성별로 트랜스젠더나 젠더퀴어를 말한다.

진실한' 모성적 서사의 각주 취급을 받는다. 하지만 과학은 우리에게 이런 질문들에 답하고 심지어 질문을 던질 수 있는 완전히 새로운 방식을 가능하게 한다.

내가 처음 이 질문들을 이해하려고 애썼던 것은 출산 후 4개월만에 휴가를 끝내고 편집자로 일하던 신문사에 돌아와 창문 없는 작은 사무실에서 모유를 유축할 때였다. 그 코딱지만 한 방을 두 번이나 들락거리며 유축을 했지만 겨우 60밀리리터 정도밖에 나오지 않았다. 아기가 다음날 어린이집에서 먹을 젖병 두 개 중 한 병을 겨우 채우는 분량이었다. 그 작은 방에는 테이블과 의자가 있었고 문에 "들어오지 마시오"라고 휘갈겨 쓴 종이가 붙어 있었지만 잠금 장치는 없었다. 기자들과 미팅해야지, 마감 관리도 해야지, 정신없이 바쁜 가운데 시간은 야속하게도 흘러 어린이집으로 아이를 데리러 가야 할 시간이 다가오고 있었다. 하루가 더 길고 할 일은 더 적었으면 하는 마음이 간절했지만, 그보다 훨씬 더 간절한 것은 정보였다.

초보 엄마로서 내가 겪고 있는 불안에 대해 이해하고 싶었다. 이런 순간을 대비하려고 임신 기간에 부지런히 책을 읽고 수업도 들었지만 그때 배운 것들로는 다 설명할 수 없는 일이 지금 내 머릿속과 몸에서 일어나고 있다는 확신이 들었다. 그래서 요란한 소리를 내며 움직이는 유축기를 꺼버리고 모유를 아이스박스에 넣은 뒤 노트북을 열고 피터 슈미트Peter Schmidt에게 전화를 걸었다.

슈미트는 1986년경부터 호르몬과 생식 상태가 기분과 정신 건강에 미치는 영향을 연구해왔다. 당시는 여성 혐오 성향의 의사들이 산후 기분 장애를 그저 생식계에 의한 여성 장애의 추가적인 증거로만 여길 때였다. 페미니스트들은 남성 연구자들이 여성의 정상적인 생물학적 과정을 병리적으로 본다고 (근거 있는) 우려를 표했다. 슈미트와 동료 과학자들은 이러한 상황을 실질적인 공중 보건 문제가 아니라 "삶의 질에 관련된 가벼운 문제"로 보았다. 내가 2015년 7월에 슈미트에게 연락했을 때는 부모의 뇌에 관한 연구를 가로막던 장벽이 무너진 뒤였고, 그는 미국 국립정신건강연구소National Institute of Mental Health의 행동내분비학과 과장으로 재직 중이었다.

내가 알기로 슈미트는 엄마가 된다는 것을 장기간 지속되는 효과를 동반한 독특한 발달 단계로 묘사한 최초의 사람이다. 그는 이 단계에서 사회적 행동과 감정, 면역 반응을 조절하는 것으로 알려진 "신체의 모든 시스템에 급격한 변화가 일어난다"고 했다. 슈미트는 내가 느끼고 있던 것들이 맞다고 확인해주었다. 즉, 우리 사회가 출산 이후의 경험에 관해 이야기하는 방식이 지극히 제한적이라고 말이다. 산후 우울증을 주요한 사회적 관심사로 끌어올리는 데는 커다란 노력이 있어왔다. 슈미트는 부모가 되면서 개인이 얼마나 많은 변화를 겪고 그 과정에 어떤 위험이 존재하는지에 대해 이해를 넓히는 것이 다음 과제라고 말했다.

그의 말은 뭔가 굉장히 새로웠지만, 솔직히 당시에는 무슨 뜻인지 거의 알지 못했다. 그 의미를 알아내려고 노력한 결과물이 바로 이 책이다. 수십 명의 연구자와 그만큼 많은 부모들을 인터뷰하고, 인간 부모의 뇌에 관한 연구와 기본적인 동물 연구 논문들을 철저히 분석함으로써 말이다. 그리고 부모가 된다는 것과 그 변화에 대한 일상적인 이야기를 비판적인 시각으로 다시 바라봄으로써 그렇게 할 수 있었다.

애초에는 엄마가 되는 것이 하나의 새로운 발달 단계라는 나 자신의 깨달음에 대해, 그리고 산후기(産後期)에 어떤 변화가 일어날 수 있는지를 예비 엄마들이 좀 더 완전하게 이해할 필요가 있다는 요지로 기사를 쓸 생각이었다. 실제로 기사를 썼다. 그리고 이 주제에 완전히 빠져버렸다. 파헤치면 파헤칠수록 산후기의 과학이 더 거대하게 느껴졌다. 거기에는 개인적인 경험뿐만 아니라 부모가 된다는 것에 대한 사회적인 관점과 담론을 바꿀 힘까지 들어 있었다. 또한 성과 젠더, 일, 과학의 형평성, 사회 정책, 정치, 아이에게 몰두하는 시간과 떨어져 있는 시간 등 맞닿아 있는 수많은 주제들에도 힘을 미칠 수 있었다.

이것은 부모의 뇌에 관한 책이지만, 나는 '육아 전문가'(사실 그 정의 자체도 모호하지만)도 아니고 신경과학자도 아니다. 내가 이 책에 담은 전문 지식은 두 부분으로 이루어진다. 첫째, 나는 저널리스트로서 거의 20년 동안 특히 건강 분야의 복잡한 주제를 독자들에게 쉽게 전달하는 일을 해왔다. 그리고 나는 두 아이를 키우는 엄마이다. 남편과 함께 각자 맡은 시간과 장소에서 아이들의 특별한 욕구를 돌본다. 내가 배운 것들이 다른 사람들에게도 의미가 있으리라는 희망으로 부모라는 내 인생의 맥락에서 과학을 이해하고자 했다.

내가 코딱지만 한 회사 유축실에서 슈미트를 인터뷰한 이후로, 부모의 뇌에 초점을 맞춘 신경 영상neuroimaging 연구의 수가 크게 증가했다. 그 연구에 사용되는 기술과 분석 방식의 정밀성도 개선되었다. 특히 자기공명영상fMRI 기술이 그렇다. 따라서 이 책에서는 여러 분야에 걸쳐 뒷받침되고 거듭 확인된 연구 결과만을 조명하고자 한다. 근거가 약하거나 논란이 있는 연구는 분명하게 미리 밝히겠다.

과학은 정적이지 않다. 부모의 뇌는 오랫동안 연구할 가치가 있는 주제로 인정받지 못했다. 오늘날 부모의 뇌에 얽힌 이야기는 충분히 탐구할 가치가 있다. 하지만 현실적으로 이 연구는 이제 막 시작된 것에 불과하다. 연구 결과는 앞으로 변할 것이고(이미 변하고 있다) 새로운 의문이 제기될 것이다. 나는 그 질문들이 나아갈 방향을 가리키고자 애썼다.

현재로서 이 분야의 연구는 여전히 시스젠더,* 즉 직접 임신과 출산을 하는 엄마인 이성애자 여성에 압도적으로 집중되어 있다. 그러나 여기에도 느리지만 변화가 일어나고 있다. 구체적인 연구를 언급할 때는 피실험자들에 관한 저자들의 묘사를 그대로 따르려고 노력했지만, 그 밖의 경우에는 포괄적인 언어로 부모들을 묘사했다. 그것이 가장 정확하기 때문이다. 직접 출산을 하는 부모가 아니라고 여겨지는 트랜스젠더 남성과 논바이너리 부모들 역시 임신과 산후기에 걸쳐 뇌가 변화한다. 즉, 중요한 것은 임신한 부모들만 엄청난 신경생물학적 변화를 경험하는 것이 아니라 아이를 돌보는 데 시간과 에너지를 쏟는 모든 사람이 그런 변화를 겪는다는 점이다.

'엄마의 뇌'는 여성의 뇌와 동의어가 아니며 출산하는 사람의 뇌도 아니다. 페미니스트 철학자 세라 러딕Sara Ruddick이라면 '돌봄

---

* cisgender. 생물학적 성과 성 정체성이 일치하는 사람.

을 통해서 얻는'[1] 뇌라고 말했을 것이다. 엄마의 뇌는 알렉시스 폴린 검스Alexis Pauline Gumbs가 저서 『엄마의 돌봄은 혁명이다*Revolutionary Mothering*』에서 말한 것처럼 엄마의 역할, 그 "페미니즘보다 오래된" 생명 유지의 관행에 참여하는[2] 사람의 뇌를 말한다. "엄마의 보살핌은 '여성'이라는 범주보다 더 오래되었으며 미래적이다"라고 검스는 적었다. 이러한 유대 능력은 인간뿐만 아니라 다른 모든 종에 나타나는 기본적인 특성이다. 그 유대 관계의 발전이야말로 실제의 부모됨을 정의하는 것이기도 하다. 이 책은 부모에게 일어나는 신경생물학적 메커니즘과 실제 경험을 탐구한다.

이 책을 읽고 있는 초보 부모 혹은 현재 출산을 앞둔 사람이 만약 어떤 식으로든 어려움을 겪고 있다면 반드시 도움을 받아야 한다. 우리 뇌는 임신 도중과 부모가 된 후에 엄청난 변화를 겪는다. 어려움은 흔한 일이고 도움이 필요한 것도 정상이다. 주치의에게 또는 온라인이나 지역에서 도움을 받아야 한다. 국제 산후 지원(Postpartum Support International, www.postpartum.net, 1-800-944-4773)이 좋은 출발점이 될 수 있다.

마지막으로 이 책은 아이를 돌보는 방법이라든가 어떤 부모가 되어야 하는지에 대한 조언을 제공하지 않는다. 수면이나 보육 시설, 그 누구도 기분 상하는 일 없이 미취학 아이가 스노 부츠를 신게 하는 방법 등, 부모들이 평소 온라인에서 수없이 반복적으로 검색하는 질문들에는 전혀 도움이 되지 않을 것이다. 나는 이 과학이 나에게 그랬던 것처럼 당신이 지금 어떤 부모이고 어떤 부모가 되어가고 있는지 이해할 수 있도록 돕기를 바란다. 우리는 처음부터 이 일을 할 수 있도록 만들어지지 않았다. 우리는 성장을 통해 부모가 되어간다. 그 과정에서 변화는 어떻게, 왜 일어나며 현재는 물론 앞으로 우리의 삶에 어떤 의미를 지닐까?

이용할 수 있는 모든 정보와 함께 이 질문들을 살펴보는 것은 우리의 임무이다. 우리는 서로에게 그런 의무가 있다.

1장

스위치가 켜진다고?

내가 어릴 때 집 현관에 걸린 화환 장식 안에는 해마다 초봄이면 새 둥지가 생겼다. 엄마 울새는 내가 바로 몇 센티미터 떨어진 유리문 안쪽에서 빼꼼 훔쳐봐도 아무렇지 않은 듯했다. 적어도 내 생각에는 그랬다. 어쨌든 어미 새가 해마다 돌아왔으니까 말이다. 기뻤다. 어미 새가 예쁘고 연약한 푸른 알들을 위해 안전한 공간을 만들려고 분주하게 나뭇가지를 세우고 진흙과 가느다란 풀을 겹겹이 쌓는 모습은 경이로움 그 자체였다. 털이 듬성듬성 난 몸으로 입을 크게 벌리는 아기 새들에 대한 어미의 헌신은 이미 완성형처럼 보였다. 그녀는 기민하고, 극도로 경계하고, 인내심이 강하고, 희생적이었다. 엄마라면 당연하다는 듯, 새끼를 어떻게 돌보고 보호해야 하는지 너무나 잘 알았다.

그렇게만 생각했다. 엄마는 원래 그런 것이니까. 우화와 신화를 통해 오랫동안 대대로 전해진 이야기는 우리가 세상을 가늠하고 스스로를 바라보는 방식이 되었다. 그 이야기는 이렇게 말한다. 우리는 헌신적인 엄마 새라고. 태곳적부터 기나긴 세월을 거치면서 울새의 깃털 달린 가슴 속에 숨겨진 매끄러운 붉은 구슬처럼 견고하고 완벽해진 모성 본능이 이끄는 대로 행동하는 엄마. 엄마는 둥지를 짓고 영양분을 공급하고 지킨다. 본능적으로.[1]

그러다가 무슨 일이 일어난다. 우리에게 아기가 생긴다. 그리고 우리는 진실하고 아름답게만 보였던 그 달콤한 모성 이야기가 헛소리라는 것을 깨닫는다. 마음이 산산이 조각난다. 그 이야기가 헛소리가 아니라면 나라는 사람이 잘못됐다는 뜻이니까.

• • •

모성 본능이 기대처럼 저절로 나타나지 않는 사람들도 많다. 신생아를 돌보는 일이 본능적으로 할 줄 아는 일처럼 느껴지지 않는 것이다. 하지만 임신했을 때나 아기가 태어나는 순간 탁 하고 켜지면서 불이 들어오는 모성애의 스위치 같은 것은 존재하지 않는다. 우리는 엄마라면 무엇을 해야 하고 어떤 감정을 느껴야 하는지 저절로 알아야 한다는 그 오래된 서사에 결코 의문을 제기하지 않는다. 그 이야기는 우리가 육아에 필요한 실용적인 기술을 갖추고 있지 못할 수도 있다는 사실은 무시한다. 임신 전과 후의 삶에 관한 사실과 상황은 생략한 채 우리가 수월하게(약간의 수면 부족은 따르겠지만) 부모로 변신할 것이라고 말한다. 자신의 생존을 최우선으로 생각하는 사람에서, 생존에 필요한 모든 것을 나에게 전적으로 기대는 말도 못하는 아주 작은 존재를 완전하게 책임지는 사람으로 말이다. 하지만 우리는 자연스럽게 그리 되지 못하고 결국 스스로에게 의문을 제기한다.

에밀리 빈센트Emily Vincent가 그랬다.

에밀리는 첫 임신이 막달에 접어들었을 무렵 12주의 출산 휴가를 꽉 채울 일은 없을 거라고 확신했다. 소아과 간호사인 그녀는 일을 사랑했다. 휴가가 8주만 되어도 동료들과 환자들이 그리워질 게 분명했다. 집에만 있으면 분명 외로울 것 같았다. 드디어 아들 윌이 태어났고 정말이지 단 한 순간도 아기와 떨어져 있을 수가 없었다. 어느덧 8주가 지났지만 그녀는 정규 근무로 돌아가고 싶지 않았다. 아직은. 그건 12주를 꽉 채운 후에도 마찬가지였다. 그녀는 아들을 보육 시설에 맡기는 것이 걱정스러웠다. 과연 안전할까? 보육 교사들이 제때 우유를 먹일까? 우는 아기를 너무 오래 방치하면 어떡하지? 그녀와 남편이 사랑은 기본이고 세심한 우려와 즉각적인 반응 속도까지 겸비해 만들어놓은 보호와 돌봄의 편안한 울타리를 벗어나 아기가 정녕 괜찮을 수 있을까? 알다시피 초보 부모들이 으레 하는 걱정이다. 하지만 에밀리에게는 더 큰 증상처럼 느껴졌다. 그녀에게 일은 정체성이었다. 그 정체성이 위기에 놓였다.

문제는 직장 복귀뿐만이 아니었다. 10년도 더 전에 본 영화 「트레인스포팅」에 나오는 아기 던Dawn의 모습이 계속 눈앞에 아른거렸다. 영화를 본 사람이라면 아기가 어떤 모습이었는지 알 것이다. 에밀리는 나에게 그 영화를 보지 말라고 했다. 자신이 그렇듯 끔찍한 장면이 계속 떠올라 괴로울 거라고 했다(그녀는 마치 해독제라도 되는 듯 「바오Bao」를 추천했다. "손수건 필수"라면서. 아카데미상을 수상한 이 단편 애니메이션은 귀여운 만두로 표현된 아들이 엄마에게 넘치는 사랑을 받는 이야기를 그린다).

던과 윌은 둘 다 아기이고 환경에 취약하다는 것 외에는 아무 공통점이 없다. 허구의 아기 던은 에든버러에서 방치된 채 죽었고 곁에 있던 어른들은 헤로인 중독의 심연에서 길을 잃었다. 반면 윌은 신시내티의 집에서 그의 양육에 헌신할 수 있는 수단을 가진 부모에게 사랑으로 보살핌을 받고 있다. 하지만 에밀리는 낮잠 자는 아들을 보거나 새벽 수유 후 침대에 누울 때마다 침대에 미동도 없이 누워 있던 던의 모습이 떠올랐다. 그럴 때마다 몇 번이고 자신을 타일렀다. "내 아기는 괜찮아. 침대에서 자고 있잖아. 괜찮아."

이것은 그녀가 가장 큰 두려움을 쫓아내기 위해 되뇌는 진실의 주문이었다. 이 모든 상황을 뭐라고 설명하기가 힘들었다.

"고작 영화에 나오는 장면 때문에 그렇게 불안해하다니 바보 같았어요." 윌이 거의 생후 6개월이었을 때 에밀리가 나에게 말했다. "정규직으로 복직하고 싶지 않다는 생각이 갑자기 바보처럼 느껴졌어요." 에밀리는 좋은 엄마로서의 능력이나 자의식의 의미에 대해 자신이 느끼는 감정이 두려웠다.

앨리스 오월라비 미첼Alice Owolabi Mitchell도 자기 의심에 사로잡혔다.

앨리스는 딸이 태어나기 전에 만반의 준비를 갖췄다. 그녀는 자신 같은 흑인 여성이 임신 기간과 출산 이후에 자칫 사망까지 이를 수 있는 합병증 발생 위험이 백인 여성보다 훨씬 크다는 사실을 너무나 잘 알고 있었다. 그녀가 10대였을 때 어머니가 남동생을 낳은 지 2주 만에 심장마비로 사망했으니까 말이다. 어느덧 14살이 된 남동생은 그녀와 남편이 키우고 있었다. 이 모든 이야기가 앨리스에게 큰 짐이 되었다. 앨리스는 임신 기간에 심리치료사를 만나기 시작했고 둘라*의 도움도 받았다. 집 근처인 매사추세츠주 퀸시는 물론이고 인근 보스턴의 여러 다양한 엄마들의 모임에 참여할 계획도 세웠다.

그런데 딸 에벌리가 예정일보다 약 한 달 일찍 태어났다. 그래서 초등학교 5학년 교사인 앨리스는 출산 휴가가 시작되기 전에 모

* doula. 비의료인이지만 산전과 산후를 관리해주는 출산 동반자이며 국제 자격증 제도도 있다.

든 일을 제대로 마무리하지 못했고 학생들과 인사 나눌 기회도 없었다. 그래서인지 세상에 태어난 아기에게 오롯이 관심을 쏟기가 어려웠다. 에벌리가 태어난 며칠 후에 코로나19 바이러스가 세계적으로 유행하면서 미국 전역에 자택 격리 명령이 시행되었다. 모유가 잘 차지도 않았는데 설상가상 젖을 제대로 물리는 방법을 몰라서 더 힘들었다. 앨리스는 아기가 충분한 양을 먹고 있는지, 스트레스 때문에 모유가 잘 나오지 않는 건지, 전염병이 가족들을 위험에 빠뜨리지는 않을지 걱정이 이만저만이 아니었다. 대면 지원 모임이 취소되었고 문 닫은 병원도 많았다. 6주, 7주, 8주가 지나도록 앨리스는 산후 정기 진료를 위해 산부인과를 찾을 수 없었다.

그렇게 다사다난한 몇 주 동안 그녀의 가장 큰 문제는 이것이었다. 왜 아기에게 유대감이 느껴지지 않는 거지? 그녀는 에벌리가 태어나면 따뜻한 감정이 홍수처럼 넘쳐날 거라고 생각했다. 아기와 첫눈에 사랑에 빠지고 그 강렬한 사랑이 혼란으로 가득한 출산 후 며칠을 버티게 하고 회복 과정의 고통마저도 잊게 해줄 거라고 믿었다. 나아가 팬데믹 내내 힘이 되어주리라 믿었는데. "아기를 낳자마자 모성애 스위치가 켜질 줄 알았는데 그런 일은 일어나지 않았어요. 저는 나쁜 엄마일까요?" 앨리스가 말했다.

비록 세세한 부분에는 차이가 있지만 내가 처음 엄마가 되었을 때 겪은 일도 에밀리나 앨리스의 경험과 크게 다르지 않다. 다른 초보 부모들에게 듣는 이야기도 마찬가지이다. 한마디로 현실은 우리의 기대와 너무도 달랐다. 첫째 하틀리가 태어나고 며칠, 몇 주 동안 물론 기쁨과 경외심을 느꼈다. 하지만 자연적인 평온함은 없었고 내 생각이나 행동에서 확실함이나 명확함도 느끼지 못했다. 내가 느낀 것은 끝없이 요동치는 낯선 파도 같은 것이었다. 나와 그녀들은 출산의 관문을 통과한 후 깜짝 놀랐다. 미지의 땅에서 우리를 인도해줄 지도를 들고 갔지만 정작 눈 앞에 펼쳐진 지형은 완전히 달랐다. 지도에는 육지라고 되어 있는데 우리 앞에 나타난 것은 바다였다. 우리는 정처 없이 표류하는 신세가 되었다.

○ ○ ○

엄마가 된 지 처음 몇 주와 몇 달 동안 내 마음속에는 걱정이 마치 멈추지 않는 잡음처럼 자리 잡았다. 걱정에는 으레 죄책감이 따랐고, 죄책감은 외로움을 불렀다. 내 아이가 나보다 더 좋은 엄마를 만났어야 한다는 생각뿐이었다. 세상이 말하듯 본능적으로 자식을 돌보는 방법을 아는 엄마를. 내 인생의 궤도는 아이에게 젖을 먹이는 의자와 부부 침대에 붙은 아기 침대가 있는 방으로 줄어들었다. 그 좁디좁은 영역에서도 어찌할 바를 모르는 내가 완전한 실패자처럼 느껴졌다.

극도로 소모적이며 기쁨과 함께 절망을 느끼게 되는 육아의 모든 것이 내 상상과 너무 달랐다. 물론 나보다 일찍 아이를 낳은 친구들이 처음 몇 달은 힘들지만 아기가 밤에 자는 시간이 늘어날수록 나아진다고 안심시켜주기는 했다. 하지만 뭐라 콕 짚어서 말할 수 없는 이 감정, 뭔가 헐거워진 것 같은 불안한 느낌에 대해 언급하는 사람은 아무도 없었다. 나 역시 입 밖으로 꺼내지 않았다.

몇 달이 지나자 걱정은 조금씩 옅어지기 시작했지만, 모든 것이 중심을 약간 벗어난 혼란스러운 새로운 현실에 발을 들여놓은 듯한 감각은 그대로였다. 어떤 면에서는 짜릿하기도 했다. 내 안에서 새로운 힘을 발견했으니까. 아이를 안고 거울 앞에 서면 우리 두 사람이 지금 함께라는 사실과 내가 해낸 일에 경외심이 느껴졌다. 하지만 슈퍼마켓에서 카트에 어린아이를 태운 엄마 뒤에 줄을 설 때, 혹은 내 것과 똑같은 못생긴 유축기 가방을 들고 출근하는 사람을 볼 때마다 저들도 나와 같은 감정을 느낄지 궁금했다. 저들의 머릿속에도 날이 갈수록 점점 더 터무니없어지는 똑같은 질문이 똑같은 노래처럼 계속 반복되고 있을까? (콧물이 폐렴이 되면 어떡하지? 아이를 안고 가다가 계단에서 구르면 어떡하지? 아이가 무시무시한 캡슐 세제를 입에 넣어 질식하면 어쩌지?) 저 사람들도 난민들을 가득 태운 배가 지중해에서 난파당한 소식이나 최근에 일어난 학교 총기 난사 사건, 혹은 증오 범죄 소식을 듣고 주체할 수 없이 눈물을 쏟았을까? 그런 사건들을 보면 아이를 잃은 사람들의 고통이 상상되어서 더 큰 비극처럼 느껴질까? 샤워할 때면 밖에서 우는 아이를 달래주러 당장 달려가고 싶은 마음과 단 한 순간만이라도 예전으로 돌아가고픈 절박함에 욕실 창문 밖으로 도망치고 싶은 마음이 벌이는 이상하고도 치열한 싸움을 저들도 알고 있을까?

나는 그들의 대답이 '아니오'일까봐 두려웠다. 내가 정상에서 벗어난 이상한 사람일까봐. 처음 엄마가 된 격변의 시간에 평온함을 안겨줘야 할 모성 본능이 망가진 사람일까봐. 더 최악은 내 안의 무언가가 변했을까봐, 헐거워졌을까봐 두려운 것이었다.

시중의 임신, 육아서는 내가 엄마가 된 후로 떠올린 질문들을 얼버무리는 것처럼 보였다. 무언가 색다른 느낌을 처음 발견한 것은 1969년에 처음 출간된 저명한 소아과 의사 베리 브레이즐턴T. Berry Brazelton의 저서 『아기와 엄마*Infants and Mothers*』에서였다.[2] 누군가가 물려준 너덜너덜해진 그 책에는 처음 엄마가 된 이들이 감정적이고 심리적인 도전에 직면하며, 그 고군분투가 정상이고 "심지어 다른 사람으로 변할 수 있는 능력의 중요한 부분일 수도 있다"라고 적혀 있었다. 곧이어 엄마의 뇌에 대한 다른 사람들의 글도 읽게 되었다. 천성적으로 질문이 많은데다 건강 분야 저널리스트라는 직업병까지 더해져 나는 급기야 연구에 직접 뛰어들었다.

엄마의 뇌에서 일어난 회백질의 부피 변화라든가, 어느 논문에서 "시냅스와 신경 활동에 일어나는 대규모의 리모델링"[3]이라고 설명된 것들에 관한 연구 내용을 자세히 조사하면서 브레이즐턴의 말을 자주 떠올렸다. 브레이즐턴은 오늘날의 연구자들이 인간 뇌 스캔과 동물 연구를 이용하여 쌓아가고 있는 이론을 이미 반세기 전에 감지했다. 부모가 되면 "다른 사람이 된다"는 것을 말이다.

모성 본능 회로가 여성의 뇌에만 존재하고, 긴 휴면기에 있다가 아기를 낳는 순간 활성화되는 것이 아니다. 부모의 신경생물학을 연구하는 연구자들은 아기의 존재가 여러 다양한 방법으로 뇌를 재구성한다는 증거를 내놓기 시작했다. 세상과 다른 사람들에 대한 반응 방식, 그리고 우리의 감정 조절을 지시하는 신경 피드백 고리에 변화가 생긴다. 부모가 되면 뇌의 기능과 구조에 변화가 일어나고 앞으로의 신체적, 정신적 건강에도 영향을 준다. 과학자들은 지금까지 가장 많이 연구된 집단인 직접 임신과 출산을 겪은 엄마들에게서 커다란 변화를 발견했고, 이제 엄마됨을 삶의 주요 발달 단계로 보고 있다. 그리고 과학자들은 어떤 식으로 부모가 되었든 아이를 돌보는 일에 참여하는 "모든" 부모의 뇌가 경험의 강도와 그에 따른 호르몬 변화로 인해 변한다는 사실을 파악하기 시작했다. 사실상 우리는 부모가 되면서 새로 태어난다.

대부분의 책과 의료 서비스 제공자들은 호르몬 수치가 임신 기간과 출산 때 가파르게 상승했다가 출산 이후 급락한다는 사실에 대해 입 발린 소리를 할 뿐이다. 부모가 된 이들은 '산후 우울증'[4]을 가볍게 경고하는 팸플릿을 받아들고 퇴원한다. 산후 몇 주

동안 침울과 가벼운 우울증을 겪을 거라는 설명을 듣는다. 하지만 우리는 호르몬의 급격한 변화가 초래할 일에 대해서는 거의 듣지 못한다.

출산에 따르는 호르몬 수치의 급증은 뇌의 긴급 리모델링 명령처럼 작용하여 새로운 신경회로의 생성[5]을 위해 뇌를 예민하게 만든다. 이 회로의 목적은 자기 의심과 경험 부족에도 불구하고 힘든 처음 며칠 동안 초보 부모들에게 아기의 기본적인 욕구를 충족하도록 동기를 부여하고 장기적으로 아이를 돌보는 법을 배울 준비를 갖추도록 하는 것이다. 아기들은 날씨처럼 항상 변하고 성장해 어느새 복잡한 신체적, 정서적 욕구를 가진 걷고 말하는 존재가 된다. 부모도 아이와 함께 변화할 수 있어야 한다. 뇌는 그 사실을 설명해주는 방식으로 변화하는데, 보통 때보다, 아니 성인기의 그 어느 때보다 유연성과 적응성이 커진다.

부모에게 일어나는 생리학적 변화는 극적이다. 과학자들은 뇌 영상 기술과 다른 도구들을 사용해 엄마가 된 이들의 뇌에 나타난 물리적 구조 변화를 분명하게 감지하고 측정할 수 있다. 동기 부여와 주의, 사회적 반응을 형성하는 부분을 포함해 육아에 핵심적인 뇌 영역의 부피가 크게 변화한다는 사실이 발견되었다. 이러한 구조적 변화는 복잡하다. 특히 임신 기간과 아기의 생후 몇 달 동안 변화무쌍한 육아 과정에 반응하면서 뇌의 일부 영역이 커지거나 작아지는 변화가 일어나게 되는 듯하다.[6] 이 과정은 육아적 필요에 따른 뇌의 미세 조정 과정을 나타내는 것으로 보인다.

연구자들은 출산 부모의 뇌에서 시간이 지남에 따라 구축되는 일반적인 활동 패턴, 즉 '돌봄 회로'를 확인했다. 이 회로는 녹음된 아기의 울음소리를 듣거나, 웃거나 괴로워하는 사진이나 비디오에 반응해서 활성화된다. 그 회로의 각인[7]은 특별히 아무것도 하지 않을 때도 존재한다. 그러니까 엄마가 fMRI 스캐너 안에 가만히 누워 있을 때도 나타난다. 아기를 돌보는 일은 연구자들이 뇌의 기능적 구조라고 부르는 것, 즉 뇌 활동의 이동 구조를 바꾼다. 놀랍게도 그 변화는 아기가 태어난 후 몇 주나 몇 달간만이 아니라 보통 우리가 생각하는 육아 기간에서 수십 년이 지난 후까지, 혹은 평생까지도 지속된다.[8]

종합해보면, 과학은 부모의 뇌에 일어나는 리모델링이 바쁜 삶에 추가된 역할을 위해 가구를 재배치할 공간을 만드는 것 이상의 일이 개입된다는 것을 시사한다. 부모됨은 내력벽(耐力壁)을 움직인다. 평면도를 바꾼다. 공간으로 빛이 들어오는 방식을 바꾼다.

많이 알게 될수록 걱정도 어느 정도 가라앉는 것 같았다. 아기가 생기면 뇌가 변한다. 출산 전후로 기분 및 불안 장애를 보이는 부모 다섯 명 중 한 명뿐만이 아니다. **모든 부모**의 뇌가 바뀐다. 이 사실은 부모가 된 후 정처 없이 표류하던 나를 붙잡아주었다. 내가 느낀 혼란이 정상이고 부모가 되기 위해 뇌에서 이루어지는 방향 전환의 본질적인 부분이라니. 새로운 질문도 많이 생겼다. 내가 놓치고 있는 건 무엇일까? 뇌가 정확히 어떻게 변했고 그 변화는 내 삶에 무엇을 의미할까? 그리고 왜 더 일찍 이 사실을 알지 못했을까?

내가 과학에서 발견한 이야기는 분명 모성애의 마법에 걸린 여자의 이야기가 아니었다. 모성애가 아기의 모든 욕구에 자동으로 반응하고, 육아에 필요한 자기희생을 무조건적으로 받아들이고, 넘쳐흐르는 엄마의 지혜를 활용하게 해준다는 그런 이야기가 아니었다. 백마 탄 왕자를 기다리는 디즈니 공주의 이야기가 연애와 결혼관을 제대로 대표하지 못하듯, 세상에 널리 퍼진 그 모성 서사도 마찬가지라는 사실이 점점 더 분명해졌다.

과학은 부모가 되는 것이 홍수에 잠기는 것과 같다고 말한다. 변화한 몸과 변화한 일상에서 밀려오는 자극에 압도된다. 임신과 출산, 모유 수유로 인한 호르몬 변화가 가져오는 자극에 압도된다. 특유의 냄새와 작은 손가락, 옹알거림으로 끝도 없이 뭔가를 요구하는 아기에게 압도된다.

어떻게 보면 마치 바다 가장자리에서 파도와 태양과 비바람을 끝없이 맞는 바위처럼 사방에서 밀려드는 자극에 완전히 집어삼켜져버리는 모습이 가혹하기도 하다. 어떤 연구자들은 이것을 부모됨의 복잡한 환경[9]이라고 부르기도 한다. 뇌가 받아들여야 하는 새로운 정보가 갑자기 폭주해서 방향 감각을 잃고 고통스러울 수 있다. 하지만 장점도 있다.

이러한 자극의 홍수는 부모가 가장 취약한 상태에 놓인 아기를 돌보도록 강제한다. 부모의 사랑은 자동적이지도 않고 절대적이지도 않다. 어떤 의미에서 뇌는 부모의 마음이 따라잡을 때까지 아기를 살려놓으려고 애쓴다. 초보 부모의 대다수가 실제 육아 기술이 전혀 없을 때 뇌는 우리를 보호자로, 심지어 강박적인 보호자로 변화시킨다. 그런 사실만으로도 부모의 뇌는 충분히 경외의 대상이다. 하지만 이것은 단지 시작일 뿐이다.

과학자들은 부모됨이 일으키는 신경 조직의 재구성이 그 사람의 행동은 물론 삶 전반에 어떤 영향을 미치는지 추적하기 시작했다. 연구자들에게 지금까지 알려진 것에 대해 물으면 "너무 적다"

고 답할 것이다. 그만큼 이 연구는 이제 막 시작되었다. 하지만 지금까지 발견된 것들과 그것들이 가리키는 질문들은 그 자체로 의미가 있다. 나만 하더라도 부모의 뇌를 연구하면서 마치 북적거리는 거리에 즐비한 가게 앞에 서서 창문에 비친 내 모습을 바라보는 기분이었으니까 말이다. 그건 나를 인식하는 기회였다.

여성을 연구하는 연구자들은 엄마됨이 아기뿐만 아니라 파트너와 다른 어른들의 사회적, 감정적 신호를 읽고 반응하는 방식도 바꾸는 듯하다는 사실을 발견했다.[10] 악쓰며 우는 아기(또는 고집 센 미취학 아동이나 변덕이 죽 끓듯 하는 10대 자녀) 앞에서 (상대적으로) 평정을 유지하고 반응을 계획하는 데 도움되도록 자신의 감정을 조절하는 능력[11]에도 변화가 일어날 수 있다. 많은 이들이 임신 기간과 출산 이후에 일시적인 기억력 감퇴를 경험하지만,[12] 엄마됨은 특정한 맥락에서 실행 기능을 개선함으로써 전략을 세우는 능력과 여러 과제로 주의를 돌리는 능력에도 영향을 미치는 것으로 확인되었다. 현재 그 결과가 다소 복잡하긴 하지만 소수의 연구는 엄마됨이 말년의 인지 능력 저하를 막아줄 수 있음을 시사한다.[13]

이 분야에서 가장 중대한 질문들은 긴급할 뿐만 아니라 답답할 정도로 기본적이다. 부모됨은 철저하게 조사할 가치가 있는 주제가 아니라 도덕성의 주제이자 주관적인 자연법칙 취급을 받으며 과학에서 무시되어왔다. 임신과 모유를 먹이는 행위를 넘어선 인간의 모성 행동은 오랫동안 생리학적인 토대는 약하고 전적으로 사회적, 개인적 요인에 의해 결정되는 것으로 여겨졌다.[14] 하지만 부모됨은 심리사회적이고 신경생물학적인 문제이다. 생활 방식의 변화이자 사람 자체의 변화인 것이다.

오늘날 이 분야를 선도하는 연구자들은(그중 다수가 여성이다) 그 사실을 인식하고 광범위한 영향력이 들어 있을 수도 있는 답을 찾고자 한다. 부모들에게 아기에 대한 돌봄 동기를 부여하기 위해 일어나는 뇌의 변화는 왜 그 목표에 방해가 될 수 있음에도 불구하고 그들을 취약하게 만들까? 자녀가 있건 없건, 생식 이력이 장기적으로 개인의 건강에 어떤 영향을 미칠까? 뇌를 바꾸는 중독 질환은 부모의 뇌에 변화가 일어나는 기간과 어떤 식으로 상호 작용하는가? 임신과 관련된 뇌의 변화는 출산 이후에 복용하는 항우울제의 효과에도 영향을 미치는가? 유산과 출산 트라우마처럼 흔한 경험을 포함해 형태를 막론한 모든 트라우마가 산후 발달과 장기적인 정신 건강에 어떤 영향을 줄까? 출산과 육아가 뇌 기능 저하를 초래한다는 일명 '엄마의 뇌' 농담은 제쳐두더라도, 부모의 인지 기능에는 정말로 어떤 일이 일어나는가? 창의성과 감정 상태는 어떤가? 양육에 대한 개인의 자질을 넘어서, 아이를 가진다는 것이 한 사람의 삶에 어떤 영향을 미치는가?

나는 '부모의 뇌'가 산전 수업을 듣거나 아이가 태어나고 처음 몇 주 동안 보살피느라 고생하는 사람들을 위해서만 필수적인 주제는 아니라는 확신이 생겼다. 조부모와 정책 입안자, 의료 산업 종사자, 사회 운동가, 일하는 부모와 그들의 상사 또한 반드시 이해해야 하는 문제이다. 나아가 아이를 가질지 고민 중이거나 그 결정을 도와줄 미신을 넘어선 과학적인 정보를 원하는 사람들까지도. 이 과학은 가정과 직장의 성 규범을 바꾸고, 어린아이를 둔 부모를 실질적으로 지원하는 공공 정책을 세우고, 생식권*을 확보하고, 육아와 사회의 관계를 새롭게 정립하는 데 이바지할 수 있다. 적어도 과학은 육아의 개별적인 경험과 주변 세상에 대해 우리가 우리 자신에게 들려주는 이야기를 바꿀 수 있다. 절박하게 다시 쓰여야만 할, 엄마 울새의 내면에 관한 이야기 혹은 나 자신의 부서짐에 관한 이야기이다.

부모의 뇌 과학은 모성 본능에 관한 오래된 이야기에서 명백하게 빠져 있는 것을 드러내왔다. 그건 바로 시간이다. 엄마가 된다는 것, 부모가 된다는 것은 과정이다. 취약한 사람을 전적으로 돌보는 강도 높은 일을 이전에 해본 경험이 없는 한, 기본적인 육아 능력은 존재하지 않는다. 그 능력은 성장한다. 그 성장은 고통스러울 수 있고 매우 강력할 수도 있다. 그리고 오랫동안 지속된다. 그 경험이 어떤 식으로 펼쳐질지는 온갖 종류의 요인에 좌우된다. 그 근본적인 진실을 이해한다면 우리의 기대가(자신에게 하는 기대는 물론이고 남을 비판하는 기준이기도 하다) 어떻게 변할까?

---

* reproductive rights. 개인과 부부가 출산과 관련된 사항을 자유롭게 결정하고 필요한 정보와 수단을 자유롭게 이용하고 나아가 최고 수준의 성 건강과 생식 건강을 누릴 권리를 모두 포함하는 권리.

◦ ◦ ◦

사실 우리는 오래전부터 알고 있었다. 변화를 경험한 많은 이들이 그것을 제대로 이해해왔다. 수세대 전부터 페미니스트 학자들은 세상이 말하는 엄마됨의 많은 부분, 특히 모성이 본능적이고 보편적이며 여성의 정체성에 필수적이라는 개념이 거짓이라고 주장했다. 1960년대 초, 럿거스 대학에 몸담은 온화한 성품의 연구자는 동료들과 함께 그가 집고양이들을 연구해서 얻은 결과에 증거를 추가했다.

제이 S. 로젠블랫Jay S. Rosenblatt은 포유류의 모성 행동에 관한 매우 복잡한 정신생물학을 연구하는 동시에 정신분석학자로서 환자들을 진료하는 특이한 행보를 보였다. 그는 화가이기도 했는데 제2차 세계대전 때 군대에 복무하면서 위장 무늬를 그리는 일을 했다.[15] 그때부터 숨겨진 것을 볼 수 있는 능력이 있었는지도 모르겠다.

당대와 이전 세대 연구자들은 수십 년 동안 여러 종에 걸친 엄마들의 행동 패턴이(처음으로 엄마가 되었는데도 둥지를 짓고 새끼들을 먹이고 보호할 줄 아는 경향) 특히 암컷에게 매우 균일하다는 사실을 발견하고 그것이 선천적인 특성이 분명하다고 생각했다. 행동내분비학의 창시자 프랭크 A. 비치 주니어Frank A. Beach Jr.는 1937년에 모성 행동은 "반론의 여지 없이 타고나는 것"이라고 했다.[16] 그 견해는 널리 받아들여졌다. 그는 "쥐의 모성 행동을 연구한 이들이 예외 없이 그 행동을 타고나는 것으로 분류했다"고 적었다. 한마디로 학습된 것이나 습득된 것이 아니고 처음부터 아예 내장되어 있다는 뜻이다.

신생아들에 대해서도 비슷하게 정적으로 바라보는 관점이 한동안 계속되었다. 즉, 성장하고 운동 기술도 발달하지만 신생아 단계를 통과할 때까지 사회적인 발달은 전혀 이루어지지 않는 존재라는 것이었다. 1950년에 이루어진 연구의 저자들은 강아지들의 발달을 추적한 후 생후 몇 주 동안의 학습 능력이 "극도로 제한적이다"라고 적었다.[17] 그들은 인간의 조건도 거의 비슷하다는 것을 발견했다. 새로운 삶이 시작될 때 엄마와 아기는 거의 전적으로 본능에 따라 행동하는 것처럼 보였다.

본능은 언제나 다소 느슨하게 정의된 감이 있었다. 즉, 일반적으로 한 종의 구성원들이 굳이 배우지 않고도 거의 같은 방식의 행동을 하는 것을 가리킨다. 철새들이 주기적으로 일정한 경로를 따라 이동한다든지, 벌들이 벌집을 지을 때 각자 맡은 역할이 있다든지 하는 것처럼 말이다. 19세기 후반과 20세기 초반에 본능 이론을 저술한 심리학자들은 본능의 정의나 그 원리에 대한 견해가 종종 달랐다. 1950년대 초에 오스트리아의 동물행동학자 콘라트 로렌츠Konrad Lorenz를 비롯한 연구자들은 종species의 전형적인 행동 패턴이 유전되는, 중추 신경계의 기계적인 메커니즘을 통해 발현된다는 생각을 대중화했다. 로렌츠는 특정 종의 새들이 알에서 부화하여 가장 처음 본 움직이는 물체에 애착을 보이는 각인을 발견한 것으로 유명하다. 새끼들이 태어나 처음 보는 움직이는 물체는 대개 부모이지만, 다른 종일 수도 있고 움직이는 무생물일 수도 있다. 로렌츠는 그에게 각인한 새들을 관찰한 내용을 토대로 일생 모든 단계에 관한 본능 이론을 세웠다. 특히 엄마와 아기의 연결 고리에 주목했다.

그는 본능적 행동이 뇌의 특정 부위에 축적된 유전적 충동이 특정 자극을 만나 촉발되는 것이라고 믿었다.[18] 과학사학자 마르가 비세도Marga Vicedo는 저서 『사랑의 본성과 양육*The Nature and Nurture of Love*』에서 로렌츠가 타고난 행동과 그것을 촉발하는 자극에 대하여 열쇠와 자물쇠 비유를 자주 사용했다고 설명한다. 로렌츠는 "열쇠 부분은 미리 결정되어 있다"고 적었다. 그는 엄마와 아기의 본능적인 행동이 그런 복잡한 자물쇠 시스템이라고 보았다. 그 자물쇠를 푸는 묵직한 열쇠 뭉치는 오래전에 만들어졌다.

로렌츠의 연구와 저작에는 종 간의 행동 연구에 필수적이라고 증명된 관점들이 많다. 그는 각인에 대한 연구와 유전이 행동에 끼치는 영향이라는 더 넓은 주제로 다른 두 명의 동물학자와 함께 1973년에 공동으로 노벨상을 받았다.[19] 일각에서는 로렌츠가 1938년에 나치에 가담해(그는 그 선택을 두고두고 후회했다) 자신의 행동 이론을 이용해 인종 차별적인 국가 사상을 지지하고 "사회적으로 열등한 인간 물질"의 확산을 반대한 사실로 볼 때 그의 수상이 부적절하다고 주장했다.[20] 하지만 사회적 유대가 생물학적으로 어떻게 형성되는지에 대한 그의 기초 연구와 특히 아기의 귀여움이 어른의 뇌에 불러일으키는 강력한 반응에 대한 연구는 부모의 뇌에 관한 현대의 논문에서 여전히 널리 인용되고 있다.

로렌츠는 통통한 볼과 어설픈 움직임, '바람을 절반만 넣은 축구공' 같은 몸 등 아기를 귀엽게 만드는 요인이 특히 여성들에게 아기를 두 팔로 들어서 안는 등의 본능적인 움직임을 일으킨다고 제안했다.[21] 그는 자신의 딸이 귀여운 인형에게 애정을 가득 담아 반응하는 모습에서도 그것을 확인했다. 최근의 더 엄격한 연구도 귀여움이 인간의 뇌에 강력하고 측정 가능한 영향을 미친다는 사실을 뒷받침한다. 그러나 현대적 관점의 틀은 꽤 다르고, 여성이 아이에게 끌리듯 여자아이도 자동적으로 인형에 끌린다는 사회적인 개념에 (다행스럽게도) 덜 의존한다.

그러나 로렌츠가 본능을 정의할 때의 경직성, 즉 개인의 환경적 맥락이나 경험과는 무관하고 마치 인체 장기처럼 내장되어 있는 것으로 정의한 경직성은 엄마들에게 매우 불리하게 작용했다. 로렌츠의 연구는 대중의 상상력을 사로잡았다. 1955년 『라이프』지는 「거위 새끼들을 입양한 거위 엄마」라는 기사에서 연못에서 상의를 탈의한 채 아기 거위들과 수다를 떠는 로렌츠의 모습을 실었다.[22] 일단의 아동 발달 전문가들은 로렌츠의 이론이 인간 엄마와 아기의 유대와 애착에 관한 그들의 이론을 뒷받침한다고 보았다.[23] 비세도는 로렌츠가 점점 커지는 동료 동물행동학자들의 비난 속에서도, 혹은 오히려 그 때문에 시간이 지날수록 대담한 행보를 보였다고 설명한다. 그는 거위에게서 관찰된 것과 같은 종류의 기계적인 각인이 인간 아기에게도 발생할 가능성이 크다고 말한 적이 있는데, 나중에는 아예 사실이라고 주장했고 만약 주의를 기울이지 않는다면 인류에게 파멸을 가져올 것이라고 했다. 엄마들이 "아기와 보내는 시간이 너무 적다"면서 "유전적으로 고정된 사회적 행동"을 방해하고 있다고 했다.[24] 그는 1977년에 『뉴욕 타임스』에 그러한 결과로 "개인적인 유대를 형성하는 능력이 위축되고" 사회적 폭력과 범죄가 증가하고 있다고 주장했다.[25] 로렌츠의 관점에 따르면 엄마들이 유전된 본능에 따라 행동하지 않을 때 그

종은 멸종 위기에 처한다.

오늘날 과학자들은 유전이 행동에 일방적으로 영향을 끼친다고 보지 않는다. 뇌에 대한 우리의 이해(뇌가 직접적인 경험과 물리적, 사회적 환경에도 영향받는 복잡한 반응의 거미줄이라는 것)는 특정 신경 중추에 쌓인 에너지가 미리 정한 특정한 자극을 기다리고 있다는 단순한 개념을 수용하지 않는다. 하지만 모성 본능의 고정성에 대한 로렌츠의 견해가 여전히 많이 남아 있다.

예비 부모들은 다음처럼 기대하는 경우가 많다. 태어난 아기를 처음 보는 순간 감동이 벅차오르고, 본능적이고 무한한 사랑이 시작될 것이라고 말이다. 하지만 막상 그 순간이 되면 혼란에 빠진다. 충격 또는 슬픔을 느끼기도 한다. 양가감정을 느낀다. 사랑과 두려움, 기쁨과 걱정을. 파트너와의 관계 악화나 경제적 문제, 혹은 세계적인 팬데믹 같은 스트레스 요인 등에 의해 임신 기간이나 산후의 경험이 예상치 못했던 방향으로 바뀌면 우리는 이미 부모로서 실패한 게 아닐까 걱정스러울 것이다. 육아와 커리어의 균형을 맞추는 방법을 고민할 때마다 머릿속에서 로렌츠의 목소리가 울려 퍼진다. 정신 없는 새벽 시간에 울부짖는 신생아를 달래려 애쓸 때도 그 목소리가 튀어나온다. 우리는 나 자신 혹은 아기가 잘못된 건지 아니면 우리의 유대에 문제가 있는지 의아해진다. 어째서 모성 본능의 자물쇠와 열쇠가 맞아떨어지지 않을까?

∘ ∘ ∘

제이 로젠블랫은 다르게 보았다. 그는 선천성과 본능에 대한 로렌츠의 이론을 거부한 동물 심리학자 T. C. 슈나이얼라T. C. Schneirla의 영향을 받았다. 슈나이얼라는 생의 가장 초기 단계에서도 개인의 발달은 유전자로 결정되는 신체적 성숙뿐만 아니라 개인의 전체적인 경험에 좌우된다고 믿었다.[26] 그는 발달이 점진적으로 일어나며, 생의 한 단계가 다음 단계에 영향을 미침으로써 유전 및 환경 요인을 포함한 모든 자극의 영향이 "서로 끊을 수 없는 결합 관계"를 맺는다고 보았다. 오늘날 이 주장은 당연한 것으로 받아들여진다. 환경의 복잡성은 유전자 발현에 영향을 주어 특정한 유전자 세트(유전자형)가 상황에 따라 다양한 특성과 행동(표현형)을 일으킬 수 있다.

그런 이론이 뒷받침되려면 갓 태어난 포유류도 환경에 의미 있는 방식으로 반응할 수 있다는 것이 사실이어야 할 것이다. 로젠블랫과 슈나이얼라는 새끼 고양이의 행동을 함께 연구했고 고양이의 정상적이고 효율적인 수유 및 단유(斷乳) 패턴을 확인했다.[27] 그다음에는 일부 새끼들을 지정된 시간 범위 동안 형제들에게서 떨어뜨려서 가짜 엄마가 있는 우리(분유를 빨 수 있는 털로 덮힌 단을 갖춘 인공 부화장)로 격리하는 연구를 시작했다. 생후 몇 주 만에 격리된 새끼 고양이들은 인공 부화장에서 분유를 먹는 것에 금방 적응했다. 하지만 다시 형제들에게 돌아갔을 때 엄마 고양이의 젖꼭지를 찾느라 고전했다. 좀 더 시간이 지나 격리된 새끼들은 엄마의 젖꼭지를 더 잘 찾기는 했지만 그래도 젖이 나오는 곳을 찾으려고 엄마의 얼굴을 비롯해 온몸에 코를 비벼댔다. 형제들과 함께 약 5주를 보낸 후 격리된 새끼들은 돌아왔을 때 다른 면에서 적응에 어려움을 겪었다.

그들이 없는 동안 엄마 고양이는 더 활동적이 되었고 형제들은 좀 더 주도적으로 젖을 먹기 시작한 것이다. 돌아온 고양이들은 따라가느라 고생할 수밖에 없었다. 그들이 없는 동안 형제들의 습관이 바뀌었기 때문이다. 고립되었던 새끼들은 집단 내에서 젖을 먹는 방법을 배울 기회를 놓쳤다. 또 털 패턴과 냄새, 미묘한 암시를 통한 엄마 고양이의 인도를 받을 수 없었다. 형제들과 함께 환경에 반응하며 점진적으로 발달할 기회를 갖지 못함으로 인해, 전형적인 발달 과정을 거치지 못했다.

새끼 고양이 연구는 로젠블랫이 동물 엄마들을 바라보는 관점에도 영향을 끼쳤다. 즉 성장하는 아기의 행농 반경을 한정하는 땅에 꽂힌 말뚝이 아니라, 아기와 함께 발달하고 변화하는 유기체로서 엄마를 다시 보게 했다. 1958년에 로젠블랫은 대니얼 러먼Daniel Lehrman이 설립한 럿거스 대학 동물행동연구소에 합류했다. 바로 몇 해 전 로렌츠가 미국에서 지지를 얻고 있었을 때 러먼은 로렌츠가 인간의 행동에 대해 도출한 결론 다수가 "명백하게 얄팍하다"는 신랄한 분석을 발표했다.[28] 로젠블랫과 러먼은 쥐를 이용한 일련의 연구를 고안했다. 그 연구는 엄마들의 행동의 본질에 대하여 로렌츠와 사뭇 다른 이론을 보여주게 된다.

일반적으로 실험 쥐는 임신하기 전에는 새끼를 싫어한다. 하지만 새끼를 낳으면 곧바로 태도가 변한다. 엄마 쥐는 종 전체에 걸쳐 전형적인 행동을 보인다. 둥지를 만들고 새끼들을 핥고 새끼들이 젖을 먹을 수 있도록 그 위에 쭈그리고 앉는다. 둥지를 이탈한 새끼를 발견하면 데려온다. 엄마 쥐는 이 모든 행동을 새끼가 태어나자마자 할 수 있다. 하지만 로젠블랫과 러먼은 갓 태어난 새끼들을 둥지에서 떼어내면 모성 행동이 빠르게 사라진다는 사실을 발견했다. 심지어 나중에 다른 새끼들을 잠시 위탁해도 어떻게 돌봐야 하는지 모르는 경우가 대부분이었다.[29] 로젠블랫과 러먼은 1963년에 출간되어 그 분야에서 센세이션을 일으킨 책에 기고한 챕터에서 임신과 출산으로 인한 호르몬과 생리적 변화가 모성 행동을 촉발하지만 그 행동이 지속되려면 "새끼의 존재가 필요하다"고 적었다.[30] 다시 말해서 출산이 쥐의 모성 행동에 시동을 걸었지만 엄마로서 완전히 발달하려면 새끼와의 상호 작용이 필요했다. 즉 시간이 필요했다.

로젠블랫과 러먼은 엄마와 새끼들의 행동이 고정되지 않고 유연하다는 사실을 계속해서 다양한 방법으로 뒷받침했다. 엄마와 아기의 발달은 서로의 욕구와 행동에 대한 반응이었다. 산후의 특정 시점에 둥지에서 새끼들을 제거하거나, 새끼들을 연령이 다른 새끼들로 바꿔치기하면 엄마 쥐의 행동도 바뀌었다. 반대로 원래 새끼들보다 태어난 지 더 오래된 다른 새끼들을 초보 엄마들에게 데려다놓을 경우에는 엄마의 과한 관심을 받아서 새끼들의 발달 속도가 현저하게 느려졌다. 로젠블랫과 러먼은 엄마 쥐가 열쇠로 풀 수 있는 고정된 자물쇠가 아니라는 사실을 발견했다. 엄마 쥐 역시 성장하고 변화하고 있었다.

1967년에 로젠블랫은 모성에 대한 일반적인 생각을 한층 뒤흔드는 연구 결과를 발표했다.[31] 그가 이끄는 동물행동연구소는 미출산 암컷 쥐들이 새끼들에 충분히 노출되면 새끼들을 돌보기 시작한다는 사실을 아주 우연히 발견했다.[32] 그들이 연구한 거의 모든 미출산 암컷 쥐들은 새끼들과 함께 보낸 시간이 열흘 이상 지나면서 둥지를 만들고 심지어 젖이 나오지 않는데도 젖을 먹이려는듯 웅크리는 모습을 보이기 시작했다. 실험실이 아니라면 보통은 새끼를 돌보지 않는 수컷 쥐들도 마찬가지였다. 새끼들과 보내는 시간이 주어지자 수컷들은 미출산 암컷 쥐들과 거의 비슷하게 새끼들을 핥고 물어오고 젖을 먹이려고 웅크렸다.

엄마 쥐들이 새끼를 낳을 때 경험하는 호르몬은 확실히 모성 행동의 발달을 촉진하는 듯했다. 하지만 호르몬 없이도 모성 행동이 발달할 수 있었으며, 성별과도 상관이 없었다. 로젠블랫은 "따라서 모성 행동은 쥐의 기본적인 특징이다"라고 결론지었다.[33] 암컷 쥐만 그런 것이 아니라 모든 쥐가 그랬다. 로젠블랫은 어린 개체를 돌보고 보호하려는 충동이 쥐라는 종 전체의 기본적인 특징이라는 사실을 발견했다.

물론 인간 부모와 실험 쥐 부모는 같지 않다. 그들의 뇌는 같은 포유류로서 공통적인 구조와 공통적인 구성 요소[34]를 갖고 있지만 많은 면에서 다르다. 예를 들어, 인간의 대뇌피질은 복잡한 주름이 있고 쥐의 것은 매끄럽다. 설치류는 후각에 크게 의존하고 후각망울*이 크다. 인간은 상대적으로 후각망울이 작다. 실험 쥐의 모성 행동은 매우 예측 가능한 패턴으로 발생한다. 핥기가 두드러

* 후각 정보를 담당하는 기관으로 뇌의 아래쪽, 비강 위쪽에 위치한다. 이곳을 통해 후각 정보가 뇌로 전달된다.

지는 측면이고 산후 약 4주에 급격하게 끝난다. 쥐는 한 해 동안 여러 번 임신과 출산을 반복할 수 있다. 인간의 경우 모성 행동은 수년 또는 수십 년에 걸쳐 이어질 수 있으며, 각기 욕구에 극명한 차이가 있는 여러 연령대의 자손을 동시에 돌보는 일이 포함되기도 한다. 인간의 양육은 가변성이 두드러진다. 무수히 많은 사회적, 정치적, 경제적 요인의 영향에 따라 가정마다, 세대마다 차이가 있다. 따라서 로젠블랫이 실험 쥐에서 발견한 사실과 인간의 행동 사이에서 직접적인 연관성을 도출하려고 한다면 로렌츠의 어리석음을 반복하는 일이 될 것이다.

하지만 로젠블랫과 동료들이 1960년대 초에 처음 제안해서 그 후로 더욱 확장된 기본 원칙은 수십 년의 연구를 통해, 또 포유류 종 전반에 걸쳐 여전히 유효하므로 로젠블랫은 오늘날 "모성 행동 연구의 아버지"[35]로 불린다. 그도 그럴 것이 지난 30년간 발표된 인간 부모의 뇌에 관한 주요 논문의 저자에는 거의 틀림없이 로젠블랫의 제자나 제자의 제자가 반드시 포함되어 있다. 그 논문들은 모든 포유류 엄마가 임신과 출산, 수유 과정에서 매우 유사한 생리학적인 변화를 겪으며, 그러한 변화를 주도하는 호르몬이 엄마가 고유한 유전적 구성과 행위 주체성을 가진 아기에게 과도한 주의를 기울이도록 엄마의 뇌를 준비시킨다는 사실을 뒷받침했다.[36]

그다음에는 아기의 존재 자체가 장기적으로 엄마의 뇌를 극적으로 재구성하는 강력한 자극원이 된다. 그럼으로써 끊임없이 변화하는 아이의 욕구와 엄마 자신의 욕구를 균형 맞추도록 돕는다. 아기와 출산 부모는 신경적 측면에서 함께 발달한다. 각자의 유전자와 환경에 대한 반응뿐만 아니라 서로에 대한 반응을 통해 그렇게 한다. 이것은 이전 단계를 토대로 쌓아가는 점진적인 과정이다. 그리고 산후 6주가 지나면 혹은 아기가 젖을 떼거나 걸음마를 시작하거나 유치원에 들어가면 끝나는 것이 아니다. 이 과정은 계속 진행된다. 시작부터 강렬한 이러한 상호 성장은 엄마가 지금까지 겪은 그 어떤 경험과도 다를 것이다. 적어도 아기를 갖기 전과는 다를 것이다. 엄마만 그런 것은 아니다.

오늘날 연구자들은 로젠블랫의 발자취를 따라 "모성 행동"이 엄마에게만 고유한 것이 아니라 인간의 기본적인 특성임을 밝혀왔다. 동성 커플의 비생물학적 아빠를 포함한 아빠에 관한 연구에서는 규칙적으로 자녀를 돌보는 일에 참여하는 남성들의 뇌가 임신과 출산을 거친 엄마들의 뇌와 매우 비슷하게 변화한다는 사실이 발견되었다.[37] 이러한 변화는 감정을 처리하고 타인의 신호를 읽고 반응하는 일을 담당하는 뇌 영역에서 가장 뚜렷하게 나타난다. 연구자들은 비생물학적 부모 또는 임신과 출산을 하지 않은 부모, 그리고 집중적인 돌봄 노동에 종사하는 사람들에게서도 비슷한 변화가 나타나는 것으로 본다.

아기를 임신하지 않는 부모에게는 적어도 처음에는 상황이 다르게 일어난다. 임신을 하지 않으면 모유가 분비되지 않는다. 하지만 그들도 부모가 되면서 호르몬상의 큰 변화를 경험한다. 연구자들은 이 변화가 아기를 돌보는 일(아기에의 노출)과 함께 보편적인 돌봄 회로를 생성시킨다고 믿는다. 이 회로는 우리가 가족의 경계를 어떻게 인식하는지에 심오한 영향을 미친다. 뇌의 관점에서 부모는 거의 전적으로 그들이 제공하는 주의와 보살핌에 따라 정의된다.

로젠블랫의 초기 연구는 오늘날에도 급진적으로 느껴진다. 엄마로서 나에게 경외심과 안도감을 준 많은 연구들을 거슬러 올라가보면 60년도 더 전에 발표된 그의 연구를 만나게 되기 때문이다. 그의 연구는 기계론적 모성 본능과 그 거짓말 위에 세워진 성 규범을 매우 우아하게 제거한다. 부모됨의 시작이 의도적으로 강렬하며, 근본적이고도 지속적인 변화를 요구한다는 사실을 시사한다. 그 변화는 트라우마나 스트레스 또는 다른 장애물의 방해를 받을 수 있지만, 경직된 본능과는 달리 바로잡고 방향을 변경하는 것이 가능할 것이다. 나는 2014년에 사망한 로젠블랫이 그렇게 생각했는지 궁금했다. 그도 자신의 연구가 급진적이라고 생각했을까? 페미니스트적이라고?

로젠블랫의 지도 아래 1972년에 박사학위를 받았고 토론토대학 미시소가Mississauga 캠퍼스에서 25년간 연구실을 운영한 앨리슨 플레밍Alison Fleming에 따르면 어느 정도는 그랬다. 로젠블랫의 수컷 쥐 연구가 발표된 시기는 여성해방운동에 참여하는 사람들[38]이(아버지로서 더 적극적인 참여를 원하는 일부 남성들을 포함해서) 문화적 규범과 공공 정책을 정비해 육아에서 성평등을 개선할 것을 촉구하던 때였다. 플레밍은 그때 "봐요? 아버지도 부모가 될 수 있잖아요"라고 말하는 근거로 로젠블랫의 연구를 이용하려는 사람들이 있었다고 말했다. 대신 로젠블랫에게 조금이라도 정치적 의도가 있었다면, 그것은 그의 동료들을 겨냥한 것이었다.

로젠블랫과 러먼은 본능에 관한 로렌츠의 관점이 "완전히 틀렸다"고 생각했다. 플레밍은 모성 행동은 "고정된 행동 패턴과 같지 않습니다"라고 말했다. "기계적인 일처럼 자동으로 일어나지 않아요. 고유한 발달 과정이 있습니다. 로젠블랫에게는 바로 그것이 중요한 정치적 요점이었죠." 그것은 플레밍에게도 그랬다.

플레밍은 지금까지 방대한 연구 논문을 발표했고 은퇴한 후에도 제자들과 함께 연구를 계속 발표하고 있다(플레밍은 '모성 연구의 어머니'라고 불리기도 하니 로젠블랫은 그 분야의 할아버지라고 할 수도 있겠다). 그녀는 실험 쥐와 인간 엄마들의 모유 수유를 통해 모성 행동의 미묘한 차이를 연구했고, 코르티솔을 비롯한 호르몬의 역할을 추적하고 행동과 신경회로 변화의 상관관계를 입증했다. 그녀는 연구에 딸들이 동기를 준다고 말한다.

플레밍의 어머니는 유엔에서 일했고 단순한 양육자가 아니라 지적이고 독립적인 여성의 강력한 역할 모델이었다. 플레밍은 어린 시절의 대부분을 어머니와 떨어져 살았다. 그녀는 1975년 첫딸을 임신했을 때 아기와 첫눈에 사랑에 빠질 거라고 기대하지 않았다. 그녀에게는 그런 모델이 없었으니까. 역시나 첫눈에 반하는 사랑은 없었다. 하지만 엄마로서 딸과 시간을 보내며 깊은 유대감이 생겼고 첫째 딸은 물론 뒤이어 태어난 딸들에게도 "집착에 가까운" 사랑을 느끼게 되었다. 플레밍은 나에게 말했다. "나는 경험의 힘을 굳게 믿습니다."

경험은 중요하다. 그것은 로렌츠의 관점과 대조를 이루는 부분이다. 물론 임신과 출산으로 인한 호르몬 변화와 뒤따라 일어나는 종 특유의 반응 패턴을 포함해 부모됨의 생리도 중요하다. 2015년에 플레밍은 선임 연구자 두 명과 함께 인간과 기타 포유류에 걸친 엄마의 뇌에 관한 연구들을 비교한 논문을 썼다.[39] 인간의 행동은 언어와 문화에 큰 영향을 받고 그것이 인간을 포유류 가운데에서도 독특한 존재로 만든다. 그렇다고 모성의 생물학적 기반이 인간에게 덜 중요하다는 뜻은 아니라고 그들은 적었다. 인간은 실험 쥐의 경우보다 일생의 전체적인 맥락이(그들이 살아가는 물리적 환경, 다른 사람들과의 관계, 그들이 느끼는 문화적 압박과 기대 등 많은 요소들이) 생물학적 과정에 더 큰 영향을 미친다는 뜻이다. 슈나이얼라의 말을 빌리자면 부모됨의 심리적인 경험과 거기에 수반되는 신경생물학적 변화는 서로 끊을 수 없는 결합 관계이다. 하나를 평가절하하고 무시한다면 어떻게 부모로서의 우리, 인간으로서의 우리를 제대로 이해할 수 있을까?

우리가 운 좋게 모성 본능에 관한 구식 서사에서 벗어난다면 그때부터 길을 찾는 것을 도와줄 누군가가 있다. 앨리스 오웰라비 미첼은 딸 에벌리와 좀처럼 유대가 생기지 않는다는 사실을 친한 친구에게 털어놓았다. 친구는 그녀에게 필요한 대답을 해주었다. 괜찮다고. 아기에게 노래를 불러주고 눈을 들여다보고 젖을 먹이며 손을 쓰다듬어주라고 했다. 시간이 조금 지나자 앨리스는 딸이 자신을 신뢰한다고 느끼기 시작했다. 걱정만 있었던 마음에 기쁨이 샘솟았다. "아기도, 나도 배우고 있어요." 앨리스는 말했다.

• • •

초보 엄마로서 참호전을 치르면서 엄마의 뇌에 대한 글을 쓰는 것은 결코 쉬운 일이 아니다. 이 책을 쓰기 시작했을 때 두 아이는 각각 두 살과 네 살이었다. 나는 수없이 많은 나날을 책상에 앉아 문장을 쓰고 고치기를 반복했다. 잠을 설쳐 흐릿한 눈으로 좀처럼 머리에 들어오지 않는 모성 동기의 메커니즘에 집중하려고 애썼다. 시간은 왜 또 그렇게 빠른지, 그러다보면 어느새 낮잠 자는 둘째를 깨우고 어린이집으로 첫째를 데리러 가야 하는 시간이 다가오기 일쑤였다. 코로나19 바이러스가 퍼진 후에는 팬데믹의 공포와 코딱지만 한 홈오피스 밖에서 공룡처럼 포효하는 아이들이 작업을 방해했다. 가끔은 이성의 끈이 끊겨 아침부터 아이들에게 화를 냈고, 책상에 앉아 엄마의 감정 제어가 아이들의 뇌와 감정 조절 능력에 영향을 끼친다는 연구 내용을 보면서 울기도 했다.

한편, 운이 좋은 날에는 프랑스 렌1 대학교에서 모성 정신 건강의 신경생물학을 연구하는 조디 폴루스키Jodi Pawluski 같은 사람과 얘기할 기회를 얻었다. 그녀는 주로 설치류를 연구하는데 〈엄마의 뇌 다시보기Mommy Brain Revisited〉 팟캐스트도 제작한다. 2020년에는 엄마들에게 상담 서비스도 제공하기 시작했는데 아주 적절해 보였다. 수많은 전화와 이메일로 연구에 관해 이야기를 나누었던 시간들이 내게는 자주 상담 치료처럼 느껴졌기 때문이다. 우리는 출산 부모에게 부과된 사회적 기대와 실제 모성 경험에 관해 신경생물학이 보여주는 것에 대해 이야기를 나누었다. 그녀는 나에게 "컨디션이 나쁜 날이 있어도 괜찮아요" 또는 "계속 배우는 거예요"

같은 말을 해주었다. 다른 상황이었다면 그저 듣기 좋은 의미 없는 말이었겠지만, 그녀에게 들으니 달랐다. 진짜처럼 느껴졌다.

폴루스키와 공동 저자 크레이그 킨슬리Craig Kinsley, 켈리 램버트Kelly Lambert는 학술지 『호르몬과 행동*Hormones and Behavior*』 2016년 1월호에 발표한 논문 리뷰[40]를 통해 엄마됨에 대해 내가 한 번도 접하지 못한 방식으로 서술했다. 그들은 '엄마의 뇌'가 육아를 훨씬 넘어서까지 엄마의 삶에 영향을 미치는 "경이로운 연출된 변화"라고 썼다. 뇌는 유연하며, "임신에 동반되는 내분비 쓰나미"에 의해, 모성 자체의 "풍성한 경험"에 의해, 기나긴 진화의 경로에 의해 "더 복잡"해진다. 저자들은 임신이 "성 분화와 사춘기만큼이나 중요한 발달 단계"라고 적었다.

그 문장을 처음 읽었을 때 내 반응은 이러했다. **사춘기만큼 중요하다고?**

오늘날의 부모들과 교육자들은 내가 10대였을 때보다 10대들에 대해 훨씬 더 잘 이해할 수 있게 되었다. 나는 교외의 보수적인 가정에서 자랐는데 착한 아이가 되어야 한다는 압박감이 무척 컸다. 마치 동서남북 종이접기로 점이라도 치듯, 내가 과연 기대에 부응할 수 있을지 없을지가 수시로 바뀌는 것 같았고 실패하면 어쩌나 두려웠다. 오늘날 우리 문화에는 어른이 되어가는 과정이라든가 반항이나 침묵으로 마음속 혼란을 감추는 10대의 모습을 잘 표현한 캐릭터들이 많다. 그리고 이제는 주류가 된 청소년의 뇌 과학[41]은 10대들은 물론 그들을 돌보는 어른들에게도 도움을 준다. 정신 건강 및 약물 사용과 관련된 공중 보건 캠페인에도 영향을 끼쳤다. 또한 청소년의 뇌 과학은 그들의 변화하는 뇌가 요구하는 수면이 충족될 수 있도록 수업 시작 시간을 늦추는 전국적인 운동을 이끌어냈다. 일부 지역에서는 뇌 과학의 영향으로 교장들과 상담 교사들이 문제 학생들에 대한 훈육과 지원 방법을 바꾸고 있다. 뇌 과학은 부모와 청소년 모두가 격동의 청소년기를 무사히 헤쳐나가게 해주는 일종의 대응 기제가 되었다.[42] 지금 우리가 잘 아는 사실이지만 청소년기는 생각보다 훨씬 늦게까지 계속된다. 다시 말해서 우리는 어른이 되는 데 시간이 걸린다.

오래전부터 우리는 출산 앞뒤의 호르몬 격변을 조만간 가라앉아서 정상으로 돌아오는 어떤 것으로 취급해왔다. 몸이 망가진 것 같고 뇌가 다른 모양으로 성형되는 중이지만, 세상은 출산한 부모들이 자연스럽게 예전 모습으로 돌아가리라고(나아가 아기가 태어났으니 충족감이 더 커질 거라고) 기대한다. 하지만 10대들에게는 사춘기를 지나가는 폭풍우처럼 끝날 때까지 그냥 기다리라고 하지 않는다. 오히려 정반대로 행동한다. 세상은 그들을 올바로 대해준다. 어른이 되어가고 있다는 사실을 인정하고 축하해준다. 지도해주고 힘들어하면 공감해준다. 학교와 경기장, 종교 기관에서도 청소년기가 중요한 이정표임을 기념하고 모두가 일어나 이렇게 말한다. "성장하고 변하고 있구나. 정말 자랑스럽다!"

처음 부모가 된 이들에게 정상으로의 복귀란 없다. 심오한 변화를 겪지만 의식하지 못하는 경우가 많다. 자신을 너무 몰아세우지 말고 여유를 가져야 한다는 폴루스키의 조언은 지나치게 일반적이고 상투적인 것처럼 들리지만 사실은 그렇지 않다. 그것이 그녀가 연구를 바탕으로 확신하게 된 내용이다. 부모가 된다는 것은 뇌에 있어서 기념비적인 변화이고 그녀의 말대로 "중대한 사건"이다. 소셜 미디어와 대중문화에서도 부모됨이 가져오는 감정의 범위에 대한 대화에 진전이 일고 있다. 부모가 되어서 느끼는 감정이 행복만은 아니라는 것이다. 잘된 일이다. 하지만 폴루스키는 말한다. "사람들이 정말로 뇌에 물리적인 변화가 일어난다는 사실을 알게 되면 자기 감정에 지나치게 무게를 둘 수도 있습니다."

부모됨은 시간이 걸리는 발달 단계이다. 하지만 여전히 부모됨에 관해 우리 사회에서 핵심을 차지하는 문화적 신념은 여자를 아기라는 열쇠만을 기다리는 자물쇠로 보는 개념이다. 다음 장에서 살펴보겠지만 과학에 의해 시대에 뒤떨어지고 틀렸음이 밝혀졌는데도 그 믿음을 떠받치는 신조가 여전히 건재한다. 70년에 걸친 연구는 새로운 관점을 제안한다. 부모됨에 따르는 극심한 변화를 인정하고 그 가능성을 찬미하는 관점이다. 다 함께 말해보자. "당신은 성장하고 변하고 있어요. 우리는 당신이 자랑스러워요."

내가 엄마의 뇌 과학과 출산으로 겪은 개인적인 변화에 대해 쓴 기사가 2018년 7월 『보스턴 글로브 매거진』에 실렸다.[43] 많은 독자가 자신의 산후 경험을 이해하는 데 큰 도움이 되었다는 글을 보내왔다. 아기를 낳은 지 얼마 안 된 소아과 간호사 에밀리 빈센트도 그중 한 명이었다. 시누이가 그녀에게 『더 위크*The Week*』지에 재수록된 기사를 보내주었다. 에밀리는 기사를 읽고 그녀가 직장 복귀에 대해 느끼는 걱정이 결코 지나친 반응이 아니라는 사실을 깨달았다고 말했다. 계속해서 떠오르는 아기 던의 끔찍한 모습도 마찬가지였다. 그것들은 전부 엄연한 목적이 있는 생리적 반응이었다. "그런 감정을 느끼는 건 바보 같은 일도 아니고 미친 것도 아니었어요. 그 변화를 이해하고 그대로 받아들이는 게 중요해요. 그런 걸 느낀다고 수치심을 느낄 필요가 없었던 거예요."

에밀리는 아들 윌을 어린이집에 보냈고 근무 시간을 약간 줄여 직장에 복귀했다. 그녀는 걱정으로 가득한 환자들을 예전과는 비교되지 않는 연민의 태도로 대할 수 있게 되었다. 가정 생활을 집중적으로 관리할 수 있게 된 덕분이기도 했다. 물론 힘들 때도 있었지만 자신은 물론이고 소중한 아들을 제대로 돌보기 위해 변화하는 뇌에 적응하는 과정을 이해하게 되니 스스로 자랑스러워졌다. 그녀는 자신이 어떻게 변하고 있는지 더 잘 알아차릴 수 있게 되었다. 자신이 어떤 사람이 되어가고 있는지 보였다.

2장

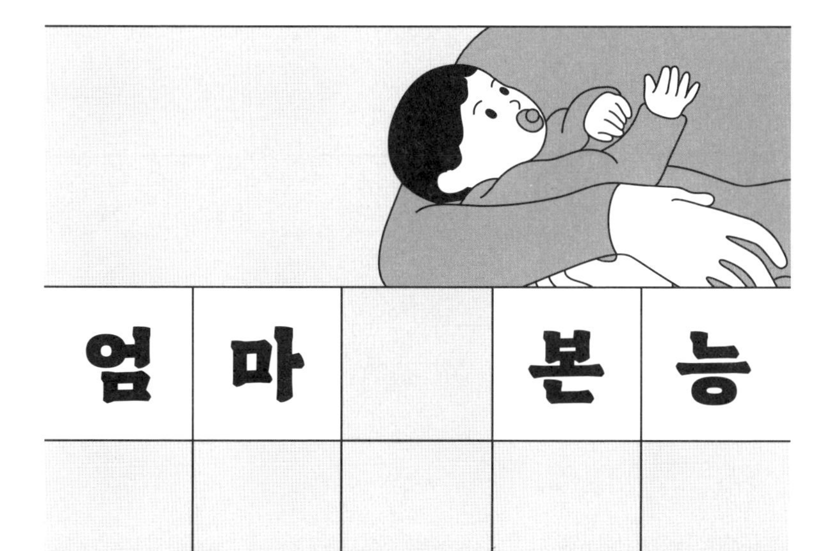

엄마 본능 만들기

뉴욕의 아파트에 사는 미미 나일스Mimi Niles가 엄마가 된 것과 비슷한 시기에 위층 여자도 쌍둥이를 낳았다. 두 여자는 가끔 아파트 복도나 밖에서 마주쳤고 나일스는 그녀의 안부를 물었다. "너무 좋죠." 나일스는 위층 여자의 대답을 이렇게 기억한다. "정말 행복해요."

나일스는 어안이 벙벙했다. 그녀는 전혀 그런 기분을 느끼지 못하고 있었기 때문이다. 잠이 부족했고 우는 날도 많았다. 딸에게 필요한 게 대체 뭔지 알기가 어려웠다. 그녀는 조산사의 도움을 받아 집에서 출산했다. 모유를 먹이고 아기가 잘 때 같이 자고 가능한 한 자주 아기 띠를 사용해 안아주었다. 그녀는 고통과 투쟁을 삶의 필연적인 부분으로 받아들이는 힌두교 가정에서 자랐다. 그녀의 어머니는 남편과 함께 뉴욕으로 이민 오기 전에 인도에서 조산사로 일한 이야기를 자주 들려주었다. 나일스도 조산사가 될 생각이었다. 하지만 막상 아기를 낳고 보니 너무 힘들었다. 전혀 예상하지 못했던 상황에 화까지 났다. 이럴 줄은 꿈에도 몰랐다.

나일스는 이웃 여자가 겉으로만 밝은 척하는 것이 분명하다고 생각했다. 사실일 리 없었다. "절대로 불가능한 일이야. 이건 너무 고통스러운 경험이잖아" 하고 나일스는 생각했다. 물론 힘들기만 한 것은 아니었다. 하지만 그때도 나중에도 모성의 사회적 구조에 고군분투를 위한 자리가 너무 적다고 느꼈다. 자녀들이 10대가 되었을 때 나일스는 브루클린에 있는 우드헐 메디컬 센터에서 출산하는 부모들을 10년 이상 돌봐온 터였다. 또 간호학 박사학위를 취득했고 출산 부모의 자율성과 조산사의 돌봄으로 소외 계층을 돕는 가장 좋은 방법을 연구하기 시작했다. 그녀는 출산과 부모됨이 신체의 완전한 능력과 인간관계에 대해 생각할 수 있는 힘들고도 강력한 변화의 기회라고 나에게 말했다. 임신한 사람들, 환자들, 친구들에게도 그렇게 이야기한다. 하지만 문화적 기대가 그 변화에 제약이 된다는 것도 잘 안다. 그 기대는 엄마가 아이를 재우고 만족시키고 조용하게 만들 수 있어야 하고, 아이를 돌보면서 즐거워 보여야 하며, 실제로도 "엄청나게 좋은" 기분을 느껴야만 한다는 사실에만 초점을 맞춘다. 엄마는 독립적인 가정 안에서 "착한 아기"를 키워내는 모든 일을 혼자서 독립적으로 해내야 한다.

"기계 뒤에 마법사라도 있나요?" 나일스가 말했다. "올바른 일처럼 느껴지지 않아요. 그런 생각이 자주 들어요."

어떻게 보면 기계 뒤에 마법사가 있다. 기계 뒤의 남자 말이다. 그것도 아주 많이.

찰스 다윈Charles Darwin을 예로 들어보자. 그는 커튼 뒤의 첫 번째도 마지막 남자도 아니다. 그는 무리의 리더이다. 다윈은 엄마들에게 강한 영향을 받았다.[1] 그가 8세 때 사망한 어머니의 부재, 아내이자 그의 자식 열 명을 낳은 어머니로서 그의 성인기 내내 존재했던 여성 엠마가 그렇다. 다윈에게 엠마는 힘의 근원이었고 그의 중요한 저작 『종의 기원*On the Origin of Species*』(1859)이 출판되도록 강력하게 지지한 인물이었다. 그럼에도 불구하고 과학 이론과 사회적 존재들의 연구에서 그가 엄마들을 왜 그토록 신경 쓰지 않았는지 이해하기 어렵다.

진화론은 세상이 인간의 본성과 성별을 바라보는 시각을 뒤집었다. 다윈은 성 선택이 미래의 종에 끼치는 영향을 탐구했지만 짝 고르기가 결실을 맺은 이후에 이루어지는 부모의 역할은 대부분 무시했다. 오히려 그는 그 자신의 혁명적인 연구 속에 출산의 필수적인 역할과 의심할 여지 없이 자기희생에 뿌리를 둔 여성의 열등함에 대한 아주 오래된 생각을 성문화했다. 그는 『인간의 유래*The Descent of Man*』에서 이렇게 적었다. "어미 새는 매일 알을 품으며 얼마나 강한 만족감을 느낄 것인가."[2] 어미 새의 갈망이나 먹여야 할 입과 막아내야 할 포식자가 늘면서 느끼는 불안은 잊어라. 옴짝달싹할 수 없는 상태가 끝없이 이어지면서 날갯죽지로 기운이 전부 빠져나가는 느낌은 무시하라.

모성을 이상화한 오랜 역사에서 아기가 돌봄 제공자에게 요구하는 이타심과 부드러움이 여성의, 오직 여성의 생물학에 뿌리 박혀 있다는 개념은 비교적 현대적인 것이다. 남자들이 만들어낸 이 개념이 이상적인 어머니의 이미지를 옹호하고 그것을 과학이라고 부르게 만든다. 오늘날에는 부모에게 무엇이 필요하고 누가 부모의 역할을 할 수 있는지에 대한 이해가 좀 더 광범위하고 너그러워졌을지도 모르지만, 모성 본능을 과학적 사실로 보는 유산은 아직도 우리 주변 어디에나 남아 있다. 이것이 대중 담론에 들어온 순간부터 페미니스트들이 그 정체를 폭로하기 위해 노력했음에도 불구하고 고착되었다. 이 개념은 계속해서 엄마가 무엇을 해야 하고 어떤 감정을 느껴야 하는지에 대한 정치적이고도 개인적인 이데올로기를 만든다. 모성 본능의 잘못된 개념은 임신과 출산을 하지 않은 부모를 포함하여 육아에 관여하는 모든 사람의 행동을 지정하고, 새로운 가정에 영향을 미치는 정책 초안을 만드는 사람들의 동기를 형성한다.

우리는 모성 본능의 세부들이 구식이라고 인정하면서도 그 자체를 완전히 무시하지는 못한다. 우리는 아이에 대한 엄마의 강렬한 사랑에서, 출산 예정일이 다가올 때 느끼는 둥지 본능에서 모성 본능의 증거를 보기도 한다. 엄마들은 대대로 아기를 돌보았다. 뭔가가 그들을 그렇게 할 수밖에 없도록 만든다. 그러니 모성 본능이 여성에 내재된 것이 아니면 뭐란 말인가? 모성 본능은 약간의 위안을 준다. 낭만과 평화를 제공하며, 첫눈에 반하는 사랑을 약속하고, 미지에 직면했을 때 자연 질서의 확실성을 약속한다. 심지어는 이 타고난 본능이 이른바 '엄마의 뇌'를 통해 여성들의 가치를 떨어뜨린다는 사실마저도 불편하지만 진실이라고 느껴진다.

모성 본능은 이런 식으로 작동한다. 자신과 아기, 사회에서의 위치에 대한 엄마들의 복잡한 감정을 이용해서 그들을 일정한 틀에 끼워 맞추는 것이다. 모성 본능은 고전적인 허위 정보의 사례이다. 타당성의 환상을 가진 개념이 그 반대의 증거에도 불구하고 계속해서 반복되고 결국은 자동으로 믿음을 얻는다. 엄마가 된다는 것이 무엇을 의미하는지에 대한 이야기를 얼마나 많이 새로 써야 하는지, 그리고 부모의 뇌에 대한 연구가 얼마나 기본적이고 필수적인지 이해하려면, 우리가 그 오래된 이야기에 갇혀 있다는 사실부터 알아야 한다. 과학이 아닌 믿음에 기반한 심각하게 잘못된 이야기라는 것을.

• • •

인류가 아기를 처음 낳았을 때부터 엄마라는 존재가 소중하게 여겨진 것처럼 보일 수도 있다. 엄마는 집안의 여왕이고 가족의 심장이며 초콜릿 칩 쿠키를 만드는 사람이니까. 하지만 항상 그랬던 것은 아니다. 역사의 대부분 동안 엄마의 사회적 지위는 권력자들이 여성의 노동에 영향을 미치기 위해 어떤 도구(몽둥이 또는 포상)를 선택하는지에 따라 올라가기도 하고 내려가기도 했다. 일부 사회에서 엄마들은 집안에만 갇혀 공공장소나 정치에서 환영받지 못한 반면, 또 어떤 사회에서는 최고의 인간성을 대표하는 존재로 추앙받았다. 심리학자 섀리 서러Shari Thurer는 저서 『어머니의 신화*The Myths of Motherhood*』에서 자궁이 다산과 재생의 원천으로 찬미되는가 하면, 그저 아버지의 아이를 담는 용기로 치부되거나 히스테리의 근원으로 여겨지는 등 대조적인 취급을 번갈아 받았음을 보여준다. 모유 수유는 힘의 원천을 상징하기도 했지만, 사정이 허락되는 사람에게는 기껏해야 돈을 지불하고 유모를 선택하는 하나의 과제 이상으로 인식되지 않았다. 그렇게 함으로써 엄마를 가임 상태나 사교 일정에 복귀할 수 있도록 하는 것이다. 이처럼 모성애 자체는 숨 막히는 손상 아니면 순수하고 거룩한 것으로 여겨져왔다.

모성에 대한 현대 기독교의 개념은 두 여자에 의해 만들어졌다. 우선 아담의 갈비뼈로 만들어진 최초의 여자 이브가 있었다.[3] 그녀는 금지된 선악과를 먹고 인류의 모든 고통을 초래했다. 그리고 성모 마리아가 있다. 그녀는 자신도 모르게 위대한 기적을 행했으며 덕으로 가득한 모성의 상징이 되었고, 그녀 내면의 삶과 행동은 전적으로 영광스러운 모성애에 둘러싸인다. 나는 가톨릭 신자로 자랐는데 만약 성경에 마리아의 이야기를 직접 들을 수 있는 공간이 허락되었다면 모든 것(종교 그 자체, 가족 안에서 힘의 역학, 세계의 역사 등)이 어떻게 달라졌을지 궁금해진다.

많은 여성에게 성모 마리아는 위안의 원천이자 모성애의 스승이었다. 하지만 마리아의 이야기는 이브의 이야기와 합쳐져(도저히 이를 수 없는 수준의 선함, 동시에 영원한 희생) 모성의 숨 막히고 가혹한 도덕적 모범을 만들었다. 그 이야기는 여성을 남편의 재산으로 여기고 그들의 기본적인 권리를 부정했다. 아이를 낳지 못하는 여성은 비난당하거나 마녀로 불릴 수 있었고, 아이를 낳을 수 있는 여성은 평생 임신과 육아를 담당해야 했다. 모성은 이번 생은 물론 죽은 후에도 여성의 운명을 그들의 생식 능력과 도저히 충족 불가능한 이상을 추구하는 데 연결 지었다.

하지만 시대와 문화에 걸쳐 종교 사회 내에서 어머니의 지위는 완전히 자기 제한적이지는 않았다. 고대 이스라엘에서 초기 미국 식민지까지 여성들은 임신과 육아로 인한 투쟁을 신이 정한 운명으로 보았다.[4] 하지만 모성의 정체성이 너무 특이하고 편협하다는 의식은 아직 거의 없었다. 가정은 경제적 생산의 중심지일 뿐만 아니라 정치, 교육, 종교 활동의 장소였다. 그 집을 지키는 사람으로서 여성의 삶은 모성의 의무를 넘어섰다.

식민지 미국의 백인 여성들의 경우 아이를 너무 많이 낳았고 질병과 식량 부족으로 인한 죽음의 위협이 너무 커서 자녀를 돌보는 일에 열중하기가 어려웠다.[5] "엄마의 돌봄은 소수에 대한 집중적인 헌신보다는 어린아이 집단에 대한 일반적인 책임을 의미했다." 퓰리처상을 수상한 역사학자 로럴 대처 울리히Laurel Thatcher Ulrich는 저서 『착한 아내들*Good Wives*』에 이렇게 적었다. "집중적이라기보다 광범위했다." 엄마들은 아이들을 돌보는 것 외에도 중요한 할 일이 많았다. 빵과 치즈와 맥주 만들기, 텃밭 가꾸기, 요리와 난방에 사용되는 불 때기, 하인들 관리하기, 위기가 닥치거나 아기가 태어날 때 이웃 도와주기 등. 엄마들은 정치적인 문제에 대해 남편들에게 조언했고, 전형적인 남자의 일에 "남편 대리"로 참여했으며, 또는 사업 거래에 대리인으로서 참여했다. 울리히는 이 모든 일이 그들에게 역사학자들이 종종 간과하는 권력을 주었다고 적었다.[6]

물론 모성의 역사는 선형적이지 않다. "남편 대리"들이 불을 피우는 동안, 장차 미국이 될 그 땅에 사는 다른 여성들은 그들의 모성 경험에 부과되는 도덕성을 매우 다른 방식으로 보았다.

북미 원주민들 사이에서 엄마의 역할은 여기서 간단히 설명할 수 없을 정도로 다양했지만 힘과 인정, 창조와 동의어로 여겨지는 모체(전 세계 초기 인류 사회에서 한때 공유되었던 숭배심)로 특징지어진다.[7] 무엇보다 많은 원주민들이 성별을 경직되거나 범주적인 것으로 보지 않았으므로(여전히 많은 이들이 그렇다) 대체로 성 역할이 더 유동적이고 동등하게 평가받았다. 원주민 학자 킴 앤더슨Kim Anderson은 「사람들에게 삶을 주다Giving Life to the People」라는 글에서 족장을 선택할 권한이 엄마들에게 주어지기도 했다고 적었다. 백인 기독교 정착민들은 원주민을 제거하거나 동화시키기 위해 가족을 겨냥했다. 원주민 가정에서 아이들을 빼앗아 기숙 학교로 보냈고 그곳에서 소녀들은 가정 기술을 배웠고 소년들은 농사와 직업 훈련을 받았다. 원주민 가족에게서 강제로 아이들을 빼앗아 오는 것을 포함한 그 과정은 주로 백인 여성들에 의해 이루어졌다.[8] 부모와 억지로 떨어진 아이들 다수가 돌아오지 못했다.[9] 원주민 여성들은 정신적 지도자로서 역할을 박탈당했다. 어머니를 기리는 전통 의식도 지하로 숨어들었다. "'창조자 어머니'로부터 '아버지 신'에게로 권한이 넘어갔다"고 앤더슨은 적었다.

식민지 시대와 초기 미국의 흑인 노예 여성들은 엄마가 되었을 때에도 노예제의 잔혹성에서 어떤 일시적 유예도 보지 못했다.[10] 오히려 폭력이 더 복합적인 것이 되었다. 그들은 그들의 주인이나 강간범의 아이를 낳는 경우가 많았고, 그 아이는 팔려 가거나 그녀와 함께 채찍의 공포 속에서 강제 노동을 해야 했기 때문이다. 그들은 '번식인breeder'으로 불리며 취급되고 거래되었다. 특히 1820년대 이후 목화 생산이 남부에서 서부로 확대되면서 그러했고, 일부는 성장하는 뉴잉글랜드의 섬유 산업을 뒷받침하려는 목적도 있었다. 의회가 국제 노예 무역을 금지했기 때문에 노예 여성은 노예 노동력을 늘리는 유일한 수단이었다. 생식 능력이 입증된 여성은 경매에서 훨씬 더 비싸게 팔렸다. 하지만 앤절라 데이비스Angela Davis가 『여성, 인종, 계급*Women, Race and Class*』에서 적었듯, 엄마들은 숙소 안에서 남성과 동등하게 가정 생활을 꾸려가는 일도 맡았다. 그들은 자신들을 "인간 이하의 노동 단위로 바꾸도록 설계된 환경"에 대항하여 대가족을 구축하고 전통을 이어가고 반란을 모의했다.

18세기 후반부터 19세기까지 일어난 두 가지 주요한 사건이 북미와 유럽에서 백인 모성의 이상을 다른 모든 엄마들에게 광범위하게 영향을 끼치는 방향으로 바꿔놓았다. 그 사건 중 하나를 가능하게 한 사람은 다윈이었다. 하지만 그전에 산업혁명이 일어났다. 그것은 가정의 본질을 변화시켰고, 그 과정에서 여성이 가정에서 수행하는 역할에도 극적인 변화가 생겼다.[11] 산업 경제는 사람들을 농장에서 공장으로 이동시켰다. 일과 가정을, 공공 생활과 사생활을 분리했다. 집은 더 이상 경제적 생산의 장소가 아니라 소비의 장소였다. 집은 성스러운 곳, 즉 "'마음이 머무는 곳'이자 가장 이상적으로는 친밀함과 평화, 자발성, 자아를 초월한 사람들과 원칙에 대한 확고한 헌신이 있는 장소"가 되었다고 서러는 적었다.[12] 자본주의가 일과 정치를 개인적인 경쟁에 초점을 맞추고,[13] '자수성가'를 위한 사다리가 만들어지면서 그러한 장소의 중요성이 커졌다. 가족은 사리사욕에 대한 방어벽, 즉 "상호 의존, 비계산적 상호성, 선물의 나눔이 널리 퍼진 장소, 공적인 야망이나 경쟁을 타인을 고려해 사적으로 누그러뜨리는 방법을 배우는 무대"로 비추어졌다고 역사학자 스테파니 쿤츠Stephanie Coontz는 『존재한 적 없는 우리의 과거*The Way We Never Were*』에서 적었다. 여자들은 그 유예의 장소를 바깥세상의 모든 문제로부터 지키는 존재였다. 사회에서의 역할은 줄어들었는데 도덕적 의무는 부풀어졌다.

계몽주의와 그것이 만들어낸 성별화된 과학이 이미 그러한 영역 분리를 위한 기초를 다졌다.[14] 아이들은 단순히 어른의 작은 버전이 아닌 어린이로 새롭게 인식되었고 원죄가 아닌 잠재적인 선함으로 가득한 존재가 되었다. 그들은 사랑과 양육을 필요로 했다. 여성들에게 선천적으로 적합하다고 여겨지는 일들이었다. 남자와 여자는 달랐다. 여자들은 도덕성과 안정성의 원천이자 예측 가능한 가임 주기와 연결되었고, 엄마됨은 그들 존재의 핵심이었다. 그 역할에서 벗어나면 자연의 파괴로 간주되었다.[15] 그래서 남자들은 그들이 한때 아내와 교환하거나 함께 생산한 상품을 살 돈을 벌기 위해 일터로 갔다. 그리고 여자들은 집에 남았다.

물론 집에 있지 않은 여자들도 많았다. 공장이 늘어남에 따라 믿을 만한 임금과 가족을 부양할 기회에 이끌려 많은 젊은 미혼 여성들이 도시로 일하러 갔다. 기혼 여성들도 일하러 갔다. 비록 그들이 노동 인구에 합류한 사실이 역사학자들에 의해 경시되거나 간과되는 경우가 많았지만 말이다. 영국의 인구 조사 자료를 면밀하게 검토한 결과에 따르면 19세기 후반 런던에서는 구역에 따라 차이는 있지만 근로 여성의 1/3에서 1/2은 결혼했거나 남편을 잃은 여성들이었고 외딴 도시들에서도 비슷한 수치가 발견되었다.[16]

이와는 별개로 경제학자 클라우디아 골딘Claudia Goldin은 노예제가 공식적으로 폐지된 후 빠르게 성장하고 있던 미국 남부 7개 도시의 노동 동향을 살펴본 결과, 1880년에 기혼 흑인 여성의 3분의 1 이상이 노동 인력이었다는 사실을 발견했다.[17] 이는 기혼 백인 여성보다 5배나 많은 숫자였다. 마찬가지로 어린 자녀가 있는 흑인 엄마일수록 비슷한 백인 엄마들보다 일할 가능성이 더 컸다. 골딘은 그 차이가 다음을 포함한 다양한 요소들에 기인한다고 말했다. 즉, 돈을 버는 것은 흑인 여성들에게 부끄러운 일이 아니라 꼭 필요한 일이었다. 그것은 주택 차별이라든지 흑인 남성이 직장에서 훨씬 더 심한 차별을 당한다는 사실을 포함해서, 백인 여성들은 직면하지 않는 여러 불확실성으로부터 흑인 여성들을 지켜주는 울타리와도 같았다.

여자는 "집 안의 천사"[18]가 되어야 한다는 빅토리아 시대의 관념은 많은 여성에게 현실이 아니었다. 빅토리아 시대의 런던에서도 다른 곳에서도 마찬가지였다. 19세기 거의 내내 미국의 중산층 가정은 육아에 더 많은 시간을 할애할 수 있었는데, 특히 가정부(보통 젊은 이민자들이었다)를 고용할 수 있는 능력 때문이었다고 쿤츠는 적었다.[19] "가족의 울타리 안에서 아내와 아이를 보호하는 모든 가정에는 그 중산층 집에서 바닥을 걸레질하는 아일랜드인이나 독일인 소녀, 집에서 구운 빵과 케이크를 데울 석탄을 캐는 웨일스 소년, 그 가족의 빨래를 하는 흑인 소녀, 그 가족이 입을 옷으로 만들어질 목화를 따는 흑인 엄마와 아이, 열악한 작업장에서 그 가족이 구매할 '귀부인' 드레스나 조화를 만드는 유대인 또는 이탈리아인의 딸이 있었다."

하지만 이 비현실적인 이상은 일하는 엄마들에게 오랫동안 심오한 영향을 끼쳤다. 그것은 그들의 상사에게 (그리고 비판적인 눈으로 바라보는 수많은 이들에게) 그들을 무능력하게 바라보아도 된다는 힘을 주었다.[20] 에이미 웨스터벨트Amy Westervelt는 저서 『모든 것을 다 가질 수는 없다*Forget "Having It All"*』에서 이렇게 표현했다.

> "고용주는 주로 중산층 또는 상류층의 백인 남성이었고 그들은 모든 여자가 결혼해서 남자의 부양을 받으므로 임금을 적게 주어도 상관없다고 생각했다. 집에 아이들이 있는데도 일하는 여자는 열등한 여자라고 가정했다. 만약 유색인종 여성이거나 이민자일 경우에는(실제로 그런 사람들이 대부분이었다) 인종 차별과 외국인 혐오증에 의해 그러한 가정이 더욱 굳어졌다."

애초에 여자들이 일하는 것을 원치 않는 남자들이 많았다.[21] 그들은 가정의 가부장적 규범이 뒤집히는 것을 원하지 않았다. 게다가 여성의 값싼 노동력은 그들에게 경쟁을 의미했다. 일부 공장들은 오랫동안 박봉으로 위험한 환경에서 일하는 여성들의 노동력에 의존해 돌아갔다. 20세기에 접어들 무렵 노동자 권리 옹호자들은 그런 여성 노동자들을 위한 노동 환경 개선을 목표로 하는 법안들을 밀어붙였다. 그중에는 현재 또는 미래의 어머니들을 보호할 필요성이 명시적으로 언급된 법도 있었다. 하지만 웨스터벨트는 그 "보호"법들이 여성들을 더 비싸고 더 복잡하게 만들어서 고용주들에게 덜 매력적으로 보이게 만들었다는 점도 지적했다. 노동조합이 백인 남성 노조원들을 위해 집에 있는 아내와 자녀들을 충분히 부양할 수 있는 "가족 임금"을 노동자 계급의 기준으로 확립하고자 노력하면서 여성들은 고용 시장에서 조금씩 밀려났다.

여성을 집에 매어두는 것은 오랫동안 국가에 이익이었다.[22] 국가 건설에 필요한 인구를 공급하기 위해, 인종과 계급, 종교의 인구 통계를 통제하기 위해, 그리고 정치적 반대를 진압하기 위해서 말이다. 1839년에 영향력 있는 영국의 목사 프랜시스 클로즈Francis Close[23]는 그의 교구 교회에서 정치 개혁과 노동자의 권리를 지지하는 집회를 열었다며 여성들을 비난했다. 그는 여성들이 정치적 선동가가 됨으로써 스스로의 가치를 떨어뜨렸다고 말했다.

"여러분이 사회에 끼치는 모든 영향력의 원천은 여러분의 집입니다. 아이들의 곁입니다. 단란한 가정입니다. 여러분이 즉시 유대감을 느끼는 작은 무리의 친구들입니다. 바로 거기에서 여러분의 정당한 영향력을 행사해야 합니다. 여러분은 거기에서 빛나도록 태어납니다."

미국이 영국을 물리친 후 수십 년 동안 미국의 건국자들은 새로운 국가에서 여성의 역할을 적극적으로 찾아나섰다.[24] 1801년 "여성 옹호자"라는 이름으로 출판된 한 에세이는 대담하게도 여성들이 교회와 정부에서 대의권을 갖고 완전한 시민권을 부여받아야 한다고 적었다. 대신, 백인 "공화당 어머니들"은 자녀들에게 시민의 덕목을 교육하고 국가의 미래를 만들라고 촉구되었다. 일부 여성들에게는 이 새로운 책임이 그들의 정치적 지위를 높여주는 것처럼 느껴졌다. 오히려 그들을 둘러싼 가정의 벽이 더 높아졌는데도 말이다. 역사학자 린다 커버Linda Kerber는 그 역설의 영향력이 20세기 들어서, 그리고 21세기까지도 지속되었다고 적었다.[25]

모성 본능은 신이 남녀에게 서로 다른 기질과 목적을 부여해 가족과 국가를 위해 봉사하게 만들었다는 믿음으로 성장하게 되었다. 머지않아 세상의 변화 속에서 여성의 정당한 자리를 논하는 그 메시지도 종교적 사안이 아닌 과학에 의해 증명되는 진리로 변화를 맞이하게 되었다.

° ° °

진화론은 성별에 대한 전통적인 생각에 과감하게 도전했다. 아담과 이브가 모든 인간이 만들어진 틀임을 불신하는 가장 크고 가장 명백한 무언가가 바로 진화론이었다. 일부 종교 지도자들은 창세기에 중점을 두는 "강건한 기독교muscular Christianity"를 장려함으로써 그 위협에 대응했다. 그런가 하면 진화가 성경에 대한 일종의 보완 개념이고 인간의 지배와 완벽을 향한 진보의 증거라고 받아들이는 이들도 있었다. 역사학자 킴벌리 햄린Kimberly Hamlin은 『이브에서 진화까지*From Eve to Evolution*』에서 "진화론은 백인 엘리트 계급이 지지할 수 있는 사상이었다"라고 적었다.[26] 그것은 그들이 최고의 위치에 있다는 것이 그들의 신앙뿐만 아니라 자연법칙에 의해서도 정당화되는 증거로 보였다.

다윈은 남성이 여성을 지배하는 것이 정당하다는 성경의 개념을 없애려고 한 것이 아니다. 오히려 정반대였다. 단순히 신앙에서 생물학으로 초점을 바꾸었을 뿐이었다. 다윈은 여성을 남성보다 지적으로 열등하게 만드는 것이 바로 강력한 모성 본능이라고 믿었다.[27] 여성은 다른 사람들을 돌보는 데 특화되어 있고 남성은 남성과 경쟁한다고 그는 적었다. 그 기본적인 사실로 인해 남자들은 감각의 사용에서 추론, 상상에 이르기까지 사실상 모든 것에서 "더 높은 고지"를 차지한다. 법률상의 신분을 요구하는 여성이 늘어나자 사회 다윈주의자들은 남성의 지배를 지속하려는 정당한 이유로서 그 개념에 달려들었다.[28] 그중에는 "적자생존"이라는 표현을 만든 영국인 철학자 허버트 스펜서Herbert Spencer도 있었다.[29] 그는 출산이 여성의 "활력"을 빼앗아 정서적, 지적 능력을 방해한다고 적었다.

그럼에도 여성 권리 옹호자들은 진화론에서 기회를 보았다.[30] 그것이 성별 논쟁을 성경의 조상이나 개인의 영혼 상태에 대한 것에서 멀어지게 해서, 생식에 초점을 맞춘 생물학에 관한 것으로 옮겨주었기 때문이다. 하지만 진화론은 난관도 가져왔다. 여성과 남성의 생식 생물학은 다르기 때문이다. 더 평등한 지위를 위해 싸웠던 이전 세대의 여성들은 신의 말에 맞서야 했지만, 진화론이 이 조건을 바꾸었다. 이제 그들은 '다름'이 '열등'이 아님을 증명해야 했다. 햄린은 과학이 "객관성의 가능성을 제공했다"라고 썼다.

초기 다윈주의 페미니스트 중 하나인 앙투아네트 브라운 블랙웰Antoinette Brown Blackwell[31]은 당대의 성 규범에 맞서는 것에 익숙한 사람이었다. 그녀는 노예 제도와 여성의 권리 문제에 대해 자주 발언하는 사람으로 유명했고, 1853년에는 회중교회에서 서품을 받아 여성 최초로 미국 주류 기독교 교파의 목사가 되었다. 그녀는 믿음의 위기 때문에 일 년도 되지 않아 교회를 떠났고 나중에 좀 더 자유주의적인 유니테리언교회에 합류했다. 꽤 늦은 서른의 나이에 결혼해 아이를 갖기 시작하면서(모두 일곱 명의 자녀를 낳았지만 둘은 유아기에 세상을 떠났다) 연설보다는 글쓰기로 더 많은 시간을 보냈다. 여성의 권리가 그녀의 주요 관심사가 되었는데, 특히 여성이 어머니가 된 후에도 생산적인 공적 생활에 참여할 수 있다는 것이 핵심 주장이었다.

블랙웰은 1875년에 『자연의 성*The Sexes throughout Nature*』이라는 책을 출판하면서 또 다른 최초 기록을 세웠다. 그 책은 여성에 의해 출판된 진화론에 대한 최초의 페미니스트적인 비평이었다.[32] 그녀가 문제 삼은 것은 진화론도, 진화론의 해석도 아니었다. 블랙웰은 당대의 위대한 사상가들이 그들 자신의 남성 우월 의식 너머를 보지 못하는 점을 비판했다. 그녀는 다윈이 여성의 열등감에 관한 "오래된 결론에 이르는 새로운 길"을 찾았을 뿐이라고 적었다.[33] 진화론을 새로운 렌즈로 삼아 모든 종을 바라본 그녀는 "여성을 선호하는" 시스템을 발견했다.[34] "자연의 가장 단단한 싹도 먹이를 가장 배불리 먹는 나비도 모두 이 성별에 속한다. 암컷 거미들은 작은 수컷 스무 마리를 먹어치울 만큼 크다. 일부 엄마 물고기들은 "내 작은 남편은 엄지만 해요"라는 동요 가사의 패러디이다. 물론 블랙웰은 남자들이 진화를 바라보는 관점은 다르다고 말했다. 그녀의 경험에 따르면 "남자들은 깊은 동정심을 느낄 때는 분명하게 보고 예리하게 생각하지만, 다른 때는 그렇지 않다."[35]

블랙웰은 과학, 특히 여성이 지휘하는 과학이 심판이 될 것이라고 믿었다. 그녀와 동료들은 여성들이 과학 분야에서 그들 자신을 대표하는 미래를 상상했다.[36] 실제 경험을 이용해 가장 긴급한 질문을 파악하고 그 답을 찾기 위해 과학적 기술을 발전시키는 미래였다. 하지만 그런 미래는 오지 않았다. 적어도 그들의 일생 동안은.

과학은 빠르게 여성을 격리했다.[37] 생물학 연구와 과학 전반은 엄격한 프로토콜에 의해 지시되고 전형적으로 여성들의 입장을 거부하는 기관들의 축복을 받으며 전문화되었다. 19세기 후반 페미니스트들에게 진화론은 "처녀 엄마와 사악한 요부에 관한 이야기로부터의 자유"를 의미했다고 햄린은 적었다. 진화론은 인간의 발달이 "순서가 있고 알 수 있는 과정," 즉 신중한 연구를 통해 밝혀질 수 있는 과정을 통해 일어난다는 생각을 제시했다. 그러나 20세기로 접어들 때 과학계에 몸담은 남자들에게 과학은 현상을 확인하는 수단인 경우가 많았다.

특히 그것은 19세기 말과 20세기 초에 본능 이론을 다룬 남자들 사이에서 분명해 보였다. 다윈은 자연 선택이 종의 신체적 특성에 영향을 끼치는 것만큼이나 본능에도 강력하게 작용한다고 주장했다. 생존을 보장해주는 것들을 선호한다고 말이다. "하등" 동물들은 오랫동안 주로 본능에 의해 움직인다고 여겨졌고, 다윈은 동물과 인간의 벽을 허물어 본능이 인간의 행동에 어떤 영향을 끼치는지에 대한 연구를 추진했다.[38]

초기 심리학자들이 인간 본능의 본질을 탐구하면서 본능 자격을 얻을 수 있는 것들의 수가 늘어나는 듯했다. 1890년에 출판된 윌리엄 제임스William James의 『심리학 원리*Principles of Psychology*』에 수록된 목록에는 청결함, 호전성, 질투, 섹스를 향한 본능, 사냥과 구축, 등반을 향한 본능, 낯선 사람과 낯선 동물을 피하려는 본능까지 포함되었다.[39] 그리고 부모의 사랑에 대한 본능도 있었다. 책은 이것이 "남자보다 여자에게서 더 강하고" 여자를 지금까지의 모습에서 종족이 필요로 하는 성모 마리아 같은 존재로 즉시 바꾼다고 했다. "여성의 사랑은 모든 위험을 경멸하고 모든 어려움을 이겨내며 모든 피로보다 강하고 남성이 보여줄 수 있는 어떤 것보다도 강한 무적이다"라고 제임스는 적었다. 윌리엄 맥두걸William McDougall은 1908년에 한 걸음 더 나아가 자녀를 보호하고 소중히 여기는 본능은 (그 일에 요구되는 "애정 어린 감정"과 함께) "쉴 새 없이 모든 것을 쏟아부어야 하는 엄마라는 직업이 되었고 여성은 거기에 모든 에너지를 바친다"고 했다.[40] 그는 그것이 그 무엇보다, "심지어 공포보다" 강한 본능이라고 썼다.

그러나 모성 본능은 여성의 교육만큼 강하지는 않았다. 맥두걸은 같은 저서에서 개인의 지성이 커질수록 부모 본능은 쇠퇴한다고 했다.[41] 피임이나 이혼, 성 역할의 침식 같은 것을 막기 위한 도덕적 제도에 의해 시행되는 "사회적 제재"로 대항하지 않는 한 그렇다는 말이다. 이것은 맥두걸에게 큰 우려였다. 그는 우생학을 옹호했고 그것을 주제로 대단히 인종 차별적인 책을 쓰게 된다. 모성 본능에 대한 그의 주장에는 백인 우월주의가 숨어 있다.[42] 그는 "모성 본능이 약해지는 가족, 인종, 국가는 그것이 강한 이들에 의해 빠르게 대체된다"고 적었다.

다윈에게 블랙웰 같은 이들이 있었던 것처럼 맥두걸에게도 반대자들이 있었다.[43] 모성 본능이 과학적 이론이 아니라 사회적 장치이고 여자들의 생각과 행동을 통제하는 수단이라고 지적한 여성들이 그들이었다. 선구적인 심리학자(특정한 우생학적 사상을 받아들이기도 했다)[44] 레타 홀링워스Leta Hollingworth는 1916년에 『미국 사회학 저널*American Journal of Sociology*』에 동료 학자들에게 보내는 글을 실었다. 그녀는 군인이 전쟁에서의 쓰임을 강요받는 것처럼 여성들은 그들의 가장 고귀한 쓰임새가 엄마 역할이라고 믿도록 강요받았다고 썼다. 사회 규범은 자신의 모성 의무를 열성적으로 행하는 "여성스러운 여성"을 이상화했다. 미술은 그녀를 숭배했고 미술관에는 "성모상이 가득 걸려 있었다." 그녀 시대의 법은 여성의 재산과 돈에 대한 통제를 제한하여 남편에게 재정적으로 의

존할 수밖에 없게 만들고, 피임 정보의 유포를 금지함으로써 규범에서 벗어나는 것을 금지했다. 그리고 모성의 힘든 부분을 숨기고 금기시하는 방법이 많았다. 20세기 말보다 적어도 60배는 높았던 당시의 산모 사망률[45]은 거의 공개되지 않았다고 홀링워스는 적었다. 엄마 일의 단조로움도 거의 언급되지 않았다. 하지만 그 기쁨만큼은 기회가 있을 때마다 찬양되었다.

홀링워스 시대의 많은 여성은 모성 숭배를(또는 적어도 백인의 모성에 대한 우상을) 여성의 사회적 지위를 높이는 수단으로 받아들였다. 홀링워스는 직설적으로 말했다. "높은 출산율 유지와 관련된 고통과 위험, 고된 노동을 자발적으로 추구할 정도로 강렬한 모성 본능이 여성들에게 존재한다는 것을 입증할 만한 증거가 없다." 홀링워스는 정치 지도자들이 "비열한 계략"을 포기하고 여성들에게 "국가 확장"에 기여한 공정한 보상을 제공해야 한다고 주장했다. "일반적으로 여성의 증대된 행복과 유용성은 사회적 이익으로 간주되므로" 그러한 변화가 막대한 사회적 이익을 가져다줄 것이 분명하다.

• • •

홀링워스의 발언이 오랜 세월이 흐른 요즘에도 틀린 말이 아닌걸 생각하면 정말로 실망스럽지 않을 수 없다. 이미 그때 모성 본능이 명백히 잘못된 신화임을 알아본 사람들이 있었지만, 신화가 너무도 오래 계속되었고 가족에 대한 사람들의 생각에 더 깊이 뿌리내리게 되었으니 말이다. 인류학자 세라 블래퍼 허디Sarah Blaffer Hrdy는 다윈 페미니스트들의 희망을 "가지 않은 길"[46]이라고 묘사했다. 대신 모성의 생물학에 대한 초기의 이해는 "이전 세대 도덕주의자들이 내놓은 가부장적 가정에 기반을 두고 구축되었다"라고 그녀는 『모성 본성*Mother Nature*』에서 적었다.[47] "기본적으로 그들의 희망사항에 불과한 것이 객관적 관찰을 대신했다." 그 희망 사항은 지속적으로 영향을 미쳤다.

오늘날 과학자들은 인간 부모의 행동이 엄격한 모성 본능에 의해 결정되기에는 너무 가변적이라는 것을 인정한다. 본능이라는 개념 자체가 문제 있는 경우가 많다.[48] 완전히 타고난 것처럼 보이는 무언가가 사실은 유전적 환경과 학습, 삶의 경험, 세대에 걸쳐 전해지는 좋거나 나쁜 교훈이 유전자에 끼친 미묘한 영향으로 만들어진 것이다. 만물의 자연적인 질서는 훨씬 덜 질서정연하다. 대중문화는 블랙웰이 비난했던 고리타분한 여성성의 과학을 대부분 포기했다. 우리는 모성이 의무도 운명도 아니며, 자식이 없다고 여성이 성취감을 느끼지 못하거나 불완전한 상태로 남지 않는다는 것을 안다. 하지만 나는 이 글을 쓰면서도 의심이 든다. 우리는 집단으로서 정말로 그렇게 생각할까?

오늘날 우리가 모성 본능을 그 이름으로 부르든 아니든 그 영향력은 어디에나 있다. 모성 본능의 개념은 서러의 말처럼 심리학자들이 "아이들은 태어나는 것이 아니라 만들어지고," 여성들에게 그 일을 맡길 수 없다고 여겨지며, 아기들을 훈련할 수 있다는 사상을 선호한 1920년대와 1930년대에도 살아남았다.[49] 모성 본능 이론은 제2차 세계대전이 끝난 후에 다시 부활했다. 미국의 엄마들은 전시의 일자리와 연방정부가 지원하는 보육 프로그램이 전쟁 후에 사라진 것을 목격했고, 전쟁의 참상 이후 인류애를 다시 확인시킬 안정적인 힘이 되는 것이 다시 한번 여자들의 역할이라는 논리를 듣게 되었다. 20세기 중반에 점점 더 많은 정신분석학자, 정신과 의사, 아동 발달 전문가들이 입을 모아 엄마의 사랑이 아이들의 정서적 발달에 (비타민이 신체적 발달에 중요한 만큼이나) 중요하다고 주장했다.[50]

영국의 정신분석학자 존 볼비John Bowlby는 로렌츠의 새로운 각인 연구를 기반으로 엄마와 아이의 애착에 대한 새로운 이론을 썼다.[51] 이것은 유아기에 대한 우리의 생각을 더 좋은 쪽으로 바꾸었지만 가정 생활과 엄마 자신의 욕구와 발달이라는 더 넓은 맥락은 거의 전적으로 무시했다. 이제 아이의 올바른 발달을 가능하게 하는 강력한 열쇠는 단순히 엄마의 행동이 아니라 엄마의 모성애였다. 과학사가 마르가 비세도는 이렇게 썼다. "과거에 엄마는 아이들의 능력을 가능케 하거나 제한할 수 있었다. 엄마는 아이들을 누그러뜨리거나 통제하거나 교육할 수 있었다. 하지만 볼비에 따르면 아이들은 특정한 유형의 모성애를 획일적이고도 보편적으로 필요로 하는 반면, 엄마의 감정은 아이들의 마음을 결정한다."

볼비의 연구는 1990년대에 윌리엄 시어스William Sears와 마사 시어스Martha Sears에 의해 "애착 육아attachment parenting"로 대중화되었다. 직관적이고 자연스러운 것으로 보는 시각도 있고 어머니에 대한 요구가 지나치게 지시적이고 극단적이라는 시각도 있었다. 하지만 그보다 훨씬 전에, 모성 본능에 대한 믿음 그리고 엄마의 사랑의 결정론적 가치는 수십 년 동안 "낙태를 반대하는" 보수적인 정치인들을 부채질했다. 그 믿음은 가정과 직장에서 성 역할을 극적으로 혁신하고자 한 2세대 페미니스트들의 수많은 주장을 차단하는 데 효과적인 것으로 입증되었다.[52] 볼비는 1965년 『뉴욕 타임스』에서 엄마의 사랑을 박탈당하면 아이가 고통을 받는다는 그의 이론을 반박하는 데 유일하게 관심을 보인 자들이 공산주의자들과 전문직 여성들뿐이고, 후자는 "사실상 가족을 방치했다"고 말했다.[53]

미국에서는 여전히 유급 육아 휴가 정책을 위한 힘든 싸움이 벌어지고 있었고, 보편적인 보육 시스템은 아직 한참 먼 이야기였다. 1971년의 아동 발달 종합법Comprehensive Child Development Act은 전국적인 보육 서비스 시스템을 구축하려는 진지한 마지막 시도였다. 닉슨 대통령은 그것이 "가족을 허무는" 법안이고 정부가 "우리 문명의 핵심인 가족의 정당한 위치를 강화해야만 한다"라며 거부권을 행사했다.[54] 그 진술에는 여성의 자연적인 위치에 대한 믿음이 내재해 있었다. 이후로 오랫동안 가정은 높은 보육 비용과 보육 시설의 긴 대기 명단으로 인해 분투해왔다. 특히 코로나19가 초래한 팬데믹으로 문을 닫거나 규모가 축소된 어린이집들이 속출하면서 문제는 더욱 악화되었다. 미국은 보육 인프라에 단 한 번도 합리적이고 진지한 방식으로 투자한 적이 없다. 왜냐하면 권력자들은 항상 육아를 생리학에 따라 결정된 여성의 일로 봐왔기 때문이다.

진전이 전혀 없는 것처럼 보일 수도 있다. 하지만 2021년 3월, 미 상원 민주당 의원들이 "엄마들을 위한 마셜 플랜"을 요구하는 결의안을 제출했다.[55] 팬데믹이 여성들, 특히 유색인종 여성들의 직장 생활과 재정적 안정에 끼친 피해를 인정하면서 보육 옵션과 유급 휴가, 정신 건강 지원에 대한 접근성 개선을 포함시켰다. 그 바로 하루 전 아이다호의 의원들은 조기 유아 교육을 지원하기 위한 6백만 달러의 연방 보조금을 거부했다. 한 의원은 (비록 나중에 발언을 후회한다고 밝혔지만) "나는 엄마들이 집을 나와 다른 사람들이 그들의 아이를 키우도록 하는 것을 더 편하게 만들어주는 그 어떤 것도 지지하지 않을 것"이라고 말했다. 우익 평론가이자 정치 고문인 팻 뷰캐넌Pat Buchanan이 1971년 법안을 폐기하라고 닉슨 대통령을 설득했을 때 드러낸 것과 정확히 똑같은 감성이었다.[56] 그리고 어린아이가 있는 가정을 지원하는 정책에 대한 국가의 투자에 반대하는 사람들이 앵무새처럼 읊어대는 말도 똑같다(2022년 초 기준, 저렴한 보육과 프리스쿨 의무 교육에 거의 4,000억 달러를 투자하는 바이든 대통령의 빌드 백 베터Build Back Better 계획[57]은 상원에서 무기한 지연되고 있다).

모성 본능에 대한 믿음은 피임과 낙태 반대를 이끄는 원동력이기도 한다.[58] 모성애에서 기쁨을 찾는 것이 여성의 본성이고 아이를 돌보는 것이 그들의 필수적인 생물학적 운명인데 왜 출산을 제한해야 하는가? 모성 본능에 대한 믿음은 부모됨의 경로를 '자연적인' 것, 또는 그렇지 않은 것으로 분류한다. 이것이 보통 이상의 만족감을 경험하지 못하는 부모들의 자기 의심을 이용하는 현대의 육아 조언 산업을 발달시켰다.[59] 그리고 이것이 "올바른" 육아 방식을 둘러싼 문화전쟁을 유지하고, 모유 수유가 힘들거나 출산이 계획대로 되지 않을 때 부모 스스로 결함 있다고 느끼게 만들 수 있다.

모성 본능은 오랫동안 적어도 중산층 남녀로 구성되지 않은 가족들에 대한 차별을 부채질해왔다. 이것이 남성성에 대한 시대에 뒤떨어진 사고를 유지시켜서 아빠들에게 그들이 부양육자(조수 또는 베이비시터)라고 가르치고, 엄마들에게도 아빠를 그렇게 바라보도록 장려한다. 모성 본능은 동성 커플, 트랜스젠더 및 논바이너리 부모들의 아이를 돌보는 능력이나 욕구를 의심하거나 범죄 취급함으로써 그들의 권리를 침해하고 인정받지 못하게 한다. 모성 본능은 돌봄의 계급 구조를 만든다. 상황에 관계 없이 무조건 출산 부모의 중요성을 절대적으로 보고 양부모와 아이를 사랑하는 다른 어른들의 가치를 떨어뜨린다.

'좋은 엄마'의 이상은 유색인종 여성들에게는 완전히 확장되지 않았다. 가난한 여성 혹은 '집 안의 천사' 모델에 부합할 가능성이 적은 모든 여성도 마찬가지였다. 왜냐하면 그들은 일을 선택했거나 필요로 했기 때문이다. 아니면 그들에게는 아이가 엄마뿐만 아니라 가족과 친구들에 의해 길러지는 것이 중요하기 때문이다. 또는 미키 켄달Mikki Kendall이 『모든 여성은 같은 투쟁을 하지 않는다*Hood Feminism*』에서 썼듯이 소외된 공동체에서의 육아 현실[60]은 부모로 하여금 가정의 중심일 뿐만 아니라 추방, 굶주림, 퇴거, 지역 폭력, 경찰의 잔혹성, 예산 부족에 시달리는 학교, 그리고 모든 형태의 체계적인 인종 차별 같은 실질적인 위협에 맞설 것을 요구하기 때문이다.

천사 서사는 자녀를 돌보는 다른 수많은 이야기들을 모호하게 만들었다. 양육자이자 투사가 되는 것, 가족을 보호하고 공동체를 구축하는 것 같은 이야기들을 말이다. 모성 이상이 사회 기반 시설의 중심이었던 미국에서는 특히 그러했다. "가족은 아메리칸 드림에서 명예로운 자리를 차지한다. '좋은 가족'은 성공적인 커리어의 일부 지위를 차지하지만, 추가적인 도덕성과 미덕을 짐 지운다"고 가족과 공동체를 연구하는 학자 미아 버드송Mia Birdsong은 『우리가 돕는 방법*How We Show Up*』에서 적었다.[61] "아메리칸 드림의 기준에서 '좋은 가족'은 합법적으로 결혼한 남성과 여성, 그들이 키우는 생물학적인 자녀로 구성된 배타적인 핵가족이다. 이 가족은 자급자족할 수 있으므로 독립적인 단위로 기능한다. 이것은 가족 형태의 해로운 개인주의이다."

모성 본능은 부유한 백인의 모성을 바탕으로 하는 이상을 뒷받침함으로써 계속해서 여성(집단적으로나 개별적으로)의 경제적, 정치적 가치를 결정한다. 그 증거로 2020년에 에이미 코니 배럿Amy Coney Barrett이 미국 연방대법원의 대법관으로 임명되었을 때 그녀의 자녀가 몇 명인가에(7명) 지나칠 정도로 관심이 쏠렸던 일이 있다.[62] 공화당 상원의원들은 민주당의 공격을 약화시키기 위해 배럿의 모성을 '페티시화'했다.[63] 즉, 그녀의 대법관 후보 지명이 접근하기 쉬운 의료보험처럼 엄마들이 진정으로 신경 써야 할 문제들의 미래에 미칠 영향에 대한 민주당의 공격을 누그러뜨리기 위해서라고 당시 작가인 리즈 렌즈Lyz Lenz는 『글래머』에 적었다. 엄마를, 특히나 그런 엄마를 같은 편에 두는 것을 찬미하는 것은 전략적이었다고 렌즈는 말했다. "미국은 오랫동안 그런 엄마를 칭찬해왔다. 백인이고 성공했고 남편과 함께 아이들의 손을 잡고 교회에 나가고 저녁 6시에 식사를 차리고 아이들에 둘러싸여 식탁에 앉는 그런 엄마 말이다."

몇 년 전 내가 일했던 신문사의 편집장이 나와 다른 두 명의 수석 편집자에게(셋 다 여성) 물었다. 여성들이 직장에서 협업을 더 잘하는 이유가 육아 본능 때문이냐고. 사실 질문이라기보다 단정에 가까운 말이었다. 나중에 나는 "협업을 잘한다"는 그의 말이 "공을 인정받지 못해도 기꺼이 아이디어를 보탠다"라는 뜻이었는지 궁금해졌다(이유 있는 궁금증이었다). 모성 본능의 신화는 미묘하지만 결코 미묘하지 않게 직장에서 여성들의 위치를 정의했다. 그것은 모든 여성을 잠재적인 엄마로 지목하고, 모든 엄마는 아이들에게 집중력과 시간 또는 심지어 지성을 빼앗기므로(허버트 스펜서의 메아리와 함께 '엄마의 뇌' 밈 등장!) 고용주에게 가치가 낮다고 지정할 힘을 갖고 있다.

성별 임금 격차는 사실이지만, 그 이유의 상당 부분을 차지하는 것은 바로 출산이다.[64] 엄마들은 남자들과 자녀가 없는 여자들보다 돈을 적게 번다. 아이를 낳은 후 몇 년 동안뿐만 아니라 장기적으로도 그렇다. 이 상황 또한 팬데믹 때문에 더욱 악화되었다. 너그러운 유급 육아휴직이나 막 시작한 가정을 위한 지원 정책이 마련된 국가들의 실정도 마찬가지다.[65] 이것은 여성들이 단순히 더 열심히 일한다고 고칠 수 있는 문제가 아니다. 연구자들은 매우 유능하고 업무에 지나치게 헌신적으로 보이는 여성들이 바로 그런 자질 때문에 냉혹하고 이기적으로 간주되고 적은 보수를 받는 경향이 있다는 사실을 발견했다.[66] 반대로 남자들, 특히 고임금을 받는 남자들은 자식을 둔 아버지일 때 직업적으로도 보상을 받는다.

○ ○ ○

우리가 아기를 분만하는 병원은 일반적으로 헌신적이고 열정적인 돌보미들로 이루어지지만, 그들 역시 인종 차별과 성차별로 얼룩진 의료 시스템의 오랜 역사의 일부이기도 하다. 의료계에 종사하는 사람들은 그 분야가 객관적이고 오직 과학과 증거에 근거한다고 생각하기를 좋아한다. "생식과 성 건강 및 산전 의료 분야만큼 그게 사실이 아닌 분야는 없어요. 사실하고 한참 거리가 멀어요."[67] 미미 나일스가 나에게 말했다.

여성들이 선천적으로 준비가 된 상태로 아이를 맞이한다는 생각은 출산이 오로지 건강한 아기를 낳는 데만 집중하는 의학적 절차라는 인식을 낳았다. 출산 부모가 생물학적으로 또 심리학적으로 근본적인 변화를 경험한다는 사실은 대부분 무시되거나 인식되어도 조치가 이뤄지지 않는다(때로는 비극적인 결과를 초래하기도 한다). 미국의 산모 사망률은 2018년 기준으로 10만 명당 약 17명으로 다른 고소득 국가 대부분보다 두 배나 높다.[68] 흑인 여성이 임신 도중 또는 출산 후 42일 이내에 사망할 위험은 백인 여성의 2.5배이며 산후 1년까지의 사망자 수를 고려하면 그 차이는 더 커진다.

프로퍼블리카와 NPR이 함께 기획한 라디오 시리즈 「잃어버린 엄마들Lost Mothers」에서 언론인 니나 마틴Nina Martin과 그녀의 동료들이 분명히 밝혔듯이, 그 원인은 제도화된 인종 차별이 가져온 최악의 영향들이 충돌한 결과인 듯하다.[69] 흑인 산모들은 임신 전부터 심장병과 당뇨를 포함하여 임신을 더 위험하게 만들 수 있는 건강 상태에 놓일 위험이 더 크다. 그들은 임신 중이나 임신 후에 자간전증, 심부전, 산후 우울증을 포함한 합병증이 생길 확률이 높다. 건강보험에 가입할 가능성이 적으며, 인종 분리 정책에서 생겨나 오늘날 예산 부족에 시달리며 질 낮은 의료를 제공하는 병원에서 분만할 가능성이 높다. 그들은 고통이나 합병증을 호소해도 인정해주지 않는 의사들의 편견을 마주한다. 더 높은 사회·경제적 지위나 교육 수준도 그들을 이런 위험에서 보호해주지 못하는 것처럼 보인다.

이 숫자들에는 이중의 위협이 있다. 즉, 통계 자체의 위험에 더해 기쁨의 부정도 존재한다. 나일스에 따르면, 임신성 당뇨나 자간전증에 걸릴 위험이 더 큰 소외 계층의 산모들은 임신을 병으로 보는 경향이 있다. 의료진과 공중보건 전문가들은 아기에게 나타날 수 있는 위험에만 극도로 집중하므로, 부모에게 임신은 책망으로 가득한 경험으로 느껴진다. 또한 자신에게 일어나는 변화를 이해할 기회도 얻지 못한다. "임산부들에게 확실하게 알려줘야 해요. '출산이 당신에게 이런 영향을 끼칠 수 있습니다'라고 말이죠." 나일스는 말했다.

부모됨의 사회적, 문화적 과정뿐만 아니라 생물학적, 심리학적 과정을 정상 상태로 만드는 것은 조산술의 핵심이다. 조산 돌봄은 동일한 제공자가 임산부를 임신 전부터 육아 초기까지 돌볼 수 있게 한다. 그 돌봄은 병원이 아닌 지역 진료소나 집에서 더 많이 이루어진다. 조산사가 주도하는 임신 및 출산 케어가 효과적이고 경제적이라는 증거가 전 세계에서 나온다.[70] 건강한 임신을 위한 의료 개입이 줄고, 출산 경험에 대해 산모들이 더 큰 통제감과 만족감을 느낀다는 보고가 있다. 오랫동안 백인 남성들에 의해 지배된 (현재는 대부분 백인 여성들인) 전문 산부인과 분야가 부상하기 전의 조산술을 돌봄의 표준으로 재도입하는 일은 미국에서 무척 더디게 진행되었다.[71]

2020년 커먼웰스 펀드 보고서에 따르면 전반적인 임신 및 출산 돌봄 제공자들의 부족, 특히 조산사의 부족은 미국의 높은 산모 사망률의 주요 원인이다.[72] 최근 몇 년 동안 미국의 조산사는 신생아 1,000명당 4명에 불과했다. 반면 프랑스는 30명, 노르웨이는 53명, 호주는 68명이다. 그 국가들에서는 산후기를 도움이 필요한 시기로 인식하고, 조산사들이 임신과 출산 동안 가족을 돌보는 것뿐 아니라, 아기가 태어난 후에도 가족을 방문하는 등의 필수적인 일을 수행한다. 독일의 산모들은 산후 10일 동안 매일, 그 후 몇 주 동안은 최대 16회 조산사의 방문을 받을 수 있다(비용은 국민건강보험으로 처리된다).

뿐만 아니라 미국 건강보험은 주마다 천차만별[73]이고 일부 주에서는 아이를 낳은 지 약 60일 후면 메디케이드가 중지되어 필요할 때 도움을 받을 수 없다는 사실까지 어려움을 더한다(빌드 백 베터 법안은 메디케이드 혜택을 산후 1년까지 보장하는 내용을 포함했다). 하지만 아무리 좋은 건강보험이라도 산후 6주까지 산부인과 1회 방문밖에 보장하지 않는다. 단 1회! 미국 산부인과의사협회는 산후 돌봄에 대한 좀 더 통합적이고 지속적인 접근법[74]을 옹호해 왔다. 그들은 6주 동안 단 한 번이라는 방문 횟수가 "공식적으로나 비공식적으로 산모에 대한 지원이 없는 기간을 두드러지게 할 뿐이다"라고 주장했다.

미국 부모의 대부분은 아기가 태어나고 퇴원한 후 홀로 남겨진다. 많은 병원이 산부인과 부문에 조산사들을 포함하기 위해 노력하고 있지만, 여전히 출산은 육아 경험에서 "거세"된다고 나일스는 말한다. 주변의 도움이나 가정 방문 서비스는 필수가 아닌 특권으로 간주되는 경우가 많다. 내가 사는 메인주에서는 공중 보건 간호사들을 산모의 집으로 보내주는 프로그램이 공화당 주지사 폴 르페이지Paul LePage에 의해 크게 힘을 잃었다.[75] 마약성 진통제 남용 사태의 영향을 받은 아기들과 엄마들의 수가 급증하던 시기에 발생한 이 사건은 특히 시골 지역에 타격을 주었다.

분만 과정에서 우리 몸은 무엇을 해야 할지 안다. 나일스는 물구나무서기를 하거나 전신 마취를 한 상태에서도 분만이 가능하다고 말한다. 몸이 아기를 낳기 위해 필요한 일을 알아서 할 것이기 때문이다. "하지만 육아는 다르죠. 달라도 너무 달라요."

정확히 어떻게 다른가? 모성 본능의 유령은 우리가 이 질문에 답하는 방식에도, 우리가 서로에게 말하는 이야기에도, 우리가 하지 않는 이야기에도 들어 있다. 시인 홀리 맥니시Hollie McNish는 시와 산문으로 이루어진 회고록 첫 페이지에 태어나 처음 부모가 되었을 때의 믿을 수 없는 심정을 대단히 노골적으로 담아낸다.[76]

"아무도 내게 화장지를 사용할 수 없다고 말하지 않았다
아무도 내게 피를 흘린다고 말하지 않았다
아무도 내게 비명을 지를 비밀 장소가 필요하다고 말하지 않았다."

코미디언 앨리 웡Ali Wong이 첫 딸을 낳고 둘째를 임신한 상태에서 진행한 두 번째 넷플릭스 특집 스탠드업 코미디 「하드 녹 와이프Hard Knock Wife」는 출산의 신체적 트라우마와 모유 수유, 혹은 워킹맘에 대한 세상의 바보 소리들을 유머 소재로 제공한다.[77]

> "저는 아름다운 유대 의식을 기대했어요. 제가 연꽃 위에 앉아 있고 발아래에는 귀여운 토끼들이 있고 뚱뚱한 하와이 남자가 부르는 「무지개 너머」가 울려퍼지는 그런 분위기 말이죠. 천만에요! 현실은 완전히 다릅니다. 모유 수유는 내 몸이 이제 구내식당이나 다름없다는 사실을 상기시켜주는 야만적인 의식에 불과하죠. 내 몸이 이제 더 이상 내 몸이 아니라고요!"

소셜 미디어에는 유산과 불임, 출산 후 달라진 몸의 현실, 자아의식, 육아의 불안과 단조로움을 공유하는 엄마들의 이야기가 가득하다. 솔직한 글과 빛나는 사진 사이의 괴리감이 상당하다. 겉으로 좋아보이기만 한다면 육아의 현실에 대해 노골적으로 드러내도 괜찮다는 듯이 말이다. 하지만 갈수록 날 것 그대로의 이미지도 늘어나고 있다. 튼살 자국, 제왕절개 흉터, 눈물과 구토, 모유 유축의 현실, 어색한 수유, 사산된 아이의 발을 감싼 손 등등. 이 일들은 주로 트랜스젠더 산모들에 의해 이루어지고 있다. 그런 게시물은 엄마됨에 대한 이상적인 견해와 일치하지 않는 이야기의 줄기를 밝히고, 개인이 감수하는 위험을 직접적으로 인정한다.

2020년 2월, 초보 부모와 아기들을 위한 제품을 만드는 기업 프리다Frida는 갓 출산한 엄마가 화장실을 이용하려는 모습이 담긴 광고를 제작했다. 아카데미상 시상식에서 송출하려 했던 이 광고는 "너무 적나라하다"는 이유로 금지되었다.[78] 그 비디오는 유튜브에 공개된 후 2주 동안 4백만에 가까운 조회수를 기록했다. 친구들과 나는 그 링크를 공유했고 모두를 울리는 사실에 감탄했다. 광고 자체는 단순하다. 한 여자가 스탠드를 켜고 침대 옆의 요람에서 우는 신생아를 달랜다. 그녀는 아파하면서 절뚝절뚝 화장실로 간다. 변기를 사용하려고 고군분투하며 병원에서 준 망사 속옷 안에 착용한 산후 패드를 갈아 끼운다. 기승전결도 없고 그냥 차례대로 보여주는 짤막한 장면이지만 마음에 확 다가온다. 바로 우리의 모습이기 때문이다. 산후 패드의 냄새와 따뜻한 물이 든 페리 보틀,* 고통과 안도감, 비몽사몽한 가운데에서도 또렷한 통증, 격변하는 감정을 우리는 너무도 잘 안다.

프리다의 최고 경영자는 『뉴욕 타임스』와의 인터뷰에서 아카데미가 "산후를 더 친절하고 더 부드럽게 묘사"할 것을 제안했다고 말했다.[79] 그런 묘사는 거짓이었을 것이고 세상에 또 한 번 혼란을 안겨주는 일이었을 것이다. 그 광고가 그토록 강렬한 이유는, 우리가 아무도 모른다고 생각한 순간이 화면에 나왔기 때문이다. 내가 화장실에서 홀로 표류하는 그 순간, 해안에서 얼마나 멀리 있는지 깨닫기 시작한 그 순간이 말이다. 그런데 나 말고도 모두가 길을 잃었음을 알게 된 것이다.

어째서 부모됨의 너무도 많은 부분이 입 밖에 내어지지 않는 것일까? 어째서 그 많은 부분이 여전히 말하면 안 되는 것으로 여

---

* peri bottle. 따뜻한 물을 담아 손으로 눌러 분사하는 휴대용 비데 같은 통.

겨지는가? 이 모든 상황은 마치 거대한 광고판에 통통하고 만족스러운 얼굴의 아기를 안고 있는 성모 마리아 같은 평화롭고 고요한 엄마의 모습을 내보내는 것이나 마찬가지다. 이 모든 것은(프리다의 광고, 고해성사 같은 소셜 미디어 게시물, 만신창이가 된 몸을 '숨기고 치유할 수 있게' 출산 휴가가 필요하다고 무대에서 소리치는 앨리 웡 등) 그 거대한 이미지 가장자리에 휘갈겨 쓴 요란한 낙서 조각들이다. 하지만 그 이미지는 여전히 커 보인다. 우리는 억울하다고 느껴지는 모성 본능 이론에 항의하는 것에 능숙해졌다. 하지만 그 관점이 다른 것으로 교체되지는 않았다. 아직은.

∘ ∘ ∘

부모의 뇌에 관한 과학은 커튼을 젖혀 오래된 편견과 시대에 뒤떨어지는 규범을 폭로하고, 그것들이 엄마나 부모나 가족에 대한 우리의 개인적 · 사회적 정의에 새겨져 있다는 사실을 드러내며, 뭔가 새로운 것을 제공할 잠재력을 갖고 있다. 하지만 이 새로운 과학이 오래된 사고에 의해 파괴되는 것을 우리가 부지런히 막아야만 그것이 가능하다. 그것을 똑똑히 바라보아야만 가능하다.

2019년에 한 연구진은 포유류의 돌봄에 중요한 뇌의 전시각중추medial preoptic area에서 에스트로겐 관련 옥시토신 수용체의 분포에 관한 수컷과 암컷 쥐의 차이에 대하여 매우 구체적인 연구 결과를 발표했다. 그 연구는 "과학자들이 '모성 본능'의 단서를 발견하다"라는 제목의 보도자료와 함께 발표되었는데, 정작 그 표현 자체는 해당 논문에 한 번도 등장하지 않았다.[80] 2017년 사설에서 네덜란드의 소아과 의사는 엄마의 뇌에 관한 일부 논문을 검토하고 놀랍게도 이러한 결론에 도달했다.[81] "엄마의 뇌라는 개념은 최고의 커리어를 가질 수 있는 똑똑하고 야심찬 여성들이 출산 후에 그런 커리어를 추구하는 것에 흥미를 잃는 경우가 많은 이유를 설명해준다. 그들의 새로운 모성 본능이 원래의 야망과 충돌하고 결과적으로 많은 엄마에게 스트레스와 좌절이 초래된다." 부모에 대한 지원이 부족한 억압적인 가부장제가 유능한 여성들이 야망은 여전하지만 씁쓸함만 가득 안고 노동 시장을 떠나는 일이 많은 이유를 설명해준다는 시각도 있다.

이미 신경과학은 몇몇의 경우 다윈을 비롯한 이들이 모성을 도덕적인 것에서 과학적인 것으로 바꾼 것과 같은 방식으로 모성 본능의 구식 사상을 재확인하는 용도로 소환되기도 했다. 반면 바로 그 가능성 때문에, 즉 여성의 진보에 대한 위협으로 인식되어서 거부되는 경우도 있었다.

인류학자이자 영장류 동물학자인 허디가 1970년 하버드 대학원 과정을 시작했을 때 생물학자들은 엄마의 목적이 오로지 "아기를 출산하고 양육하는 것"이라는 입장을 견지했다.[82] 허디에 따르면 그러한 견해는 "연구 대상인 생물체가 우리 인간과 매우 유사"하고 믿음을 강요하는 경향이 있는 영장류학에서 특히 강했다. 허디는 곧 그 분야의 1세대 여성 학자가 되었다. 그중에는 어린 자녀를 둔 어머니도 많았는데 그들은 그동안 배운 진화론으로 대답할 수 없는 질문에 계속 부딪히게 되었다.

진 알트만Jeanne Altmann은 남편 스튜어트와 함께 케냐에서 개코원숭이를 연구하고 그들이 "이중의 커리어를 가진 엄마"라는 것을 알아보았다.[83] 알트만이 묘사한 것처럼 개코원숭이 엄마들은 하루의 4분의 3을 "생계를 꾸리는" 데 쓴다. 무리와 함께 먹이가 있는 곳으로 가서 뿌리 식물을 캔다. 포식자를 피하고 새끼를 보살피는 일도 내내 함께 한다. 알트만은 궁금했다. 개코원숭이 엄마들은 시간을 어떻게 관리하는가? 그들의 사회적 지위는 엄마가 됨에 따라 어떻게 변했는가? 생식의 역사가 그들의 삶에 장기적으로 어떤 영향을 끼치는가? 한편 인류학자 바바라 스머츠Barbara Smuts는 수컷과 암컷 개코원숭이 사이에서, 때때로 성인 수컷과 그들의 자식이 아닌 유아 사이에서 발달하는 장기적인 우정의 목적이 궁금했다(알트만은 이 수컷들을 "대부"라고 불렀다).[84] 스머츠는 "이 크고 무자비한 전사들이 어울리지 않는 '여성의 영역'에서 어린 새끼들을 껴안고 들고 다니며 무엇을 하는 것일까?"라고 물었다.

허디는 랑구르에 대해 도발적인 질문을 하기 시작했다.[85] 랑구르는 나뭇잎을 먹는 원숭이인데 랑구르 수컷들은 엄마와 "공모"한 것이 분명한 듯 새끼를 죽이고 바로 그 암컷과 교미하는 경우가 있다. 이런 영아 살해가 한 종의 생존을 앞당기는 역할을 할 수 있을까? 그리고 동물의 세계를 살펴보면 그 누구도 아닌 엄마들이 살인을 하고 더 일반적으로, 식량 부족이나 포식으로 인한 압박으로 나중에 다시 교미할 수 있도록 새끼를 버리는데, 그런 경우는 어떤가?

다윈의 이론에 따르면 일반적으로 암컷은 성적으로 수동적이라 자신의 관심을 차지하려고 경쟁하는 수컷들 가운데 교미 대상을 고르며 그 이상으로는 종의 운명에 거의 영향을 미치지 않는다.[86] 하지만 블랙웰의 행동 촉구 이후, 거의 100년 가까이 이런 여성들과 다른 많은 이들의 연구는 여성을 "성적으로 소극적이고" 지극히 희생적이거나 본질적으로 열등한 존재로 만드는 모성 생물학의 이론을 완전히 바보처럼 보이게 만들었다.

진화적 성공을 위해 모의하고 목적을 이루기 위해 다른 이들에게 의존하기도 하는 영장류 엄마들에 대한 새로운 그림이 서서히 등장하기 시작했다.[87] 허디는 엄마들이 "양육자일 뿐만 아니라 전략적인 계획자이자 의사 결정자, 기회주의자, 거래자, 조종자이자 동맹이다"라고 썼다. 여성의 성적 행동과 모성 행동은 종마다 그리고 같은 종 사이에서도 다양하며 경쟁적인 수요에 의해 결정되었다. 엄마의 보살핌(엄마의 사랑도 마찬가지)은 자동적인 것이 아니었다. 그 틀 안에서 아기들은 자신의 생존을 위한 행동 주체가 되어 부모가 반드시 자신을 돌보게 만들었다.

로젠블랫의 연구가 연구자들로 하여금 부모됨에 따르는 생물학적 변화와 아기와 부모가 서로에게 반응하는 방식을 새로운 눈으로 바라보는 문을 살짝 밀었다면, 허디의 시대에 진화 생물학자들의 연구는 그 문을 벌컥 열어젖혔다. "진화 연구에서 더 많은 여성이 과학을 변화시켰어요." 허디가 나에게 말했다. "우리가 과학을 다른 방식으로 행한 것이 아니었습니다. 우리는 그저 처음부터 다른 가정으로 출발했을 뿐이지요."

그러나 이 영장류학자들, 특히 허디의 연구는 일부 페미니스트 사상가들의 노여움을 사기도 했다. 허디는 엄마와 아기의 생물학과 행동에 대한 두꺼운 책 『엄마의 본성*Mother Nature*』(1999)을 출판한 지 10년 후, 진화의 역사에서 확장된 가족 구성원들과 기타 보호자들이 아이 양육에서 수행한 역할을 다루는 책을 내놓았다. 프랑스의 작가이자 철학자인 엘리자베트 바댕테르Élisabeth Badinter는 허디의 책에서 발견한 결정론이 "혐오스럽다"고 했다. 2010년에 바댕테르는 『갈등*The Conflict*』에서 떠오르는 애착 육아가 여성의 정체성을 희생해 "전통적인 모델로의 복귀"[88]를 장려하는 것을 반대했다. 그녀는 사회적 통제를 위한 도구로서 모성 본능이 유지되어야 한다는 어불성설에 대해 좋은 지적을 많이 했다. 또한 그녀는 영장류 연구에서 인간 어머니에 대한 단서를 찾는 진화 생물학자들을 비난했다.

바댕테르는 내 인터뷰 요청을 거절했지만 이메일에서 신경생물학에 모성 연구의 여지가 있을 수 있지만 사회적 영향력의 부차적인 요소로서만 그렇다고 생각한다고 말했다.[89] 그녀는 저서에서 인간과 영장류 사이의 연결 고리가 약하다고 적었다. 환경적 맥락, 사회적 압력, 어머니 개인의 심리적 경험 모두가 "'모성 본성'의 미약한 목소리"보다 더 큰 영향력을 가진다는 것이다.[90] 그녀는 2010년에 『르 누벨 옵세르바투르*Le Nouvel Observateur*』지와의 인터뷰에서 "토론에 자연을 끌어들이는 순간 출구가 없어진다"라고 말했다.[91]

바댕테르의 요점을 알겠다. 모성의 자연사가 창살과도 같다는 사실은 너무도 자주 증명되었다. 로렌츠의 비유를 왜곡하는 모성 본능은 뚫을 수 없는 자물쇠였다. 하지만 엄마가 된다는 것은 진화의 역사에 뿌리를 둔 중요한 생물학적 사건이다. 부모가 된 사람은 극적인 신경생물학적 변화를 경험하고, 그 변화는 특히 출산 부모에게 더 강렬하다. 그것을 인정하지 않는 것은 그 자체로 덫이다. 오래된 사상의 유령이 채워야 할 공간을 남기기 때문이다.

부모에게 일어나는 변화는 뇌의 고유한 유연성을 토대로 한다. 호르몬과 경험 모두에 영향을 끼치고, 우리 종의 유전된 암호와 태어난 아기의 특징에 영향을 받는다. 그것은 과정이다. 단기적인 격변이기도 하고 오래 지속되는 변화이기도 하다. 압도적이며 의도적이다. 다음 장에서 분명히 알 수 있겠지만 부모의 변화는 처음 몇 달 동안 사랑뿐만 아니라 걱정에 의해 일어날 수 있다. 그 변화 속에서 자연의 목소리는 매우 다양하게 들릴 수 있지만 확실히 미약하지는 않다.

만약 우리가 새로운 부모됨의 과학이 어떻게 오래된 과학으로 조작되었는지 완전한 지식을 갖고 바라본다면 무슨 일이 벌어질

까? 그것을 여전히 남은 문화적 응어리를 인식하며 긴급성을 갖고 조사한다면 어떨까?

그러면 우리는 어떤 이야기를 하게 될까?

3장

관심만이 필요할 뿐

남편 윤은 드론 조종 면허를 취득하자마자 테스트를 위해 스카버러 습지로 항공 카메라를 가지고 갔다. 여름 내내 관광객을 태운 밝은색의 카약이 3천 에이커가 넘는 바닷물 습지의 좁은 물길을 떼지어 지나는 곳이다. 우리는 부드러운 곡선으로 이루어진 풍경을 직선으로 가로지르는 오래된 도상(道床) 위에 세워진 길을 따라 습지를 가로질러 걷는다. 봄의 신록에서 겨울의 하얀색과 회색으로 변하는 확고한 시간의 주기 속에서 우리는 자주 그 주변을 드라이브할 때가 많다. 우리가 사는 곳과 가까워서 익숙한 곳이다. 그런데 그날 윤이 담은 영상은 뭔가 새로운 느낌이 들었다.

위에서 보니 거대한 풀 카펫이 균일하거나 완전하지 않고 얼룩덜룩 다양한 색깔이라는 것을 알 수 있었다. 풀잎들이 무리를 이루어 거대한 소용돌이와 층으로 만나 물웅덩이를 돌고 개울의 곡선을 따라간다. 얼룩덜룩한 색깔이 풀이나 도랑의 작은 언덕을 두

드러지게 했고, 물이 말라 소금이 바삭거렸다. 물은 하늘이 되고 풀 사이의 길고 좁은 창을 통해 뭉게뭉게 피어오른 흰 구름이 비친다. 이 지점에서는 위아래가 바뀐다. 공간과 시간이 불분명한 듯하다. 작은 것들이 모여 거대한 것을 이룬다.

이것이 내가 2020년 2월 예일 의과대학 MRI실 밖에 서 있을 때 생각한 것이다. 검사실 안에서는 기술자가 기계 안에 누워 있는 젊은 여성, 즉 엄마의 뇌 이미지를 스캔하고 있었다. 강력한 자석이 여성의 수소 양성자를 잡아당겨서 정렬시키고 방출하여 무선 신호를 만들었고 기계가 그것을 뇌의 흑백 이미지로 바꾸었다. 뇌 이미지가 화면에서 연속적인 단면으로 움직였다. 그녀의 대뇌에 있는 백질과 회백질의 스톱모션 곡선을 보니 습지를 지나치면서 보았던 지형이 생각났다. 거대한 풀 카펫 같은, 겉보기에 좀 더 무정형적인 뇌의 내부 구조는 똑바로 보면 믿을 수 없을 정도로 복잡하고 상호 연결되어 있다. 이것이 완벽한 은유는 아니지만 그래도 유용하다.

늪지대는 항상 변화한다. 물은 소금과 침전물을 쉼 없이 옮기면서 이 둑에서 흙을 씻어내 저곳에 쌓는다. 폭풍이 오면 변화가 커진다. 상류 쪽에서 민물이 넘쳐흐른다. 아니면 폭풍 해일이 바다의 물결을 좀 더 내륙으로 몰고 와 문자 그대로 습지의 한 부분을 뒤엎거나 절벽 끄트머리의 덩어리들을 쓸어간다. 상류와 바다 양쪽에서 유입되는 물은 전체 염도를 변화시킬 수 있다. 그래서 폭풍이 걷히면 어떤 식물들은 죽고 다른 식물들이 번성할 수 있다. 거대한 폭풍은 생태계에 일종의 거대한 충격이어서 영양분이 재분배되고 물길이 새로 만들어져 새로운 시대의 시작을 알린다. 염습지는 홍수로 불어난 물을 흡수하는 능력이 있어 기후 과학자들이 (물론 근처에 사는 사람들도) 점점 더 그 중요성을 강조하고 있다. 습지의 적응력에는 파괴와 성장의 잠재력이 내재되어 있다.

뇌도 마찬가지다.[1] 모든 사람의 뇌는 항상 변하고 있다. 삶의 상황에 적응하고 개인의 행동을 밀어붙이고 결과에 반응하면서 변한다. 뇌는 오랫동안 "재생 불가능한 장기"로 여겨져왔다. 세포가 끊임없이 교체되는 피부나 혈액과는 대조적으로 성인이 되면 뇌세포는 소멸될 뿐 거의 고정적이라고 말이다. 오늘날 과학자들은 뇌에서 일어나는 일이 다른 부분들과 다르지만 평생 변화하고 조정하고 심지어 전에 없었던 것을 만들어내거나 잃어버린 것을 만회하는 놀라운 능력이 있다는 사실을 알고 있다.

우리의 의식적이고 잠재적인 삶은 뇌의 물리적 구조를 가로질러 뉴런(신경세포)에서 뉴런으로 전달되는 신호들로 구성된다. 약 860억 개의 뉴런이 끊임없이 서로 소통하고 있다.[2] 이 뉴런들은 그 형태와 기능, 다른 뉴런들과 만드는 연결의 수, 그 연결의 강도 및 본질, 메시지를 보내는 경로 등이 계속 변화한다. 뉴런의 한쪽 끝을 이루는 가지 모양의 수상돌기는 다른 뉴런들로부터 신호를 받아서 줄기 같은 축삭돌기를 내려가 축삭 말단이라 불리는 끝부분으로 전달한다. 축삭 말단도 가지를 이루는데 다음 뉴런에 메시지를 전달하기 위해 필요한 화학 물질을 생산한다.[3] 그 사이를 가르는 공간을 시냅스라고 부른다.

그 과정의 모든 부분이 변화의 대상이다.[4] 축삭돌기는 미엘린이라는 지방질 물질로 덮여 있는데 전달 속도를 높여주며 상실 또는 재생이 가능하다. 수상돌기는 줄어들어 제거되거나 더 강해지고 복잡해질 수 있다. 새로운 시냅스가 형성되고 제거되기도 한다.

그리고 시냅스에 신호를 전달하는(또는 전달을 억제하는) 신경 화학 물질의 끊임없는 변화는 순간적으로 그리고 장기적으로 시냅스의 힘과 기능을 변화시킨다. 성인 뇌의 어떤 부분에서는 완전히 새로운 뉴런이 만들어진다.[5] 비교적 최근까지 과학자들이 불가능하다고 생각했던 일이었다(인간의 신경 생성 범위와 목적에 관해 아직 많은 의문이 남아 있다).

그리고 뇌의 전체 조직이 변화를 위한 자리를 만든다는 사실이 있다. 신경 활동은 뇌의 중심부 주변에 조직되어 의사소통의 효율성을 극대화한다. 하지만 반복적인 움직임이나 인식이라도 그때그때 만들어지는 다른 뉴런 세트가 개입될 수 있다는 점에서 신경 활동은 널리 분산되어 있기도 하다. 신경학자 리사 펠드먼 배럿Lisa Feldman Barrett은 뇌의 복잡성을 비행기 여행과 비교한다.[6] 특정 공항이 허브 역할을 하고 다른 공항들이 주로 지역 교통을 통솔하여 자원 및 옵션을 최대화한다. 예를 들어, 보스턴에서 카이로까지 가는 다양한 방법이 있다.

전체적인 구조 안에서 각 뉴런의 크기와 기능까지 뇌의 구성은 개인의 경험으로 만들어진다. 뇌는 형태가 바뀌기 쉽다. 해부학적으로 유연하다. 예를 들면 새로운 곳으로 이사하거나 새로운 취미활동을 할 때, 뇌는 학습을 통해 바뀔 수 있다. 하지만 뇌의 재배선은 잠재의식적인 측면에서도 일어나는데, 개인이 노출되는 자극과 호르몬의 변동에 의해 추진된다. 인생의 모든 진행 단계에서 그렇다. 뇌의 배선은 염습지의 풀뿌리 그리고 그것을 지원하는 생태계와 다르지 않다. 즉, 그 생태계는 복잡하고 끊임없이 변화하며 본질적으로 적응력이 있다.

연구자들은 임신과 출산을 뇌에 불어닥치는 폭풍 같은 것으로 묘사해왔다. 특히 출산 몇 주 또는 며칠 전에 일어나는 호르몬의 급증은 믿을 수 없을 정도이다.[7] 프로게스테론 수치는 월경 주기의 최고치보다 최대 15배까지 증가했다가 진통이 시작될 때 뚝 떨어진다. 특정 에스트로겐의 상승은 더욱 극적인데, 임신 말기에 에스트라디올은 무려 300배나 치솟는다. 완전히 새로운 기관인 태반의 발달은 인간의 몸에 그동안 한 번도 경험한 적 없는 완전히 새로운 호르몬을 생성한다. 출산이 가까워지면 옥시토신이 급증하고 더불어 프로락틴도 증가하며 일반적으로 산후에도 높은 수준을 유지한다. 거의 모든 포유류가 호르몬이 급격히 치솟고 떨어지는 타이밍만 다를 뿐 비슷한 호르몬 변동 패턴을 따른다.

일반적으로 산전 교육에서는 이러한 급격한 호르몬 변화를 임신을 유지하고 분만 메커니즘을 지원하는 의미로 다룬다.[8] 에스트로겐이 자궁의 성장을 돕고 전체적인 혈액 공급을 증가시켜서 몸의 변화를 지원하고 새로운 몸에 영양분을 제공한다고 배울 것이다. 프로게스테론이 자궁 내벽을 두꺼워지게 하고 다른 곳은 부드럽게 하여 유방 조직 성장을 촉진하고, 릴렉신relaxin과 함께 인대를 느슨하게 해 아기가 좁은 산도를 거쳐서 나올 수 있도록 신체가 확장되는 것을 돕는다고 생각할 수 있다. 그리고 프로락틴은 모유를 만드는 호르몬이라고 알고 있을 것이다. 마찬가지로 옥시토신은 출산 후 자궁 수축과 모유 분비 촉진, 아기와의 유대감 형성을 돕는다고 들었을 것이다.

확실히 요즘 임산부들은 나의 어머니가 첫 아이를 임신한 1970년대보다 신체 메커니즘에 대해 많이 알고 있다. 하지만 이러한 임신에 따르는 신체적 변화는 전체의 일부일 뿐이다. 임신 기간에 일어나는 아마도 인생의 그 어떤 시점보다도 극적인 호르몬 변동은 뇌에도 적용된다. 호르몬은 뇌에서 신경전달물질 역할을 하거나 다른 신경 화학 물질의 생산을 조절해 뉴런들이 서로 연결되는 방식을 변화시켜서 장기적으로 계속되는 일련의 효과를 일으킨다. 그것은 마치 기상 전선과도 같아서 지나간 자리에 계속 변화된 풍경을 남긴다. 엄밀하게 은유적인 의미에서 호르몬은 뇌를 부드럽게 만들어 다른 무언가로 변할 수 있도록 해준다. 아기의 존재가 새롭게 추가된 주변 세상에 뇌가 문자 그대로 좀 더 유연하게 반응할 수 있도록 만드는 것이다.

• • •

실험용 쥐를 대상으로 하는 연구에서는 임신과 출산 시 일어나는 호르몬 급증이 뇌에 어떻게 작용하는지에 대하여 명확한 이야기가 전개되고 있다. 에스트로겐과 프로게스테론은 서로 협력하여 그리고 옥시토신과 프로락틴과 함께 작용하여(그 어떤 호르몬도 혼자서는 해내지 못한다) 새끼가 보내는 신호에 대한 엄마 쥐의 민감성을 높여 앨리슨 플레밍과 동료 조셉 론스타인Joseph Lonstein, 프레데릭 레비Frédéric Lévy가 "최대한의 반응성 상태"[9]라고 부르는 것을 만든다. 그 반응성은 새끼들이 태어나기도 전부터 점차 쌓이기 시작한다. 예전에 새끼 쥐들을 피하려고 했던 본능이 이제는 새끼들에게 끌리는 모습으로 변한다. 쉽게 설명하자면 호르몬이 뇌의 "귀"를 열리게 하여 새끼가 보내는 특정 신호를 알아차리고 행동을 조정함으로써 새끼의 지시에 반응하는 것이다.

아기들은 시끄러운 소리를 낸다.[10] 포유류 동물 모델에 따르면 임산과 출산으로 온갖 호르몬이 아무리 분비되어도 아기로부터 감각 정보가 없다면 엄마는 전형적인 모성 행동을 발달시키지 않을 것이다. 처음 엄마가 된 쥐는 새끼들의 냄새를 맡을 수 있어야 한다. 후각망울이 제거되면 엄마 쥐는 둥지를 짓지 않고 새끼에게 젖을 먹이지 않을 가능성이 크다. 갓 새끼를 낳은 양도 비슷해서 새끼 냄새를 맡지 못하면 새끼를 제대로 돌보지 못한다. 하지만 이전에 새끼를 돌본 경험이 있는(따라서 냄새를 맡아본 적이 있는) 쥐와 양은 후각이 소실되어도 다음 새끼들을 잘 보살핀다(역시나 사람의 육아에도 경력이 중요하다). 촉각 단서도 중요하다(더 중요할 수도 있다). 엄마 쥐는 새끼와 가까이 있어야 한다. 핥고 코를 비벼야만 새끼를 보살피고 젖을 먹이려는 동기가 생긴다.

이렇게 호르몬이 주도하는 민감성과 아기가 주도하는 압도적인 감각 정보가 합쳐져서 뇌가 우리를 돌봄 행동으로 향하게 만든다. 돌봄과 관련된 회로는 복잡하고 다각적이다. 하지만 1970년대의 동물 연구는(그 이후로도 다수의 연구는) 전시각중추MPOA를 돌봄 활동의 중요한 중심으로 꼽는다.[11] MPOA는 수신기라고 생각하면 된다.[12] 이것은 시상하부의 작은 부분인데, 생식에 중요한 모든 호르몬의 수용체를 갖는다. 일반적으로 그 수용체들은 임신 후기와 산후 초기에 수가 증가한다. MPOA는 온갖 다양한 종류의 감각 정보를 수신하는데, 그건 아기로부터 많은 정보가 들어온다는 뜻이다. MPOA는 아기와 관련된 많은 양의 정보를 받아들이고, 행동 혹은 억제로 조직된 메시지를 발송하며 양육 회로에서 중요한 허브 역할을 한다고 알려져 있다.[13] 종을 막론하고 양육의 신경생물학은 해야 할 일과 하지 말아야 할 일을 조심스럽게 섞어 놓았다. "괴로워하는 새끼를 안고 둥지로 데려가라." "새끼를 먹지 마라." 앞으로 살펴보겠지만 균형을 맞추기란 쉽지 않다.

몇 해 전 연구자들은 MPOA가 뇌의 다른 부분들을 위하여 소음을 신호로 변환하는 방법에 대해 중요한 정보를 발견했다.[14] 신경과학자 캐서린 둘락Catherine Dulac이 이끄는 하버드 대학 연구진은 MPOA의 하위 그룹 뉴런이 쥐의 양육 행동에 필수적이라는 사실을 발견했다. 암컷, 수컷 모두에 해당하는 것이었다. 이 뉴런들은 신경펩타이드인 갈라닌을 생성한다. 신경펩타이드는 뉴런에서 뉴런으로 메시지를 운반한다는 점에서 신경전달물질과 유사하지만 특히 강력해서 그 신호가 광범위하게 퍼진다.[15] 연구진은 유전자 변형과 독소 주입 때문에 갈라닌 뉴런이 비활성화된 쥐들의 양육 행동이 크게 감소한다는 사실을 발견했다. 쥐(rat)와 달리, 미출산 생쥐(mouse)는 옆에 새끼 쥐들이 있으면 자발적으로 돌본다. 하지만 갈라닌 뉴런의 절반 이상을 잃은 미출산 생쥐는 그렇지 않다. 오히려 공격적으로 변한다. 엄마 생쥐들도 새끼를 찾지 않는다. 이전에 양육 행동을 보였던 수컷 생쥐들도 그런 행동이 사라진다. 이 발견은 부모의 뇌에 대한 유망한 통찰(연구자들은 "귀중한 진입점"이라고 표현했다)을 제공했다.

우선 그것은 MPOA 이야기에 미묘함을 더했다. 적어도 산후 초기에 뇌의 해당 부분에 일어나는 전반적인 손상 또는 더 구체적으로 갈라닌 뉴런의 손상은 쥐가 새끼에게 해주어야만 하는 일을 할 가능성을 훨씬 낮춘다.[16] 반대로 MPOA에 에스트로겐을 주입하거나 갈라닌 뉴런들을 생물학적으로 활성화하면 수컷과 암컷 설치류 모두에서 돌봄 행동의 시작이 가속화된다. 수컷과 암컷 쥐 모두 MPOA에 갈라닌 뉴런이 존재하고 의미가 있다는 사실은 그 종의 모든 구성원에게 부모 뇌의 핵심 회로를 만드는 능력이 있지만, 생리적 상황에 따라 다르게 활성화될 수 있다는 가정에 증거를 더했다.

중요한 것은 그 연구 결과가 둘락의 연구진에게 갈라닌을 추적할 기회를 주었다는 것이다.[17] 연구진은 실제로 그렇게 했고 그 노력으로 둘락은 2021년에 브레이크스루상Breakthrough Prize 생물학 부문을 수상했다.[18] 인터넷 사업가 유리 밀너Yuri Milner와 그의 아내 줄리아 밀너Julia Milner가 설립했고 과학과 기술계의 거물들이 자금을 지원하는 상으로 300만 달러의 상금이 주어진다.

연구자들은 암컷과 수컷 모두에서 MPOA의 갈라닌 뉴런들이 뇌의 약 20개의 영역으로(그중 다수가 돌봄 행동에 중요하다고 알려진 곳들이다) 신호를 보낸다는 사실을 발견했다. MPOA의 모든 갈라닌 뉴런이 생쥐가 양육 행동에 참여할 때 활성화되지만, 연구자들은 뉴런의 하위 집합이 풀pool을 형성하여 양육의 특정 요소에 영향을 미친다는 사실도 발견했다. 개별 갈라닌 풀을 활성화하자 뇌의 중간에 위치한 수도관 주변 회백질periaqueductal gray에 신호를 투사하는 뉴런들이 새끼 핥아주기 같은 행동을 증가시켰다. 그런가 하면 복측피개영역ventral tegmental area에 신호를 투사하는 풀을 활성화하자 새끼와 가까이 있으려고 장벽을 기어오르는 쥐의 행동이 증가했다. 안쪽 편도체 투사는 새끼들과의 상호 작용에 영향을 주지 않지만 다른 성인 쥐들과의 상호 작용에 영향을 주는데, 새끼와 관련이 없는 것에는 흥미가 생기지 않게 만드는 것처럼 보였다.

이 MPOA의 "모듈화 설계"[19]를 발견한 둘락 팀의 연구는 연구자들이 쥐의 행동과 생리를 정확하게 조작함으로써, 한마디로 동물들의 뇌를 현미경 아래에 둠으로써 얼마나 많은 것을 알 수 있는지를 보여주는 강력한 예이다. 예를 들어 신경회로를 추적하는 도구로 설치류의 뇌에 헤르페스나 광견병 바이러스를 주입할 수 있다. 에스트로겐과 프로게스테론이 생산되는 암컷 쥐의 난소를 제거해 그런 호르몬이 없으면 어떻게 되는지도 실험할 수 있다. 약물로 수용체를 차단해 신경전달물질이 정상적으로 작동하지 않게 할 수도 있을 것이다. 또한 뇌의 특정 영역에 병을 일으키거나 후각 망울을 제거하거나 입이나 젖꼭지를 마취해 모성 행동의 어떤 부분이 손상되는지 살펴볼 수 있을 것이다. 임신한 설치류에게 스트레스를 주거나 엄마를 새끼들과 떼어놓고 그 장기적인 영향을 연구할 수 있다. 임신 또는 산후의 특정 시점에 엄마 쥐를 "희생"시켜 뇌 조직을 냉동해 분석할 수도 있다.

하지만 인간의 경우에는 그런 인과관계를 설정하기가 훨씬 어렵다. 우선 인간의 돌봄은 쥐의 경우보다 훨씬 복잡하고 특히 통제된 실험실 환경에서는 예측 가능성이 훨씬 떨어진다. 인간의 모성 행동은 측정하기가 더 힘들다. 물론 인간 엄마와 쥐 엄마는 기본적인 기능에서 많은 공통점이 있다.[20] 그들은 아기를 먹이고 돌본다. 아기가 성장하고 발달할 수 있도록 충분한 상호 작용을 주어야 한다. 아기의 욕구를 알아차리고 반응한다. 그러나 인간의 돌봄 행동은 문화와 언어, 생활 방식, 사회정치적 맥락, 개인과 가족의 역사, 유전 등 실험실 쥐보다 훨씬 더 다양한 것에 영향을 받는다(야생 설치류 역시 실험실 설치류보다 훨씬 복잡하고 가변적이다). 게다가 인간의 돌봄 행동에는 주양육자 말고도 고려해야 할 사람들이 있다. 배우자와 파트너, 조부모, 가족 내 다른 어른들과 아이들 등 생물학적으로 관련이 있을 수도 없을 수도 있는 사람들, 그리고 심지어 이웃과 선생님, 친구들까지도 고려해야 한다. 모두가 부모와 아기에게 영향을 미칠 수 있는 존재들이다.

그리고 인간 부모와 신생아에게는 실험실 동물처럼 상황을 조작하는 것이 불가능하다는 당연한 사실도 있다(물론 인간뿐만 아니라 그 어떤 동물에게도 그런 실험을 해서는 안 된다고 생각하는 사람들도 있을 것이고 그것은 이 책 말고 다른 책의 훌륭한 토론 주제가 될 것이다). 인간의 경우 연구자들은 다른 방법을 쓴다. 즉 집에서나 실험실에서, 일반적인 상호 작용이나 제시된 과제를 통해 부모의 행동과 자녀들과의 상호 작용을 관찰하고 측정한다. 부모들이 직접 말하는 감정이라든지 행동에 대한 정보도 수집한다. 임신과 출산 이후 혈중 호르몬 수치도 측정한다. 임상 진단과 증상의 중증도도 검토한다. 그리고 지난 20년 동안 부모의 뇌에서 일어나는 일을(특히 양육 행동과 관련 있거나 그것을 모방하기 위한 과제를 수행할 때) 첨단 기술을 이용해서 살펴보는 경우가 점점 늘어났다. 연구자들은 시간이나 예산의 측면에서 운이 좋으면 몇 달 또는 몇 년에 걸쳐 여러 차례 부모의 뇌 이미지를 수집해 뇌의 구조와 활동 또는 연결성에 어떤 변화가 나타나는지도 확인할 수 있다. 하지만 육아의 현실이나 개인의 변화하는 삶이 연구 결과에 끊임없는 장애물로 작용한다.

유치원생 아이가 팬데믹 비대면 수업 기간에 자주 받은 숙제가 있다. 짧은 이야기가 나오는 영상을 본 후 아이패드 화면에 나타나는 일련의 그림 카드를 방금 본 이야기의 순서대로 정렬하는 숙제였다. 설치류 부모의 뇌 이야기가 영상과 비슷하다면, 인간 엄마의 뇌 이야기는 카드와 비슷하다. 동물 연구에서 알게 된 정보들이 배경에 깔린 상태에서 개별 연구진이 저마다 고유한 측정법의 조합으로 연구를 진행함으로써 이야기의 스냅숏을 포착하고 그것이 배열된 카드의 어느 부분에 해당하는지, 왜 중요한지를 찾아낸다. 이야기에 필요한 카드가 충분할 수도, 그렇지 않을 수도 있다. 연구자들은 항상 카드를 추가하고 세부적인 것을 채워 넣으면서 대개는 진화의 역사를 통해 종을 막론하고 부모의 뇌가 얼마나 많이 보존되었는가를 다시금 확인한다. 그럼으로써 인간의 부모됨에 관한 이야기의 줄거리가 보이고 그 극적인 요소의 규모와 범위가 이해되기 시작한다.

• • •

fMRI 스캐너 안의 아기 엄마는 빨랐다.[21] 예일아동연구센터의 대학원생 연구원 매디슨 번더슨Madison Bunderson이 스캐너 안에 누운 엄마에게 일련의 과제를 수행시켰다. 먼저 엄마는 눈앞에서 '성공'이나 '실패' 같은 단어가 튀어나오는 것을 보았다. 번더슨은 아기 엄마에게 '성공'이라는 명령어가 나오면 화면에 하얀 상자가 나타날 때 검지로 키를 누르라고 지시했다. '실패'라는 명령어에는 가운뎃손가락으로 키를 누른다. 충분히 빠르게 과제를 수행할 경우 엄마는 약간의 돈을 얻거나 딴 돈을 잃는 것을 피할 수 있다. 이것은 금전적 인센티브 지연 과제monetary incentive delay task라고 불리는 일반적인 신경과학 테스트인데 뇌가 보상을 처리하는 방법을 평가하기 위해 설계되었다.

번더슨이 과제를 제어하는 컴퓨터는 뇌 스캔 자료와 타임 스탬프 연동이 되어 있었다. 그래서 연구자들이 뇌의 활동과 피험자의 반응을 정확하게 추적할 수 있었다. 그리고 이것은 테스트 참가자에게 맞춤된 실험이었다. 쉽게 말하자면 이 아기 엄마가 성공을 위해 응답해야 하는 속도는 그녀가 이전에 컴퓨터 책상에 앉아서 연습한 테스트에서의 속도에 따라 조정되었다. 요점은 참가자가 과제의 일부는 성공하고 일부는 실패하게 하는 것이었다. 그래야 연구자들이 참가자의 뇌가 보상 자체(이 경우에는 돈)에 어떻게 반응했는지뿐만 아니라 보상에 대한 기대와 보상을 얻으려는 욕구에 어떻게 반응했는지도 평가할 수 있다. 그다음에는 돈을 아기와 바꾸었다. 그냥 아기가 아니라 그 엄마의 천사처럼 사랑스러운 딸로.

그 엄마는 이전에 실험실을 방문했을 때 그녀의 딸을 데리고 왔다. 연구진은 엄마와 딸이 함께 노는 모습을 관찰하고 평가하면서 딸의 행동에 대한 엄마의 민감성 척도를 찾으려 했다. 연구진은 아기의 사진도 많이 찍었다. 대부분 감정 상태가 드러나는 사진이었다. 그리고 이날 뇌 스캐너 안에서 실행한 바로 이 과제에서 "성공"은 행복하거나 침착한 표정과 관련 있고, "실패"는 중립적이거나 슬픈 표정과 관련 있었다. 엄마의 반응이 충분히 빠르면 하얀 상자가 나타났고 행복한 표정을 한 딸의 이미지가 주어지거나 입을 벌리고 비명을 지르거나 뾰로통하게 입을 내민 모습을 보지 않을 수 있었다. 실험의 거의 모든 단계에서 토실토실한 얼굴로 해맑게 웃는 딸의 모습이 나타났다. "그 엄마는 정말 잘했어요." 번더슨이 말했다.

연구를 이끄는 헬레나 러더퍼드Helena Rutherford는 동료들과 함께 엄마의 신경회로가 어떻게 반응하는지 파악하기 위해 그 자료를 분석하기로 했다. 뇌 전체를 살폈지만, 중격의지핵nucleus accumben이라고 하는 부분과 전두엽을 특별하게 살폈다. 중격의지핵은 보상 기대가 있을 때와 개인이 목표를 향해 노력할 때 활성화되며, 전두엽은 받은 보상과 그것이 주는 즐거움을 처리한다. 돈을 이용한 실험에서 연구진은 뇌가 그 돈을 받으려는 욕구에 반응할 때와 보상 자체를 받았을 때 보이는 반응이 서로 다르다는 것을 발견했다. 그들은 양육 환경에서도 같은 결과가 나타날지 알아보고자 했다. 그래서 이 엄마를 포함해 엄마와 아빠들로 이루어진 피실험자 그룹을 꾸렸다. 그중 절반은 흡연자였다.

일반적으로 중독이 돈에 대한 뇌의 보상 반응을 억누른다는 사실은 이미 연구로 증명된 바 있다. 러더퍼드가 이끄는 연구진은 중독을 가진(이 경우 니코틴 중독) 부모들이 아기와 관련된 보상을 처리할 때도 같은 효과가 나타나는지 궁금했다. 그 정보를 육아 지원 프로그램의 맞춤화에 사용하는 것이 목표였다. 하지만 이 연구에는 흡연 여부와 관계없이 모든 부모와 관련이 있는 무언가가 내포되어 있다. 정확하게 말하자면 질문이 들어 있다.

"무엇이 우리가 아이를 돌보게 만드는가?"

답은 명백해 보일지도 모른다. 사랑. 아이를 사랑하고 아이에게 사랑받으면 기쁨이 느껴진다. 그게 보상이다. 하지만 러더퍼드의 관점이 보여주듯 그렇게 간단한 문제가 아닐 수도 있다. 물론 아기는 우리에게 기쁨을 준다. 화면에서나 실제로나 볼이 통통한 딸의 얼굴을 보면 기쁘다. 하지만 다른 무언가도 있다. 그 아이를 행복하게 하거나 절대로 슬프게 하고 싶지 않은 마음이 그것이다. 아이를 건강하고 안전하게 자라게 해주고 싶고, 아이의 얼굴을 보고 목소리를 듣고 아이를 도와주고 싶다. 그 욕구가 만들어지는 데는 신경생물학적 메커니즘이 작용한다. 현실은, 진화적 관점에서, 사랑만으로는 충분하지 않기 때문이다. 사랑은 보편적으로 신뢰할 수도 없고 자동적인 것도 아니다. 극단과 평균을 살펴보면 알 수 있다.

영아 살해는 역사와 사회에 걸쳐 언제나 부모됨의 일부로서 찾아볼 수 있었다. 그 확률은 빈곤, 부모가 자신의 생식을 통제하는 능력, 그리고 사회적 규범에 따라 커지거나 작아진다. 예를 들어, 오랫동안 유럽의 도시에서는 수많은 아기가 최악의 생존율로 알려진 보육원에 버려졌다.[22] 세라 블래퍼 허디는 『엄마의 본성』에서 특히 역사적인 기록이 분명하게 남아 있는 피렌체에서 16세기와 17세기에 세례를 받은 아이들이 버려질 확률이 결코 12퍼센트 아래로 떨어지지 않았다고 했다. 1840년대에 피렌체에서는 세례를 받은 아이들의 43퍼센트가 버려졌다. 19세기에 피임의 증가와 함께 유럽의 영아 살해도 전반적으로 감소했다.[23] 작가 샌드라 뉴먼Sandra Newman이 말했듯이, 인간은 "아기를 적게 낳기 시작하고서야 아기를 죽이는 일을 멈추었다."

물론 피임은(지금도 여전히 보편적으로 접근할 수 없다) 모든 엄마가 헌신적이 되거나 모든 아이가 안전하게 보살핌을 받을 수 있도록 보장하는 영약이 결코 아니었다. 오늘날 미국에서 해마다 수십만 명의 아이가 방치나 학대로 고통받고 있다. 취약한 아이들을 돌보는 것은 언제나 수많은 요인의 균형을 맞춰야만 하는 정교한 일이었다.[24] 여기에는 스트레스와 가난, 억압, 정신 질환, 중독, 또는 아기에게 이롭지 않은 다른 관심사들을 다루는 가족의 능력이 포함된다. 그 능력은 개인이 그런 요인들을 줄여줄 사회적 지원을 어느 정도나 갖추었는지로 측정된다. 부모는 자동으로 갓난아기를 돌보는 데 헌신하는 것이 아니다. "양육은 알려고 애쓰고 강화하고 유지되어야 한다. 양육 자체도 양육이 필요하다"라고 허디는 적었다.[25]

그리고 아주 평범하지만 무시되기 쉬운 진실이 있다. 출산과 동시에 저절로 아기에 대한 사랑이 넘쳐흐르는 것이 아니라는 점이다. 사랑과 함께 또한 강력한 공포와 두려움의 파도가 밀려온다. 초산 엄마들의 출산 심리 상태를 살펴본 연구에서는 오로지 순수한 애정을 기대했는데 갑자기 닥친 책임의 무게를 느끼는 것에 대한 죄책감이 드러난다. 한 연구에서는 초산 엄마 112명을 출산 일주일 후에 인터뷰했는데, 40퍼센트가 처음으로 아기를 안았을 때 "무관심"을 느꼈다고 답했다.[26] 아마도 응답자들이 사용한 이 무관심이라는 단어는 정말로 아기에게 아무런 느낌도 들지 않았다는 뜻이 아니라, 따뜻한 애정이 샘솟을 줄 알았는데 기대와 완전히 달라서 충격이었다는 뜻일 것이다. 이 엄마들은, 출산 부모의 대다수가 그러하듯, 시간이 약간 지나자 아기에게 애정을 느꼈다. 하지만 애정이 찾아와도 그것 역시 엄마들에게 혼란을 안겨줄 수 있다. 아기의 욕구는 끝이 없고 그것을 충족시키려는 엄마의 욕구도 큰 만큼이나 괴로운 실패의 확률도 크기 때문이다.

사실 이 모든 것이 뒤섞인 감정을 느끼는 것은 전적으로 정상이다. 2005년에 나온, 아기의 탄생이 정신적 각성으로 이어질 수 있다고 주장하는 논문에서 심리학자 오렐리 에이선Aurélie Athan과 리사 밀러Lisa Miller는 모순된 감정이 "자연스러우며 목적이 있다"라고 적었다.[27] 사실 양가감정은 "이 전환 과정의 특징이다." 심리치료사 로지카 파커Rozsika Parker는 모성에서 증오와 사랑의 균형에 대해 한 권의 책으로 다루기까지 했다.[28] 사람마다 균형을 이루는 지점이 다르다는 것을 말이다. 그녀는 2006년에 『가디언』과의 인터뷰에서 이렇게 말했다. "엄마는 자신에 대해 알아야 하고 엄마됨이 다양하고 모순되고 종종 압도적이기까지 한 감정을 일으킨다는 사실을 받아들여야 합니다. 자신이 나쁜 엄마일 때도 있다는 사실을 인정해야만 좋은 엄마가 될 수 있어요."[29] 1949년 정신분석학자 도널드 위니코트Donald Winnicott는 엄마가 자신이 낳은 아이를 출산 직후부터 싫어할 수도 있는("심지어 아들이라도") 18가지 이유를 제시한 것으로 유명하다.[30] 위니코트의 어조가 웃음을 주기도 하지만 쓰라린 진실이 담겨 있다.

> "아기는 마법으로 만들어지는 것이 아니다. 임신과 출산 시 엄마의 몸에 아기는 위험하다. … 무자비하게도 아기는 엄마를 무급 하녀 혹은 노예 취급한다. … 끔찍하게 힘든 아침을 보낸 후 아기를 데리고 밖으로 나가면 아기가 낯선 사람에게 방긋 웃고 '정말 사랑스럽네요!'라는 말이 들려온다."

위니코트는 이렇게도 적었다.

> "엄마는 알고 있다. 아기를 실망시키면 아기가 영원히 그 대가를 치르게 하리라는 것을."

물론 부모가 되는 것에는 경제적 비용이 들지만 개인의 일반적인 웰빙과 신체적 자원에도 대가가 따른다. 신생아를 돌볼 때, 특히 아기가 웃거나 눈을 맞추기 전, 그러니까 관계의 호혜성을 느끼게 해주기도 전인 생후 몇 주 동안 그 비용은 특히 높다. 부모들은 그들의 잠과 시간, 관심, 평정심을 대가로 지불한다. 에너지로 지불한다. 아기를 먹이고 안아주고 달래주면서, 몇 주처럼 느껴지는 나날을 보내며, 시간이 완전히 사라진 것 같은 외로운 새벽 시간을 보낼 때 사용하는 바로 그 에너지 말이다. 내적인 투자도 필요하다. 아기를 돌보는 과정에 영향을 미치는 요소들의 결정자가 되기 위해, 자신의 생리적 균형을 맞추기 위해 필요한 자원을 재배치해야 한다. 바로 음식과 휴식, 안전이다. 이것은 결코 작은 일이 아니다.

부모의 뇌는 자녀에 대한 사랑을 가능하게 하고, 그 사랑은 크고 관대하며 평생 이어질 수 있다. 하지만 그 사랑은 시간이 지나면서 생기는데, 아기는 보살핌을 받을 때까지 기다릴 수 없다. 그래서 처음에 부모의 뇌는 전적으로 사랑에 의존하지 않는다. 적어도 우리가 알 수 있는 버전의 사랑은 아니다. 부모의 뇌의 첫 번째 임무는 부모의 관심을 포착하는 (그리고 유지하는) 것이다. 러더퍼드는 나에게 말했다. "우리는 항상 육아의 즐거움만 생각하고 그 원동력이나 동기에 대해 생각하지 않지요."

러더퍼드가 말하는 "우리"는 부모와 사회이다. 반면 연구자들은 동기에 대해 많이 생각한다. 러더퍼드는 부모로의 전환에 대해 연구하는 예일아동연구센터의 비포앤애프터베이비랩Before and After Baby Lab을 이끌고 있다. 그 이름부터 "아기가 태어나기 전"과 "아기가 태어난 후"가 엄연히 다르다는 것을 시사한다. 연구자들은 "아기가 태어난 후"의 부모에 대해 이야기할 때 아기가 어떤 식으로 부모에게 보살핌의 동기를 제공하는지에서부터 시작한다.

• • •

인간 아기들도 소음을 일으킨다. 그들은 본질적으로 모든 성인에게(물론 사람마다 차이는 있지만) 강력한 자극을 제공한다. 일반적으로 여성들이 모성 본능 때문에 아기에게 더 강하게 반응한다고 알려졌지만 연구로 완전히 증명된 것은 아니다.

콘라트 로렌츠의 업적이 현대의 양육 연구로 가장 명확하게 전달된 것이 바로 이 부분이다. 로렌츠는 아기 도식Kindchenschema이라는 개념을 주장했다. 아기의 얼굴 형태가 어른이 아기를 돌보게 만든다는 것이다. 이것이 "귀여움"의 힘이다. 여기에서 귀여움은 전문적인 용어이지만 이모티콘이나 새끼 고양이, 볼살이 통통한 조카에게도 동일하게 적용될 수 있다. 귀여움은 큰 머리와 비율적으로 큰 눈, 작은 턱과 동그란 볼을 포함해 포유류 아기들에게서 어느 정도 공통적으로 나타나는 일련의 측정 가능한 특징이다.[31] 일러스트레이터들이나 마케팅 전문가들이 자주 활용하기도 하는 이 특징들은 성인들의 뇌에 강력한 반응을 촉발하고 아기들이 생존에 필요한 보살핌을 받을 기회를 높여준다.

연구자들은 남성과 여성이 귀여운 아기 얼굴에 비슷한 반응을 보일 때가 많다는 사실을 발견했다. 한 연구에서는 자녀가 없는 성인들에게 아기들의 그룹을 귀여움으로 평가하게 했다.[32] 의식적으로 얼굴을 평가할 때는 여성 참가자들이 아기들에게 더 높은 점수를 주었다. 하지만 키보드를 입력하는 과제에서는 남녀 모두가 "평균적인 매력"의 성인 얼굴이 아니라 귀여운 아기 얼굴을 계속해서 보기 위해 열심히 키를 누르는 모습을 보였다. 이와 별도로, 귀여운 아기 얼굴은 성인의 얼굴과 달리 긍정적 또는 보상을 감지하고 반응하는 데 중요한 뇌의 내측안와전두피질medial orbitofrontal cortex의 활동을 매우 빠르게 증가시킨다는 사실이 발견되었다.[33] 적어도 하나의 소규모 연구에서는(참가자 12명) 남성과 여성, 부모와 비부모에게서 똑같은 결과가 나왔다.

오늘날 과학자들은 유아도식의 힘에 아기의 외모보다 훨씬 더 많은 것이 포함된다는 사실을 안다. 아기들이 자신의 존재를 드러내고 양육자에게 권리를 주장하는 다른 모든 감각 경로가 여기에 포함된다. 일반적으로 부모는 겨우 몇 시간만 같이 있은 후에도 냄새나 울음소리로 그들의 신생아를 찾아내거나, 여러 신생아들 사진 중에서 자기 아이를 정확하게 골라낼 수 있다.[34] 엄마들의 반응이 강한 부분이 있는가 하면 엄마와 아빠의 능력이 비슷하게 나타나는 부분도 있다.

근래에 연구자들은 산후 기간에 부모의 뇌가 아기의 얼굴과 옹알이, 또는 "생물학적인 사이렌"이라고도 하는 울음소리에 어떻게 반응하는지에 대해 더 깊이 조사하기 시작했다. 어른이 그런 신호를 해석하고 아기에게 필요한 먹을 것이나 편안함 또는 발달 자극(놀이와 베이비토크 포함)을 제공하는 능력이 아기의 발달을 좌우한다는 이해에서 비롯된 연구였다.

계속된 연구에서 연구진은 부모에게 그들의 아기 또는 다른 아기들의 이미지를 보여주거나 녹음된 울음소리를 들려주었다. 러더퍼드의 연구와 마찬가지로 그러한 신호를 포함하는 좀 더 적극적인 과제도 주어졌다. fMRI 기계 안에서 누워 있거나 뇌 바깥층의 활동을 측정하는 전극을 부착한 상태에서 또는 뇌 활동에 의해 생성된 자기장을 측정해주는 거대한 옥수수 모양의 기계에 머리를 넣은 채로 앉아서 과제를 수행한다. 연구자들은 부모들이 시간이 지남에 따라 어떻게 변하는지도 연구한다. 부모가 아닌 사람들과 비교하기도 한다.[35] 지금까지는 대부분 시스젠더, 즉 아기를 직접 출산한 이성애자 여성들을 대상으로 연구가 이루어졌지만 변화가 시작되고 있다.

사실 이 연구에 사용된 아기 신호는 실제의 보잘것없는 대용품이다. 녹음된 아기의 울음소리는 아기가 온몸으로 울 때, 그러니까 소리뿐만 아니라 가슴의 진동까지 느껴질 때 부모의 반응을 제대로 포착할 수 없다. 우쭈쭈 하고 어르면 아이 얼굴에 떠오르는 자그마한 미소를 볼 때 느껴지는 특별한 기쁨은 어떤가? 잠든 아기를 데리고 산책을 나갔는데 아기가 품 안에서 뒤척거리는 순간은 어떨까? 까르륵 소리와 함께 작은 주먹이 입으로 향하고 곧이어 울음소리가 터지면 우리는 안다. 아기가 배가 고프다는 것을. 반면, 실험실 장치가 때맞춰 수유하기 위해 공원 벤치를 찾거나 아이를 돌보기 위해 집에 돌아오도록 육체적 동기를 포착할 수 있을까? 아기의 욕구를 제대로 충족했을 때의 안도감을 기록할 수 있을까? 불가능하다. 하지만 이런 검사들은 실제 반응의 지문을, 부모의 뇌 회로에 새겨진 흔적을 기록한다.

이런 연구에서는 신생아의 신호 처리와 그것에 의미를 부여하는 것과 관련 있는 두 개의 서로 밀접하게 연관된 네트워크에서 활동성과 연결성이 강화된다는 사실이 반복적으로 발견되었다.[36] 이 네트워크들이 출산 부모에게 나타나는 "최대 반응성 상태"의 가장 큰 이유인데, 바로 도파민에 의해 작동하는 보상 네트워크와 현출성 네트워크*이다.

보상 시스템은 사실 그 이름보다 더 커졌다. 이 맥락에서 보상 시스템은 모성 동기 부여 시스템을 가리킨다. 더 정확하게는 엄마뿐만 아니라 동기 부여된 행동 전반과 관련되기는 하지만 말이다. 핵심 중추에는 중뇌의 복측피개영역이 포함되는데, 이곳은 신경전달물질인 도파민을 통해 앞에서 언급한 중격의지핵으로 신호를 보낸다. 둘 다 편도체, 내측전전두피질medial prefrontal cortex, 해마 등 돌봄 반응에 필수적인 영역과 연결되어 있다.

모성애의 동물 모델에서 MPOA(수신기)는 이 네트워크의 중요한 출발점이다. 인간의 경우, MPOA는 배제되는 경우가 많다. 오래전부터 사람의 피질은 쥐의 것보다 천 배는 더 크므로 쥐의 작은 MPOA보다 모성 행동에 더 큰 영향력을 미칠 것이라고 여겨졌다.[37] 연구자들은 뇌 스캔을 통해 그 영역에서의 제한적이고 가변적인 활동이 MPOA가 인간의 동기에 영향을 덜 준다는 뜻인지, 아니면 눈에 보이지 않는 일이 많이 일어나고 있다는 뜻인지 분명하게 알 수 없다고 말한다. 다만 후자임을 시사하는 몇 가지 증거가 있다.[38] MPOA 투사는 복잡한 전전두피질prefrontal cortex로 이어지므로 MPOA는 인간에게도 돌봄 행동의 동기를 생성하는 중요한 역할을 하는 것처럼 보인다.

이 동기 부여 시스템은 옥시토신에 의해 조절되는 도파민을 연료 삼아 움직인다. 보통 도파민은 섹스나 러너스 하이,** 오븐의

* salience network. 예측하지 못한 두드러진 자극을 감지하는 신경망.

** runner's high. 마라톤을 뛸 때 고통스러운 상태에서 느끼는 황홀감.

컵케이크 냄새가 주는 즐거움 등과 연결되어 "기분을 좋게 하는" 호르몬으로 불린다. 그러나 사실 이것은 맞지 않는 표현이다. 예전에 과학자들은 도파민이 오직 보상적인 자극에만 반응한다고 생각했다.[39] 그러나 수십 년에 걸친 동물 연구에서 도파민이 부정적인 자극에도 반응한다는 사실이 발견되었다. 도파민은 도박꾼이다. 도박 테이블(특정 환경)을 읽고 뇌로 하여금 일이 어떻게 진행될지 끊임없이 예측하도록 돕는다. 테이블의 승패를 토대로, 일이 예상보다 좋거나 나빠질 때 행동과 감정, 학습을 지시하는 회로로 보내는 신호를 유도한다.

앨리슨 플레밍의 실험실에서 진행된 흥미로운 연구에서는 임신 기간의 호르몬 분비가 엄마 쥐들의 도파민 기준치를 낮춘다는 사실이 발견되었다.[40] 그래서 엄마 쥐가 새끼들과 상호 작용해서 도파민이 급증할 때 더 극적이고 더 의미가 있다. 플레밍의 표현대로 새끼들은 "개별적 신호"이다. 그 신호의 효과는 더 크고, 새끼들에게 필요한 모성 행동의 발현을 가속한다.

옥시토신은 도파민 생성에 영향을 미친다. 분만할 때, 그리고 모든 부모가 아기와 애정 어린 상호 작용을 할 때 분비되는 이 신경펩타이드는 복측피개영역에서 도파민의 생성을 자극한다. 동물과 인간 모델 모두에서 옥시토신이 양육에 중요하다는 사실이 반복적으로 확인되었다.[41] 복측피개영역에서 옥시토신이 더 많이 발견된 엄마 쥐들은 더 높은 수준으로 새끼를 돌본다.[42] 그리고 보상 시스템에서 옥시토신은 새끼의 냄새를 불쾌한 것에서 매력적인 것으로 바꾸는 열쇠로 여겨진다. 12명의 엄마로 이루어진 아주 작은 규모의 연구에서는 엄마들이 아기의 울음소리를 들었을 때 자연 분만한 엄마들은 편도체를 포함해 보상 및 동기 부여와 관련된 뇌 영역에서 제왕절개로 분만한 엄마들보다 더 활발한 신경 활동을 보였다.[43] 연구진은 이 차이가 "질-자궁경부 자극"과 자연 분만의 특별한 옥시토신 급증과 관련 있다는 가설을 세웠다.

연구자들은 도파민 경로가 어떻게 작동하는지 아직 정확히 모르지만 부모들에게 중요한 것은 반응성이다. 뛰어난 도박꾼은 테이블의 상황이 바뀌면 재빨리 거기에 맞춰 변화를 준다. 도파민은 인간 행동의 유연성에 기여하고, 부모가 끊임없는 오류가 예측되는 시기를 헤쳐나갈 때 발생하는 신경가소성을 추진시키는 주된 요소일 수 있다.[44]

현출성 네트워크는 반응성 조절에서 매우 상대적인 역할을 한다.[45] 육아의 맥락에서는 연약한 아기를 안전하게 지키는 기본적인 목표를 수행하기 위한 경계와 위협 탐지의 측면에서 구조화될 때가 많지만 말이다. 현출성 네트워크에는 편도체와 주요 피질 구조(전방대상피질anterior cingulate cortex과 전방섬상세포군피질anterior insular cortex)가 포함되며, 건강한 산후 여성의 경우 이것들이 유아의 신호에 반응한다. 현출성 네트워크는 특히 뇌가 받는 정보의 홍수 속에서 알맹이와 쭉정이를 구분하는 데 필수적인 역할을 한다고 알려져 있다. 그것은 신체의(양육자와 아기 모두) 기본적인 기능을 조절하고, 운동 시스템의 빠른 반응을 촉진하는 데 있어서 가장 필수적인 사건이나 자극으로 주의와 작업 기억을 집중시킨다. 아기들의 경우 주의와 신속한 조치가 필요한 욕구가 쉼 없이 이어진다는 점에서 현출성 네트워크의 중요성을 이해할 수 있다.

편도체는 인간의 모성 행동 측면에서 가장 많이 연구된 뇌 영역일 것이다. 당신은 편도체를 투쟁-도피 반응의 중심지라고 알고 있을 수도 있다. 이곳은 오래전부터 뇌의 공포 탐지기로 여겨져왔다. 이제는 "현출성 감지기"로 더 자주 불린다. 또는 의미 제조기라고. 편도체는 아기의 신호를 감지하고 감정 상태를 해석하고 적절한 반응을 제공하는 시스템들 사이의 중재자(또는 선동자) 역할을 한다. 실제로 편도체는 괴로움의 징후에 우선권을 주는 것처럼 보인다. 부모의 경우, 편도체와 서로 연결된 여러 감정 처리 영역들은 아기의 웃음보다 울음소리에 의해 더욱 활성화된다.[46] 자녀가 없는 사람들은 반대인데, 웃음에 의한 활성화가 더 강하다.

2019년에 편도체와 뇌의 다른 영역들 사이의 "휴식 상태" 연결성에 대해 조사한 연구가 있었다.[47] 연구진은 생후 몇 주부터 10개월 사이의 아기가 있는 초산 엄마 47명에게 실행 과제를 주지 않았다. 대신 그들이 스캐너 안에서 휴식을 취하고 있을 때 뇌의 산소 수치를 조사했다. 과학자들은 이 접근법으로 뇌의 본질적 또는 기본적인 연결성을 밝혀낼 수 있다고 생각한다. 즉, 뉴런이 특정 자극에 어떻게 동시에 발화하는지뿐만 아니라, 마음속에 과제가 생기기도 전에 발화를 준비하는지도. 그것은 뇌의 기능적 구조를 보여준다. 지하철이 어떻게 움직이는지뿐만 아니라 터널이 어떻게 건설되었는지를 말이다.

연구자들은 엄마로서 경험이 많을수록(출산 후 시간이 지날수록) 휴식 상태에서 좌우 편도체가 뇌의 주요 영역과 연결되어 있다는 사실을 발견했다. 그리고 편도체와 중격의지핵의 연결성이 큰 엄마일수록 연구자들이 "모성의 구조화maternal structuring"라고 부르는 것에 더 잘 관여할 수 있다. 모성의 구조화에는 아기의 관심사를 읽고 아기를 압도하지 않고 인도하는 일이 포함된다. 본질적으로 주의를 기울이고 사려 깊게 대응하는 것이다.

논문의 수석 연구원인 알렉스 더포드Alex Dufford에 따르면 이 발견은 양육이 진행됨에 따라 보상과 현출성, 엄마와 아기가 서로에게 미치는 영향력의 중요성에 대한 추가적인 증거이다. "아기를 볼 때 도파민 홍수가 일어난다. 큰 관심이 생긴다. 아기가 정말로 귀엽게 생겼으니까. 그러면 어떻게 해야 할지 잘 모르는 상태에서 모성 행동이 시작되고 시간이 지나면서 익숙해진다. 피드백 고리가 생긴다. 어떻게 할 때 아기가 긍정적으로 반응하고 어떻게 할 때 부정적으로 반응하는지 알 수 있다." 동기 부여와 현출성이 학습을 촉진한다고 그는 말한다.

연구자들은 이 네트워크들에 이름을 부여하고 분류하지만 실제로 네트워크는 개별적으로 작동하지 않는다. 그것들은 서로 겹친다. 다른 사람의 감정 상태를 해석하고, 자신의 감정을 조절하고, 의사 결정을 하고, 주의를 향하게 하는 회로와 겹친다. 인간을 대상으로 한 최근의 연구에서는 현출성 네트워크의 연결성이 도파민 기능과 자극에 가치를 부여하는 역할에 좌우된다는 사실이 밝혀졌다.[48] 다른 뇌 영역들도 이 네트워크에 영향을 미치고 상호 작용하면서 개인이 아기의 신호를 의식적으로 알아차리기도 전에 중요한 것으로 분류하는 것을 돕는다.[49] 그중에는 때로 현출성 네트워크에 포함되기도 하는 신속한 안와전두피질orbitofrontal cortex, 마찬가지로 유아의 소리를 감지하는 속도가 빠른 것으로 확인된 중뇌의 수도관주위회색질periaqueductal gray, 양육에서 정확히 어떤 역할을 하는지 아직 잘 알려지지 않은 소뇌 등이 있다.

아기는 우리의 신속한 반응을 필요로 한다. 우리가 아기를 편안하게 해주고 정확히 무엇이 필요한지 의식적으로 이해하지 못할 때에도 기본적인 요구를 충족시켜주어야 한다. 또한 아기는 우리가 그들에게서 기쁨을 느끼고 더 많은 기쁨을 느끼고 싶게 만들어야 한다. 그래서 아기는 우리의 뇌와 바로 연결되도록 큰 눈과 강력한 폐를 가지고 태어난다.

출산 전후 기분 및 불안 장애 연구의 주요 초점은 부모가 되는 새로운 일에 적응하기 위한 정상적인 변화가 일어나지 않거나 지장이 생기면 어떻게 되는가로 향한다.[50] 여러 연구에서 산후 우울증이 있는 엄마들의 동기 부여와 현출성 네트워크의 핵심적인 부분에서 무뎌진 반응이 확인되었다. 그런데 한 실험군에서는 편도체에서 특정 자극에 대한 반응성이 증가한 것으로 나타났다. 이 상반된 결과는 적어도 우리가 출산 전후 기분 및 불안 장애의 다양성에 대해 알아야 할 것이 너무나 많다는 것을 뜻한다. 또한 양육에 따른 신경생물학적인 적응이 변동성을 허용하는 올바른 세부 조정에 달려 있다는 사실도 드러낸다. 그 조정이란 쾌락과 충동 사이, 기쁨과 위협 사이, 그리고 빠른 잠재의식적 반응과 하향식 의사 결정 사이의 균형을 말한다.

인간의 양육은 설치류의 양육과 매우 큰 차이가 있지만 가장 중요한 점은 이것일 수 있다. 인간 부모는 양육 과제를 처음 시작할 때 호르몬에 많이 의존하지 않는다. 아기를 돌보기로 선택한 그 누구라도 아기를 돌볼 수 있다. 하지만 그런 선택을 하는 사람들 또한(출산 부모와 마찬가지로, 그리고 노출에 의해 양육 행동을 보인 수컷 또는 처녀 쥐와 마찬가지로) 호르몬 변화와 경험에 의해 부모의 뇌로 변화하는 과정을 거친다.

이스라엘 바일란 대학교 연구진은 아기의 주양육자인 엄마들이 부양육자인 아빠들보다 편도체 활성화가 더 크다는 사실을 발견했다.[51] 하지만 주양육자가 아빠인 경우에는 좀 달랐다. 주양육자 아빠들의 편도체 활성화는 엄마들에 견줄 만한 수준이었고, 특히 편도체와 상측두고랑superior temporal sulcus이라고 불리는 영역과의 기능적인 연결이 강하게 나타났다. 실제로 그 연구에서 모든 아빠는 아기를 돌보는 시간이 많을수록 사회적 단서를 더 잘 감지할 수 있게 해준다고 여겨지는 그 두 영역의 연결성이 크게 나타났다. 임신으로 강력한 경보 시스템이 준비되지 않은 아빠들에게 그러한 감지가 특히 더 중요하리라는 것을 충분히 추측할 수 있다.

아빠와 비출산 부모들에 대해 할 말이 더 많지만 현재의 요점은 반응성이 강한 부모의 뇌로 가는 길은 하나 이상이라는 것이다. 바로 이 요점을 위해 옥시토신과 자연 분만으로 돌아가 보자. 임신한 사람들은 자연 분만과 모유 수유가 아기에게 가능한 최고의 출발점을 선사하기 위해 매우 중요하다는 말을 많이 듣는다. 나는 아기를 낳는 여성의 몸에 크나큰 경외심을 느낀다. 직접 모유 수유를 하면서 느꼈던 어려움과 기쁨에 대해 글을 쓰기도 했다.[52] 출산과 수유는, 특히 그 과정에서 겪는 외상의 정도는, 분명히 산후 경험과 부모의 뇌에 영향을 미친다. 그러나 둘 중 그 어떤 것도 부모로서의 발달에 확정적인 요소는 아니다.

자연 분만한 엄마들과 제왕절개로 분만한 엄마들의 신경 활동에서의 차이를 기억하는가? 그 차이는 사라졌다.[53] 연구자들은 산후 3~4개월이 지나자 두 그룹의 뇌 회로에서 중요한 기능적 차이를 전혀 발견하지 못했다. 같은 연구진은 산후 첫 달 이내에 전적으로 모유 수유를 한 엄마들과 전적으로 분유를 먹인 엄마들의 뇌 활동에서도 매우 유사한 차이를 발견했지만, 그 차이가 이후 어떻게 되는지에 대한 자료는 없었다.[54] 다시 말하지만, 이 연구들은 규모가 무척 작아서 그 결과가 대규모 인구층에도 적용될지 알기 어렵다. 엄마의 뇌에 일어나는 구조적 변화를 살펴보는 별개의 연구에서는 분만이나 수유 유형에 따른 측정 가능한 차이를 발견하지 못했다.[55] 그러나 마찬가지로 표본의 규모가 작았다.

임산부에게 도덕적 무게가 실리는 요인들에 대해, 부모의 뇌 발달에 미치는 영향을 판단할 자료는 이들 소규모 연구들이 전부다. 나는 부모의 뇌 연구에 자금을 대는 기관들이 이 문제를 더 자세히 들여다보기를 바란다. 다시 말하지만 아기와 부모가 그들에게 필요한 반응적이고 유연한 상태에 도달하는 올바른 방법은 단 하나가 아니다.

우리가 우리의 아이들을 위해 할 수 있는 가장 중요한 일은 진정으로 아이들을 받아들이는 것일지도 모른다. 그들의 말을 듣고 냄새를 맡고 지켜보고 상호 작용하는 것이다. 호르몬이 기초를 마련하지만 궁극적으로 부모의 뇌를 그들의 특별한 아기를 돌보는 상태로 배선시키는 것은 바로 그 상호 작용이다.

• • •

2019년 12월 말, 점심도 먹고 영화(「작은 아씨들」)도 보러 언니를 만나러 가는 길에 공영 라디오 팬들이 "드라이브웨이 모먼트"*라고 부르는 순간을 맞이했다. 나는 언니에게 몇 분 늦는다고 문자를 보내고 운전석에 계속 앉아 습관심리학 전문가 웬디 우드Wendy Wood와 「히든 브레인Hidden Brain」의 진행자 샹커 베단텀Shankar Vedantam이 새해 결심을 지키지 못하는 사람들이 왜 그렇게 많은지에 대해 이야기하는 것을 들었다.[56] 때가 때이니만큼 아주 시기적절한 주제였다.

우드는 습관이 의지나 "그냥 하자just do it"는 자세를 통해 만들어지는 것이 아니라고 설명했다. 오히려 특정 단서와 특정 보상을 연상시킴으로써 잠재의식적인 과정에서 서서히 변화가 일어나야 한다고 했다. 이 과정은 도파민이 주도한다. 보상을 감지하고 그것을 자극하는 환경 단서에 보상을 암호화해 넣는 역할을 통해서다. 보통 좋은 습관은 생각이나 환경을 통제하는 것보다 환경의 신호를 바꿈으로써 더 효과적으로 길러진다고 그녀는 말했다. 이사나 결혼 같은 인생의 큰 사건들은 한꺼번에 많은 단서를 바꿔서 과학자들이 습관의 불연속성이라고 부르는 것을 만들어낸다. 우드는 저서 『해빗*Habit*』에 이렇게 적었다. "큰 사건은 모든 것을 뒤흔든다. 그러면 잠깐 동안 당신의 모든 행동이 공중으로 흐트러지고 다시

---

* driveway moment. 목적지에 도착해 차에서 내리려는 순간 라디오에서 흥미로운 내용이 나오는 것.

자리를 배치해주기를 기다린다."

처음 부모가 된다는 것은 커다란 혼란으로 가득한 일이지만, 공중으로 흩어진 습관을 어떻게 착륙시켜야 하는지에 대해 정확하고 강력한 단서를 제공하는 항공 관제사도 함께 온다. 나는 아기 탄생 후 몇 달을 습관의 신속한 개혁 기간이라고 생각하기 시작했다. 그 과정이 고통스럽고 갈피 잡기 어려울 수 있다는 것은 당연하다. 단 하나라도 새로운 습관을 만드는 것은 어렵다. 하지만 부모가 된다는 것에는 그것을 근본적으로 별개의 불연속적 형태로 만드는 무언가가 있다.

아이를 낳는 것은 단 한 차례의 거대한 습관 변화를 필요로 하지 않는다. 그것은 부모를 영구적인 변화 속으로 던져넣는다. 아기들은 우리가 많은 새로운 습관을 빠르게 형성하고 또 빠르게 바꾸기를 요구한다. 그들이 자라는 동안 우리가 그들을 보살필 능력을 갖추고 빠르게 반응하기를 요구한다. 아기들은 효율적이고 지속적인 보살핌을 필요로 하지만 유연성도 요구한다. 대단히 거대한 요구가 아닐 수 없다. 부모들은 완전히 낯설 수도 있는 일종의 준비태세가 필요하다.

동기motivation 연구자들은 그것을 "욕구" 반응과 "완료" 반응의 관점에서 이야기할 때가 많다. 전자는 뭔가를 찾는 행동이고 후자는 목표를 달성하고 만족을 얻기 위한 행동이다. 약 10년 전 마리아나 페레이라Mariana Pereira는 동료들과 함께 모성 동기에 대한 연구를 논의하고 논쟁을 마무리짓기 위해 워크숍을 개최했다. 연구자들은 그러한 논쟁(욕구 vs 완료)을 모성 동기를 이야기하는 데 이용 중인 그룹과 아닌 그룹으로 나뉘었다. 그래서 워크숍은 마치 야구 경기처럼 서로 득점을 올리는 과정이었는데, 그것이 궁극적으로 합의에 이르렀다는 사실이 우리에게 진정 의미가 있다.[57]

스마트폰을 확인하거나 감자 튀김을 먹고 싶거나 심지어 특정 약물을 사용하고 싶은 욕구는 그 목표를 달성하면 충족된다. 욕구는 곧 다시 돌아올 수도 있다. 따라서 그것은 추구와 만족의 순환이다. 하지만 모성 동기는 다르다. 그것은 "적절한 자극이 있는 한 장기간 감소하지 않고 유지되는" 복잡한 존재 상태라고 워크숍 참가자들은 적었다. 그 동기의 목표는 변할 수 있고 수동적인 준비 상태가 되어 계속 머무를 수도 있다. 먹이고 트림시키고 놀아주고 기저귀를 갈아주고 포대기로 감싸고 울음을 달래고 확인하고 할 일 목록을 쓰고 차를 마시고 다시 먹이고…. 동기가 계속 남아 있다. 그것은 절대 충족되지 않는데, 아마도 그 동인이 자신의 만족이 아니라 아기의 만족을 향하고 아기의 욕구가 끊임없이 변하기 때문인 듯하다고 페레이라는 나에게 말했다. "항상 준비된 상태로 그 자리에 있으려는 에너지가 정말로 매혹적이죠."

여기 결코 멈출 수 없었던 엄마 쥐 S5의 사례를 보자.[58] 그녀는 1969년에 발표된 연구 속에 등장했다. 그녀를 포함한 임신한 쥐들은 상자 둥지 근처의 작은 레버를 눌러 짧은 활송 장치로 떨어지는 먹이를 받아먹는 훈련을 받았다. S5는 새끼를 낳은 지 하루가 지났을 때 레버를 누르고 평소처럼 할당된 음식을 받았다. 레버를 네 번 눌러서 나온 여섯 알의 먹이. 그다음에 그녀가 레버를 다시 누르자 새끼 쥐 한 마리가 활송 장치를 타고 내려왔다. 그녀가 낳은 아기였다.

엄마 쥐가 얼마나 놀랐겠는가. 자신의 아기와 마주친 기쁨이 눈 깜짝할 사이에 사라지고 공포가 몰려왔을 것이다. 새끼가 차가운 활송 장치에서 혼자 뭘 하고 있었던 거지? 그런 의문이 생기기도 전에 엄마의 몸이 먼저 반응했다. 그녀는 약 1미터 떨어진 안전한 둥지로 새끼를 데려다 놓고 레버로 돌아갔다. 레버를 누르자 또 다른 새끼가 나왔다. 그녀는 자신이 낳은 새끼 여섯 마리를 전부 둥지로 안전하게 데려다 놓을 때까지 이 과정을(레버를 누르면 새끼가 나오고 레버를 누르면 새끼가 나오고) 반복했다. 그다음에 레버로 다시 돌아갔다.

S5는 엄마가 되기 전에 새끼 쥐들을 싫어했을 것이다. 하지만 엄마가 된 후로는 무차별적으로 그들에게 끌렸다. 쥐는 자신의 새끼가 아니라 그 어떤 새끼라도 돌본다. 그래서 S5도 계속 레버를 누르고 자신이 낳지 않은 새끼들을 되찾아 임시 보호를 위해 자신의 둥지로 데려갔다. 새끼가 하나, 둘, 셋, 바글바글 넘쳐 강을 이룰 때까지. 그 엄마 쥐는 3시간 동안 15초에 한 마리라는 맹렬한 속도로 총 684마리의 새끼를 둥지로 데려갔다. 새끼를 물고 총 600미터가 넘는 거리를 이동했다가 또 다른 새끼를 찾기 위해 레버가 있는 곳으로 역시나 600미터 넘는 거리를 이동했다. 힘들지 않았다면 거짓말일 것이다. 출산한 지 하루밖에 안 된 몸으로 그렇게 엄청난 양의 일을 하려니 지칠 수밖에 없었다. 하지만 그녀는 멈추지 않았다. 오히려 활송 장치에 새끼 쥐를 쉬지 않고 갖다 놓는 것이 힘들어서 인간 실험자들이 먼저 백기를 들었다.

S5는 그 실험에서 "최고의 성과자"였지만 다른 네 마리의 엄마 쥐들도 비슷한 동기를 보였다. 다들 레버를 눌러 저마다 몇백 마리의 새끼를 회수했다. 1999년에 앨리슨 플레밍이 이끄는 팀은

그 연구를 확장했다.[59] 그 확장된 연구는 뇌가 어떻게 새끼의 특정한 가치가 강력한 보상 및 강화 자극이 되도록 조정하고, 그 과정에서 MPOA와 편도체가 어떤 역할을 하는지 이해하는 데 기초를 마련한 것으로 증명되었다. 페레이라가 나에게 말했다. "한번 생각해보세요. 레버를 누르면 당신 아이가 나오고 레버를 누르면 또 아이가 나오는 거죠. 당신이라도 레버를 누르는 걸 절대로 멈출 수 없을 걸요."

° ° °

첫째가 태어난 지 몇 주가 지났을 때 나는 완전히 걱정에 사로잡힌 기분이었다.

하틀리의 출산 예정일이 몇 주 남았을 때 남편과 나는 우리의 첫 집으로 이사했다. 주방 리모델링 공사가 끝나지 않아서 이삿짐 상자들이 공사 먼지 속에 방치돼 있었는데, 우리는 오래된 주방 벽과 캐비닛에 칠해진 페인트에 납이 많이 들어 있다는 사실을 알게 되었다. 우리도 공사 업체도 테스트해보지 않은 문제였고 적절한 조치도 없었다. 또 우리는 문과 벗겨진 뒤쪽 현관 바닥에 납 페인트가 칠해졌다는 사실을 알게 되었다. 창턱 안쪽과 바깥쪽도 마찬가지였다. 아이가 세상에 태어나 처음 살게 될 집인데 갑자기 위험지대처럼 느껴졌다. 나는 언니와 통화를 하다가 벌써 아이를 실망시켰다면서 흐느껴 울었다.

예정일을 2주 정도 남기고 혈압이 높아져서 유도 분만을 했다. 하틀리는 2.7킬로그램으로 작게 태어났다. 놀란 눈, 숱 많은 머리. 온통 경외심이 들었다. 그리고 무서웠다.

첼시 클린턴Chelsea Clinton은 2020년 3월 인터뷰에서 딸이 태어났을 때 "세포가 폭발하는 수준"으로 사랑을 느꼈고 동시에 강력한 보호 본능을 느꼈다고 말했다.[60] 출산 직후 그녀는 임신 막달에 함께 보았던 히스토리 채널 프로그램을 떠올리며 남편에게 말했다. "만약 바이킹들이 이 병원에 쳐들어온다면 난 일어나서 갓 태어난 내 아이를 지킬 거야." 남편의 대답은 이러했다. "무슨 말을 하는 거야? 여긴 맨해튼이야."

나는 첼시 클린턴이 정말로 바이킹들에 맞섰으리라는 것을 의심하지 않는다. 하지만 나에게 닥친 위협은 외부의 약탈자가 아니었다. 훨씬 더 가까이 있는 위협이었다. 만약 내가 잘못된 선택을 하면 어쩌지? 만약 내가 아기를 먹이지 못하거나 지켜주지 못하면? 내가 정말로 아이를 실망시키면 어떡하지?

아이가 태어난 지 며칠 또는 몇 주 동안, 나는 하틀리가 숨을 쉬고 있는지 아기 침대를 확인하느라 소중한 시간을 낭비했다. 아기가 잘 때 엄마도 자야 한다는 조언을 귀에 못이 박히게 들었지만 따르지 않았다. 대신 신생아가 충분한 양을 먹고 있는지 가늠하고 변 색깔을 해석하는 마법 같은 방법을 검색하고 있었다. 아기 물티슈와 장난감, 결국 아기에게로 전해질 내가 먹는 음식, 집안의 공기와 물에 독소가 들어 있을 수도 있다는 내용의 글도 읽었다. 그리고 납 페인트가 있었다. 현실적이지만 관리할 수 있는 위험 요소였다. 하지만 내 마음속에서 그것의 위험성은 비현실적으로 부풀었다. 나는 끊임없이 바닥을 청소했지만 너무 작고 연약한 아기를 안을 때 이 방에서 저 방으로 독 먼지구름이 우리를 따라오는 상상을 했다.

겉으로는 그럭저럭 잘하고 있었다. 나는 남편과 가족들의 도움으로 잘 먹고 잘 씻고 가끔 산책을 나가 늦겨울의 신선한 공기도 쐬었다. 비록 하틀리와 함께 집 밖으로 나갈 때마다 온몸에서 식은땀이 흐르긴 했지만. 그때 나는 일간지 편집자로 일했는데 직장을 쉬는 동안에도 전화로 업무를 처리했다. 출산 선물을 준 사람들에게 때맞춰 감사 인사도 전했다. 납 성분을 줄여주는 업체들에 대해 알아보기 시작했다. 하틀리는 수유 간격이 짧아서 오후 내내 계속 젖을 물려야 하긴 했지만 그래도 안정적으로 성장하고 있었다.

출산 6주 후 정기 검진에서 산후 우울증 검사를 받았다. 산부인과 의사는 설문에 대한 내 대답이 약간 엇갈리긴 하지만 점수 자체는 정상 범위에 속한다고 말했다. 그녀는 스스로나 아이에게 해를 끼치려는 생각이 든 적 있는지 물었다. 없다고 하자 넘어갔다. 그러나 불안은 항상 함께했다. 마음속의 끊임없는 잡음이자, 욕구의 파도였다.

걱정이 걱정스러웠다. 그 걱정이 따뜻함과 만족감, 감사, 존재감처럼 내가 느껴야 하는 다른 모든 감정을 몰아내고 있어서 걱정이었다. 이미 느껴본 적이 있는 기분이라서 걱정스러웠다.

어렸을 때 나는 강박증 비슷한 증상으로 고생했다. 피부가 벗겨져서 따가울 때까지 손을 씻었고 숫자에 말도 안 되는 의미를 부여했다. 가족의 안전에 집착했다. 아침에는 화장실의 조명 스위치를 몇 번이나 껐다 켰다 했고 밤에는 방문에서 침대까지 거리를 발걸음으로 세면서 온종일 사라지지 않는 걱정의 잡음 속에서 살았다. 어느 순간 걱정에 질려버렸다. 문손잡이를 만지자마자 곧바로 손을 씻지 않아도 큰일 나지 않고, 사랑하는 가족들의 운명을 내가 일분일초 통제할 수 없다는 사실을 증명해보기로 했다. 나는 조금씩 일종의 자기 주도적인 노출 치료법을 고안했다. 물론 그때는 그 용어를 알지 못했다. 결국 불합리한 생각들을 관리하는 방법을 찾았다.

그래서 하틀리가 태어난 후 느낀 감정이 익숙했다. 너무나 불안했다. 아이의 운명은 정말로 내 손에 달려 있었다. 내 마음과 행동의 유능함으로 결정되는 것이었다. 강박증이 돌아왔다. 엄마가 된 후로 다시 이런 감정이 찾아왔는데 나는 앞으로 평생 엄마일 테니 이 불안감도 평생 계속되는 것일까? 내 아기가 그것 때문에 고통받을까?

° ° °

현재 정기적으로 심리치료를 받는 사람의 관점에서 돌아보면, 그때 전문가의 도움을 받았더라면 큰 도움이 되었을 거라는 생각이 든다. 좀 더 빨리 심리치료사를 찾아갔더라면 좋았을 텐데. 하지만 도움이 되었을(결국 도움이 되었던) 다른 것이 또 있다. 엄마가 된 지 얼마 되지 않을 때 겪었던 걱정의 적어도 일부는 지극히 정상이라는 사실이 그것이다.

60년도 더 전에 소아과 의사이자 정신분석가인 도널드 위니코트는 여성이 출산 후 아기에게 몹시 전념하게 되는 시기를 "일차적 모성 몰두primary maternal preoccupation"라고 표현했다. 그는 높아진 민감성이 임신 말기부터 출산 후 몇 주까지의 특징이라고 했다. 그 시기에 여성은 아기의 섭식과 수면 패턴에 집착하거나 아이와 떨어져 있기를 거부하는 모습을 보이기도 한다. 그들은 부모로서 자기 능력에 대해 불안해하면서도 다른 사람들의 도움을 꺼리거나 아주 잠깐이라도 아기가 아닌 다른 생각을 했다는 것에 죄책감을 느낄 수도 있다.

위니코트는 이 민감성이 견뎌야 할 부작용이 아니라 보살핌에 꼭 필요한 부분이고 유아의 복잡한 욕구에 적절하게 대응할 수 있게 해주는 길이라고 보았다.[61] 그는 이러한 몰두가 "만약 임신이 아니었다면 병이 되었을" 정도로 극단적이라고 적었다. 그것이 "해리 상태" 또는 "둔주(遁走)"와 비슷한 "정상적인 질병"이며 "일단 회복되면 엄마들이 쉽게 기억하지 못한다"라고 했다.

확실히 위니코트의 분석에는 가부장적 사고의 흔적 이상이 있다. 그는 "남성 정체성이 강한" 여성은(가정 생활 이외의 야망이나 관심사를 뜻하는 것으로 생각된다) 이 민감성 상태에 도달하는 데 어려움을 겪으며 자녀와 가족의 많은 문제가 그들의 책임이라고 말했다. 그래도 나는 그의 말에서 묘한 위안을 받았다. 예일아동연구센터의 연구자들은 위니코트의 말에 선견지명이 있었음을 발견했다.

이미 투레트 증후군과 강박 장애 연구로 유명했던 제임스 렉먼James Leckman은 1990년대에 박사후 연구원 루스 펠드먼Ruth Feldman(현재 유명 신경학자가 되었다)을 통해 위니코트의 몰두 개념을 접하게 되었다. 렉먼은 1974년에 딸이 태어났을 때가 떠올랐다. 그와 그의 아내는 아기가 태어나기 전에 집안에 필요한 준비를 해놓아야 한다고 생각했다. 그는 방의 페인트를 다시 칠하고 3층 계단을 거쳐 집으로 가져온 목재로 아기 침대를 직접 만들었다. 아내는 냉장고를 옮겨서 아래쪽을 청소했다. 아기를 맞이할 완벽한 준비가 돼야만 했다.

렉먼은 그때 자신이 직접 겪은 것이나 다른 많은 부모가 말하는 몰두 경험이 그 증상의 측면에서 그리고 어쩌면 그 생각과 행동의 기저에 있는 신경성 기질의 측면에서도 강박 장애와 비슷할 수 있다고 생각하게 되었다. 그는 펠드먼을 비롯한 동료들과 부모들의 몰두 정도와 그 본질을 측정하는 일부터 시작했다. 1999년에 그들은 41쌍의 아빠-엄마를 대상으로 실시한 일련의 인터뷰 결과를 발표했다.[62] 인터뷰는 임신 말기, 아기가 태어나고 2주 후 그리고 약 3개월 후까지 세 차례에 걸쳐 이루어졌다. 질문들은 주로 부모들의 행동, 정신 상태, 감정 상태를 직접적으로 알아보기 위한 것이었다.

그 결과, 부모가 자녀에 대해 걱정하는 모습이 거의 보편적으로 나타났다. 그러나 놀라운 점은 몰두의 전반적인 정도였다. 산후 2주 후 엄마들이 아기에 대해 생각하는 시간은 하루에 평균 14시간이었다. 아빠의 경우에는 절반 수준이었다. 전체 부모의 4분의 3 이상이 아무 문제가 없다는 것을 알고 있을 때조차 아기를 확인해야 할 필요성을 느꼈고 일부는 강박적일 정도였다. 부모들은 아기를 떨어뜨리거나 애완동물의 공격을 받거나 자신의 부주의 때문에 다치거나 아플지도 모른다는 걱정을 자주 하는 것으로 나타났다. 심지어 이런 걱정까지 있었다. 피곤한 나머지 통제력을 잃고 아기를 때리거나 흔들면 어쩌지 같은.

양육 연구자들은 그들의 연구와 명시적으로 관련이 없더라도 피실험자들의 불안과 우울증을 검사한다. 그 결과 대다수에서 경증이긴 하지만 불안과 우울증 중 하나 또는 둘 다가 발견되고, 임상 진단 기준을 충족하는 경우는 훨씬 적다.[63] 러더퍼드는 불안 증상이 아예 없다고 적는 엄마는 드물다고 나에게 말했다. 엄마들의 불안 증상이 워낙 흔하다 보니 연구자들은 그 증상이 육아의 맥락에서 무엇을 의미하는지, 엄마들이 육아에 진정으로 적응했는지 또는 문제가 있는지 알아내기가 어려울 수밖에 없다.

"부모들은 부모로서의 근본적인 적합성뿐만 아니라 신생아, 집안 환경의 안전성, 자신의 건강과 안녕에 대한 걱정으로 괴로워한다."[64] 렉먼과 그의 동료들은 1999년 논문에 이렇게 적었다. "아기에 대한 걱정의 특징은 가족들 사이에서 공통으로 나타난다."

미아 에디딘Mia Edidin은 이러한 걱정을 그녀가 함께 일하는 부모 대부분에게서 듣는다. 에디딘은 사회복지사이자 비영리 단체 페리나탈 서포트 워싱턴Perinatal Support Washington의 임상 책임자이다. 워싱턴에 있는 이 단체는 부모들을 위한 자조 모임을 운영하고 치료를 제공하며 어려움을 겪고 있는 부모가 전화를 통해 다른 부모에게 도움을 받을 수 있는 '웜라인 상담 서비스'를 운영한다. 그녀는 거의 모든 가정에서 공통으로 호소하는 문제를 잘 알고 있다. 그 문제의 목록에는 빅 원Big One이 있다. 빅 원은 캐스캐디아 지층대에서 일어날지도 모른다고 예상되는 규모 8도 이상의 대지진을 말한다. 미국의 태평양 연안 북서부에 사는 사람들이 매일 감수해야 하는 위험이다. 하지만 아기가 갓 태어난 부모에게 그것은 실질적인 현재의 위험이 된다. 에디딘에 따르면 부모들은 "내가 나와 복잡하게 묶여 있는 이 생명체의 안전을 위협했고, 그래서 마음이 아프다"고 생각한다. 신생아를 둔 부모에게 자신의 아이를 위험에 빠뜨리는 것은 "최악의 기분"이다.

에디딘은 부모들이 아기의 안전에 대한 불안 가운데 비이성적일 수도 있는 생각을 헤아리도록 돕고자 한다. 내가 2020년 5월 『보스턴 글로브』에 실린 기사를 위해 그녀를 인터뷰했을 때, 그녀는 팬데믹으로 일이 더 힘들어졌다고 말했다.[65] 온 세상이 경계 태세에 접어들었기 때문이다. 그래도 아예 불가능한 일은 아니었다. "바로 눈앞에 있는 데이터를 이용할 수 있어요. 팬데믹과 상관없이 엄마들은 신생아를 보고 아기가 괜찮은지 판단할 수 있습니다."

그 전략은 렉먼의 연구에서도 언급되었다. 즉, 신체적으로 아기와 가까이 있으면 걱정스러운 생각이 지속되더라도 괴로움을 줄일 수 있다. 연구진은 이렇게 적었다. "부모는 아기를 품에 안고 확인하거나 다른 행동을 통해 아기가 안전한지 살펴봄으로써 적어도 잠깐은 걱정을 없앨 수 있다." 연구진은 신생아 부모들이 경험하는 "변화된 정신 상태"가 그들이 부모로 변화하는 것을 촉진하므로 가치가 있는 한편, 또한 그들을 정신 질환에 더 취약하게 만들 수 있다고 결론지었다.

실제로 출산 부모는 기분 및 불안 장애가 생기는 경우가 많다. 미국에서 일반적으로 인용되는 수치는 엄마 다섯 명 중 한 명이다. 하지만 산후 조리의 부적절함, 산후 우울증에 대한 낙인, 그리고 불안 장애 또는 출산과 관련한 외상 후 스트레스 장애가 일반적으로 쉽게 인식되지 않아서 의료 전문가에게 검사받는 일이 적다는 사실을 고려할 때 정확한 수치를 측정하기 어렵다.

현재로서 산후 우울증은 안타까울 정도로 불특정한 진단이다. 한 연구자는 나에게 그것이 잘못 이해되거나 거의 이해되지 않는 산후 장애를 전부 쓸어 담는 "쓰레기 봉투" 범주라고 말했다. 렉먼은 일부 산후 장애가 진화적으로 보존된 부모의 민감성이 경로를 벗어날 때 발생하는 듯하다며 이렇게 말했다. "뇌가 조직화되고 구축되는 방식에는 너무 멀리까지 갈 수도 있는 취약성 또한 존재한다. 우리가 아직 모르고 이해하지 못하는 것들이 많다. 물론 이런 현실을 기술할 때 쓰는 말도 있지만, 말에는 한계가 있다."

일반적으로 출산 부모가 가장 강력한 몰두를 경험하는 시기는 (아기가 혹 머리를 부딪힐까봐 문턱을 지나는 것조차 위험 행동이라고 생각하는 시기) 연구자들이 아기를 증폭시키는 뇌 회로의 활성화가 나타난다고 확인한 시기와 겹친다. 그런 점에서 부모의 동기는 의도적으로 걱정의 영향을 받는 듯하다. 부모의 관심은 그 렌즈를 가로지르는 물체의 잠재적 위협이 커지는 듯할 때 아이에게 고정된다. 그 결과는 잔인한 속임수처럼, 가끔은 부담스럽고 당혹스러운 초능력처럼 느껴지기도 한다.

시간이 지나면서 아기를 돌보는 행위는 일종의 노출 치료와 비슷해진다. 아기를 세상으로 데리고 나갔는데(슈퍼에 가거나 연휴에 친척을 방문하거나 마침내 고형 음식을 먹이거나) 아기가 괜찮다. 엄마도 괜찮다. 그래서 또 나간다. 기쁨도 느껴진다. 기쁨이 커지고 걱정이 줄어든다. 걱정의 파도가 잠잠해지기 시작할 것이다. 당신은 같은 대상으로부터 고통과 달콤함을 동시에 느낄 수 있다는 사실을 깨닫고 둘 다 조금씩 받아들이려고 타협할 것이다.

대부분의 부모가 아기 생후 몇 주 동안 경험하는 강력한 몰두는 약 4개월 정도부터 줄어들기 시작한다.[66] 그때쯤 부모들은 이제 웃기도 하고 옹알이도 하는 아기를 돌보는 자신의 능력을 포함하여 긍정적인 생각이 늘어난다. 그리고 일반적으로 부모들은 두 번째 자녀일 때 몰두와 걱정이 줄어든 모습을 보인다. 둘째 아이 때는 이미 경험이 있어서 상황에 대한 기대와 이해가 좀 더 명확하고 의식적이기 때문이기도 하지만 그 때문만은 아니다. 둘째 양육의 신경생물학은 첫째 때와는 다르다.

우선 양육 경험이 좀 더 즐거운 것으로 변하는 만큼, 출산 부모의 신경계도 변한다.[67] 즉, 편도체를 비롯해 불안과 경계 감정에 관련된 영역부터 내측전전두피질을 비롯해 감정 조절에 관련된 영역까지 변한다. 현재 매사추세츠 주립 대학에 있는 페레이라는 조앤 모렐Joan Morrell과 함께 엄마 쥐들의 모성 반응에 산후기가 진행됨에 따라 더 많은 뇌 영역이 포함되어서 "더욱더 분산"된다는 사실을 발견했다.[68] 다른 변화들 가운데 MPOA의 목표는 시간이 지남에 따라 변화하는 것처럼 보인다. 혹은 목표가 그대로일 수도 있다. 즉, 엄마를 더 유연하게 반응하도록 만들기 위해서다. 하지만 수단이 다르다. MPOA는 유아의 신호를 동기 회로에 강력하게 조직하고 분배하는 대신 일종의 차단막 역할을 한다. 더 큰 독립성과 다른 학습 환경을 비롯한 성장하는 새끼들의 욕구에 반응할 수 있도록 모성 행동의 발현을 억제하는 것이다.

게다가 설치류와 인간 모두에서 부모의 뇌에 나타난 변화는 계속해서 유지된다. 한 쌍의 연구에서 러더퍼드와 동료들은 뇌전도 또는 EEG를 이용해 59명의 여성이 그들의 유아를 바라볼 때 주의 처리를 나타내는 것으로 생각되는 피질의 특정한 전기 활동을 측정했다.[69] 여성들은 각각 산후 2개월과 7개월에 검사를 받았다. 그들 중 약 절반이 이전에 임신 경험이 있었다. 초산 엄마들과 비교해 경험이 많은 엄마들은 유아의 얼굴을 볼 때 더 낮은 평균 진폭을 보였다. 연구자들에 따르면, 그것은 더 효율적인 과정 또는 강도가 덜한 반응으로 해석될 수 있었다.

러더퍼드는 연구 참가자들로부터 첫째 때는 불안이 대단히 심했지만 둘째 때는 상당히 다르다는 말을 많이 들었다. 그녀는 그것이 처음 부모가 되었을 때 경험한 신경 재조직의 반영임을 알려주면 도움이 된다고 생각한다. “첫 번째 육아는 매우 중요합니다. 두 번째 육아와 그 이후에 관한 생각의 토대를 마련해주기 때문이죠”라고 그녀는 말한다.

2015년에 하틀리가 태어났을 때 우리 부부는 운이 좋았다. 오랫동안 사랑받아온 소아과 의사 스티븐 블루먼솔Steven Blumenthal

박사가 병원에 있었다. 그가 처음으로 우리의 작은 아기를 진찰하러 왔을 때 내 온몸은 불안에 휩싸였다. 물론 그는 하틀리를 능숙하게 다루었고 우리의 걱정에도 귀를 기울였다. 나는 모유 수유에 어려움을 겪고 있었다. 아이가 젖을 잘 빨지 못하는 데다 젖이 잘 돌지도 않았다. 게다가 아기가 작아도 너무 작게 태어났다. 블루먼솔 박사는 두 손바닥에 아기를 올려놓고 부드럽게 굴리며 온몸을 살폈다. 그는 잠시 멈추서 미소 띤 얼굴로 우리를 바라보며 말했다. "여러분이 뭐라고 말해도 이 아기는 걱정스러운 게 하나도 없어요." 그 후 몇 달 동안 나는 그 목소리를 수없이 떠올리며 그가 옳다는 것을 믿으려고 애썼다.

블루먼솔 박사는 2017년에 우리 둘째 애슐리가 태어나고 얼마 후 은퇴했다. 그때도 그의 목소리가 들렸다. 그리고 그때는 그 말이 믿겼다.

• • •

난생처음으로 부모가 되어 신생아가 보내는 홍수처럼 쏟아지는 자극을 통제할 방법이 제시되지 않는다면 정말로 잔인한 일일 것이다. 부모와 아기, 아기를 낳으려는 사람들의 의지에 달린 인류의 미래를 생각하면 다행스럽지만, 출산 초기의 과도한 민감성에는 동전처럼 양면성이 있다.

아기의 울음소리는 부모가 행동하도록 자극한다. 피질 영역이 아기 울음의 맥락을 이해하게 해준다. 연구에서는 엄마의 뇌에서 자기 조절과 관련된 영역의 구조와 기능에 변화가 발견되었다.[70] 거기에는 전전두피질과 대상 피질이 포함되는데 연구자들은 이곳의 회백질에서 지속적인 변화와 아기의 신호에 대한 고조된 반응을 발견했다.

러더퍼드와 동료들은 산후 기간에 뇌가 감정을 조절하는 방식이 다른 어떤 인생 단계와도 다를 수 있다고 제안했다. 그 강렬한 감정적 욕구와 함께 아기들에게 사실상 스스로를 조절할 능력이 없다는 사실을 고려하면 그렇다는 것이다. 러더퍼드는 부모가 아기의 "외부 전전두피질"이나 마찬가지라고 말한다. 아기가 배고파서 울면 부모가 먹이고 트림시키고 다시 정상적으로 조정된 기분이 들도록 도와준다. 또 아기가 피곤해서 울면 진정될 때까지 부모가 안고 어르며 달래준다. 이런 일들을 하기 위해서는 자신의 피로나 좌절 또는 걱정을 억누르면서 많은 에너지를 써야 할 것이다. 러더퍼드에 따르면 일반적으로 부모는 처음에는 그것을 잘하지 못한다. 난 할 수 있어, 심호흡하자, 같은 일종의 의식적인 자각으로 시작할지도 모른다. 하지만 시간이 지남에 따라 자녀의 욕구에 주의를 기울이고 해결해주는 동시에 자신을 조절하는 능력이 좀 더 습관적이 될 것이다.

분명하게 말하자면 부모가 절대로 언짢아하거나 자기 통제를 잃어선 안 된다는 뜻이 아니다. 통제 불가능한 존재를 보살피는 동안 자기 감정에 대처하는 능력을 키워나가야 한다는 뜻이다. 그것은 장기적으로 부모의 삶에 중요할 수 있다. 아기가 감정을 조절하도록 돕는 것은 초등학생이나 10대 청소년을 돕는 것과 다르다. 하지만 같은 기술이 필요할 수 있다. "자녀를 돌보면서 자기 감정에 대처하는 기술을 계속 쌓아나가야 합니다. 기술을 업그레이드하고 다양한 방법으로 다듬어야 해요." 러더퍼드가 말했다.

중독과 양육을 다룬 글에서 러더퍼드는 부모의 약물 중독이나 재발의 본질을 진정으로 다루려면 그들이 진입한 삶의 단계를 고려하지 않으면 불가능할 것이라고 설명한다. 그들이 놓인 삶의 단계는 부모가 아닌 사람과 "행동적, 인지적, 그리고 신경생물학적인 측면"에서 다르기 때문이다. 산후의 기분 및 불안 장애를 이해하고 다루는 일 역시 그 지식에 달려 있다. 부모가 된다는 것이 한 사람의 삶과 자아 인식에 어떤 의미인지 이해하는 것 또한 마찬가지이다. 러더퍼드는 부모와 부모가 아닌 사람은 다르다고 주장할 때마다 자주 반발을 경험한다. 그런 내용으로 연구 보조금을 신청할 때도 가끔 있는 일이고, 다른 분야의 연구자들과 이야기할 때는 믿을 수 없다는 반응이 더 자주 돌아온다. "인정하든 하지 않든 육아는 인생의 큰 변화입니다"라고 그녀는 말한다.

나는 "부모가 되기 전"의 러더퍼드를 만난 적이 있다. 그녀가 딸 아멜리아를 낳기 4개월 전이었다. 그녀는 영국의 가족과 멀리 떨어진 데다가 팬데믹 때문에 주변 사람들과도 제대로 교류하지 못하는 상태에서 힘든 산후 초기 몇 주를 보냈는데, 그러면서 연구에 대한 새로운 접근법을 떠올리게 되었다. 부모가 되면서 겪는 수면의 질적이 아닌 양적 변화를 과연 실험실에서 제대로 포착해내고 그것이 뇌에 미치는 영향을 제대로 분석할 수 있을까? 아기의 계속해서 변화하는 기질은 또 어떤가? 그녀는 육아가 주는 기쁨에서, 아침에 눈을 뜨자마자 딸아이를 보고 싶은 욕구에서, 함께 놀아주면서 느끼는 즐거움에서, 그것이 촉발하는 더 많은 상호 작용에서 배웠다.

임신과 산후에 일어나는 신경망 재조직의 가장 큰 목표는 바로 그런 욕구를 일으키는 것이다. 러더퍼드는 말했다. "언제나 막 시작한 연애 같을 필요는 없어요. 하지만 아기는 먹여야 하고 안아주어야 합니다. 그런 것들만 제공해주어도 충분해요. 그러면 그 밖의 모든 것이 정말로 놀라울 거예요." 충분히 해주는 것(안아주고 귀 기울이고 반응해주는 것) 이야말로 어쩌면 사랑이리라.

위대한 시인 메리 올리버Mary Oliver는 아이들을 숲으로 데려가 "시냇물에 서게 하고" 자연에 대한 사랑을 심어주라고 했다.[71] 그녀는 "관심이 헌신의 시작이다"라고 썼다. 이것은 육아에도 맞는 말이다. 그 무엇보다 관심이 첫 번째 과제이다. 임신과 출산 동안 호르몬의 급증과 아기들의 설득력은 부모가 확실히 관심을 주게 만든다. 부모는 갈고리에 걸린다. 그래서 아기는 통통한 볼과 미소, 사랑스러운 옹알이로 무장한 조종의 대가가 될 수 있다. 그다음에 일어나는 일은 일종의 얽힘이다. 부모의 자아 인식이 커진다. 이

전보다 더 많은 것을 담을 수 있도록 확장된다.

만약 내가 처음 엄마가 되었을 때로 돌아가서 한 가지를 바꿀 수 있다면, 올리버의 감성을 내 신조로 삼을 것이다. 관심은 헌신의 시작이라고. 나는 이 말을 액자에 넣어 아기 침대 위에 걸어둘 것이다.

4장

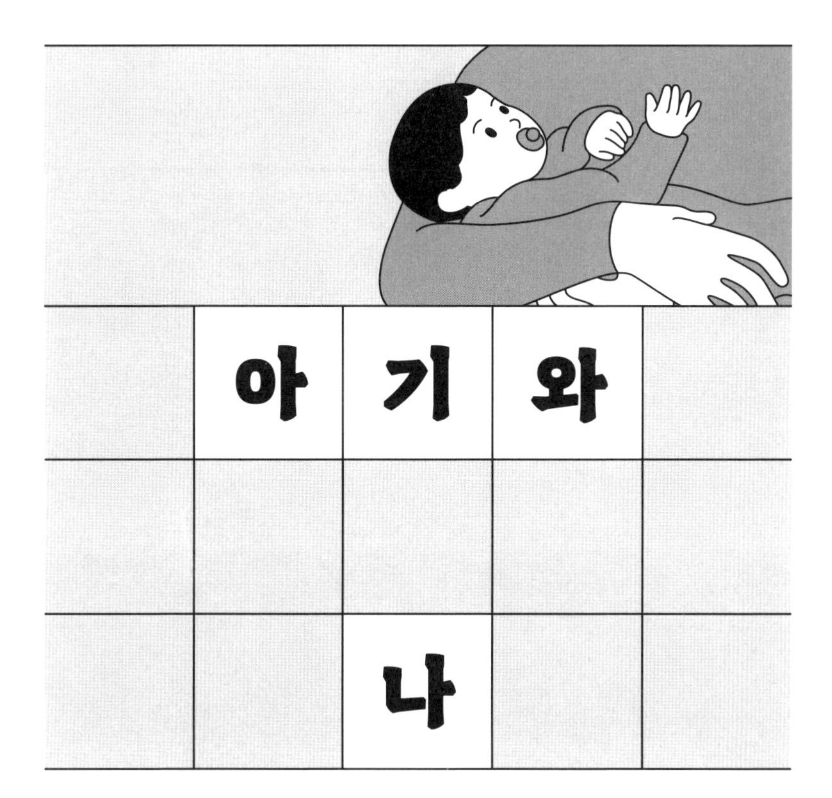

엘리자베스는 딸아이가 힘들어할 때를 알 수 있었다.[1] 클레어의 입이 약간 떨리기 시작한다. 아기의 답답한 숨소리가 잦아들면서 신생아 집중 치료실 안의 공기가 바뀌는 듯했다.

엘리자베스는 아기가 무언가를 '예고'하려고 한다는 것을 알았다. 분명 잠시 후 클레어의 심박수나 혈중 산소 농도가 갑자기 떨어지고 경보가 울릴 것이다. 생명을 위협할 정도로 심각할 수도 있다. 그러면 간호사들이 서둘러 아기의 기도를 흡입하거나 다른 방법으로 안정시키려고 애쓸 것이다.

엘리자베스의 딸 클레어는 정기 초음파 검사에서 양수 과다증이 발견된 지 한 달 정도 후 보스턴 병원에서 응급 제왕절개 수술로 태어났다. 부피가 커지고 있던 양수는 어느 일요일 아침 엘리자베스가 침대에서 몸을 뒤척일 때 터졌다. 임신 33주 4일이었다. 일렀지만 그렇게 이른 것도 아니었다. 그나마 그 사실이 엘리자베스에게 위안을 주었다. 하지만 머지않아 그녀의 아기가 단지 미숙아로만 태어난 것이 아니라는 사실이 밝혀졌다.

클레어는 입가에 방울이나 거품이 있을 때가 많았는데 의료진은 아기가 삼키는 데 문제가 있다고 의심했다. 엘리자베스는 의사가 양수 과다증이 원인일 수 있다고 말한 것을 기억한다. 하지만 누구도 명확한 진단을 내려주지 않았다. 아기의 삼킴 문제가 단지 생리학적 문제인지 아니면 더 큰 발달 장애 일부분인지도 알 수 없었다. "태어난 딸의 주변을 물음표가 맴도는 것 같았어요." 엘리자베스가 나에게 말했다.

불확실성은 무서웠다. 두려움에 온몸이 마비되는 것 같았다. 엘리자베스는 신생아 중환자실(NICU) 담당자들에게 말하는 것 자체가 힘들었다. 잠재적 진단 또는 치료에 대해 질문하면 가슴 미어지는 대답이 돌아올까봐 두려웠다. 그래서 그들과 눈을 마주치는 것이 두려웠고 병원 복도를 걸을 때마다 시선을 떨구었다. 자신도 큰 수술에서 회복 중인 상태로 병원에서 긴 하루를 보낸 그녀는 집으로 돌아와 저녁으로 오트밀을 먹고 저녁 8시에 침대로 기어들어갔다. 그리고 새벽 2시에 눈을 떠 걱정에 사로잡힌 채 어둠 속에서 깨어 있었다.

얼마 후 뉴욕에 사는 여동생이 용기를 주러 방문했다. 동생은 언니에게 보피 베개와 모빌을 병원에 가져가라고 했다. 자신만의 공간도 만들고 아기를 안아주기도 하라는 뜻이었다. 엘리자베스는 여동생이 약간 으르렁거리는 듯한 목소리로 "언니 아기잖아"라고 말한 것을 기억한다. 자매는 잠깐 병실을 비우고 외출해서 피자도 먹고 산책도 했다. 엘리자베스는 항우울제도 복용하기 시작했다.

갑작스럽지도 균일하지도 않았지만 변화는 일어났다. 아기 클레어는 세 곳의 NICU와 재활 병원을 오가며 총 6개월 동안 입원해 있었다. 그동안 의료진은 정확한 병명을 찾고 아기가 집으로 돌아갈 수 있도록 필요한 보살핌과 치료를 제공하려고 노력했다.

교사인 엘리자베스는 직장에 휴가를 냈고 점심 도시락과 읽을거리(보통 별로 두껍지 않은 유명 인사의 회고록)를 챙겨 병원에 가서 몇 시간 동안 아기를 안아주는 자기가 해야 할 일을 해냈다. 그녀의 사랑스러운 아기를 말이다. 그녀나 남편이 밤새 병실에서 클레어와 함께 있을 때도 많았다. 다른 아기들은 (엘리자베스의 말에 의하면) "정해져 있는 듯한" 발달 단계를 따라잡아 가족들과 함께 퇴원했다. 새로운 아기 환자들이 왔지만 클레어는 계속 남았다. 하지만 엘리자베스의 가족이 병원에서 보내는 시간에 대해 느끼는 두려움은 줄어들었다.

때로 엘리자베스는 경보가 울리기도 전에 간호사나 의사에게 아기가 보내는 신호를 알리기도 했다. 의료진은 클레어를 안정시킨 뒤 아기의 상태를 그토록 정확하게 예측한 엘리자베스를 흐뭇한 얼굴로 바라보았다. 모니터보다 더 빠르고 더 민감하고 더 직관적으로 예측한다고 말이다. 의료진은 "훌륭해요, 클레어 엄마"라고 말하곤 했다.

사실 엘리자베스는 그 이상이었다. 그녀의 능력은 기계보다 뛰어났다. 어떻게 그럴 수 있는지 완전히 이해하지 못했지만 그녀는 너무도 깊이 아기를 이해하고 감지했다. 하지만 엘리자베스는 나에게 그것이 자궁에서 요람까지 온전히 이어진 엄마와 아이의 신비로운 연결 고리 때문은 아니라고 강조했다. 그녀는 훨씬 더 이

성적이었다. "우리의 관계가 신성해서 그런 것이 아니에요. 아니, 물론 신성할 수도 있죠. 하지만 내가 딸아이를 그렇게 잘 알았던 건 딸을 알기 위해 많은 시간을 보냈기 때문이에요." 그 시간 동안 그녀는 딸의 행동 패턴과 특이성을 알 수 있었다. 그런 것들에 어떻게 반응해야 하는지도 알아냈다. 아기가 그녀를 바꾸었다.

아기는 주변 어른의 관심을 사로잡고 그것을 이용한다. 아기는 기본적인 수준에서 어른을 부모로 만든다. 어른이 뇌와 신체의 자원을 직접 써서 다른 사람, 즉 아기의 뇌와 신체에 필요한 것을 충족하도록 만든다. 욕구는 아기마다, 하루마다 크게 다를 수 있다. 여기에는 '앎'이 필요하다. 부모는 자녀의 욕구를 파악할 수 있어야 한다. 아이가 간식을 또 요청하기 전에, 학교 생활에 대해 이런저런 이야기를 하기 전에, 양말을 신지 않으려고 고집을 부리기 전에, 눈을 계속 맞추기 전에. 아이의 발달이 그 능력을 제한할지라도 말이다. 부모는 타인의 정신적 상태를 인식하고 반응하는 데 관여하는 두뇌 네트워크에 크게 의존한다. 이 네트워크에는 임신을 통해, 보살피는 일을 통해 변화가 일어난다.

'일차적 모성 몰두'에 대해 설명한 정신분석학자 도널드 위니코트는 첫 아기를 낳은 후 엄마가 경험하는 과도한 민감성이 "아기의 입장에서 느낄 수 있게" 해준다고 추측했다.[2] 그 이후로 연구자들은 부모의 뇌가 정확하게 그 목적에 적합하도록 변화한다는 것을 발견했다. 즉, 사회적 인식(우리가 주변 사람들과 광범위한 사회적 맥락에서 신호를 읽고 해석하고 반응하는 방식)에 관련된 회로는 아기가 제공하는 신호의 홍수에 민감하게 반응하며 강화되는 듯하다. 연구자들은 이것이 (아기를 직접 낳았는지와 상관없이) 우리 몸이 아기의 몸과 이어져 있다는 신경생물학적 연결의 결과이며, 이 연결이 인간 유대의 토대일지 모른다는 이론을 내놓았다.

부모와 자녀의 연결은 특정한 느낌과 함께 특정한 순서로 일어나고, 거의 항상 다른 사람들을 배제하고 엄마와 아기 두 사람에게만 중점을 두는 것으로 묘사될 때가 많다. 친밀감 또는 전적인 앎, 즉 자연적 또는 원초적인 것을 보존하는 데 기반을 둔 애착이다. 잊혀진 마법이다. 분명 어떤 엄마들은 그렇게 느낄 것이다. 하지만 나에게는 그 개념이 가족의 본질이나 예상치 못한 전환과 며칠, 몇 달, 몇 년의 힘든 시간으로 가득 찬 이 인생 단계를 정확하게 나타내는 것처럼 느껴진 적이 없다. 연결 못지않게 단절도 이 단계의 특징이다. 부모의 뇌(엄마의 뇌만 해당하지 않는다)는 이 모든 것을 설명한다. 부모의 뇌는 고유한 유연성을 통해 우리 자신을 넘어서 적어도 상대방에게 조금 더 가까워질 수 있는 능력을 확장한다.

엘리자베스와 그녀의 남편처럼 신생아와 연결된 부모에게는 특정한 과제가 따른다. 아기 클레어는 태어나자마자 집으로 올 수 없었다. 그래서 엘리자베스에게는 모유 수유를 할 기회가 주어지지 않았다. 그리고 클레어는 위관과 모니터에 연결된 채로 하루하루를 보냈다. 조산아들은 옹알이나 울음, 쥐기 반사, 고개 돌리기 등으로 신호를 보내는 능력, 그리고 보호자가 인식할 수 있는 식습관과 수면 패턴을 발전시키는 능력이 다른 아기들보다 약하다는 사실도 있다.

몇 년 전 이탈리아의 연구진은 32주 이전에 체중 1.5킬로그램 이하로 태어난 미숙아를 둔 엄마 10명의 뇌를 분석했다.[3] 이들이 자신의 아기와 다른 아기의 행복하거나 괴로운 상태 또는 중립적인 상태의 이미지를 보는 동안 뇌를 스캔했다. 이 이미지를 성숙아 엄마들의 뇌 스캔 이미지와 비교한 결과, 뇌 활동 패턴에서 뚜렷한 차이가 발견되었다. 연구 규모는 작았고 조산아들이 모두 다른 임상적 합병증 없이 비교적 건강했다는 한계가 있었지만 여전히 흥미로운 결과였다.

두 그룹의 엄마들 모두 다른 아기보다 자신의 아기에게 더 강한 반응을 보였다. 하지만 조산아의 엄마들은 감정 처리와 사회적 인식에 관련된 영역이 훨씬 더 강하게 활성화되는 것으로 나타났다. 연구진은 그들에게서 표정이나 사회적 단서를 해독하는 데 관여하는 것으로 알려진 전전두피질의 일부, 하전두회inferior frontal gyrus의 활동이 증가한 사실을 발견했다. 이것은 모든 아기에 대해 사실이었지만, 특히 자신의 아기를 볼 때 두드러졌다. 또한 조산아 엄마들은 표정과 관계없이 자신의 아기를 볼 때 왼쪽 연상회supramarginal gyrus에서 더 활발한 활동이 나타났다. 이곳은 유아의 얼굴과 울음소리를 인식하는 것으로 알려진 두정엽의 일부이다.[4] 연구자들은 조산아 엄마들이 연약한 아기가 보내는 제한된 신호를 읽고, "아기의 욕구에 성공적으로 반응하고 생존을 돕기 위해" 부모됨의 조건에 더 열심히 반응한다고 결론지었다.

이 연구 결과는 전 세계 신생아 중환자실 리더들이 최근 몇 년 동안 알아차린 사실을 암시한다. 그토록 작은 인간을 이해하고 돌보는 일에 헌신하는 전문가들로 가득한 NICU 같은 곳에서도, 부모가 핵심이라는 사실이다. 30년 전만 해도 NICU의 아기들은 일반적으로 커다란 방에 모여 있었고, 부모의 방문 가능 시간도 제한되었다. 시간이 흐르면서 방문 제한은 줄어들다가 결국 없어졌고,

부모를 바라보는 시각도 완전히 달라졌다. "부모는 방문객이 아닙니다." 신생아 전문의이자 소아과 의사인 카미나 어데이Carmina Erdei 박사가 말했다. 그녀는 하버드 브리검 여성 병원 NICU의 성장 및 발달 병동 책임자이고 클레어를 치료한 장본인이다. "그들은 부모입니다. 보호자입니다. 가족입니다. 이 시기 아기의 삶에서 가장 중요한 사람들이죠."

병원들은 다양한 측면에서 부모들의 역할에 대해 다시 생각하고 있다. 가족 통합 케어Family Integrated Care라는 이름의 모델에서 부모는 아기를 담당하는 NICU 의료진과 함께하는 적극적인 팀원이 된다.[5] 그들은 의료진의 회진에 함께하고 아기에게 직접 경구약을 투여하고 아기의 상태를 모니터링하고 기록하고 그들이 관찰한 것을 간호사와 논의한다. 그들은 아기를 목욕시키고 옷을 입히고 어떤 자세로 두어야 하는지에 대해 간호사에게 배우고, 아동 발달, 조산아 양육, 스트레스 대처법 등을 다루는 교육에 참여한다. 한 대규모 연구에서는 이 모델을 캐나다, 호주, 뉴질랜드에 있는 26개 병원의 표준 NICU 치료법과 비교했다. 부모가 치료에 밀접하게 개입한 아기는 매일 체중이 더 많이 늘었다. 그리고 부모들은 3주 후에 이루어진 스트레스와 불안 검사에서 더 좋은 점수를 받았다.

부모가 NICU에 의무적으로 머무르는 시간을 하루 최소 6시간으로 하는 모델을 도입하는 것은 미국에서 매우 힘든 일이라고 어데이는 말했다. 앞서 언급한 연구에 포함된 세 국가와 달리 미국에는 전국적인 유급 육아휴직 프로그램이 없다. 부모들은 아기가 NICU에 있는 동안 직장으로 돌아가야 한다. 휴가가 없거나 너무 짧아서 아기가 퇴원한 후를 위해 아껴두어야 하기 때문이다. 하지만 브리검 여성 병원을 비롯한 여러 병원은 가족을 신생아 돌봄에 더 많이 참여시킬 방법을 찾고 있다.

브리검 NICU의 부모들은 매일 주도적으로 그들의 아기를 돌보는 팀과 면담하도록 장려된다. 어데이의 설명에 따르면 보통은 레지던트나 수련 임상의가 맡는 일이다. 아기들은 단독 패밀리 룸에서 보살핌을 받을 때가 많다. 이 방에는 접이식 소파 베드가 있어서 부모들이 하룻밤 묵을 수 있다. NICU 의료진은 주산기(周産期) 정신 건강 전문가들로 이루어진 팀과 긴밀하게 협력하여 아기가 조산아로 태어나서 트라우마와 스트레스에 시달리는 부모들이 필요한 도움을 받을 수 있게 해준다. 그래야만 부모들이 부모로서 스스로의 발달에 개입할 수 있기 때문이다.

"이것은 부모가 아기를 주로 돌보는 주체이며 그래야만 한다는 개념입니다. 또한 아기를 가장 잘 아는 것도 부모라는 것이죠." 어데이 박사는 말했다. "우리 의료진이 아무리 유능해도 부모는 (아기의) 신호를 더 잘 이해하고 더 잘 대응할 수 있습니다."

엘리자베스와 남편은 2020년 1월에 클레어를 처음 집으로 데려왔는데 그때 클레어에게 내려진 정확한 진단은 없었다. 거의 1년이 지난 후에 나와 이야기를 나누었을 때도 마찬가지였다. 생후 19개월의 클레어는 쾌활한 유아로 치료에 진전이 있었지만 기거나 말하거나 입으로 먹지 못했다. 만약 딸이 성숙아로 건강하게 태어났다면 엘리자베스는 아기의 발달 모습을 유심히 지켜보면서 육아서에서 말하는 일반적인 기준과 비교하는 엄마가 되었을 것이다. 적당한 시점에 수면 교육을 했을지도 모른다. 하지만 그녀는 업계의 조언이 그녀나 그녀의 가족과 아무 관련이 없는 것처럼 보인다고 말한다.

“저는 온라인에서 아기 발달의 이정표나 참고 자료 같은 것을 보지 않아요. 그게 우리 아이가 갈 길이 아니라는 것을 알기 때문이죠. 지금은 그걸 잘 알아요. 하지만 이해하기까지는 시간이 좀 걸렸어요. … 제 딸은 걸을 수 없을지도 모르고 그게 우리의 크나큰 차이가 되겠죠. 그걸 바꿀 수는 없지만 괜찮아지는 법을 배울 순 있어요. 그게 아이에게도 도움이 될 거예요.”

엘리자베스는 걱정거리가 무척 많다. 지금 당장도, 앞으로의 일도. 하지만 그녀는 아이의 상태와 그녀 자신에게 따르는 시련을 인정하는 것이 자유를 주기도 한다고 말했다. 부모됨에 필수적으로 따르는 그 시련은 아이가 고유한 인생이 있는 별개의 존재이면서도 그녀의 인생과 연결되어 있다는 것, 그리고 아이의 인생 궤도를 그녀가 통제할 수 없다는 사실을 의식적으로 이해하려고 노력해야 하는 과정인 것이다. 그녀는 친구들 역시 학교 문제나 감정적인 문제 혹은 청소년기를 거치는 아이를 통해 그런 과정을 겪는 것을 보았다. 엘리자베스가 딸이 그녀의 기대와 다를 것이라는 사실을 깨달은 건 클레어가 태어나고 고작 12시간이 지났을 때였다. 그 순간부터 엘리자베스의 양육은 딸이 있는 곳으로 가서 딸을 만나는 것이 되었다.

• • •

부모가 되면서 확고해지는 것처럼 보이는 뇌의 핵심적인 특징이 있다. 예측을 한다는 점이다. 내가 이 사실을 가장 직감적으로 느끼는 부분이 있는데 바로 두 아이의 신체적 안전에 관한 것이다. 나는 놀이터에서 친구와 대화를 나누는 도중에 말을 끊지도 않고 아주 자연스럽게 고개를 돌려 너무 높은 곳에서 뛰어내리고 있던 아이를 받아서 안는다. 아이들이 아기 사자나 하이에나로 변신해 거실에서 레슬링을 벌일 때면 아이들이 선을 넘기 직전에 끼어들기 위해 온몸의 근육이 준비 태세에 돌입하는 것이 느껴진다.

물론 이것은 양육에서만 나타나는 특징이 아니다. 뇌의 예측은 의도적이다. 1988년에 신경생물학자 피터 스털링Peter Sterling과 전염병학자 조지프 아이어Joseph Eyer는 '변화를 통해 일정한 상태를 유지하려는' 특징을 뜻하는 알로스타시스allostasis라는 개념을 내놓았다.[6] 알로스타시스를 통해 뇌는 신체에 대한 수요를 예측하고, 이를 충족하기 위해 다양한 기관과 시스템을 조절하며, 성공과 실패를 이용해서 예측을 조정한다. 이는 신체 자원이 한정적이이고 그럼에도 불구하고 삶의 변화무쌍한 상황에 (그리고 모든 종 가운데에서도 우리 종의 계속된 진화의 본질에) 효율적으로 대응해야만 한다는 사실에 기반한다. 하지만 알로스타시스 개념은 항상성homeostasis이라는 지배적인 개념에 대한 도전이었다. 항상성은 사람의 장기가 정해진 최적 작동의 매개 변수 안에 머물도록 오류를 수정하는 부정적 피드백 루프를 통하여 어느 정도 국부적으로 통제된다는 오래된 가정이다. 항상성의 목표는 변화가 아니라 일관성이었다.

평생 사회운동가로 활동한 스털링은 저서 『건강이란 무엇인가*What Is Health?*』에서 알로스타시스에 대한 그의 이론이 신경해부학 실험실에서 보낸 시간과 사회 정의와 반전 운동에 힘쓰며 거리에서 보낸 시간 사이의 내적 갈등에서 비롯되었다고 설명한다.[7] 그가 펜실베이니아 대학 교수로 일하게 되었을 때 아이어를 포함한 동료들은 그에게 개인적인 관심사와 겹치는 연구 분야를 찾으라고 격려했다. 그는 가난한 지역에서, 특히 그가 웨스턴 리저브 대학에 있는 동안 자주 사회 운동을 하러 나갔던 클리블랜드의 흑인 동네에서 뇌졸중 발생률이 높다는 사실을 알게 되었다. 교과서에 따르면 뇌졸중과 만성 고혈압은 과도한 염분 섭취와 유전적인 염분 불내성이 원인이었다. 한마디로 생활 습관과 나쁜 유전자 때문이다. 스털링은 이렇게 적었다. "뇌는 아무 역할도 하지 않고 인종 차별도 아무 역할을 하지 않는다는 말이었다."

지배적인 의학 모델에서는 개인의 혈압을 측정해서 높은 수치에 '부적절'이라는 이름표를 붙이고 수치가 최적 범위로 돌아오도록 하나 또는 여러 가지의 약을 처방한다. 알로스타시스는 고혈압이 가난이나 제도적 인종 차별의 결과일 수 있으며, 그것들이 일으키는 스트레스가 비록 건강하지는 않더라도 완벽하게 '적절한' 반응이라는 것을 시사한다.[8] 따라서 휴식과 놀이 또는 운동, 사회적 변화를 통해 개인의 스트레스를 줄이도록 격려하는 것이 치료법에 포함될 수 있다.

마지막 목표는 달성하기 어렵다. 뿐만 아니라 알로스타시스 개념에는 논란이 따랐다. 일각에서는 알로스타시스라는 새로운 개념이 불필요하다고 주장했다. 항상성이라는 현대적인 개념이 뇌의 조절 역할을 포함하도록 발전했기 때문이다. 그런가 하면 다른 사람들은 항상성과 알로스타시스를 재구성하거나 합쳐서 아예 새로운 모델을 제안했다.[9] 정확히 어떤 이름으로 부르든 우리의 뇌가 미래에 더 나은 예측을 하기 위해 끊임없이 조정하고 있다는 개념은 건강에 대한 시각을 바꾸었다(혹은 바꾸어야만 한다). 그것은 연구자들에게 초기 아동기에 환경과 제도적 요인, 특히 트라우마나 가난의 스트레스가 한 사람의 평생 건강 같은 것에 영향을 미칠 수 있다는 더 큰 통찰을 제공해주었다.[10] 부모가 된다는 것에 대해서도 많은 것을 알려준다.

스털링은 뇌가 기본적인 욕구 '쇼핑 목록'을 갖고 있다고 적었다.[11] 물, 소금, 포도당, 체온 조절 등이 포함되는 이 목록은 지속적으로 업데이트된다. 우리는 당근과 채찍 시스템을 통해 그러한 욕구를 충족시키려고 한다. 채찍은 그런 욕구를 예상할 때 따라오는 불안감인데, 현출성을 감지하는 편도체가 중요한 역할을 한다. 당근은 욕구가 충족될 때 중격의지핵과 전전두피질로 분비되는 도파민이다. 이 불안(또는 노력)과 즐거움(또는 만족)의 균형(때로는 불균형)이 뇌가 경험을 통해 배우고 미래 예측을 조정할 수 있게 해준다.

신경과학자 리사 펠드먼 배럿은 알로스타시스를 "신체 예산"이라고 설명한다.[12] 모든 유기체는 자원이 제한적이라 빠르게 줄어들 수 있어서 수면이나 음식 섭취로 재충전해야 한다. 그러나 초보 부모들이 잘 알고 있듯이 재충전의 기회가 항상 보장되는 것은 아니다. 그래서 단세포 유기체조차 어떤 활동에 자원을 사용할 가치가 있는지 결정하기 위해 예측을 한다. 좀 더 복잡한 생물체의 경우, 뇌는 그러한 계산을 위해서 '지휘 본부'를 발전시켰다. 인간의 뇌는 자기 몸의 내적인 욕구뿐만 아니라 우리가 속한 사회적 집단 구성원들과의 관계에서 자신의 욕구도 예측하도록 진화했다. "당신의 신체 예산은 거대한 다국적 기업의 수천 개 금융 계좌와 같으며 당신의 뇌가 그 업무를 수행한다." 배럿은 『이토록 특별한 뇌 과학*Seven and a Half Lessons about the Brain*』에서 이렇게 말했다. "그리고 신체 예산의 편성은 엄청나게 복잡한 세상에서 이루어지는데 당신이 다른 신체의 뇌들과 신체 예산을 공유한다는 사실이 그것을 더욱더 쉽지 않은 일로 만든다."

우리는 그 일을 수행한다. 그것이 위로가 된다. 하지만 기업에 비유하자면, 부모가 된다는 것은 붕괴의 시기와 같다. 합병 대상 기업의 회계 장부를 확인하기도 전에 대규모 인수합병이 확정된다. 갓 태어난 아기는 미지의 존재이다. 그들의 자원(기쁨을 느끼게 해주는 소리와 냄새, 경이로운 구슬 같은 반쯤 감긴 눈 등)이 당신의 자원이 된다. 그들의 욕구가 당신의 욕구가 된다. 임신하기 전에 내 뇌의 쇼핑 목록에는 음식, 물, 안식처, 유대라는 기본 욕구가 들어있었고 나에게는 그것들을 충족하는 루틴이 있었다. 슈퍼마켓으로 가는 길, 목록의 아이템을 주문하는 일, 새롭게 추가되는 예측 가능한 유혹 한두 개 등등. 첫째가 태어나자 갑자기 그 아이의 욕구가 내 쇼핑 목록에서 1위를 차지했다. 아이의 모든 욕구에 내 욕구까지 더해진다. 마치 쇼핑 카트 두 대를 서툴게 밀고 통로를 지나는 것 같았다. 한 대는 양식으로 가득 찬 바퀴가 덜렁거리는 카트이고, 또 한 대는 슈퍼마켓 천장 형광등을 쫓는 일밖에 할 수 없는 아이 카시트를 실은 카트이다. 그래도 내 뇌는 걱정과 보상의 줄다리기를 통해 여전히 아기의 욕구를 예측했다. 도파민이 주도하는 학습을 통해 정교하게 예측을 가다듬었다. 부모는 자기 신체를 계속해서 조절하는 동시에 아기 대신 아기의 신체에서 알로스타시스를 조절하는 일도 맡게 된다. 그런데 어떻게 가능할까? 부모의 뇌는 어떻게 새롭게 발견된 것처럼 보이는 언어를 통해 소통하면서 아기의 욕구를 이해할 수 있는 것일까?

∘ ∘ ∘

모든 사람은 내부 예측 시스템을 갖고 있다. 이를 통해 신체의 현재와 미래의 니즈를 가늠하고 그 욕구를 충족하기 위해 어떤 자원이 필요한지 결정한다. 뇌 영역의 광범위한 네트워크가 개인의 내부 상태를 감지하고 이해하기 위해 통합되는데 이 프로세스를 내수용 감각interoception이라고 한다.[13] 이것은 단순히 신체의 재고목록을 상세히 조사하는 것 이상의 일이다. 뇌는 신체적 감각의 정신적 표현을 만들고, 그것에 감정과 추상적 관념을 덧붙인 다음 지표처럼 사용해서 과거의 경험을 바탕으로 미래의 잠재적인 조건을 예측하는 것으로 알려져 있다. 이 프로세스는 타인과 별개로 또 타인과 관련하여 공간과 시간에 대한 자아감을 제공하기도 하는데, 신경과학자 A. D. 크레이그A. D. Craig는 이를 "감각적(지각이 있는) 실체로서의 신체적 자아[14]의 근본적인 이미지"라고 불렀다.

배럿과 그녀의 동료들은 이 예측 과정이 3장에서 언급한 현출성 네트워크와 디폴트 모드 네트워크default mode network로 이루어진 뇌의 분산 시스템을 통해 수행된다고 주장했다.[15] 이 네트워크들이 모여 연구자들이 "뇌 전체에 걸친 정보를 통합하기 위한 고성능 중추"라고 부르는 것을 형성한다.

디폴트 모드 네트워크에는 이름보다 커진 또 다른 뇌 시스템 케이스가 있다.[16] 연구자들은 특정 과제를 수행하는 뇌 이미지 자료를 수집할 때 본질적으로 휴식 상태라고 할 수 있는 수행 전후의 뇌를 모두 살핀다. 통제군으로 쓰기 위해서다. 1990년대 중반에 이르러 연구자들은 휴식을 취할 때 더 활동적이고 과제를 시작하면 활동이 상대적으로 감소하는 뇌 영역들의 그물망을 발견했다. 그들은 이것이 뇌의 수동적인 기준 상태 또는 디폴트 모드를 나타낸다고 생각했다. 오랫동안 연구자들은 뇌의 휴식 상태를 완전히 무시하거나 뇌의 기능 통제 측면에서 별로 중요하지 않다고 여겼다. 뇌가 그저 떠도는 공상 상태에서 쉬고 있는 것으로 보았다. 2001년에 미주리주 워싱턴 대학의 연구진이 반론을 제기했다. 그들은 휴식 상태에서 더 활동적인 뇌 영역이 자기 참조 처리self-referential processing와 관련된 영역과 동일하다고 주장했다. 그들은 뇌가 "다면적인 '자아'" 서사를 구성하는 데 디폴트 네트워크가 필수적이라고 제안했다.

(내측전전두피질, 하두정소엽inferior parietal lobule, 설전부precuneus, 후방대상피질posterior cingulate cortex에 있는 허브들과 함께) 디폴트 모드 네트워크는 절대로 하찮은 디폴트 시스템이 아니다.[17] 그것은 우리의 내적 생활에 핵심적인 역할을 수행한다.[18] 우리가 자기 자신에 대한 기억을 회상하고, 그것을 이용해서 현재 진행 중인 자서전을 만들고, (도덕적 딜레마를 포함한) 문제를 해결하고, 대안적인 결과와 미래의 욕구를 시뮬레이션하는 것이다. 디폴트 모드의 기본 특성은 자신에 대한 이해가 타인에 대한 이해와 함께 진행된다는 것이다. 디폴트 모드 네트워크는 사람들의 "마음 이론"*과 정신화**를 포함하는 것으로 나타났다. 즉, 다른 사람의 신념과 감

---

* theory of mind. 발달심리학 이론 중 하나로, 욕구·신념·의도·지각·정서·생각과 같은 자신과 타인의 마음, 그리고 정신적 상태에 대하여 이해하는 선천적인 능력에 대한 이론이다.

** mentalization. 개인의 욕구, 감정, 신념 등에 기초하여 자신과 타인의 행동의

정, 정신 상태를 인식하는 개인의 능력인 것이다. 한 영향력 있는 논문에서는 그 기능을 "'생활 시뮬레이터,' 즉 과거의 경험을 이용하여 사회 및 개별 사건 시나리오를 탐색하고 예측할 수 있는 상호작용하는 하위 시스템의 집합"이라고 설명했다.[19] 연구는 부모가 되면 이 네트워크가 변한다는 것을 시사한다.

몇몇 연구에서는 엄마가 되면 디폴트 모드 네트워크의 구성요소의 활동이 변하거나, 일반적으로 정신화를 보조하는 것으로 여겨지는 영역과 중첩된다는 결과가 나왔다.[20] 한 연구에서는 엄마와 엄마가 아닌 사람들에게 아기 울음소리를 비롯한 감정 표현 소리들을 들으면서 일반적으로 디폴트 모드 네트워크를 비활성화하는 것으로 여겨지는 목표 지향적인 과제(음절 세기)를 수행하게 했다. 대조군과 달리 엄마들은 과제를 수행하는 동안 디폴트 모드 네트워크가 부분적으로 계속 활성화된 상태를 유지했다. 연구자들은 이 결과가 울음소리를 비롯한 아기의 소리에 대한 엄마들의 인지적 자원 재분배를 보여주는지도 모른다고 제안했다. 즉, 엄마들은 그 소리를 사회적으로 중요하고 자신과 관련된 신호로 인식한다는 뜻이다. 아기가 낮잠에서 깨기 전에 급히 업무를 끝마치거나, 아기가 뒤척이는 소리를 들으며 어떤 일을 계속한 적 있는 부모라면 이 결과가 납득될 것이다. 다른 연구들은 산후 우울증 유무로 엄마들을 비교했다.[21] 두 집단 사이에서는 휴식 상태에서 디폴트 모드 네트워크의 연결성에 차이가 발견되는데, 이는 이 영역이 부모라는 새로운 역할에 건강하게 적응하기 위해 중요하다는 뜻으로

의미를 내재적, 외현적으로 해석하는 능력을 의미한다.

해석된다.

한 주목할 만한 연구에서, 스페인과 네덜란드의 연구진은 여성들의 임신 전과 출산 직후, 출산 2년 후의 뇌 구조를 살펴보았다.[22] 여성들은 임신 후 내측전두피질medial frontal cortex과 설전부precuneus, 후방대상피질을 포함하는 뇌의 중간선에 걸친 회백질 부피가 상당히 줄어든 모습을 보였다. 이러한 감소는 적응을 위한 미세 조정을 나타내는 것으로 생각되며 그 변화가 마음 이론 네트워크와 상당 부분 겹쳤다. 이 여성들의 하위 집합을 대상으로 후속 연구를 시행한 결과, 대부분의 변화가 적어도 출산 후 6년까지 지속된다는 것이 발견되었다. 이 연구들은 좀 더 자세하게 살펴볼 가치가 있으므로 다음 장에서 다시 다룰 것이다. 하지만 여기에서의 핵심은 아기의 출산이 사회적 상호 작용과 맥락에서 우리 자신에 대한 감각을 처리하는 데 관여하는 뇌 영역을 재구성하는 것처럼 보이며 그러한 변화 다수가 영구적일 수 있다는 것이다.

증거가 더 적기는 하지만 연구자들은 아빠들도 아기의 신호에 노출될 때 정신화에 관련된 뇌 영역이 활성화된다는 것을 발견했다.[23] 그중에는 3장에서 일차적으로나 이차적으로 아기를 돌보는 아빠들에게서 활성화된다고 살펴본 상측두고랑이 있다. 이곳은 사회적 인지 및 예측과 관련이 있는 뇌 영역이다. 연구진은 아빠와 아빠가 아닌 사람들이 (그들의 자녀가 아닌) 아이의 이미지를 볼 때의 뇌를 살펴보았는데, 타인의 감정을 읽고 정신 상태를 해석하는 것과 관련된 영역에서 많은 차이가 발견되었다.[24] 아빠들에게서 활동이 증가한 것으로 나타난 영역은 디폴트 모드의 허브와 일치했다. 연구자들은 아빠들이 그들 자녀와의 연관성을 떠올리기 때문에 모르는 아이들의 얼굴에서 아빠가 아닌 사람들보다 훨씬 더 '자기 연관성'을 느낄 수 있다고 지적했다.

이 사회적이고 자기 참조적인 뇌 네트워크가 임신과 출산으로 인해 변한다면 그것은 부모의 자아감에, 즉 우리가 주변 세상의 일부로서 내적 생활을 경험하는 방식에 정확히 무엇을 의미할까? 현재의 연구는 이 질문에 답하기 한참 이르다. 게다가 과학은 개인 차원의 우리에게 완전한 답을 줄 수도 없다. 하지만 고려해볼 만한 매력적인 질문임은 확실하다.

마찬가지로 부모가 된다는 것이 뇌의 구조에 끼치는 장기적인 영향을 연구하는 호주의 연구자 위니 오차드Winnie Orchard는 디폴트 모드 네트워크의 변화를 아기를 포함하기 위해 개인의 "자아가 약간 더 확장되는 것"으로 이해한다. 알다시피 이 네트워크에서는 공상과 반추, 내적 자아의 포착, 그 정보를 이용해서 만드는 이야기와 미래 예측 같은 모든 내수용 감각 작업이 이루어진다. 그런데 부모가 되면 그 이야기에서 아기가 주요 등장인물이 되고, 우리가 계획하고 예측하는 미래 역시 아기의 미래가 된다.

이것은 시인을 과학자로 만들기도 한다. 미국의 싱어송라이터 브랜디 칼라일Brandi Carlile은 2017년에 딸 에반젤린과 엄마가 된 자신에게 바치는 감동적이고 아름다운 발라드의 첫 소절에서 이렇게 노래한다.

> "내가 아닌 누군가에게 매여 걱정이 떠날 날이 없지. 멜로디는 친숙한데 운이 맞질 않아."

• • •

신체의 내적인 상태를 해석하는 데 관여하는 뇌 네트워크가 임신과 출산으로 변화한다는 것은 납득할 만하다. 결국 약 40주에 이르는 임신 기간에 아기는 문자 그대로 엄마의 일부분이며 출산 후에도 그러하기 때문이다. 임신한 몸이 아기를 낳은 몸이 된다. 그 몸에는 놀라운 모유 수유 능력이 있는데, 그것은 필수 호르몬과 신진대사의 변화에 따른 결과이다. 그 몸은 무게와 모양이 변한다. 복부 근육이 분리되거나 골반기저근이 변형된다. 그 몸에는 이전의 트라우마와 치유에 더하여 임신과 출산에 따른 트라우마와 치유가 쌓인다. 그 몸이 환상 태동을 느끼는 것은 흔한 일이다.[25] 많은 사람들이 임신 후 몇 년간이나 느낀다고 알려져 있다. 뇌를 포함해 몸 곳곳에서 태아 세포가 발견되기도 한다. 태아 세포가 태반을 가로질러 엄마의 몸에 오랫동안 머무를 수 있기 때문이다. 그래서 태아 세포는 유산이나 임신 중절을 겪은 몸에서도 발견된다. 아직 자세히 밝혀지지 않은 이 현상을 마이크로키메리즘microchimerism이라고 한다.[26]

자궁 밖으로 나온 아기들은 양육자의 신체 예산에 영향을 준다. 수면, 식사, 운동 습관을 극적으로 바꾼다. 아기는 양육자의 깨어 있는 시간을 거의 장악하고, 가족의 사회생활을 재구성하고 거의 끊임없는 신체적 접촉을 요구하므로 양육자의 잠재의식적 상태를 변화시킨다. 그래서 양육자는 아기 없이 혼자 슈퍼마켓 계산대에 서 있을 때도 마치 졸린 아기를 재울 때처럼 발가락에 힘을 주고 몸을 앞뒤로 흔든다. 어느 연구진은 임신 기간에 자아와 타인의 경계가 "마치 탯줄처럼 투과성이 있다"[27]고 말했다. 세상에 태어난 후 아기들은 부모에게 너무 많은 것을 요구하므로 그 경계선이 "더 흐려져 자궁에서 일어나는 얽힘enmeshment이 일상생활 영역으로 확장"된다. 아기들은 그것에 의존한다. 아기들은 그들을 돌보는 일을 부모에게 의존한다. 당연히 생존과 성장에 부모의 도움이 필요하다. 그들이 다른 인간들에게 둘러싸여 인간으로 살아가는 법, 사회적 종의 일원이 되는 법 또한 부모가 보여줘야만 한다.[28]

고매하고 심지어 신성한 목표처럼 들릴 수도 있다. 하지만 엄마와 아기의 유대는 포유류에서 가장 흔하고 가장 지속적인 사회적 유대이다. 모성 행동은 포유류에서 "가장 원시적인 돌봄 시스템"[29]이라고 마이클 누먼Michael Numan과 래리 영Larry Young은 적었다. 그들은 다른 동물들의 양육신경과학을 이해하고 인간과 가장 관련성이 큰 부분을 찾는 연구를 해왔다. 모성 행동과 관련된 신경회로는 짝짓기 쌍이나 더 넓은 친족 구조처럼 유대를 형성하는 "자연적인 비계(飛階)"를 제공했을 가능성이 크다. 모성 동기가 공감과 이타주의, 신뢰, 협력 등 인간의 본성을 정의하는 수많은 특징들의 진화적 토대일 수 있다고 그들은 적었다.

우리는 부모에 대한 신생아의 완전한 의존이 영장류의 뇌를 성장시키고, 골반의 모양을 바꿔서 인간이 두 다리로 걸을 수 있도록 허용한 제한 조건이었다고 생각할 수 있다. 하지만 그 취약성은 기회이기도 했다. 그것은 아기가 세상 밖으로 나와 적어도 한 명의 다른 인간과 함께 살 때 뇌의 기본 구조가 발달하는 역학을 만들었다. 그러한 맥락에서 일어나는 뇌의 발달은 한 사람의 일생에 걸쳐 뻗어 있는 복잡한 관계망을 뒷받침한다. 아기들의 기본적인 신체적 욕구는 충족되어야 한다. 부모는 자신의 욕구를 조정해 아기의 욕구를 충족시켜야 한다. 인간의 뇌는 아기와 부모가 서로 의지하게 만듦으로써 이것을 가능하게 한다.

이 공동 조절을 설명하기 위해 다양한 모델이 제시되었다. 이스라엘 IDC 헤르츨리야Interdisciplinary Center Herzliya의 심스-만 발달사회신경과학 교수 루스 펠드먼은 이것을 "생물 행동의 동시성"[30]라고 표현한다. 엄마와 아기는 한 쌍으로 생물학적 반응(심장박동수, 옥시토신 수치, 신경 활동)을 조율하는 한편 행동(응시, 애정어린 접촉, 발성)을 일치시킨다. 배부른 아기가 품에서 잠들었을 때 느껴지는 조용한 행복감을 생각해보라. 까꿍 놀이를 하면서 주고받는 율동 반응도 그렇다. 특히 사회적 참여의 순간에 부모와 아기의 뇌는 서로에게 맞춰진다.[31]

친구나 연인, 동료들과 교감할 때, 혹은 자신을 스포츠팀의 일원이나 국가의 구성원으로 바라볼 때 우리는 부모와 아기 사이의 연결에서 확립된 "기본적인 시스템의 용도를 변경한다"고 펠드먼은 적었다.[32] 그녀는 부모의 뇌가 종의 생존과 인간의 본성인 사회성을 가르치는 과정에서 수행하는 역할을 고려해서 그것을 "인간 진화 표현의 절정"이라고 불렀다.[33]

신경생물학자 시르 아칠Shir Atzil과 배럿을 포함한 그녀의 동료들은 이 연결을 알로스타시스와 연관시킨다.[34] 부모가 아기를 돌보고 자기 신체 예산을 조절하는 방법은 매우 다양하다. 그들은 아기를 먹이고 겨울에는 옷을 알맞게 껴입혔는지, 여름에는 햇빛으로부터 제대로 보호하고 있는지 걱정한다. 아기를 보살피고 노래를 불러주고 달래주고 뺨을 쓰다듬으며 진정시킨다. 예루살렘 히

브리 대학의 유대신경과학 실험실Bonding Neuroscience Laboratory을 이끄는 아칠은 아기가 자신의 욕구가 충족될 때마다 그 자리에 부모가 있다는 사실을 알게 된다고 말한다. 그 주기가 매일 밤낮으로 반복된다. 아칠은 나에게 말했다. 태어난 지 일주일쯤 되었을 때 아기는 "이미 수백 번의 시험을 거쳐 배웁니다. 엄마는 곧 보상이고 아빠는 곧 보상이고 인간은 곧 보상이라는 것을."

아기의 알로스타시스와 사회적 정보 처리를 지원하는 뇌 회로(현출성 네트워크와 디폴트 모드 네트워크, 거기에 더해 그것들을 연결하는 초고속 정보 통신망까지)는 아직 미숙하다. 발달하기까지는 수년이 걸리는데 그 시간 동안 옆에서 돌봐주는 어른과의 상호 작용은 아기가 다른 인간이 자신의 욕구를 충족시키는 데 필수적이라는 사실을 이해하도록 뇌를 배선해준다. 연구진은 인간은 미리 정해진 "사회적 뇌"를 가지고 태어나는 것이 아니며 "알로스타시스 의존성의 결과로 생물학적인 적응을 통해 '사회적'이 된다"고 제안했다.

이 이론은 중요하고도 흥미로운 측면에서 양육의 유연성을 강조한다. 첫째, 만약 사회적 연대가 아기들이 본질적으로 부모를 통해(그리고 주위의 더 넓은 사회적 맥락을 통해) 획득하는 기술이라면 양육은 특정 공동체나 사회적 틈새 안에서 자연 선택이 허용하는 것보다 훨씬 더 빠르게 번영하는 데 필요한 문화적 지식과 행동을 전달하는 강력한 진화 도구가 분명하다. 그리고 이 경우 부모의 역할이란 아기의 욕구를 애정으로 충족시킬 수 있는 성인이라면 누구든 해낼 수 있다(이 사회적 의존성 모델이 포유류에만 국한되지 않는다는 사실을 꼭 짚고 넘어가야 한다. 새들은 대부분 사회적이고 새끼들은 헌신적인 부모 없이는 생존하지 못한다. 새들은 엄마와 아빠, 때로는 그 밖의 어른이 포함되는 다양한 돌봄 구조를 만들었다. 이 구조를 통하여 복잡한 사회적 행동이 전달된다).

그리고 알로스타시스에 대한 근본적인 요점이 있다. 이는 또한 양육에 관한 근본적인 부분이기도 한데, 바로 사느냐 죽느냐의 문제라는 것이다. 그것은 궁극적으로 개인의 감정이나 자극 조절에 관한 것이 아니다. 그것은 개인의 기본적인 생리 현상을 조절하는 문제라고 아칠은 나에게 말했다.

집에서 신생아와 처음 몇 시간, 며칠을 보내는 동안 이 진실의 무게를 실감하지 못할 부모가 있을까? "바로 이거예요. 이건 아주 가슴 벅찬 경험이죠. 갑자기 이 갓난아기를 돌봐야 하는 거예요. … 잠깐이라도 정신을 딴 데 팔면 안 되죠. 의욕이 넘쳐야 하고요. 그렇게 아기의 양육자가 됩니다. 이 신경회로가 강화됩니다."

2017년, 아칠과 배럿은 다른 연구자들과 함께 인간 엄마들의 신경회로를 더욱더 명확하게 밝히는 논문을 발표했다.[35] 그들은 fMRI와 양전자 단층촬영PET을 결합한 스캐너를 이용해 19명의 여성이 그들의 자녀와 모르는 아이들의 영상을 볼 때의 뇌를 연구했다. 여성들은 생후 4개월에서 2세 사이의 아기를 둔 엄마들이었고 모유 수유를 하고 있지 않았다. 연구자들은 엄마들의 팔에 주사한 추적자*의 도움으로(추적자가 뇌의 미사용 중인 도파민 수용체와 결합했다) 엄마들이 아기들을 볼 때의 도파민 반응을 비교할 수 있었

* 생물체 내의 특정 구성 요소를 추적하기 위해 표지자를 부착하여 주입 및 처리하는 화학 물질.

다. 동시에 그들은 fMRI를 사용하여 중간 편도체 네트워크를 구성하는 뇌 영역들(측좌핵, 시상하부, 내측전전두피질, 후방대상피질의 중심지를 포함)의 연결성을 조사했다. 또한 집에서의 모습도 관찰했는데, 아기가 소리와 광범위한 행동을 통해 보내는 사회적 참여 신호에 엄마가 보이는 반응의 정도를 분류했다.

그 결과, 동시 행위synchronous behavior를 더 많이 보인 엄마들이 발견되었다. 이것은 그들이 다른 엄마들보다 아기의 신호에 더 민감하게 반응했고, 자기 아기에게 더 큰 도파민 반응을 보였다는 뜻이다. 동시성이 낮은 엄마들은 낯선 아기에게 더 강한 도파민 반응을 보였다. 동시성이 더 강한 엄마들은 내측 편도체 네트워크에서 더 강한 내재적 연결성도 나타났다. 네트워크 연결성과 도파민도 서로 연동되어 있었다. 연결이 더 강한 엄마들은 그들의 아기를 볼 때 주요 네트워크 중심지에서 도파민이 증가한 것이다. 연구진은 동물 대상 연구가 보여주듯, 인간의 모성 유대가 도파민 반응, 특히 사회적 처리에 중요한 이 네트워크 내부의 도파민 반응에 좌우된다는 결론에 이르렀다.

내측 편도체 네트워크는 현출성 감지와 정신화 사이에 놓인 다경간(多徑間) 교량과도 같다. 아칠은 이 네트워크와 그것에 작용하는 도파민이 뇌가 긴급한 사회적·알로스타틱 신호를 처리하고 자아와 타인에 대한 관념을 부여하는(이 추상적인 생각들이 미래 예측의 토대를 이룬다) 과정에서 핵심적인 역할을 차지하는 듯하다고 말했다.

아기가 자신을 돌보는 사람의 정신적 모델을 만들고 있는 것처럼, 부모도 아기에 대한 예측 모델을 만든다. 그래야만 한다. 아기를 돌보는 일은 많은 에너지가 필요하기 때문이다. 아칠이 말했다. "우리가 배고플 때 뇌는 몸으로부터 우리가 배고프다는 알림을 받습니다. 하지만 아기가 배고플 때 우리 몸에는 그 신호를 전달해 줄 수용체가 없지요. 그래서 아기의 매우 미묘한 신호에 몰두한 채로 주의를 기울여야만 아기의 배고픔을 깨달을 수 있어요." 일반적으로 부모들은 아기가 먹을 것을 달라고 울 때까지 기다리지 않는다. 대신 아기의 신호로부터 배우고, 배고픔을 예상하도록 돕는 개념을 구축한다. 이를테면 아기가 자다가 뒤척인다든가 하는 것을 통해 먹일 시간이 되었다는 것을 알 수 있다. 이 모델은 불안과 보상, 시간이 지남에 따라 형성되는 자신과 타인에 대한 감각을 처리하는 뇌 시스템을 통해 만들어진다.

아칠과 그녀의 동료들은 같은 논문에서 또 다른 흥미로운 발견을 내놓았다. 즉, 엄마들의 혈액을 채취해 순환 옥시토신 또는 말초 옥시토신을 측정한 결과, 옥시토신 수치가 네트워크 연결성과 도파민 반응에 역관계를 갖는다는 사실을 발견했다. 즉, 내측편도체 네트워크의 연결이 강할수록 순환 옥시토신의 수치가 낮았다. 말초 옥시토신은 뇌에서 분비되는 중추 옥시토신의 대략적인 대용물로 사용되는데 인간에게서는 둘 사이의 명확한 연관성은 없다. 과학자들은 아직 뇌에서의 신경펩타이드 활동을 면밀하게 연구할 방법이 없다. 옥시토신 수용체가 정확히 어디에 있는지는 아직 밝혀내는 과정에 있다.[36] 근래에 큰 발전을 이루기는 했지만 그것을 추적하는 데 필요한 최소한으로 침습적인 기술이 없는 실정이다. 이 연구 결과는 유대와 관련 있는 뇌 활동이 혈장 내 옥시토신의 증가 수치에 의존하지 않는다는 것을 시사한다. 사실은 오히려 그 반대다.

일명 '사랑 호르몬'이라고 불리는 옥시토신의 전능함에 대한 이야기를 많이 들어보았을 것이다. 출산 부모는 태어난 아기를 처음 보자마자 혹은 모유 수유를 하면서 아기와 사랑에 빠진다고 말이다. 하지만 아칠은 그런 이야기가 "사실이 아니다"라고 말했다. "그런 식으로 되는 게 아닙니다." 물론 옥시토신이 중요한 역할을 하지 않는 것은 아니다. 중요하다. 진통을 자극하고 분만을 촉진한다. 모유 사출을 가능하게 한다. 옥시토신은 인간의 모성 동기를 형성하는 도파민 시스템의 원동력이다.[37] 순환 옥시토신 수치가 높을수록 엄마들의 애정 어린 행동과 아빠들의 자극에 의한 상호 작용이 증가하는 것으로 나타났다. 혈장 옥시토신의 기준치가 높을수록 측좌핵이 활성화되고 엄마와 아기의 행위 동시성도 커지는 것으로 밝혀졌다. 하지만 옥시토신의 급증이 마치 마법의 가루처럼 엄마와 아기의 유대를 만들어준다는 식의 선형적이고 심지어 신비주의적인 이야기들이 문제다. 아칠은 이 문제를 '잘못된 단순화'라고 칭했다.

우선 일반적으로 혈장 옥시토신 기준치는 모유 수유하는 부모와 분유 수유하는 부모 사이에 차이가 없다. 남성과 여성도 마찬가지다. 옥시토신은 사랑 호르몬이 아니다.[38] 명백하게 '친사회적'인 것 같지도 않다. 예를 들어, 인간의 경우 옥시토신이 사회적 맥락에서 공포 신호를 처리하는 역할을 수행할 수 있고, 설치류의 경우 침입자에 대한 모성의 공격 반응과 연관 있는 것으로 밝혀졌다.[39] 시간이 갈수록 유연성을 통한 생존과 적응을 촉진하는 규제 물질로서 훨씬 더 광범위하게 받아들여지고 있다.

옥시토신은 심혈관과 위장관계(胃腸管系)를 포함하여 우리의 몸을 효율적으로 유지하는 모든 종류의 과정에 관여한다. 그것이 에너지 대사에서 수행하는 역할은 기원이 매우 오래된 듯하며 척추동물의 진화보다 앞선다. 생물정신의학 분야의 연구자 대니얼 퀸타나Daniel Quintana와 애덤 과스텔라Adam Guastella는 옥시토신이 신체의 에너지 수요를 더 잘 예측하고 관리하기 위한 학습과 행동 반응에서 중심적인 역할을 하도록 진화했다고 제안했다.[40] 옥시토신이 사랑이나 유대하고만 관련 있는 것이 아니다. 옥시토신은 알로스타시스의 모든 것과 관련 있다. 퀸타나와 과스텔라는 옥시토신을 '알로스타틱 호르몬'이라고 불러야 한다고 적었다. 아칠과 동료들의 발견은 유대의 맥락에서 옥시토신의 알로스타시스 관련 역할에 대해 앞으로 밝혀져야 할 것들이 많다는 것을 알려준다. 분명한 것은 그것이 한 번에 또는 단일 메커니즘을 통해 발생하지 않는다는 것이다. 그것은 연속적이고 또한 상호적이다.

그래야만 한다. 인간은 제각기 엄청나게 다양하다. 아기들은 양육자의 품에서 계속 성장하게 되지만 태어날 때부터 주어진 고유한 유전자와 기질, 고유한 욕구가 있다. NICU 엄마들에 관한 연구가 보여주듯이, 부모의 뇌는 아기의 욕구를 예측하고 충족하기 위해 적응이 이루어지는 듯하다.

별도의 연구에서 멕시코시티의 연구진은 엄마들로 이루어진 그룹이 유아의 얼굴을 처리하는 방법을 살펴보았다.[41] 그들은 정상 발달 아이 엄마들과 자폐아 엄마들의 뇌를 비교 스캔했다. 이들은 자녀의 나이가 더 많았으므로(취학 전 또는 저학년) 자기 아이 대신 낯선 아기들의 얼굴을 보았다. 연구자들은 자폐아 엄마에게서 "적응적 신경 특화"라고 부르는 것을 발견했는데, 자녀에 대해 더 민감하고 반응이 좋은 엄마에게서 두드러지는 편측성 피질 반응(감정 처리와 관련된 오른쪽 피질의 강한 활동)이 함께 관찰되었다. 이 차이가 엄마의 선천적 생리 때문인지 부모로서의 경험 때문지는 알 수 없었다. 하지만 다시 한번, 연구진은 자녀에게 특별한 니즈가 있으면(이 경우 아이의 사회적 과정과 의사소통에 영향을 미칠 수 있는 발달상의 차이) 엄마의 뇌에 다른 반응이 촉발되고 아이의 감정을 더 잘 파악하고 반응하게 된다고 제안했다.

동물 연구는 부모의 뇌에 일어나는 이런 식의 적응에 대해 몇 가지 단서를 제공할 수 있다. 엄마 쥐의 뇌에서 유연성과 전시각중추, 즉 MPOA의 기능 변화에 대한 중요한 결과를 발견한 매사추세츠 주립 대학의 행동신경과학자 마리아나 페레이라와 동료들은 현재 엄마 쥐들이 어떻게 적응하는지 좀 더 자세히 살펴보고 있다. MPOA가 새끼들의 자극을 받아들이고 자극을 촉발하는 일종의 수신기 역할을 한다는 것을 기억할 것이다. 이 글을 쓰는 현재, 아직 발표되지 않은(따라서 아직 동료 검토도 이루어지지 않은) 연구 논문에서 그들은 경험 있는 엄마 쥐의 MPOA를 비활성화한 후 그들에게 여러 다양한 니즈가 있는 새끼들을 제시했다. 일부는 갓 태어났거나 좀 더 시간이 지났고 보살핌을 잘 받은 새끼들이었다. 나머지는 일부러 엄마와 반나절 동안 떨어뜨려 놓은 탓에 니즈가 더 절박했다. 엄마들은 이 새끼들을 전부 돌보았다. 하지만 활성화된 MPOA를 가진 엄마 쥐들의 일반적인 반응과 달리, 그들은 온기와 먹이, 관심에 대한 긴급한 니즈를 가진 새끼들을 핥거나 그루밍해주지 않았고 새끼들과의 전반적인 접촉 시간도 짧았다.[42] 다시 말해서 새끼들의 니즈를 효율적으로 읽고 조절하지 못했다.

다음으로, 연구진은 경험 있는 엄마 쥐들에게 니즈가 있는 새끼들과 없는 새끼들을 제시하고 MPOA 반응의 구체적인 차이와 그것이 뇌의 다른 주요 영역에 투영하는 바를 알아보고자 했다. 이것은 부모의 뇌에 관한 기본적인 과학이지만, 현실 세계에 적용될 수 있을지 모른다.

우울증 비슷한 특성을 갖도록 사육된 엄마 쥐들도 여러 니즈를 가진 새끼들의 요구에 맞춰 보살핌을 제공하는 데 어려움을 겪는다. 페레이라는 이 연구의 궁극적인 목표가 어려움을 겪고 있는 부모를 지원하는 최고의 방법을 찾고, 산후 우울증을 겪는 사람들의 부모 감수성을 증진시키는 약물을 개발하는 것이라고 말했다. 혹은, 마음 챙김 프로그램처럼 부모의 보살핌에 초점을 맞춘 유망한 개입법을 만드는 데 필요한 통찰력을 얻기 위해서라고. 이것은 매우 중요하고 가치 있는 일이다. 동시에 나는 부모의 뇌가 어떻게 규격 모델이 없는 아기들에게, 또 그러한 아기와 함께 성장하는 가족이라는 역학적 변화에 맞춰 적응하는지 더 자세히 알고 싶다. 페레이라는 나에게 말했다. "자기 자식을 진정으로 보기 위해 거대한 개방성과 적응성을 유지해야만 한다는 것, 그것이 바로 부모의 뇌의 묘미지요."

형제 등 다른 가족 구성원은 차치하고, 부모의 뇌와 아기의 뇌 사이의 상호 작용을 이해하는 것만 해도 아직 갈 길이 멀다. 어떤 연구자들은 뇌의 교환적 성격에 대해 더 많은 연구를 요구하면서 부모 자식 간의 실시간 상호 작용 연구를 포함할 것을 주장했다.[43] 인간의 경우 이 연구가 제한적인 이유는 유아들의 뇌를 안전하게 연구하는 데 따르는 어려움과 부모와의 유대가 아직 자궁 안에 있는 태아일 때부터 시작될 가능성이 크다는 사실 때문이다. 하지만 과학자들이 추구하는 질문은 분명 그들을 부모와 아이를 동시에 살피는 방향으로 데려갈 것이다. 현실적으로, 이 둘은 서로 분리할 수 없다.

나는 임신하기 전에 수영을 좋아했다. 뛰어난 실력은 결코 아니었지만 어릴 때부터 여름마다 메인주 북부의 호수에서 헤엄을 치거나 물 위에 떠서 물가의 나무들로 우거진 산등성이 너머로 떠다니는 구름을 바라보며 지냈다. 겨울에는 그 호수에서 수백 킬로미터 떨어진 거실 카펫에 누워서 그곳에 있는 나를 상상했다. 수면에 비친 하늘과 어두운 심연의 층 사이를 이동하는 노처럼 두 손으로 유리처럼 멀건 물속에서 내 몸을 밀어 앞으로 내보내는 순간을 상상했다. 물속에서는 무중력을 느끼며 모든 것 속에서 나를 온전히 내려놓을 수 있었다.

하지만 임신하고 나서는 수영을 하고 싶지가 않아졌다. 물의 차가움, 내 몸의 변화(내 몸속에 생긴 또 하나의 몸), 체온 유지에 필요한 더 많은 혈액이 원인이라고 생각했다. 하틀리가 걸음마를 할 때까지도 여전히 물에 끌리지 않았다. 두 아이가 각각 다섯 살과 세 살이 되었을 때, 하늘이 푸르던 어느 날 예전처럼 자신을 온전히 잃는 경험을 기대하며 부두에서 조금 헤엄쳐 나가보았다. 하지만 멀리 갈 수 없었고 나는 이유를 알고 있었다. 나의 일부는 해안에 묶여 있었다. 수영복을 입고 형광 물놀이 기구를 착용한 두 아이가 나를 부르고 있던 해안에.

∘ ∘ ∘

나는 부모의 뇌 연구에서 이 부분(밀착enmeshment)이 정말 아름답다고 생각한다. 또한 무섭고 골치 아픈 부분이기도 하다. 내가 아닌 다른 인간의 발달을 책임져야 하는 중대한 일이기에 무섭다. 한 인간의 삶에서 일어날 수 있는 모든 문제를 엄마 탓으로 돌리는 기나긴 역사를 생각할 때 골치 아프다. 또 엄마와 아이의 연결이 결정적이고 절대적인 것으로 여겨진다는 사실 때문에 어렵다.

오랫동안 엄마들은 자녀의 미래를 전적으로 좌우하는 존재로 여겨졌다. 그렇므로 아이의 발달에 일어난 문제는 엄마의 죄에 직결된 결과였다. 수 세기 동안의 민속, 미신, 공론이 임신한 엄마의 내면(크고 작은 모든 욕망과 두려움)이 태어날 아이의 뇌와 신체에 구현될 수 있다는 생각을 장려했다. 산파들을 교육했던 의사 존 모브레이John Maubray는 1724년 임산부들에게 분노, 열정, "마음의 동요," 진지한 생각 같은 것을 금지하라고 경고했다.[44] 19세기 후반, 이런 생각들이 '태교'라는 하나의 이론으로 합쳐졌다. 엄마의 죄는 뇌전증, 실명, 지적 장애, 정신 질환, 비행 등 수많은 문제의 직접적인 원인으로 여겨졌다. 한편, 영재나 신동 또한 엄마가 태아에 끼친 영향, 엄마의 세심함과 순수한 마음에 연결되었다.

C.J. 바이어C. J. Bayer는 1897년에 이 주제를 다룬 책에서 시각장애인 시설을 방문해서 동정심을 느낀 임산부는 눈 먼 아이를 낳을 수 있다고 적었다.[45] 특정 음식에 혐오감이 생기면 태어날 아이에게 같은 음식에 대한 기호가 발달하는 것을 막는다. 임신에 대한 거부감은 "살인자의 뇌"를 만든다. 바이어는 엄마가 자식의 운명을

좌우하는 "단 하나의 결정권자"라면서 "나무가 좋으면 과실도 좋을 수밖에 없다"라고 했다.

나는 바이어의 글을 친구들에게 문자로 보냈다. "이것 좀 봐. 진짜 말도 안 돼! 저 말대로라면 세상엔 살인자 꼬마들이 널렸겠네. 웃기다." 오늘날 우리 엄마들이 짊어진 죄책감이 여기에서 시작된 걸 생각하면 웃을 일만도 아니지만 말이다.[46]

당대에도 바이어의 주장에 비판적인 의료 전문가들이 많이 있었다. 특히 배아학 연구가 성장함에 따라 더욱 그러했다. 바이어의 책이 출판되기 일 년 전 있었던 보스턴 산부인과 학회Obstetrical Society of Boston의 한 발표에서는 "태교가 발달 중인 배아에 영향을 끼친다는 증거가 없다"고 했다.[47] 미국 아동국United States Children's Bureau은 예비 엄마들에게 공식적으로 바이어의 주장을 반박하는 팸플릿을 인쇄해 배포했다.[48] 하지만 미국 전역의 의학계와 가정에서는 바이어의 주장에 깔린 기본 전제를 어떻게든 긍정하는 변화가 일어나고 있었다. 좋은 엄마가 좋은 아이들을 낳고 나쁜 엄마가 나쁜 아이를 낳는다는 것 말이다.

아동 발달 분야는 이제 막 꽃을 피우기 시작하고 있었다. 부분적으로는 1877년에 찰스 다윈이 출판한 아들의 발달 모습 관찰기에서 촉발되었고, 같은 시기에 전 세계에서 공개된 비슷한 일기들의 영향도 있었다. 엄마들이 자기 아이의 성장을 직접 관찰하고 아동 연구회를 통해 그 내용을 다른 여성들과 공유하려는 움직임도 일어났다.[49] 많은 여성이 스스로를 심리학자들의 파트너로 보았지만, 그들의 노력은 남성 전문가들의 연구에 가려지고 무시당했다. 그 남성들 중 한 명인 제임스 설리James Sully는 1881년에 여성의 모성 본능(부성은 해당하지 않음)은 아동의 과학적 연구에 "부적합하므로" 객관적인 분석이 불가능하다고 적었다.[50] (설리는 나중에 부모들에게 자료 수집을 도와달라고 요청했으니 그나마 조금이라도 유연한 반응을 보였다고 할 수 있지만 그가 실제로 엄마들의 응답을 원했는지는 확실하지 않다.)[51] 여성들은 이 분야에서 광범위하게 배제되었다. 엄마로서 성공의 척도가 되어줄 남성들의 연구에서 여성들의 관점은 무시되었다.

아동 발달 분야의 선도자들은 주목할 만한 진보를 거듭했고 그것이 교육, 공중 보건, 자녀 양육, 그리고 아동기에 대한 근본적인 사고방식을 형성하게 된다. 하지만 작가 세라 멘케딕Sarah Menkedick의 설명처럼 그들은 전형적인 아동 발달의 '이정표'를 기록하는 과정에서 동시에 "엄마들의 주요한 불안 지점"을 규정하게 되었다.[52] 멘케딕은 저서 『평범한 광기*Ordinary Insanity*』에서 이렇게 적었다. "모든 기준을 충족하는 '정상적인' 유아, 기준을 능가하는 우수한 유아, 하나 또는 여러 개의 기준에 미달하는 기능 장애 또는 하자 있는 유아의 원형이 갑자기 등장했다."

그 기준들은 여러 세대의 여성들에게 엄청난 의미를 지녔다. 그들은 스스로가 최신의 과학적 발견을 숙지하고 의료 전문가들의 지시를 따르는 것이 자녀의 행복에 필수적이라는 말을 듣게 되었다. 엄마 역할의 관행이 다른 엄마들의 가르침과 직접 경험에서 의사를 비롯한 의학 전문가들의 지시로 바뀌었다. 리마 애플Rima Apple은 저서 『완벽한 모성*Perfect Motherhood*』에서 과학적 모성애의 등장과 그 지속성에 대해 기록했다.[53] 20세기의 대부분 동안 엄마들은 의사들의 지시대로 하지 않으면 자녀의 행복이 위험해진다는 말을 꽤 노골적으로 들었다. 의사는 왕이었고 엄마의 교육자이자 아이들의 구원자로 추앙받았다. 그러한 관점을 널리 홍보한 의사 협회들은 빠르게 권력을 축적했다. 그러나 애플이 적었듯이, 20세기 전반기의 엄마들 또한 의사들의 지침을 적극적으로 수용하고자 했다. 당시 의학과 공중 보건의 발달로 유아와 아동 사망률이 감소하고 있었던 시기이기 때문이었다. 세계 경제가 빠르게 변하고 있었다. 사람들은 과거 세대의 대가족에서 떨어져나와 사는 경우가 많았다. 가족의 크기도 줄어들어서 자녀의 소중함도 상대적으로 커졌고, 어린 동생을 돌본 경험이 있는 여성들도 적어져서 엄마가 되었을 때 활용할 수 없었다.

20세기 전반에 여성들이 받은 공식적인 육아 조언은 대부분 오늘날 그 자체로 패러디처럼 읽힌다.[54] 1928년에 출판된 책 『영아와 아동의 심리적 돌봄*Psychological Care of Infant and Child*』에서 존 B. 왓슨John B. Watson은 바이어와 마찬가지로 아이의 발달이 거의 전적으로 엄마의 책임이라는 입장을 보였다. 인간은 조건화에 따르며 그 맥락에서 엄마의 사랑과 애정은 "병약함"을 낳는 "위험한 도구"다. 그럴 바에는 하루의 대부분 동안 아기를 모래밭과 기어서 들락거릴 수 있는 작은 구멍이 있는 울타리가 쳐진 뒤뜰에 두고 돌보지 않는 편이 낫다. "아기가 태어났을 때부터 이렇게 하라"라고 왓슨은 적었다. 동료들의 비판이 이어졌고 실제로 자녀를 키워본 사람이라면 누구나 지적할 수 있는 오류가 있었는데도 왓슨의 책은 출판 후 몇 달 동안 수만 부가 팔렸고[55] 1930년대 양육의 이상을 형성했다.[56] 역시나 웃기지만 웃을 일만은 아니다.

1946년에 출간된 벤저민 스포크Benjamin Spock 박사의 고전

『유아와 육아의 상식*The Common Sense Book of Baby and Child Care*』의 첫 문장 "자신을 믿어라"가 많은 여성들에게 신선하게 다가온 것은 놀라운 일이 아니었다. 스포크는 좀 더 부드러운 접근법을 제안했다. 애플은 그와 그의 동료들이 육아 문화의 흐름을 바꾸었다고 적었다.[57] 과학적인 모성이 여전히 지배적이었지만 이제 엄마들은 자신의 머리를 이용해도 된다는 허락을 받았다. 전문가의 조언을 고려하되(여전히 넘쳐났다) 스스로 결정을 내릴 수 있었다. 하지만 환영할 만한 스포크의 새로운 사고방식에서조차 엄마는 육아에 필요한 많은 과제를 해내는 능력은 물론 이제는 스스로 느끼는 성취감의 정도가 추가로 측정되었다. 심리학자이자 여성학자인 섀리 서러에 따르면, 스포크와 그에게 영향을 받은 현대 육아 조언 산업의 설계자들은 '좋은' 엄마는 지칠 줄 모르고, 희생적이고, 무한한 공감 능력을 갖췄으며, 항상 옆에 있고, 약간의 도움만 있으면 자신감 있게 아이의 유일한 행복 결정자로서 해야 할 역할을 포용하는 사람이라는 이미지를 만들었다. '육아' 산업이 호황을 누렸고 엄마들에게는 엄청나게 많은 과제가 주어졌다. 육아 조언자들은 엄마들에게 그들이 자녀의 정신 건강을 증진하거나 산산조각 낼 수 있는 엄청난 힘을 갖고 있다는 사실을 상기시켰다.[58] "그들은 엄마들에게 임무를 수행할 타고난 능력이 있다고 안심시켰지만 중요한 경기 전에 선수들에게 긴장 풀라고 하는 코치의 말처럼 일 발린 소리처럼 들릴 뿐이었다." 서러는 『어머니의 신화』에서 이렇게 썼다. "긴장감을 줄여주려는 목적이었겠지만 엄마들에게 역사상 유례없는 정도의 불안과 죄책감을 만들어내는 결과를 초래했다."

바이어의 이론에서 핵심을 차지하는 '만약 ~라면 ~다' 식의 편협한 인과관계는 계속되고 있다. 예를 들어 다른 신경생물학적 요인 및 부모의 행동이나 가족의 재정적 안정, 교육 수준 또는 기타 지원 수단과 모유 수유의 정확한 인과관계를 분리할 수 없는 경우에도, 모유 수유가 모성 발달 및 아동 건강에 절대적이고도 무조건적인 영향을 미치는 것으로 간주하는 사고 방식이 존재한다.

존 볼비의 연구에 기반을 두었고 1990년대에 윌리엄 시어스와 마사 시어스에 의해 널리 홍보되어 큰 인기를 누린 육아 철학인 애착 육아도 예외는 아니다. 애착 육아법은 오늘날에도 여전히 보편적이지만, 자연 육아라는 좀 더 느슨한 용어로 논의될 때가 많고 소셜 미디어에서 전문가나 인플루언서들에 의해 장려되었다. 그 육아법이 엄마들을 구속하는지 또는 힘을 부여하는지, 그것을 중심으로 성장한 육아 문화가 시어즈 부부가 제안한 철학에 충실한지 여부를 비롯하여 애착 육아에 관해 수많은 책이 나왔다.[59] 나는 가정마다 각자에게 가장 적합한 육아 스타일을 선택해야 한다고 믿는다. 내가 여기에서 말하고자 하는 요점은 약속된 결과에 대한 것이다.

시어스 부부는 2001년에 내놓은 『애착 육아*The Attachment Parenting Book*』에서 그들의 철학을 간단한 그래프로 설명했다.[60] 애착 양육의 필수 요소를 나열하는데 출산 유대, 모유 수유, 베이비 웨어링,* 침대 공유, 아기 울음에 대한 믿음, 균형과 경계, "아기 훈련사들 조심하기" 등이 포함된다. 시어스 부부는 이것들을 실천하면 성취도 높고 훌륭하고 애정 넘치고 확신 있고 배려심 많고 의사소통을 잘

---

* baby wearing. 포대기나 띠로 아기를 안거나 업는 것.

하고 호기심이 많은 아이로 자랄 가능성이 크다고 말한다. 좋은 엄마가 좋은 아이를 키운다고 말이다.

나는 부모의 뇌에 관한 논문을 읽을 때마다 그 그래프를 볼 때처럼 속이 메스꺼워지기 시작한다. 이 분야의 연구자들은 그들이 연구하는 사람들이나 동물들을 그들이 보여주는 돌봄의 유형이나 병리의 정도에 따라서 분류한다. 즉 안정 애착 유형 vs 불안정 애착 유형, 불안한지 vs 적응이 잘 이루어졌는지, 동시적인지 vs 침입적인지, 우울증이 있는지 vs 건강한지 등으로 엄마들을 분류하는 것이다. 이러한 분류는 엄마와 아기를 한 번에 몇 분씩 짧게 관찰한 결과를 바탕으로 한다. 엄마가 방을 나갔다가 돌아올 때 아기가 어떻게 반응하는지를 관찰하고 애착 유형을 코드로 분류하는 식이다. 때로는 추적 조사도 이루어진다. 유아기의 분류를 그 아이가 성인이 되어서의 발달 모습과 비교한다. 이러한 범주는 때로 연구 메커니즘에 중요하다. 즉, 뇌의 신경 활동이나 연결성의 차이를 평가하고 부모의 적응 또는 부적응 행동과 연관 있는 뇌 반응을 특징짓는 데 중요하다. 부모의 애정 많고 세심한 보살핌이 신생아의 건강과 미래에 정말로 중요하기 때문이다.

하지만 이런 논문들을 읽을 때 의문도 든다. 실생활 환경도 고려해야 하는 것 아닐까? 연구자들의 관찰이 아기와 엄마가 전날 밤에 충분히 잤는지, 아니면 배가 고픈지를 고려할 수 있을까? 만약 아기가 다른 부모나 가족 구성원, 또는 보육 전문가를 포함해 사랑하는 다른 어른들의 보살핌을 자주 받는다면 엄마가 잠깐 자리를 비울 때 아기가 보이는 반응이 달라질 수 있을까? 행동, 감정, 또는 세심함의 표현에 따른 개인차는 어떤가? 엄마나 아기의 신경 다양성*이나 그들의 문화적 환경 차이는 또 어떤가?

연구자들은 엄마-아기를 한 쌍으로 묶어서 특징을 부여하지만 아기는 엄마뿐만 아니라 다른 쪽 부모, 형제자매, 이웃, 조부모, 교사, 보육 제공자 등과도 함께 존재한다. 이들이 함께 존재하는 세상은 대개 비동시적이다. 빈곤과 기후 변화가 침입적으로 작용한다. 세계적인 팬데믹도 침입적이다. 인종 차별도 침입적이다. 같은 가족 구성원들도 침입적일 수 있다. 이 모든 상황 속에서 어떻게 하면 동시성(아기에 대한 감수성과 적절한 반응성)을 유지할 수 있을까? 그리고 아이의 삶 내내 또는 어려운 발달 단계를 거치는 동안, 아니 매일 아침 동안만이라도 항상 똑같은 범주에 속하는 엄마가 과연 있을까? 그뿐만이 아니다. 자녀가 여러 명인 가정은 저마다의 니즈가 끊임없이 널뛰어 모든 아이의 니즈가 동시에 충족되는 순간이 드물다는 사실 역시 고려되어야 하지 않을까?

나는 내 아이들이 나와 남편과 깊이 연결되어 있고, 나 역시 아이들에게 깊이 연결되어 있다는 것을 안다. 하지만 서로 치열하게 경쟁하는 아이들의 니즈 때문에 좌절감에 사로잡히고 마치 해수면이 금방이라도 불어나 물에 잠길 것만 같은 기분을 느낄 때가 많다. 분리가 아니라 과도한 개입 때문에, 초조함을 멈추지 못해서 소리를 지르거나 울거나 마비된 기분을 느낀다. 특히 힘들었던 어느 날 아침, 책상에 앉아서 아칠이 공동 저자로 참여한 2011년 논문을 읽었다.[61] 엄마의 뇌와 행동의 자연적 변이가 "아기 일생의 스

* 자폐 스펙트럼, ADHD, 난독증 등 비전형적 신경 인지 발달 상태를 포괄적으로 규정하는 용어.

트레스 조절과 사회적 관계를 위한 역량을 형성한다"라는 내용이었다. 그 논문은 동시적으로 분류된 행동을 보이는 부모와 침입적 또는 과도한 육아 행동으로 분류된 행동을 보이는 부모의 뇌 활성화에서 나타나는 차이를 요약했다. "적응이 잘 이루어진 양육 행동은 보상과 관련된 동기 부여 메커니즘, 시간적 조직, 친애 호르몬이 토대를 이루고, 불안한 양육 행동은 스트레스 관련 메커니즘, 더 큰 신경 부조화의 영향을 받는 듯하다." 이 구절을 읽는 순간 가슴이 턱 막히는 기분이었다.

몇 달 후 아칠을 인터뷰했다. 그녀는 대학원 생활을 하며 세 자녀를 출산한 이야기를 들려주었다. 첫째는 석사 학위를 받을 때, 둘째는 박사 과정 때, 셋째는 박사후 과정 때 낳았다. 그녀는 각 단계마다 아기를 품에 안고서 엄마들에 대한 자료를 수집했다. 내가 이 프로젝트를 시작하게 된 계기와 처음 부모가 된 후 변화 과정에서 느꼈던 걱정에 대해 털어놓자 그녀는 자신도 비슷했다고 말했다. "정말 힘들었어요. 당신이 말한 것과 비슷해요. 불안이 심했고 감당하기 벅찼고 내가 모성에 대해 가졌던 환상과는 천지 차이였죠." 그녀는 신경면역학을 공부하고 있었지만 부모의 신경과학이 흥미를 사로잡았다.

우리는 모성 회로와 알로스타시스의 특성에 대해 잠시 이야기를 나누었는데 그녀가 나에게 엄청난 깨달음으로 다가온 말을 했다. 생물학적 과정(양육 행동을 결정하는 생물학적 과정도 마찬가지)은 이분법으로 분류되지 않는다는 것이었다. 그것은 범주에 따른 한계가 없는 스펙트럼상에 존재한다. "안정 애착 유형과 불안정 애착 유형의 범주를 나누는 신경 과정을 찾을 수 없어요. 엄마의 매우 복잡한 행동이 아기의 매우 복잡한 행동과 상호 작용하는 연속체를 생각하면 됩니다."

아칠은 동시성이 잘 적응된 모성의 목표라고 믿었지만 사실은 그렇지 않았다. 그녀는 그 사실을 반영하고 애착에서 알로스타시스의 생물학적 과정을 강조하기 위해 이 주제에 관해 쓰고 말하는 방법을 바꾸기 시작했다. "최종 목표는 우리가 우리 아기를 생존하게 해야 한다는 거예요." 그녀가 말했다. 이를 위해 부모는 아기의 니즈에 주의를 기울이고 반응해야 한다. 동시성은 강력한 도구다. 부모는 아기를 안고 체온을 조절할 수 있다. 말을 걸고 노래를 불러주면서 아기의 기분을 바꿔줄 수 있다. 하지만 다른 도구들도 있다. 때로 부모는 아이를 더 잘 도울 수 있도록 자신을 조절할 공간이 필요하다. 알로스타시스는 가족과 믿을 수 있는 보호자들을 포함한 다른 이들의 도움이 필요하다. 그들 역시 아기의 니즈에 주의를 기울이고 반응할 수 있으며(다음 장에서 살펴보겠지만) 이는 아기의 니즈 충족에 필수적이다. 한 연구자는 비동시성이 아기의 조절에 중요한 부분이 될 수도 있다고 말했다. 아기가 느끼는 불편한 감각은 세상에 대한 중요한 정보를 제공하기 때문이다. 인생이 항상 우리의 예측과 일치하는 것은 아니다.

아칠은 양육 행동의 모든 과정이 가소성이 있다고 말했다. 그래서 양부모도 아이의 알로스타시스에 이로운 매우 긴밀한 유대감을 발달시킬 수 있다. 산후 우울증이 있는 출산 부모도 건강한 아이를 키울 수 있고 깊은 유대감을 발전시킬 수 있는 것도 이 덕분이다.

모유 수유를 계속할 것인지 아니면 수면 훈련을 시도할 것인지처럼 유아를 돌볼 때 매우 중요하게 느껴지는 결정들이 아기와 양육자의 전반적인 행복과 상호 알로스타시스를 유지시킬 수 있는 맥락에서 내려져야 하는 건 이 때문이다. 가소성은 그 어떤 문화적 환경과 가족 구조에서도, 아무리 다른 육아 철학에서도 아이와 양육자 사이의 유대감을 발달시켜주는 특징이다.

∘ ∘ ∘

뇌에서 사회적 정보 처리를 담당하는 회로는 육아에 중요하지만 전적으로 육아만 담당하지는 않는다. 부모가 자녀의 신호를 읽고 해석하고 반응하도록 돕는 뇌 영역은 그들이 다른 사람들과 주변 세계로부터 사회적, 감정적 정보를 읽고 해석하고 반응하는 데 사용되는 영역과 똑같다. 만약 부모 역할이 정말로 그 회로를 개선하거나 강화한다면, 앞으로 남은 세월 동안 그것을 사용하는 방식에는 어떤 영향을 줄까?

"아이를 낳은 후에는 우리가 다른 사람들의 알로스타시스를 읽는 전문가가 되고 그것에 대한 감수성과 반응성이 커진다는 뜻일까요? 내 생각엔 그렇습니다." 아칠이 말했다. 그녀가 아직 연구하지 않은 내용이고 나 역시 그런 연구가 담긴 논문을 발견하지 못했다. 하지만 그녀에 따르면, 육아에 필요한 집중적인 사회적 정보 처리가 다른 사람들과의 연결을 지원하는 사회적 메커니즘의 향상으로 이어진다는 논리는 충분히 가능하다. 물론, 부모의 뇌는 선택적인 성향이 강하다. 부모의 동기 부여는 그들이 모든 아이가 아닌 그들의 아이에게 어떻게 반응하는지와 관련이 있다. 따라서 사회적 메커니즘의 개선이 이루어지더라도 가장 가깝고 친밀한 유대관계에만 해당하는 선택적인 결과가 나올 수 있다. 하지만 부모됨을 일종의 사회적 훈련으로 생각하면 흥미롭다. 사용할수록 향상되는 기술 훈련으로 말이다.

실제로 부모의 뇌 연구에는 육아를 음악 훈련과 비교하는 시각이 존재한다. 음악 훈련의 효과가 시간이 지날수록 쌓인다는 점에서 그렇다.[62] 효과가 누적된다. 음악 연주에는 육아와 똑같은 것이 많이 필요하다. 비언어적인 단서에 대한 세심한 주의와 해석, 고급 수준의 사고와 더불어 강력한 운동 제어, 동료 연주자들과의 동시성(곡을 전체적으로 봐야 할 뿐만 아니라 저마다 개별적인 뇌를 가진 연주자들이 의도하는 감정의 맥락도 담아내야 함) 등. 관객들이 듣는 것은 연습을 통해 오랜 시간에 걸쳐 쌓이고 향상된 전문성의 결과인 것이다.

주로 덴마크와 영국의 연구자들로 이루어진 연구진은 초산 엄마들의 뇌가 모르는 아기들의 울음 소리에 어떻게 반응하는지를 관찰한 연구 논문을 발표했다.[63] 안와전두피질과 편도체를 포함한 주요 뇌 영역이 엄마가 된 지 오래되었을수록, 즉 아기의 나이가 많을수록 더 강하게 활성화된다는 사실이 발견되었다. 연구진은 이것이 말이 된다고 적었다. 아기는 생후 첫 달에 하루 평균 121분을 운다. 날이 갈수록 엄마들은 듣고 반응하는 경험이 쌓이면서 "음악 훈련이 음악 자극에 대한 반응을 형성하듯" 신경 반응이 형성된다(같은 연구진은 우울증이 있는 부모라도 이전에 음악 훈련을 받은 적이 있으면 괴로움을 표현하는 유아의 소리를 해석하는 능력이 손상되지 않는다는 연구 논문도 발표했다).[64]

이에 나는 전문 음악가 부모들이 부모 역할이라는 새로운 분야의 훈련을 나머지 사람들과 다르게 경험하는지 궁금해졌다. 혹시 그들은 음악적 마인드와 새롭게 성장하는 육아 마인드의 유사성을 발견했을까? 예술과 육아의 비슷한 점을? 지인에게 소개받은 이퍼 오도노반Aoife O'Donovan과 에릭 제이콥슨Eric Jacobsen에게 소심하게 이 질문들을 이메일로 보냈다.

그들이 흥미를 보이는 것을 보고 내가 완전히 생뚱맞은 생각을 한 것은 아니구나 싶었다. 곧바로 대화 자리를 마련했다. 오도노반과 제이콥슨 부부에게는 딸 아이비 조가 있다.

우리가 이야기를 나눈 당시 세 살이었던 아이비 조는 세르게이 프로코피에프Sergei Prokofiev가 작곡한 발레곡 「로미오와 줄리엣」의 열렬한 팬이었다. 이 부부는 둘 다 음악으로 대단히 큰 성공을 거뒀지만 전문 분야는 크게 달랐다.

첼리스트이자 지휘자인 제이콥슨은 올랜도 필하모닉 오케스트라의 음악감독이다. 따라서 그의 일에는 세계 각지에서 온 음악가 수십 명을 이끄는 것이 포함된다. 그는 관현악에 많은 사람과 많은 요소가 관여하는 만큼 동시성이 특유의 난제라고 말했다. "누군가와 협력하면서 진정으로 동시화되어 있으면 같은 방향으로 나아가게 됩니다. 하지만 분명히 이끌고 따르는lead-follow 관계에요. 하늘의 새들과 같죠. 하늘의 새들이 어떻게 흩어지지 않을 수 있죠?" 그는 부모의 역할이 지휘자와 비슷하다고 느낄 때가 종종 있다. 예를 들어, 딸아이가 통제 불능으로 떼를 쓸 때 아이에게 개입해 웃게 만드는 게 좋을까, 아니면 시간을 주는 것이 좋을까?

무대에서 동시성을 실행하는 오도노반은 또 다르다. 그녀는 싱어송라이터이자 세라 자로스Sarah Jarosz, 세라 왓킨스Sara Watkins와 함께 3인조 포크 그룹 아임 위드 허I'm With Her로 활동하고 있다. 마치 온 생애를 함께 공연해온 한 자매처럼 노래하는 세 여성의 관계는 NPR의 타이니 데스크Tiny Desk 시리즈에서 제대로 보여졌다. 오도노반은 생후 8주 된 아이비 조를 데리고 밴드 투어를 떠났다. 다른 멤버 왓킨스에게도 어린 자녀가 있었고 보모가 두 아이를 함께 돌봐주었다. 투어 버스의 간이침대에 재운 아이들이 뒤척이면 두 엄마 모두 잠에서 깼고 좁은 공간의 그 누구도 아이들의 울음소리를 성가셔하지 않는다는 사실에 감탄했다.

무대 위에서 오도노반과 그녀의 동료들은 서로를 친밀하게 바라보고 함께 움직이고 함께 호흡한다. 마치 날개 끝을 서로 붙이고 나란히 하늘로 솟아오르는 새처럼 보인다. 오도노반은 매사추세츠주 서쪽의 버크셔 지방에 있는 연주회장 탱글우드에서 공연할 때 있었던 일을 들려주었다.[65] 그들이 오래된 가스펠송 「Don't You Hear Jerusalem Moan」을 부를 때 후반부에 이르러 그들의 목소리가 서로 포개지면서 라운드*가 시작되었다. "악기가 약해지고 가사가 다시 만났어요. 내 영혼은 자유로워졌어요." 소름이 돋는 순간 현악기가 돌아왔다. 오도노반에 따르면 노래를 끝내고 무대에서 내려갈 때 자로스가 멤버들을 보며 이렇게 말했다. "그 음에 이르렀을 때 지구 전체가 갈라진 것 같았어."

그 순간이 강력한 이유는 음악가들이 의도적으로 '맞지 않는' 음을 내다가 다시 만나는 방식 때문이다. 오도노반이 설명했다. "바로 그 지점에 도달하려고 노력하는 거죠. 혼자 노래할 때도 마찬가지예요. 자기 오른손과 왼손, 또는 자신의 목소리와 악기에 유동성이 있어야죠." 음악의 '길'에서 벗어나고 그 길이 어디에 있는지를 알려고 노력한다. "육아는 물론 모든 관계에도 적용할 수 있어요. 서로의 길이 갈라졌어도 다른 사람이 어디에 있는지 알고… 서로 다시 만날 수 있다는 사실을 의식하는 게 목표죠."

---

* 같은 선율을 시간차를 두고 둘 이상이 부르는 것, 윤창 또는 돌림노래라고도 함.

오도노반의 말과 아칠에게 배운 것을 떠올리며 나는 단 하나의 육아 철학 대신에 일종의 마스코트 같은 것을 채택하기로 한다. 나는 모리스 샌닥Maurice Sendak의 『괴물들이 사는 나라*Where the Wild Things Are*』를 내 아이들에게 수없이 읽어주었다. 많은 가정과 마찬가지로 우리 집에서 가장 인기 있는 책 중 한 권이다.[66] 그 책에서 장난꾸러기 맥스는 엄마에게 혼나고 저녁을 굶고 방에 갇힌다. "하루가 지나고 한 달 두 달 석 달이 지나고" 항해를 해서 괴물 나라에 도착하고 그곳에서 괴물들의 왕이 된다. 내 아이들은 맥스가 입은 늑대 옷과 맥스가 만나는 괴물들의 노란색 눈알, 황소처럼 생긴 괴물에 달린 인간의 발을 좋아한다. 나는 텅 빈 하얀 페이지에 '저녁밥은 아직도 따뜻했어'라는 글씨만 적힌 그 책의 맨 마지막 페이지를 가만히 바라본다. 엄마가 맥스를 위해 남겨둔 것이었다.

그 책에서 맥스의 엄마는 직접 모습을 드러내지 않지만 나는 그녀를 느낄 수 있다. 나의 맥스들은 지금 6세와 4세이고 항상 코스튬을 입거나 가구에 올라가 뛰어내리고, 거의 항상 이를 가는 끔찍한 괴물이 등장하는 직접 만든 이야기에 한 발을 담근 채 세상을 헤쳐나가고 있다. 나는 벌로 아이들을 굶긴 적은 없지만 고달픈 하루의 끝에 분노가 넘쳐흐르는 그 기분을 잘 안다. 여전히 늑대 옷을 입은 지칠 줄 모르는 아이에게 항상 마음속에 있는 친절함을 보여주기 위해 분노를 비워야만 하는 그 엄마의 심정이 느껴진다. 그녀가 아직 따뜻한 수프를 확인하고 케이크를 한 조각 잘라서 쟁반에 담아 위층에 있는 아이 방으로 가져가는 모습이 눈에 선하다. 그녀는 아이의 이마를 덮은 머리카락을 쓸어 넘기고 자면서 땀을 흘리지 않도록 후드를 벗겨준다.

내가 보기에는 이게 육아 행동의 핵심인 것 같다. 아이의 배고픔을 알고 몸을 돌봐주고 영혼을 부드럽게 어루만져주는 것. 그 일은 깊은 틈새를 뛰어넘는 것도 틈새를 잡아당기는 것도 아니며 그저 손을 내미는 것이다. 우리가 둘 사이의 불가능한 지점에서 만나고 발아래의 깊은 틈새가 점점 사라지는 듯한 기분을 느낄 수 있음을 아는 것이다.

5장

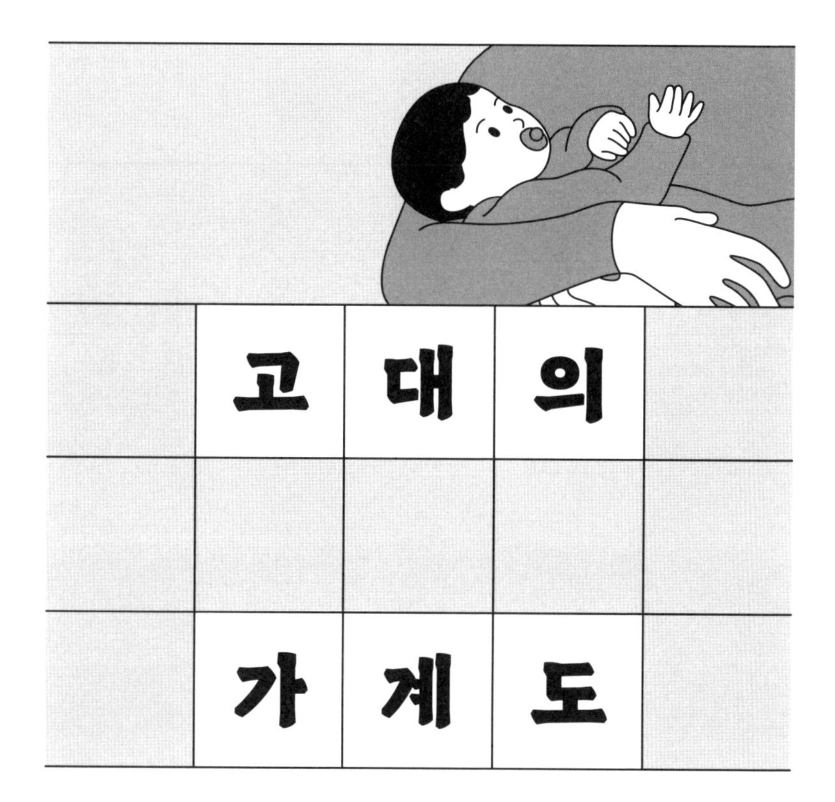

나의 고모할머니와 고모할아버지는 13년 동안 열두 명의 자식을 낳았다. 그중에 쌍둥이는 하나도 없었다. 어렸을 때 나는 그 숫자를 생각하면 경이롭기도 하고 약간 질투심도 들었다. 거의 초인적이라고 할 수 있을 만큼 대단한 일이었고 사랑과 지성은 넘쳤지만 숫자는 적었던 우리 가족은 그 대가족을 부러워했다. 고모할아버지는 연방 판사였고 그의 아내는 끈끈한 유대가 계속 이어진 가족의 인자한 여주인이었다. 그 가정에는 변호사와 의료 전문가들이 쌓였고 손자손녀가 40명이나 되는 규모로 확장되었다. 아이 둘을 낳은 나에게 그것은 수학적으로 불가능한 숫자로 다가왔다.

그녀는 어떻게 그 일을 해낼 수 있었을까? 열두 번의 임신이라니 상상조차 되지 않는다. 열두 아이의 아침을 챙겨주는 일은 어땠을까? 일요일의 미사는? 목욕 시간은? 기저귀 떼기와 학용품, 크고 작은 상처를 돌보는 일은? 빨래와 생일은? 성인기로 이끌어주는 일은?

고모할머니도 나처럼 손이 두 개뿐인 여자였다. 그런데 그녀는 나보다 여섯 배나 많은 아이를 돌보는 일을 해냈다.

물론 답은 그녀가 도움을 받았다는 것이다. 헌신적인 남편과 주변의 친척들, 동생들을 돌봐주는 더 큰 아이들의 도움이 있었다. 그리고 그녀가 뿌리를 둔 아일랜드 가톨릭 공동체 안에서 다른 가족들의 도움을 사거나 주고받기도 했을 것이다.

아기와 부모는 함께 성장하고 그들의 사회적 회로는 서로에 대한 반응에 따라 변한다. 그것을 엄마-유아 간 유대의 절대적인 중요성에 대한 확정이라고 해석할 수도 있을 것이다. 그렇다면 당연히 아기가 있을 곳은 엄마의 품이고 엄마는 아기와 함께해야 한다는 결론에 이르러야 하지 않을까? 그런데 이 논리에는 근본적인 문제가 있다. 하나는 매리언 고모할머니의 모성에서 기본적인 수학으로 날카롭게 드러나는 문제이고, 또 하나는 오늘날 일과 육아를 병행하느라 고군분투하는 내가 아는 거의 모든 부모에게 존재하는 것, 바로 부모의 관심이 분산된다는 문제이다. 이것은 인류의 진화 과정 내내 사실이었다. 인간 본성의 중심을 차지한다고 할 수 있을지도 모른다.

포유류 아기들은 거의 무력한 상태로 태어나므로 그들의 생존을 좌우하는 어른들을 낚는 데 능숙하다. 앞에서 살펴본 것처럼 사랑스러운 특징과 관심을 끄는 소리는 동시성과 반응성, 자아감을 이끄는 회로를 활성화하고 변화시키는 강력한 자극이다. 아기들은 말한다. 외면하지 마세요. 우리를 돌봐주세요. 우리의 생존이 당신의 생존입니다.

전부는 아니지만 대부분 포유류의 아기는 그들을 낳은 어른에게 전적으로 자신을 결속한다. 비인간 영장류에 속하는 종의 약 20퍼센트에서 성체들은 새끼를 안아주거나 먹이를 줌으로써 가끔 공동체의 엄마들을 돕는다.[1] 하지만 협동을 특히 잘하는 일부 원숭이들을 제외하면 그 도움은 아기의 생존에 상대적으로 작은 직접적 지원이다. 아기의 생존에는 엄마의 돌봄이 지배적이다.

약 200만 년 전 플라이스토세 초기 또는 그보다 더 앞선 시기에 인류의 조상들은 매우 중요한 차이점과 함께 그들의 친척 영장류에서 갈라져 나왔다.[2] 아기를 낳는 간격이 짧아지기 시작한 것인데, 둘째(혹은 셋째, 넷째 등)를 첫째가 먹이를 먹거나 스스로를 보호할 수 있게 되기 전에 낳는 것이다. 인류학자 크리스틴 호크스Kristen Hawkes에 따르면 그 결과 "인간 아기들에게는 엄마의 완전한 개입이라는 기득권이 없어졌다."[3] 그 아기들은 다른 어른들의 도움에 의지했다. 그래야만 했다. 그렇지 않으면 살아남지 못했을 것이다. 어쩌면 그 반대일 수도 있다. 우리 조상들이 그렇게 아기들을 좁은 간격으로 낳고, 번식 성공률을 극적으로 높이고, 지구상에서 가장 지배적이고 사회적인 영장류가 될 수 있었던 데는 육아에 상당한 지원이 따랐기 때문일 것이다.

초기 인류에게 엄마의 존재는 대단히 중요했다.[4] 중요하다는 말로는 충분하지 않을 정도였다. 자연 선택은 아기들이 보호자의 관심을 잘 끌고 거기에 매료되는 어른들(여성뿐만 아니라 모든 어른)이 많은 가족을 선호했다. 저명한 인류학자들은 인간이 여러 사회적 영장류들 가운데 협동하는 존재로 진화할 수 있었던 이유가 아기들이 다른 어른들에게 극적으로 의존한다는 사실 덕분이라고 믿는다.

그 의존성은 E. O. 윌슨이 처음 사용한 표현인 "동종 부모 역할 alloparenting(여기에서 그리스어 'allo'는 '다른'이라는 뜻이다)"의 문을 열었다.[5] 그것은 오늘날 존재하는 가족 구조의 다양성을 가능하게 했고, 부모의 뇌 연구자들이 부모의 전반적인 돌봄 네트워크[6]라고 부르는 것을 취합해나가는 과정에서 발견되는 신경생물학적 변화의 양상을 주도했다. 그 연구 결과에서는 출산 여부와 상관없이 엄마, 아빠, 또는 기타 부모에게 나타나는 신경생물학적 공통점이 두드러진다.

모든 인간 어른은 보호자가 될 수 있는 능력을 갖추었다. 친부모뿐만 아니라 모든 어른은 육아라는 행위로 인해 근본적으로 바뀐다. 이 장과 다음 장에서는 그 사실을 강조하는 연구에 대해 살펴볼 것이다. 또한 이 변화들 가운데 나중에 태어난 자녀나 조카들, 이웃들, 또는 귀중한 손주들 같은 아이들에게 언젠가 이익이 될 수도 있다는 이유로 계속되는 듯 보이는 부모 행동이 얼마나 있는지도 살펴볼 것이다. 그리고 인류 양육의 오랜 역사에 대한 이 새로운 이야기가 양육자들과 그들을 규정하는 범주에 대한 우리의 생각을 근본적으로 어떻게 바꿀 수 있을지 살펴볼 것이다.

이것은 단순히 "엄마 역할을 하는 아빠"의 특징과는 다르다. 아빠들이 자녀 양육의 경험 전체를 자신과 관련 있다고 느끼게 만들기 위해 진화가 그들에게 추가적으로 부여한 특징 말이다. 또한 대리모나 기증자의 도움으로 태어난 아기들, 동성 부모 또는 논바이너리 부모나 양부모가 키운 아기들을 새로운 생물학적 진리에 끼워맞추려는 시도도 아니다. 오늘날 인간에게는 지구 역사상 그 어떤 생물에게도 가능하지 않았던 생식의 메커니즘이 마련되어 있는 것이 사실이다. 하지만 출산 부모의 파트너로서든 친족 관계로서든, 다른 성인이 임신해서 낳은 아이를 양육하는 일에 깊이 관여할 수 있는 성인의 능력은 전혀 새로운 것이 아니다. 그것은 처음부터 인류에게 존재했다. 이것은 인간을 다른 동물과 차별화하는 근본적인 특징일 수도 있다.

친애affiliation 또는 타인과 깊고 지속적으로 관계를 맺을 수 있는 능력, 자기 내면의 상태를 타인의 상태와 연관시키는 것, 타인과 함께 예측하고 계획을 세우는 것, 마음의 상태를 공유하거나 서로의 마음이 갈라지는 지점을 이해하는 것, 이런 것들은 인간 사회에 기본적이다.

그리고 이것들은 아마도 방금 형이 된 고대의 아이(열두 아이 중 열한 번째 아이)의 특정한 니즈에, 그리고 그 아이를 돌보기 위해 근처에 있던 누군가의 헌신에 뿌리를 두고 있을 것이다.

∘ ∘ ∘

내가 계속해서 이 요점으로 되돌아가는 이유는 그만큼 중요하기 때문이다. 진화의 역사를 통해, 또 오늘날 인간의 행동이 다른 포유류의 행동과 일치하는 방식에서 알 수 있듯이, 부모됨 특히 모성에 대한 보편적인 생각은 '자연스러운 것'으로 여겨지는 것, 즉 사물이 항상 어떻게 작동해 왔는지에 대한 우리의 감각에서 비롯된 것이다. 하지만 다른 종들과 우리 자신에 대한 이해는 종종 과학 대신 자신의 도덕적 판단을 적용해 틀렸거나 불완전한 기록을 만든 과거 남성 과학자들의 의견에 기초하는 경우가 많다.

과학사가 매리언 토머스Marion Thomas가 기술한 것처럼, 20세기로 접어들 무렵의 박물학자들은 그들이 모든 종의 암컷에 존재한다고 본 "독특한 심리distinctive psychology"를 기록했는데, 이 심리는 인간 여성에게까지 확장되어 모성을 암컷의 본질적인 역할로 확인시켰다.[7] 그들은 알을 낳고 보호하는 데 모든 물리적 자원을 사용하고 "조용히 죽음을 맞이하는" 게거미의 희생을 주목하라고 적었다. 자신을 결코 엄마로 알지 못할 새끼들을 키우는 지칠 줄 모르는 말벌 암컷도 예로 들었다. 이는 애정을 돌려받을 확신이 없이 아이들을 돌보는 인간 엄마들의 "영웅적 행위"와 같다. 하지만 많은 종에서 새끼를 먹거나 버리거나 양육에 별로 개입하지 않는 엄마들도 있다는 사실은 어떤가? 상대적으로 적기는 하지만 다양한 종에서 수컷이 새끼 양육에 밀접하게 참여하거나 심지어 주도한다는 사실은?

그리고 그 자신이 거위들에게 어머니의 표상이라는 것을 반복적으로 보여준 콘라트 로렌츠도 있다. 특히 그가 거듭해서 들려준 "거위 자식" 마르티나의 이야기가 그렇다. 역사학자 마르가 비세도에 따르면 이 특성화는 그 시대의 심리학자들이 엄마-아이 간 연결의 기초로서 각인을 채택하게 했다.[8] 그리고 로렌츠를 인간 유대라는 주제의 전문가로 만들었다. 하지만 로렌츠는 그에게 각인된 거위들이 풍성한 흰 염소수염을 기르고 한 손에 파이프를 든 남자의 얼굴을 올려다보며 **엄마**라고 생각한 것이 아니라는 사실을 알고 있었다.[9] 새끼 거위들은 특정한 모성 존재가 아니라 더 일반적인 측면에서 인간과 그들을 연관 짓고 있었다.

그리고 존 볼비가 인간의 애착 이론을 구축할 때 분석한 영장류 4종(침팬지, 고릴라, 개코원숭이, 히말라야원숭이)의 모성 행동이 있다. 그는 1969년에 처음 출판된 획기적인 저서에서 그가 이 종들을 선택한 이유가 그들이 초기 인류와 마찬가지로 육상 동물이고 그 당시 그들에 관한 현장 연구가 충분했기 때문이라고 설명했다.[10] 또한 이 종들은 엄마들이 집중적으로 돌봄에 참여한다. 엄마들은 몇 달 동안 계속 아기를 안고 내려놓지 않는다. 인류학자 세라 블래퍼 허디는 볼비가 "지속적인 돌봄과 접촉" 모델을 따르지 않는 종들이 아닌 이 영장류들을 선택한 데는 다른 요인도 영향을 끼쳤을 것이라고 주장했다.[11] 그녀는 『어머니, 그리고 다른 사람들*Mothers and Others*』에서 이렇게 적었다. "이 종들은 엄마가 아기를 어떻게 돌보아야 하는지에 대한 서양의 이상에 부합하는 모습을 보였다."

볼비는 엄마들이 계속 아이를 안고 있거나 포대기로 업는 비슷한 지속적 접촉 모델을 따랐을 것으로 생각되는 현대 수렵채집 사회에서 긍정을 발견했다.[12] "경제적으로 더 발달한 인간 사회, 특히 서양 사회에서만 유아들은 일반적으로 하루에 많은 시간 동안 엄마와 접촉하지 않고 종종 밤에도 그렇다"라고 그는 적었다. 그는 영장류의 방식을 자연스러운 것으로 보았다.

하지만 이 이야기에는 더 많은 것이 있었다. 야생에서 영장류 유아들이 엄마에게 전적인 보살핌을 받는 것은 사실이다.[13] 침팬지 엄마는 출산 후 3개월 반 동안 절대로 새끼를 손에서 놓지 않는다. 오랑우탄의 경우 최소 5개월이다. 하지만 전체 영장류에서 육아는 훨씬 더 다양한 양상으로 나타난다.

많은 종에서 아빠와 손위 형제자매, 다른 암컷들이 아기를 안아주고 가끔 먹을 것을 제공한다.[14] 남아메리카의 티티원숭이 엄마들은 하루에 몇 번 아기를 안고 먹을 것을 주기는 하지만 대부분 아빠나 다른 형제자매들이 아기들을 돌본다. 마모셋과 타마린(역시나 조상이 약 4천만 년 전에 아프리카원숭이로부터 갈라져 나온 신세계 원숭이에 속한다)의 경우에는 아빠와 다른 어른들이 참여하는 협력적 양육이 표준이다. 이 종들은 간격을 오래 두지 않고 쌍둥이와 세쌍둥이를 낳는 등 생식 주기가 빠른데, 허디는 엄마들이 다른 가족들로부터 도움을 받는 덕분에 그러한 빠른 번식 주기가 가능하다고 주장한다. 짝을 찾기 위해 원래 속한 집단에서 다른 집단으로 이동하는 영장류 엄마일수록 그런 자원이 부족한 경우가 많다. 콜로부스아과에 속하는 원숭이들은 신뢰할 수 있는 동종 부모(허디는 그것을 "가족 놀이방"이라고 부른다)의 영향력을 매우 분명하게 보여준다. 번식을 위해 원래 무리에서 다른 무리로 들어간 콜로부스아과 암컷들은 엄마가 전적으로 육아를 맡는다. 하지만 종 대부분에서 암컷은 일반적으로 그들의 부모와 형제자매 근처에 머무르며 동종 부모가 육아에서 핵심적인 역할을 한다. 허디는 "영장류 사이에서 유아를 돌보는 단 하나의 보편적인 패턴은 존재하지 않는다"고 적었다. 엄마의 전적인 육아는 "최후의" 수단인 것처럼 보인다.

현대 수렵채집 공동체들의 상황은 볼비 시절의 심리학자들이 생각한 것보다 훨씬 더 미묘하다. 오랫동안 그 공동체들은 전 세계의 많은 지역이 농업 사회로 전환되기 전인 약 12,000년 전의 인간 사회가 어떤 모습이었는지 보여주는 창으로 여겨져왔다.[15] 연구자들은 초기 인류의 섭식 전통과 생식 패턴, 그리고 지금까지도 계속 이어지는 여러 다른 특징들의 증거를 오늘날 수렵채집 사회의 구성원들에게서 찾고자 할 때가 많다. 하지만 그 사회들에 관한 연구 중에서 원주민의 목소리가 동등하게 포함된 연구는 거의 없다는 사실을 짚고 넘어갈 필요가 있다. 비교적 최근까지도 연구자들은 수렵채집 사회 구성원들이 꽤 다양한 방법들을 통해 현대 세계에 유연하게 적응했다는 점을 거의 고려하지 않았다.

현대 수렵채집 사회의 유아 돌봄에 대한 거의 최초의 체계적인 연구는 1972년에 발표되었는데, 남아프리카의 쿵족!Kung에 초점을 맞추었다. 이 논문은 쿵족 엄마들이 유아를 등에 업거나 포대기로 안고 다니며 품에서 내려놓는 일이 거의 없다고 기술했다. 하지만 허디는 나중의 분석에서 중요한 차이점이 나타났다는 것을 지적했다. 쿵족 엄마들이 거의 계속 아기를 안고 있었지만 전체의 25퍼센트 정도는 엄마가 아닌 다른 사람들이 아기를 안고 있었다.[16] 그런가 하면 탄자니아 북부에 사는 하자족Hadza에서는 아기의 출생 후 며칠 동안 약 85퍼센트 시간은 친척들과 이웃들이 안고 있다. 출산 후 회복 중인 부모 입장에서는 매우 이상적인 일일 것이다.

물론 오늘날 전 세계의 부모들은 종종 다른 사람들이 그들의 아기들을 안게 한다. 그러면서 작은 발가락에 감탄하고, 사진을 찍고, 나중에 커서 누굴 닮을지 추측해보게 하는 것이다. 지속적인 돌봄과 접촉 모델에 부합하는 엄마들을 이상화하는 것은 오늘날까지도 계속되고 있지만, 우리는 그런 육아 스타일이 현대 역사에서 극소수의 사람들을 제외한 대다수의 육아 현실과 다르다는 사실을 잘 알고 있다. "인간 엄마들은 다른 유인원 엄마들처럼 경계심이 매우 강하지만 그들만큼 독점욕이 강하지는 않다"[17]라고 허디는 적었다.

왜일까? 인간은 마모셋보다 침팬지와 훨씬 더 밀접한 관계가 있는데 어째서 인간의 육아는 대형 유인원*의 그것과 다르게 발전했을까? 이 질문에 대한 답은 조부모인 듯하다. 더 정확히는 할머니들이다.

---

* great ape. 인간, 고릴라, 침팬지, 오랑우탄이 여기에 속한다.

○ ○ ○

오래전부터 인류학자들은 우리 조상들의 가족에서 남자들이 사냥하고 여자들은 채집과 아이 돌보는 일을 했다고 추측했다.[18] 아빠가 잡아 오는 먹을거리는 가족 단위의 중심이었다. 그것은 남녀를 결속하는 가장 흔한 수단이었다. 집에서(유목민의 경우에는 생활 거점에서) 이루어지는 습관적인 음식 공유가 가족 생활의 토대를 형성했다. 사냥하는 남성은 다른 유인원에게서 나타나는 엄마-자식이라는 사회적 집단에 추가된 요소이다. 사냥 가설은 현대 핵가족의 기원에 관한 이야기를 제공했다.

1980년대 초 하자족과 쿵족, 그리고 파라과이 동부의 수렵채집 사회 아체족Aché을 연구하던 이들은 그 이론에 맞지 않는 행동들을 알아차리기 시작했다.

남자들은 사냥감을 집에 있는 그들의 파트너와 자녀들에게 가져가지 않고 똑같이 나누었다. 아체족의 음식 공유를 세심하게 관찰한 결과, 그 공동체에 속하는 모든 구성원이 하루 필요 열량의 4분의 3 가량을 자신의 핵가족 이외의 누군가로부터 제공받는다는 사실이 발견되었다. 하자족 남자들은 성공률이 낮은 데도 덩치가 큰 사냥감을 사냥하는 것을 우선시했다. 그들이 가져오는 고기는 공동체의 식단에서 큰 부분을 차지했지만 그들의 파트너와 아이들의 하루 필요를 충족할 만큼 안정적이지는 못했다.

크리스턴 호크스Kristen Hawkes, 제임스 오코넬James O'Connell, 니컬러스 블러튼 존스Nicholas Blurton Jones를 포함한 인류학자 그룹은 이러한 유형의 식량 공유를 "부성의 노력"으로 볼 수 없다고 결론 내렸다.[19] 이 경우 남성들은 그들의 자녀가 속한 집단 전체의 이익을 위해, 다시 말해 사회적 자본의 대가로 공익을 제공하는 것이었다.

호크스와 그녀의 동료들은 여성들의 식량 수집 전략을 자세히 살펴보기 시작했고 몇 가지 주목할 만한 사실을 관찰할 수 있었다. 그중에서 가장 두드러지는 점은 이것이었다. 하자족에서 가임기가 지난 나이 든 여성들의 채집 능력은 다른 이들보다 월등히 뛰어났다.[20] 임신한 적 없는 젊은 여성들의 채집 시간은 하루 3시간 미만이었고 가임기 여성들은 약 4시간 30분이었다. 그런가 하면 가임기를 지난 나이 든 여성들은 하루 평균 7시간 이상이었다. 그들은 다른 여성들과 거의 같은 속도로 일했고 깊이 묻힌 덩이줄기를 파내는 등의 가장 힘든 일을 맡기 일쑤였다. 연구자들은 남성들이 그들의 핵가족에 식량을 제공한다는 생각이 틀렸을 뿐만 아니라 지금까지 그 어떤 연구자도 제대로 다룬 적 없는 식량 제공자가 존재한다는 사실을 깨달았다. 그것은 바로 열심히 일하는 할머니들이었다.

호크스와 동료들은 1930년대와 1950년대로 거슬러 올라가는 견해와 그들의 연구를 종합해서 할머니들의 장수가 그들의 딸이 낳은 아이들의 건강과 발달에 관련이 있다는 "할머니 가설"[21]을 내놓았다. 하자족 아이들도 적극적으로 채집을 했지만 부족의 주식인 땅속 깊이 묻힌 덩이줄기를 파내는 일은 그리 잘하지 못했다. 연구자들은 젖을 뗀 아이들의 체중 증가를 엄마의 채집 활동과 함께 추적했다. 하지만 엄마가 다른 아이를 낳으면 여기에 변화가 나타났다. 신생아를 돌보느라 엄마의 채집 활동이 줄어드는 것이었다. 그러면 기존 아이들의 체중 증가는 할머니의 채집 활동과 연결되었다.

다른 유인원 엄마들도 인간 엄마들과 비슷한 나이에 번식을 멈추지만, 대부분의 유인원들은 가임기를 지나서까지 살지 못한다. 우리의 조상 할머니들이 다른 유인원들보다 좀 더 천천히 늙었다면(가임기가 끝난 이후에도 좀 더 수명을 누렸다는 뜻) 딸들이 식량을 구하고 손주들을 돌보는 데 필수적인 도움을 줄 수 있었을 것이다. 덕분에 딸들은 좀 더 빨리 다음 아기를 가질 수 있었을 것이다.

아이를 낳는 것은 많은 대가가 따르는 일이다. 일반적으로 모든 종에 걸쳐 아기가 더 크고 더 많은 손길이 필요할수록 엄마가 다음 아기를 낳을 수 있을 만큼 회복하기까지 더 오래 걸린다. 허디는 유인원 중에서 인간의 아기가 가장 크고 늦게 성장하지만 번식 주기가 가장 빠르다는 사실을 지적한다.[22] 이것은 아마도 고대의 인간 엄마들에게 도움이 필요했을 때 그들의 엄마가 도움을 줄 수 있었던 덕분일지 모른다.

이 가설에 따르면 할머니들의 도움 덕분에 후손들의 생존 가능성이 커지고 그들 자신의 느린 노화 유전자가 다음 세대에 전해질 수 있었다.[23] 자연 선택은 더 오래 사는 할머니를 선호했고 폐경이 생겼다. 수학적 모델링에 따르면 우리 조상 중에서 가임기를 지나서까지 살았던 여성은 극소수였지만, "할머니들의 지원"은 후손들의 생존율을 높여서 시간이 지남에 따라 인구에 큰 영향을 끼칠 정도가 되었다. 남성과 여성 모두 전반적으로 수명이 크게 증가해서 현대 수렵채집 사회와 같은 인구 구성, 즉 성인 여성의 3분의

1이 가임기를 넘는 결과로 이어지게 된다.

물론 이 모델링에서 남성들의 수명도 늘었고 노년까지 가임 능력을 유지하게 되었다. 가임 여성에 대한 가임 남성의 비율이 증가했다. 남성의 숫자가 많아진 만큼 경쟁도 치열해졌고 덕분에 남성들이 다른 곳에서 경쟁에 밀리지 않도록 한 여성과 관계를 이어가는 것을 목표로 함에 따라(타인을 읽고 교감하는 능력도 발달하고 있었다) 파트너 사이의 유대가 강화되었을 것이다.

좀 더 근래의 역사에도 할머니들의 중요성을 보여주는 좋은 증거가 있다. 런던의 연구진은 45개 연구 논문에서 가족 구조와 아동 사망률에 대한 자료를 분석했다.[24] 지난 4세기에 걸쳐 전 세계의 인구층, 대부분은 현대의 피임법을 이용할 수 없는 이들을 연구 대상으로 한 논문들이었다. 구체적으로 연구진은 아동 생존과 친족 생존의 상관관계를 살폈다. 거의 보편적으로, 엄마의 생존은 아이 생후 2년간의 생존과 관련이 있는 것으로 나타났다. 하지만 그 "엄마 효과"는 아이가 2세 정도 될 무렵에는 줄거나 심지어 사라졌고, 이는 능숙하게 아이를 돌봐줄 수 있는 다른 누군가가 있었음을 암시했다. 아동 사망률에 대한 아빠의 영향은 그보다 훨씬 덜 일관적이었고 사회적 맥락에 좌우되었다. 하지만 외할머니의 존재는 비교적 일관적으로 보호 효과를 보였다.

연구진은 산업화 이전의 핀란드(결핵과 천연두, 홍역, 설사 및 기타 아직 확인되지 않은 감염성 질환들이 어린아이들에게 특히 위험했던 1731년부터 1895년까지)의 상세한 교회 기록을 뒤진 결과, 외할머니(친할머니는 해당하지 않음)가 가까이 있을수록 젖을 뗀 2~5세 아이들의 생존율이 크게 올라갔다는 사실을 발견했다.[25]

그 혜택은 할머니들이 대략 70세가 되어 가족의 자원이 가장 어린아이들에서 그들 자신을 향하게 됨으로써 줄어들었다. 그리고 17세기와 18세기에 캐나다 세인트로렌스 밸리에 처음 정착한 프랑스 가정들에서 어머니와 가까이 사는 여성들은 어머니와 멀리 떨어져 사는 그들의 자매들보다 더 일찍 출산을 시작했다.[26] 그들은 아이를 더 많이 낳았고 유아 사망률도 더 낮았다.

할머니 가설은 확정된 문제가 아니다. 실제로 호크스와 수렵채집 사회를 함께 연구한 이들 중에는 그녀의 결론에 동의하지 않는 이들도 있었다. 그 가설에 반대하는 사람들은 그것이 육아와 식량 공급에서 아빠들의 기여를 불필요하게 최소화한다고 말한다.[27] 영양가 풍부한 식량이 엄마들의 채집 활동이 줄이고 임신 속도를 높이는 데 필수적인 요소로 작용했다는 주장이다. 우리 조상들은 성별에 따라 명확하게 정해진 노동 분업을 따르지 않았을 수도 있다. 아빠들이 아이들을 먹이고 데리고 다니는 데 중요한 역할을 함으로써 엄마들에게 요구되는 많은 에너지를 줄이고 젖 떼는 시기를 앞당겼을지도 모른다. 남성 "조력자" 또는 자식이 없는 남성들이 타인의 자녀에게 식량을 공급하는 데 가임기 이후의 여성들보다 훨씬 중요한 역할을 했을 수도 있다. 일각에서는 인간의 장수를 이끈 것은 사냥과 그것에 필요한 "기술 집약적인" 학습이었다고 주장하며, 할머니들이 가정의 지배적인 "부양자"가 되었다는 증거도 없다.

하지만 이 마지막 요점은 호크스와 그녀의 동료들이 제안한 것은 아니다. 사냥의 결과물은 당연히 영양학적으로 중요했다. 하지만 할머니들이 제공한 것은 그들의 존재 자체였다. 남자들이 고기를 가지고 돌아오든 그렇지 못하든, 할머니들은 매일 하루도 빠짐없이 영양가 있는 먹을거리로 틈새를 메웠다. 또한 중요한 것은, 엄마가 신생아를 돌보는 동안 할머니는 유아들과 더 큰 아이들을 돌보았고 가장 좋은 덩이줄기를 캐는 방법을 가르치거나 아이들의 기발한 상상력을 자극해주었다는 점이다. 그들은 손주들의 마음을 알아갔고 그들의 마음도 알려주었다.

현실은 위에 언급된 모든 요소가 저마다 다양한 정도로 인간의 진화에 영향을 끼쳤으리라는 것이다. 하지만 믿을 수 있는 할머니들의 기여는 중요한 무언가를 가리킨다. 할머니의 지원이 있는 가족이 표준 가족이라는 이야기가 아니다. 심지어 그것이 "인간의 방식"인 것도 아니다. 그보다는 인간 엄마들이 혼자서는 할 수 없었고 대부분 혼자 하지 않았다는 것이다.

20세기 거의 내내, 특히 제2차 세계대전 이후의 미국에서 지원하고 미화시킨 핵가족은 진정한 기본 가족 단위가 아니었을지 모른다.[28] 외할머니들은 초기 인간 가정에서 가장 흔히 이용할 수 있는 조력자였고, 그들의 도움 성향이 이후 세대들이 아이들의 니즈를 읽고 충족시키는 성향이 강해지도록 이끌었을지도 모른다. 오랫동안 동종 부모들은 이모와 삼촌, 할아버지, 나이 많은 형제자매, 가까운 친구 등 다양한 형태를 띠었다. 누가 어떤 이유에서 공을 인정받든, 협동 육아가 인간의 진화에 필수적인 역할을 했다는 것만은 분명하다. 허디는 이렇게 적었다. "모든 동종 부모가 없었더라면 인간이라는 종도 없었을 것이다."

내가 호크스와 허디의 연구를 공정한 시선으로 바라보지 않고 있다는 점을 인정한다. 하지만 나는 할머니 가설이 정말로 맞다고 느낀다. 연휴 때는 물론 일상적인 육아에서 나와 남편이 도움을 청할 수 있는 근처에 사는 조부모가 없는 아픔을 개인적으로 잘 알기 때문인지도 모른다. 사바나에 살았던 우리 조상들의 요리 패턴이 불을 지피고 "상호적인 일괄 처리"를 하는 식이었을 것이라는 호크스의 설명을 읽으면 그동안 절반은 내 아이들에게 먹이고 절반은 아기를 낳은 지 얼마 안 된 친구에게 배달하기 위해 만들었던 뱃속을 따뜻하게 덥혀주는 캐서롤 두 판이 생각나서인지도 모르겠다. 모성 양가성의 기원에 관한 허디의 글을 읽으면서 확실히 나는 나 자신을 보았다.

허디는 그 양가성이 동종 부모의 역할에서 비롯된 것일 수도 있다고 제안했다.[29] "내가 이 견과류를 깨는 동안 엄마에게 아기를 안고 있어 달라고 부탁해야 할까?" 또는 "식량을 채집하러 먼 길을 갈 때 아기를 데리고 갈까, 아니면 이모에게 맡기고 갈까?" 같은 질문을 고대의 엄마가 떠올리면서 그 양가성이 커졌다고 그녀는 적었다. 인간 부모는 언제나 그들의 아기들을 보호하는 동시에 육아에서 다른 사람들의 지원에 의존했고 이는 자연스럽게 내면의 긴장으로 이어진다. 사랑과 양가성은 둘 다 모성의 일부분이라고 허디는 나에게 말했다. "그것들은 모성을 구축하는 요소들입니다."

모성의 양가성은 여성들이 현대의 노동 인구에 합류하면서 갑자기 빠진 수렁도 아니고, 자신의 생물학적 운명을 거부하려는 여성들에 의해 모성의 본질에 묻은 얼룩도 아니다. 누군가는 엄마들이 다름 아니라 그들의 혼란스러운 감정과 씨름하면서 인간 본성의 길에 영향을 미쳤다고 주장할 수도 있을 것이다. 호크스의 가설에는 기꺼이 도와줄 할머니뿐 아니라 기꺼이 도움을 받으려는 엄마도 필요했다.

호크스는 신경과학자 바버라 핀레이Barbara Finlay와 함께 할머니 가설이 인간의 수명이나 폐경기보다 훨씬 더 많은 것을 설명할 수 있다고 주장했다.[30] 포유류 종에서 장수는 유년기의 발달 기간과 지속적인 연관성을 보인다. 발달 기간이 길수록 뇌가 크다. 할머니들(그리고 비슷한 다른 이들)의 지원은 인간 일생의 역사에서 뇌가 더 크게 자라게 했을 뿐만 아니라, (인간 아기들이 다른 영장류들보다 일찍 젖을 뗐으므로) 뇌 발달이 초사회적 맥락에서 더 많이 일어나도록 해주는 패턴을 이끌었을 수도 있다. 호크스와 핀레이는 뇌의 동기와 보상 시스템의 가소성을 지적하고 고대 인간 유아들이 동종 부모들과 교감하려는 노력 때문에 특히 사회적 보상에 잘 반응하도록 발달했을 수도 있다고 제안한다.

초기 인간 아기들은 가족과 집단 구성원들이 돌아가면서 돌보았기 때문에 다른 유인원 아기들에게는 그렇게까지 필요하지 않은 기술을 발달시켜야만 했다. 즉, 자신을 안고 있는 사람들의 표정을 읽고, 정신 상태를 알아내고, 그들의 애정은 물론 엄마의 관심을 끌 소리를 내기 위해 열심히 노력해야만 했다. 이 노력은 "아주 어린 나이부터 타인의 의도를 의식하는 민감한 신경계를 갖춘 새로운 유형의 유인원"의 발달을 이끌었다고 허디는 적었다.[31] 자연 선택은 다른 사람들의 마음을 감시하고 영향을 미칠 수 있는 아기들을, 또한 직접 낳았는지 아닌지와 상관없이 그들의 부름에 반응해줄 어른들을 선호했다. 허디는 아기들이 단 하나의 간단한 메시지를 마음에 담고서 어른들과 연결되기 위해 열심히 노력하기 시작했다고 말했다. "나를 선택해주세요."

• • •

어느 봄날 학교로 아이를 데리러 갔다가 메러디스 맥케이브Meredith McCabe와 수다를 떨었다. 메러디스의 첫째 손자 오스카는 우리 아이와 같은 유치원에 다녔고 그녀의 딸은 저널리스트로 나의 친구이다. 메러디스는 책 작업이 어떻게 진행되고 있는지, 지금까지 무엇을 알아냈는지 물었다. 나는 내가 사람들에게 으레 하는 이야기를 했다. 사실 부모 뇌의 변화는 그동안 우리가 지겹게 들어 온 "엄마의 뇌" 이야기와는 무척 다르고, 그 변화에 따라오는 유연성과 적응성이 우리를 부모라는 새로운 도전에 대비하게 해준다는 이야기였다. 그리고 어쩌면 이 변화는 할머니, 할아버지에게도 마찬가지일 거라고 덧붙였다. 손녀를 한쪽으로 안은 메러디스는 일렬로 쭉 늘어선 키 큰 참나무 아래에서 도토리를 줍는 손자를 지켜보며 잠시 말이 없었다. 그녀는 그녀가 손주들에게 너무나도 큰 유대감을 느낀다는 사실이 가장 놀라웠다고 말했다. 전혀 예상하지 못한 일이었다고 했다.

나중에 어머니와 할머니로서의 삶에 대해 그녀와 깊이 이야기를 나누게 되었을 때, 그녀는 두 번이나 유산의 아픔을 겪었기에 딸의 임신에도 걱정이 태산 같았다고 말했다. 딸이 오스카를 무사히 낳을 수 있도록 돕는 데만 온 정신을 집중하느라 정작 할머니가 된다는 것이 어떤 것일지에 대해서는 별로 생각하지 않은 터였다.

그녀는 새벽 2시쯤 뉴욕에 사는 사위로부터 아이가 나올 것 같다는 문자를 받았다. 그녀는 이른 아침 메인주에서 뉴욕까지 불안한 마음으로 차를 몰았다. 병원에서 더 이상의 새로운 소식은 없었다. 그러다 드디어 연락이 왔다. 아기가 태어났다는 소식이었다. 메러디스는 말했다. "난 그저 '우리 딸은 괜찮아?'라고 물었지. 내 아기가 괜찮은지가 궁금했을 뿐이야." 그녀의 딸은 무사했지만 난산이었다. 그리고 아기 오스카는 저혈당 때문에 NICU에 며칠 입원해야 했다. 그 후 산모와 아기는 무사히 집으로 돌아왔고 비로소 손자를 품에 안은 메러디스에게도 경이로움을 느낄 시간이 주어졌다.

물론 그녀는 직접 출산을 경험한 이후로 줄곧 주변에서 신생아를 보아왔고 아기들이 얼마나 특별한 존재인지 잘 알고 있었다. 그러나 이 아기는 달랐다. 그녀의 본능을 움직이는 무언가가 있었다. "속에서 느껴졌어. 알아차릴 수밖에 없는 유대감이 샘솟았어. 내 딸의 아기, 사위의 아기일 뿐만 아니라 내 손주인 거지."

부모의 뇌에 일어나는 변화는 산후에도 오랫동안, 가임기를 훨씬 지나서까지 지속되는 듯하다. 그것은 아마도 인간 아이들이 매우 오랫동안 의존적이기 때문일 것이다. 어쨌든 출산 부모의 뇌에 임신과 산후 몇 달 동안 일어난 변화가 아이가 젖을 떼거나 첫이가 날 때즘에는 임신 전으로 돌아가버린다는 것 자체가 말이 안 되기는 한다. 우리의 신체 부위(배, 가슴 또는 뇌)가 그런 식으로 움직이도록 만들어졌다는 건 터무니없는 생각인 데다 만약 그렇다면 에너지 낭비도 엄청날 것이다. 어쨌든 앞으로 수년 동안 아기에게는 반응하고 보살펴주는 부모가 계속 필요하다. 그리고 그 아기와 형제자매들 다음에 관심을 요구하는 아기가 더 있을 수도 있다.

이러한 변화들이 계속 남아 있는 이유는 생존에 유리하기 때문일 수 있다. 엘세리네 호크제마Elseline Hoekzema는 부모가 "계속 돌봄 모드에 머물러 있고 손주가 태어났을 때 그 모드가 여전히 활성화 상태라면" 진화적으로 유리할 수 있다고 나에게 말했다. 적어도 인류 초기에는 그랬다.

호크제마는 신경과학자이고 최근에 설립된 암스테르담 대학 의료센터의 호크제마 랩을 이끌고 있다. 그녀는 바르셀로나에서 박사학위를 위해 신경 가소성의 여러 측면을 연구했다. 에리카 바르바-뮬러Erika Barba-Müller와 수재나 카모나Susanna Carmona도 연구를 함께했는데 세 사람 모두 출산을 계획하고 있었다. 그들은 엄마가 된다는 것이 그들의 뇌에 어떤 의미인지에 대한 호기심으로 임신 전후의 뇌 구조를 살펴보는 연구를 설계했다.

그들은 아직 임신하지 않았지만 출산 계획이 있는 남녀 커플을 모집했다. 결과적으로 초보 엄마 25명으로 이루어진 연구 그룹과 그보다 약간 규모가 적은 초보 아빠들 그리고 아이가 없는 남자와 여자들의 그룹이 꾸려졌다. 연구자들은 다른 프로젝트를 진행하면서 따로 시간을 내야 했기 때문에(호크제마의 연구는 주로 쥐의 노화하는 뇌와 인간의 신경 발달 장애에 집중되었다) 연구는 5년 이상이 걸렸다. 적어도 처음에 그들은 엄마의 뇌 프로젝트를 위한 연구 자금이 없었다.

연구 결과가 2016년 『네이처 뉴로사이언스*Nature Neuroscience*』에 처음 발표되었을 때 호크제마는 둘째 아이를 임신 중이었는데 전 세계에서 수백 건의 인터뷰 요청이 쇄도해서 도저히 감당할 수 없을 정도였다. 연구진은 임신으로 일어난 뇌의 변화가 아이의 생후 몇 달 동안뿐만이 아니라 수년 동안 지속된다는 증거를 최초로 발견했다.

연구진이 임신 전후의 뇌 스캔을 비교한 결과 처음 아이를 낳은 엄마들의 뇌에서 특히 사회적 인지와 관련된 영역의 회백질 부피가 현저하게 감소한 것을 발견했다.[32] 그 부피의 변화는 컴퓨터 알고리즘이 여성들을 출산 여부에 따라 분류할 수 있을 정도로 뚜렷했다.

연구진은 초보 엄마들이 그들의 그리고 다른 이들의 아기 사진을 볼 때 나타나는 신경 반응 또한 측정했는데, 자신의 아기를 볼 때 가장 강력한 신경 활동이 나타나는 뇌 영역이 임신으로 인해 회백질의 부피가 가장 많이 줄어든 곳이라는 사실도 발견했다. 연구진은 회백질 부피 감소가 그 영역의 기능 저하를 나타내는 것이 아니라, 오히려 사회적 인지와 관련된 네트워크의 "추가적 성숙 또는 전문화"를 뜻한다고 제안했다. 회백질 부피 감소가 애착 측정 설문에서의 더 높은 점수와 연관성이 있음은 초보 엄마들에게서도 마찬가지였다. 그리고 연구진은 보상 네트워크의 일부로서 측좌핵을 포함하는 복측선조체ventral striatum에 일어난 변화를 분석했을 때, 부피 감소가 큰 여성일수록 그들의 아기 사진을 볼 때 더 강한 반응을 보인다는 사실을 발견했다.[33] 논문 저자들은 다음과 같이 적었다. "우리의 연구 결과는 엄마로의 역할 변화에 이롭도록 사회적 뇌 구조에 적응성 개선이 일어난다는 사실에 대한 예비적 증거를 제공한다." (파트너의 임신 전후에 아빠들의 뇌를 처음 스캔했을 때는 부피 변화가 발견되지 않았다. 똑같은 자료를 나중에 다시 분석했을 때는 마음 이론에서 중요한 기본 모드의 중추인 쐐기앞소엽precuneus의 부피와 피질 두께가 줄어든 것이 발견되었다.)[34]

가장 흥미로운 것은, 엄마들에게 나타난 개선 효과가 지속되는 듯 보인다는 것이었다. 엄마가 된 지 2년 후 다시 뇌를 스캔한 엄마들은(전원은 아니었다) 대부분 회백질 부피 감소가 그대로였다. 연구진은 산후 6년에 다시 추적 조사를 했다.[35] 부피 감소는 대부분 그대로였고 애착 정도와 상관관계가 있었다. "이 결과들은 임신으로 인한 뇌의 변화가 영구적일 수도 있음을 시사한다"고 연구진은 적었다.

이 연구 결과는 언뜻 산후 첫 달에서 4개월 사이에 엄마들의 뇌에서 회백질 부피 증가를 발견한 다른 연구와 정면으로 모순되는 것처럼 보인다.[36] 그 다른 연구의 설계 그리고 특히 시간 범위는 앞선 연구와 크게 다르다. 김필영, 제임스 스웨인James Swain 그리고 예일아동연구센터의 연구자들이 공저자로 2010년에 발표한 그 논문은 초보 엄마들과 경험 있는 엄마들의 산후 몇 달에 초점을 맞추었고 임신 전의 뇌 부피를 측정하지 않았다. 이 연구에서는 중뇌의 회백질 증가가 아기에 대한 엄마의 긍정적인 인식과 연관이 있는 것으로 나타났다. 2020년 연구에서는 산후 1~2일 된 비슷한 엄마들의 소규모 그룹을 분석했고, 6주 이내에 다시 분석했을 때도 비슷한 결과가 나왔다.[37] 호크제마와 김필영은 그들의 결과가 다른 이유에 대해 뇌의 변화가 선형적으로 일어나지 않기 때문일 수 있다고 제안했다.[38] 즉 임신 중에 회백질 부피가 감소했다가 나중에 일부 영역에서 다시 증가할 수도 있다는 뜻이다.

호크제마의 팀은 산후 초기에 실시한 스캔과 산후 2년에 실시한 스캔을 비교했을 때, 해마에서 회백질의 부피가 부분적으로 회복된 것을 발견했다. 학습과 기억에 중요한 해마는 가소성이 매우 큰 영역이다. 성인에게도 신경 생성neurogenesis이 일어난다는 가장 큰 증거를 보여주는 곳이기도 하다. 신경 생성은 신경줄기세포 또는 신경줄기세포의 자손인 신경계 전구세포에서 새로운 뉴런이 만들어지는 것을 뜻하는데, 동물 실험 결과에 따르면 이 과정은 호르몬 변화에 영향을 받는다.

산후 엄마 쥐들은 해마에서 새로운 세포의 반복적인 증식이 감소하는 것으로 나타났다.[39] 첫 출산인지 다섯 번째 출산인지는 상관이 없었다. 연구자들은 이를 젖을 먹이는 엄마가 치러야 하는 비용으로 설명하곤 한다. 신체와 뇌가 에너지 자원을 다른 곳으로 보내야 한다는 뜻이다. 엄마 쥐들의 경우, 해마 세포 증식은 새끼가 젖을 뗄 때쯤 돌아온다. 인간도 마찬가지인지에 관한 연구의 실행 가능성은 많은 이유에서 복잡하다. 하지만 연구자들은 임신 기간과 산후 초기에 나타나는 특정 유형의 미묘한 기억력 저하도 이와 비슷한 세포 생산 감소 때문이라고 가정하는 경우가 많다(더 자세한 내용은 8장에서 다룬다).

호크제마와 동료들은(비록 아직 증명되지는 않았지만) 그들의 연구 결과가 인간의 패턴도 비슷하다는 뜻일 수 있다고 적었다. 임신 기간에 새로운 뉴런의 생성이 감소하고 나중에 회복되는 패턴 말이다. 그녀는 임신과 산후 기간에 발생하는 뇌의 중요한 변화가 항상 전적인 적응이 이루어지는 것은 아니라고 말했다. "임신에는 비용이 따를 수 있습니다. 이를테면 기억력 저하가 있을 수 있고, 기분 장애 민감도가 높아질 수도 있고, 아예 다른 무언가일 수도 있죠."

뇌 회백질의 손실은 분명히 나쁜 일이라고 성급하게 결론 내리기 쉽다. 뇌 그리고 육아와 관련해서 사람들이 가장 쉽게 떠올리는 비용이 바로 그것이기 때문이다. 호크제마에 따르면 그녀와 동료들이 연구 결과를 공유하기 시작했을 때 다들 기억력 저하 이야기뿐이었다. "'뇌가 줄어든다니! 끔찍하군! 기억이 안 나!'라는 게 주변 사람들의 하나같은 반응이었죠." 호크제마에 따르면 놀랍게도 청소년 뇌 이미징 분야에서 일하는 동료들마저도 같은 반응을 보였다. 청소년의 뇌는 엄마의 뇌보다 훨씬 많은 연구가 이루어졌다. 일반적으로 청소년기의 회백질 감소는 시냅스 가지치기와 수초화myelination 변화를 통해 네트워크에 미세 조정이 일어나는 것으로 받아들여진다. 즉, 이는 뇌 기능의 저하가 아니라 10대들이 성인의 삶으로 적응해가는 것을 돕기 위한 것이다.

그래서 연구진은 임신 전후 25명의 산모 뇌에 대한 데이터를 호르몬의 급증, 심각한 행동 변화, 정신 건강 장애의 위험 증가를 특징으로 하는 생애 단계를 겪고 있는 25명의 10대 소녀의 데이터와 비교해보기로 했다. 카모나가 분석 작업을 주도했다.[40] 두 그룹 사이에서 뇌의 구조적 변화는 눈에 띄게 똑같아 보였다. 둘 다 피질이 평평하고 뇌 표면의 홈이 넓다는 점이 비슷했고, 뇌의 부피도 똑같은 형태 계측 패턴을 따라 거의 동일하게 줄어들었다.

엄마들과 10대의 유사성은 그들이 놓인 삶의 단계가 직접적으로 비슷하다는 뜻은 아니다. 그러나 적어도 임신에 따르는 변화가 복잡하지만 그것이 적응을 위한 것이며 신경 퇴행 과정의 일부도 아님을 분명히 가리킨다.

∘ ∘ ∘

호크제마와 동료들이 발표한 연구의 표본 규모는 예일 연구진의 연구와 마찬가지로 다소 작은 편인데, 연구를 시작할 때는 아직 임신하지 않은 상태였다가 연구가 끝날 무렵에는 산달을 다 채운 사람들을 모집하는 것 자체가 쉽지 않다는 이유 때문이기도 했다. 하지만 서로 다른 시점에 여러 그룹을 비교한 것이 아니라, 각 참가자의 뇌에 일어난 변화를 장기적으로 추적한 종적 연구라는 점이 오히려 더 큰 타당성을 부여한다. 더 큰 표본으로 실험을 복제, 확장할 필요가 있으며 이미 진행 중이다. 하지만 이 분야의 많은 연구자들이 이미 이 연구 결과를 중대하게 받아들이고 있다. 그것은 확실히 임신과 부모됨이 인간에게 미치는 장기적인 영향에 대한 대중의 인지도를 높였으며, 더 많은 연구자가 부모의 뇌를 장기적으로 스캔하는 연구에 힘쓰도록 영감을 준 것으로 보인다.

호크제마는 나와 이야기를 나눈 2021년 봄에 유럽연구위원회European Research Council의 지원으로 더 큰 규모의 연구를 준비하고 있었다. 그녀는 다음과 같이 아직 답을 알지 못하는 질문들이 많다고 말했다. 임신이 축삭돌기가 많은 뇌의 백질에 어떤 영향을 줄까? (축삭돌기는 뇌의 영역들을 연결해주며 미엘린이 감싸고 있다.) 부모의 뇌에 일어나는 변화와 활동이 개인의 기능에 정확히 어떤 영향을 미치는가? 그 변화가 시간이 지남에 따라 어떤 양상으로 나타나는가? 어떤 호르몬이 변화를 유발하는가? 수면 부족과 과도한 스트레스가 출산 부모의 뇌에 영향을 미치는가? 그리고 두 번째나 세 번째 임신 동안에는 뇌에 어떤 일이 일어날까?

호크제마는 예비 실험 결과로 연구비를 지원받은 덕분에 엄마의 뇌를 풀타임으로 연구할 수 있게 되었고, 라이덴 대학에서 그 연구 프로젝트를 계속하며 자료를 분석했다. 현재 그녀는 암스테르담에 있는 연구실에서 그 주제에 대한 몇 가지 연구를 지휘하고 있다. "내가 관심 있는 분야는 많지만 엄마의 뇌라는 연구 주제를 만난 이후로 이보다 더 흥미를 끄는 건 없습니다. 엄마이자 과학자인 나에게는 지극히 기본적인 일이지요."

일부 연구자들은 부모됨이 나이가 더 많은 성인들, 즉 자녀가 이미 오래전에 장성한 이들에게 남긴 흔적을 살펴보는 방법을 통하여 이 기본적인 인생 단계가 미치는 장기적인 영향력에 대해 탐구하기 시작했다. 우리가 중년 이후의 자녀 양육과 뇌 건강에 관해 가장 많이 듣는 이야기도 첫아기를 낳고 부모가 된 이들의 '엄마의 뇌' 이야기와 마찬가지로 제한적이고 실망스럽다. 여성은 알츠하이머 위험이 남성보다 훨씬 더 높은데,[41] 비록 증거가 다소 엇갈리기는 하지만 출산이 더 이른 발병 그리고 더 큰 인지 기능 저하와 관련 있다고 여겨져왔다. 다시 말해서, 아이를 키우는 일이 궁극적으로 어떤 엄마들에게는 신경 퇴행 효과를 가져올 수 있다는 뜻이다. 하지만 최근 연구에 따르면 전체적인 이야기는 그보다 훨씬 더 복잡하며 덜 끔찍할 수 있다.

오슬로와 옥스퍼드 연구진은 뇌 영상 데이터와 머신 러닝을 결합한 새로운 기술을 사용해 수천 개의 뇌 스캔에서 패턴을 찾는 일련의 논문을 발표했다.[42] 그 스캔 자료는 거대한 생물의학 정보 데이터베이스인 영국 바이오뱅크에 포함된 것이었다. 연구진은 45~82세 여성 19,787명의 뇌 스캔을 분석한 결과, 자녀가 있는 사람들의 뇌가 "더 젊어 보인다"는 사실을 발견했다. 컴퓨터가 피질과 피질하 부위의 부피와 관련된 수백 가지 뇌의 특징을 분석하여 산모의 "뇌 연령"이 그들의 실제 나이보다 젊다고 추정했다.

자녀가 많을수록 그 영향력이 크게 나타났다(자녀가 5명 이상일 경우에는 효과가 덜 명확했다). 여성의 뇌 건강에 관해 연구하는 스위스 로잔 대학의 페미랩FemiLab을 책임지고 있는 앤마리 G. 드랑주Ann-Marie G. de Lange가 이끄는 연구진은 그 효과가 가장 두드러진 뇌 영역을 확인했다. 여기에는 해마, 시상, 편도체, 그리고 특히 3장에서 자세히 살펴본 보상과 동기 시스템의 일부인 측좌핵이 포함된다.

2021년에 연구진은 주로 백질에 관련된 새로운 연구 결과를 발표했다.[43] 백질의 감소는 노화에 따른 인지 능력 저하에 영향을 미치는 요인으로 여겨진다. 역시나 출산 경험이 많을수록 '더 젊은' 백질 패턴과 연관이 있었다.

현재로서 이것은 임신과 중년 이후의 뇌 상태 간의 밀접한 연관성을 말해주기에는 무리가 있다. 그 분석에는 인지 기능이나 뇌 건강의 다른 측정 기준은 포함되지 않았다. 뇌 연령은 이러한 측정 기준의 대용물로 사용된다.[44] 뇌 연령이 높을수록 알츠하이머, 조현병, 인지 장애 위험이 커진다. 하지만 드랑주의 연구진이 식별한 보호 효과가(만약 보호 효과라고 부를 수 있다면) 임신에 대한 생리적 반응이나 장기적인 육아 행위에서 비롯되는지, 또는 여러 번 출산한 사람과 그렇지 않은 사람 사이의 중대한 사회적, 경제적 차이(출산 전부터 존재했을 수 있는 차이)에서 비롯되는지는 확실하지 않다. 원인과 결과에 더 가까이 다가가기 위해서는 임신 전부터 중년 이후의 삶까지 동일한 사람들을 장기적으로 추적하는 대규모 연구가 필요하다. 한편, 연구진은 임신과 산후 기간 동안 겪는 뇌의 변화를 "출산 후 수십 년이 지난 후에도 추적할 수 있다"는 연구 결과를 발표했다.[45]

다른 연구자들은 이러한 추적 가능한 효과를 인지 기능과 연관시키고자 했다. 멜버른에 있는 모나시 대학교 연구진은 정기적으로 낮은 용량의 아스피린을 복용하는 것이 장애나 치매를 예방할 수 있는지 시험하기 위해 수집된 대규모 건강 정보 데이터베이스에 포함된 70~80대 호주인 약 550명의 뇌 스캔을 분석했다. 절반은 남성, 절반은 여성이었고 모두 적어도 한 명의 자녀를 낳아서 길렀다. 연구진은 소수의 비부모 집단도 살펴보았고 연구 참가자들이 실시한 인지 테스트 결과를 수집했다.

그들은 엄마됨이 뇌의 특정 영역의 피질 두께의 "용량" 효과*와 관련이 있다는 사실을 발견했다.[46] 즉 기억의 저장과 통합 역할을 하는 해마곁이랑parahippocampal gyrus에서는 증가가, 그리고 특히 복합 감각 처리에 관여하는 세 영역에서는 감소가 나타났다. 자녀가 많은 여성일수록 그 차이는 더 두드러졌다. 연구자들은 아빠와 아빠가 아닌 이들의 차이도 발견했지만 동일한 정도의 용량 효과는 아니었다. 또한, 자녀가 여럿인 엄마들은 언어 기억력 검사에서도 좀 더 높은 점수를 받았다.

모나시 대학교 연구진은 앞에서와 똑같은 중년 이상 사람들의

---

* "dose" effect. 어떤 원인을 주었을 때 결과가 얼마나 예민하게 나타나느냐를 나타내는 용어.

표본으로 시작해 뇌 기능의 보존을 의미하는 다른 기준들도 확인했다.[47] 이번에는 부모들만 평가했고 휴식 상태에서 수집된 데이터를 살폈다. 연구진은 자녀가 많은 여성일수록 뇌의 네트워크 사이, 반구 사이, 앞쪽과 뒤쪽 영역 사이가 더 분리되어 있다는 사실을 발견했다. 논문의 주저자 위니 오차드Winnie Orchard는 이 분리가 노화의 영향이 덜하다는 신호이므로 긍정적이라고 설명했다.

일반적으로 건강한 상태의 노화된 뇌에서(건강하지만 그래도 기능 저하가 일어나고 있는 상태) 기능이 상실되고 있는 영역들은 다른 영역들과 더 강하게 연결된다. 주어진 과제를 완수하기 위해 도움을 구하는 것이다. 오차드는 나에게 말했다. "맡은 일을 하기 위해서 예전보다 더 많은 지원이 필요해진 거지요." 하지만 엄마들에게서는 다른 영역에 도움을 구하는 현상이 예상보다 적게 나타났고, 이 효과 역시 선형적이었다. 즉, 자녀가 많을수록 다른 영역에 도움을 청하는 경우가 적었다. "더욱 유연하고 탄력적인 노년의 엄마 뇌에서도 일관적인 결과가 나타난다"라고 연구진은 적었다. 아빠들에게서는 그런 효과가 나타나지 않았다.

연구 데이터베이스는 부모들에 관한 가장 기본적인 정보만 수집했다(자녀가 있는지, 몇 명인지). 호르몬 데이터나 어떻게 부모가 되었고 얼마나 오래 육아를 했는지, 또 가족 구조가 어떤지는 포함되지 않았다. 출산이나 수유 방법, 참가자의 생식 이력에 유산이나 낙태가 포함되는지, 생물학적 자녀인지 입양했는지도 마찬가지였다. 그래서 연구진이 추적한 효과가 임신과 직접적인 관련이 있는지 또는 부모됨의 "환경적 복잡성"과 관련이 있는지 판단하기 힘들다고 연구진은 적었다. 모든 시작은 임신 기간과 산후에 일어나는 호르몬 변화일지라도, 이 여성들의 뇌 스캔은 출산한 지 30년 이상이 지나서야 이루어진 것이었다. 연구진은 부모가 되는 것이 평생의 도전이며 그 도전은 다음 아이를 낳을 때마다 증폭되고 "빠른 행동 변화와 기술 습득"을 요구한다고 말했다.

그렇다면 아빠의 뇌에서 그 효과가 작거나 (연구에 따라) 아예 부재한다는 사실은 어떻게 설명해야 할까? 오차드가 이끄는 연구진은 그들이 사용한 데이터베이스의 참가자들은 아빠가 가장이고 엄마가 주요 양육자인 "전통적인" 양육 방식을 압도적으로 따르는 세대의 사람들이라고 적었다. 따라서 그 아빠들은 아이들이 만드는 복잡한 환경에 몰두하는 시간이 훨씬 적어서 육아에 따른 뇌 변화도 덜 일어난 것일지 모른다.

알다시피 경험은 중요하고 그것은 오로지 시간과 근접성에서 나온다. 아이가 일어나기 전에 집을 나가서 아이가 잠든 후에 돌아오거나, 아이를 불규칙하게 보거나, 아이를 돌보는 것을 자기 일로 여기지 않는 사람의 뇌는 아빠라는 지위로 인해 신경생물학적 측면의 변화가 일어날 만큼 시간이나 근접성이 없다. 중앙아프리카공화국의 수렵채집 사회 아카족의 아빠들과는 비교도 되지 않는다.[48] 1980년대와 1990년대에 이루어진 인류학자 배리 휴렛Barry Hewlett의 연구에 따르면 그들은 전체 시간의 47퍼센트를 유아를 안거나 손이 닿는 곳에 머무르며 보낸다. 그리고 안아주거나 흔들면서 신생아를 달래는 것이 무엇을 의미하는지 일찌감치 배운 내 남편이나 수많은 아빠들도 마찬가지다. 남편은 내가 첫째를 낳고 직장에 복귀했을 때 아기가 젖병으로 먹는 방법을 깨치도록 도와주었고, 그 과정에서 아기의 신호를 읽고 반응했다. 또 팬데믹 초기에 당시 두 살과 다섯 살이었던 아이들을 거의 전적으로 돌보면서 같이 게임도 하고 직접 만든 과학 수업을 함께했다. 아빠의 경험은 개개인마다 천차만별이다. 다른 연구들에서 출산 직후와 오랜 세월이 지난 후에 아빠들의 뇌에서 중요한 구조적 변화가 발견되기도 하는 이유는 이 때문일 것이다.

산후 여성들의 회백질이 증가한 사실을 발견한 예일대 연구진은 나중에 아빠들의 구조적 가소성에 대한 첫 번째 연구도 시행했다.[49] 그들은 16명의 아빠를 대상으로 아빠가 된 첫 주와 3~4개월 사이에 각각 뇌를 스캔했다. 그중에는 처음 아빠가 된 사람도 있고 경험이 있는 아빠들도 섞여 있었다. 연구진은 그 기간에 부모의 돌봄 행동에 핵심적인 뇌 영역의 부피가 변화한 것을 발견했다. 그중에는 기본 모드 네트워크 중심지에서 일어난 부피 감소, 측면전전두피질lateral prefrontal cortex과 상측두회Superior temporal gyrus에서 일어난 부피 증가가 포함되었다. 다른 연구에서 상측두회는 아빠들이 다른 아기가 아닌 그들의 아기를 볼 때 엄마들보다도 더 크게 활성화되는 것으로 나타났다.

이와는 별도로 LA에 있는 서던캘리포니아 대학 연구진은 영국 바이오뱅크의 데이터에서 중년 남성과 여성 모두를 살펴보았다.[50] 그들은 대부분 50대와 60대로 이루어진 303,196명의 데이터에서 참가자들의 자녀 숫자에 따른 두 가지 인지 테스트, 즉 반응 시간 및 시각 기억 테스트 결과를 비교했다. 자녀가 있는 사람일수록 반응 시간이 더 빠르고 기억 오류가 적었다. 자녀가 두 명 또는 세 명인 사람과 자녀가 없는 사람을 비교할 때 차이가 가장 컸고 그 효과는 아빠들에게서 가장 강력했다.

연구진은 더 규모가 적은 13,584명의 데이터에서 그들의 뇌 연령을 또래들과 비교 분석했다. 부모됨과 더 젊어 보이는 뇌 사이의 연관성이 발견되었는데, 자녀가 한 명 더 있을수록 상대적인 뇌 연령이 약간씩 줄어들었다. 특히 남성의 경우는 자녀가 두세 명일 때 뇌 연령이 가장 두드러지게 젊어지는 경향이 있었다. 성별에 따라 패턴이 다르지만 여성뿐만 아니라 남성에게도 이 현상이 두드러진다는 사실은 부모 역할이 미치는 영향을 성에 관한 맥락에서 연구하는 것이 중요함을 뜻한다고 연구진은 적었다. 그러나 "생활 방식과 환경적 요인," 즉 임신 이력뿐만 아니라 각 부모의 삶이 뇌의 장기적인 건강에 영향을 끼치는 듯하다.

물론 '개인의 환경이 평생 뇌에 영향을 미친다'라는 이 상식적인 연구 결과는 동물 모델에서 반복적으로 확인되었다. 장난감과 다른 쥐들이 있는 커다란 우리에서 자라며 매일 미로를 탐험할 시간이 주어진 쥐들은 같은 어미에게서 태어났지만 장난감도 미로도 없이 혼자 자란 쥐들보다 피질 두께가 더 발달한다. 하지만 1971년에 발표된 흥미로운 논문에서 연구진은 그렇게 열악한 환경에서 자란 암컷 쥐도 엄마가 된 후에는 풍요로운 환경에서 자란 미출산 쥐와 피질 두께가 비슷해진다는 사실을 발견했다.[51]

인간에게도 부모됨은 특별하게 풍요로운 환경일 수 있다. 하지만 자녀가 없는 사람들의 환경이 열악하다는 뜻은 절대로 아니다. 육아에는 "평생의 인지적, 사회적 요구"가 수반된다.[52] 나는 육아에 따르는 이러한 요구가 역시나 생리적 환경을 풍요롭게 하는 여타의 요구들과는 구별된다고 본다. 아이는 상당히 강도 높은 자극이기 때문에, 아기와 부모 사이의 특별한 알로스타틱 연결 때문에, 그리고 육아의 무자비함 때문에 그렇다. 오차드는 나에게 말했다. "부모는 아이와 함께 끊임없이 배우고 성장합니다. 아이가 놓인 인생 단계에 따라 양육의 방식도 달라져야 합니다. 또는 서로 다른 단계에 놓인 두세 명의 자녀를 동시에 양육해야 하는 경우도 있죠. 그러면 '이 아이에게는 이것을 줘야 하고 저 아이에는 저게 필요하고…' 이런 식으로 동시에 주의 집중 전환이 이루어져야 합니다. 자녀 양육은 어려운 일이고 진화합니다. 계속 변화가 일어나요. 안정적이지 않아요. 절대 안주할 수 없습니다."

하지만 오차드는 아이를 갖는 것이 명백하게 뇌에 좋다고는 말하지 않는다. 부모됨의 영향은 지속적인 것처럼 보이지만 너무 복잡해서 확실히 유익한 것으로 특징지을 수는 없다. 이 주제에 대한 연구는 개인의 생식 생활 내에서 호르몬의 변화와 인생 경험에 영향을 끼치는 변수가 엄청나게 많은 탓에 복잡하다.

일부 연구에서는 자녀가 없거나 적을수록 노년의 인지 기능이 더 낫다는 사실이 발견되었다.[53] 개인의 누적 에스트로겐 노출은 노년의 뇌 기능에 중요한 요인으로 여겨지는데, 생식 이력이 그 노출에 교란 변수로 작용한다. 임신으로 에스트로겐 수치가 증가하지만 일반적으로 여성들은 출산 후에 에스트로겐 수치가 낮으므로 임신이 에스트로겐의 누적 수치를 낮춘다고 할 수 있다. 그 밖에도 피임약 사용이나 모유 수유 기간, 첫 임신 또는 마지막 임신 당시의 나이를 포함한 다수의 요인이 에스트로겐 노출을 좌우한다.

임신과 부모됨, 알츠하이머의 연관성은 특히 미묘하다. 5회 이상의 다분만을 가리키는 '대경산grand multiparity'은 알츠하이머 위험을 높일 뿐만 아니라 증상의 심각성도 증가시키는 것으로 밝혀졌다.[54] 하지만 영국 노년 여성들의 상세한 병력을 수집한 더 작은 규모의 연구에서는 더 많은 임신 기간을 포함해 더 높은 누적 에스트로겐 노출이 알츠하이머를 예방하는 것으로 밝혀졌다.[55] 알츠하이머는 발병 위험이 있는 특정 유전자형(전부는 아니지만)이 생식력과 상호 작용하여 조기 발병을 포함한 더 나쁜 결과를 초래하는 것으로 알려져 있다.[56] 하지만 연구진은 육아 경험의 다양성이 알츠하이머 위험과 진행에 어떤 영향을 미치는지에 대해 훨씬 많은 정보가 필요하다는 것을 재확인했다.

부모가 되는 것은 일생에 걸쳐 복잡한 방식으로 개인의 건강에 영향을 미친다. 그것은 동질의 경험이 아니고, 따라서 당연히 노년의 뇌에 미치는 영향도 인구층에 따라 천차만별일 수밖에 없을 것이다. 하지만 그 효과는 지속적이므로 개인의 생식 이력이 장기적인 신체 및 정신 건강 변화에 중요하다는 점은 분명하다. 엄마뿐만 아니라 아마도 양육에 개입하는 모든 부모에게 그렇다.

부모됨의 장기적인 영향과 할머니들의 역할 진화를 명확하게 구분할 수는 없다. 하지만 엄마 쥐들은 모성의 이점을 확실히 보인다.[57] 즉, 젖을 뗀 이후 엄마가 아닌 쥐들보다 더 나은 인지 기능을 보였고, 공간 기억 감소를 비롯한 노화의 부정적인 영향을 덜 받았고, 해마에서 신경 생성이 일어났다. 모성의 영향이 지속된 건 인간 할머니들이 그것이 필요하도록 진화했기 때문이 아니다. 대신 내 생각에는 호크제마가 앞에서 암시한 방식과 관련이 있다. 그들의 친족에게 도움이 필요할 때, 할머니들(그리고 다른 경험 있는 동종 부모들)은 비록 자녀를 키운 지 오랜 시간이 지났지만 여전히 아기들의 욕구에 대해 생각하고 아기들과 이어질 수 있는 능력을 줄곧 보존하고 있었는지 모른다.

내가 알기로 지금까지 할머니의 뇌가 손주라는 자극에 어떻게 반응하는지 살펴본 연구는 단 하나뿐이다.[58] 그 연구에는 3~12세의 손주가 적어도 한 명 있는 할머니 50명이 참여했다. 그중 다수가 손주들의 삶에 밀접하게 개입했고 50명 중 10명은 손주들과 함께 살았다. 에모리 대학 연구진은 할머니들이 그들의 손주들과 모르는 아이들, 손주의 부모(대개는 할머니의 생물학적인 자녀였다), 모르는 성인의 사진을 볼 때의 fMRI 데이터를 비교했다. 만약 할머니 가설이 사실이고 할머니가 후손들을 돌본 것이 인간의 장수를 이끌었다면, 손주는 "가임기가 지난 여성의 뇌에 특히 두드러지는 자극"이어야만 한다고 논문 저자들은 적었다.

할머니들은 (어쩌면 놀랍지 않지만) 손주의 부모를 볼 때 손주를 볼 때와 대체로 비슷한 반응이었지만 일부 뇌 영역에서는 더 큰 활성화를 나타냈다. 특히 쐐기앞소엽precuneus이 그랬는데, 다른 친숙한 어른의 관점을 받아들이는 능력이 더 크다는 뜻일 수 있다. 하지만 섬엽insula과 이차체감각피질secondary somatosensory cortex을 포함한 감정적 공감에 관여하는 영역들은 손자를 볼 때 더 강하게 활성화되었다. 연구진은 아빠들을 대상으로 한 이전 연구의 데이터를 사용해서, 아빠가 자신의 자녀를 볼 때보다 할머니가 손주를 볼 때 공감 관련 영역과 동기 부여 및 보상에 관련된 주요 피질의 하위 영역에서 더 강한 활성화가 유발됨을 발견했다.

나와 이야기를 나눈 할머니 메러디스 맥케이브는 학교에서 임상 사회복지사로 일하다 은퇴하고 지금은 일주일에 하루나 이틀 테라피스트로 일하고 있다. "나머지 시간은 대부분 손주들을 봐주고 있어." 그녀가 말했다. 그녀는 오랫동안 딸 부부와 아들 부부의 육아를 도왔고 첫 손주 오스카는 물론 이후에 태어난 세 명의 손주도 종종 봐주었다. 팬데믹 이후 메인주 포틀랜드 외곽에서 30분 떨어진 곳에 있는 그녀의 오래된 농가는 온 가족들의 생활 중심지가 되었다. 부모들이 집안에서 일하는 동안 메러디스는 손주들을 데리고 나가 연못에서 개구리를 찾거나 약 5천 평에 이르는 농장을 돌아다니며 '동물 목록'에 추가할 새로운 종을 찾으며 모험을 즐겼다.

메러디스는 손주들은 물론이고 자신이 성장하고 변화하고 있다는 사실을 놀라울 정도로 깊이 의식하고 있다. 그녀는 손주들을 돌보며 가끔 힘들 때마다 아이들이 언제까지나 자신을 이렇게 필요로 하지는 않을 것이고, 자신 또한 아이들에게 언제까지나 이렇게 많은 것을 줄 수 없으리라는 사실을 되새긴다. 지금 그녀는 자신과 함께하는 시간이 손주들에게 큰 도움이 된다는 것을 느낄 수 있는 이 순간을 소중히 여길 뿐이다. "손주들의 작은 얼굴을 볼 때마다 느껴. 내게는 너무 소중하고 놀라운 선물이야."

◦ ◦ ◦

초기 인간 발달에 관한 세부 사항을 이해하는 것은 40년 동안이나 호크스의 흥미를 사로잡았다. 고대의 가족에 관한 질문들은 오늘날에도 그녀에게 매우 중요하다. 그녀는 우리가 어떻게 "이 동물"(줌으로 나눈 대화에서 그녀는 엄지손가락으로 자기 얼굴을 가리켰다)이 되었는가의 문제에 깊이 집중하고 있다. 나는 그녀에게 고대 할머니들의 존재가 모든 종에서 동종 부모 역할을 가능하게 했다고 생각하는지 물었다. 그녀는 그녀가 몸담은 분야의 지적 역사를 자세히 설명한 다음 간단명료하게 "그렇다"고 답했다.

부모의 돌봄은 모든 종에 걸쳐서 똑같이 정해진 패턴을 따르지 않는다. 젠더화된 "독특한 심리"가 아닌 개별 종에 따라 변화하는 맥락에 좌우된다. 부모의 돌봄은 놀라울 정도로 유연하고 강력한 진화의 도구이다. E. O. 윌슨은 그것을 적응을 위한 그룹 차원의 메커니즘이라고 보았다.[59] 고대인들은 그들에게 필요해진 패턴을 따랐다. 초기 인류가 포식자나 (줄어드는 삼림지와 커지는 사바나 같은) 불안정한 환경 등의 압력을 마주했을 때 광범위한 사회적 유대가 생존과 번영을 가능하게 해주었다. 포유류는 물론이고 생태계의 틈새에서 이 패턴이 필요한 다른 종들도 있었다.

협동 번식cooperative breeding은 번식의 주체인 부모 외에 조력자가 개입하는 번식 체계인데, 한 연구진은 이것을 "극단적 형태의 협력"이라고 칭했다.[60] 협동 번식은 포유류의 약 3퍼센트에서만 나타난다. 특정한 쥐와 미어캣, 호저, 비버, 들개, 빠르게 번식하는 원숭이들에게서는 확실히 전형적이다. 주로 수컷과 떨어져서 새끼들을 함께 키우는 "복수의" 번식자들은 여기에 포함되지 않는다(코끼리와 사자를 생각해보자). 인간 이외에 폐경을 겪는 유일한 동물로 알려진 범고래, 흰돌고래를 포함한 특정 이빨고래류는 복잡한 사회 구조를 갖추고 있으며 동종 부모의 육아에 의존한다.

조류 중에서도 협동 번식을 하는 경우가 많다. 연구자들은 근연종(近緣種)이라 해도 각기 접근 방식이 다른 이유는 아직 알아내지 못했다.[61] 하지만 생산성 변동이 심한 환경일수록 어려운 시기에 대한 완충 장치로서 가족들이 서로 협력하는 경향이 있다는 윌슨의 1975년 제안에 대한 좋은 증거가 있다.

우리 집은 나무들이 많은 땅 옆에 위치한다. 이사한 지 얼마 되지 않았을 때 우리는 그곳에 우리 가족만 있는 게 아니라는 것을 깨달았다. 까마귀 떼가 살고 있었다. 해가 뜨자마자 눈을 뜨는 까마귀들의(까마귀떼는 무시무시하게도 'murder'라고 불린다) 시끄러운 인사가 어린 아이를 깨우지 않도록 서둘러 창문을 닫아야 했다. 처음에는 거슬리고 짜증이 났지만 점차 까마귀들이 좋아졌다. 가족이 일터와 어린이집에서 돌아와 저녁 일과를 시작할 때면 나는 지평선 너머에서 집으로 날아와 나무 꼭대기에 자리잡는 녀석들을 기다리게 되었다.

2021년 봄, 마당 가장자리에 있는 단풍나무에 까마귀 한 쌍이 둥지를 짓기 시작했다. 까마귀들이 나무 막대기와 풀을 물어다가 둥지를 갖춰가는 모습을 아이들과 함께 지켜보았다. 아빠로 보이는 녀석이 알을 품는 엄마에게 먹이를 날라다 주고 때때로 대신 알을 품어 엄마가 나무 사이를 이리저리 누비며 먹이도 찾고 바람도 쐬게 해주었다.

어느 날 까마귀 한 마리가 둥지에 앉아 있고 다른 한 마리는 가까운 곳에 있었는데 세 번째 까마귀가 다가왔다. 까마귀 커플이 둥지를 만들 때도 근처에 다른 까마귀들이 보였는데, 나는 그것이 영역 다툼 같은 대립인 줄로만 알았다. 그래서 이번에 다가온 제삼의 까마귀가 분명히 쫓겨나겠다고 생각했다. 그런데 둥지에 있던 까마귀가 일어나 옆으로 움직였고 세 번째 까마귀는 침착하게 둥지 가장자리로 깡충 내려앉았다. 방금 부화한 아기들을 더 자세히 보려는 것 같았다.

나는 세 번째 까마귀가 여동생이 낳은 아기들을 확인하러 온 이모라고 추측했다. 팬데믹 때문에 한동안 보지 못한 언니와 언니 가족이 그리운 내 마음 때문인 것 같다. 어쨌든 그 장면은 지금까지 목격한 까마귀 커플에 대한 모든 것을 다시 생각해보게 했다. 까마귀 두 마리가 둥지를 만든 게 맞을까? 내가 녀석들의 차이를 알아보지 못했을 뿐 사실은 더 많은 숫자의 까마귀들이 돌아가면서 만든 걸까? 그 후 몇 주 동안 어른 까마귀들이 둥지에 먹이를 날랐는데 과연 몇 마리의 어른들이 무럭무럭 자라나는 저 배고픈 새끼 까마귀들을 먹이고 있는 걸지 궁금해졌다.

알고 보니 까마귀와 큰까마귀, 어치, 까치를 포함하는 까마귓과는 놀라울 정도로 협동적이다.[62] 그들은 복잡한 인지 능력과 뛰어난 사회성을 갖추었고 오래 살며 충성심도 뛰어나다고 알려져 있다. 까마귓과의 40퍼센트가 협동 번식을 하는데, 일부는 나이 많은 형제의 도움을 받고 또 일부는 혈연관계가 아닌 집단 구성원의 도움을 받는다. 여러 둥지가 가까이에 모여 있는 "군락" 번식을 하는 종들도 있다. 우리집 마당 둥지의 새끼들을 도운 조력자들은 작

년에 태어나 아직 번식하지 않은 형제자매였을 가능성이 크다.[63]

육아는 정해진 패턴을 따르지 않는다. 종과 환경에 따른, 그리고 시간에 따른 다양성을 어떻게 설명해야 할까? 부분적으로 그 답은 현재 맹렬하게 일어나고 있는 성별 차이와 뇌의 본질에 대한 훨씬 더 광범위한 문화적 논쟁의 중심에 들어 있다.

내가 이 글을 쓰는 지금, 미국에서는 성별과 가족에 대한 정치적 수사의 거대한 파도가 정점에 달한 듯하다. 부분적으로는 출산율 감소에 대한 공포 때문이고, 또 부분적으로는 수십 년 동안 그리고 여전히 가정의 진정한 니즈를 인정하지 않는 선출직 공무원과 고용주들에 의해 팬데믹 기간 동안 고통이 얼마나 악화되었는지 깨달은 어머니들의 분노로 인한 것이다. 경제학자 벳시 스티븐슨Betsey Stevenson은 "코로나가 쇠 지렛대를 들고 성별 격차를 활짝 열어젖혔다"라고 2021년 2월 『뉴욕 타임스』에서 말했다.[64] 정치적 무관심을 탓할 수 있다. 또는 유급 휴가나 접근 가능한 보육 서비스를 만들려는 노력을 "좌파 사회 공학"이라고 비난하고, 보육의 필요성이 미국 가족의 실패를 의미한다는 확고한 생각(가난하고 결손된 가정에는 필요하지만 보편적 재화는 아니라는)에 빠진 보수주의자들을 탓할 수도 있다.[65]

그런 견해를 가진 사람들은 헌신적인 엄마가 집에서 혼자 양육하고 아빠는 사냥으로 부양 책임을 맡는 것이 인간 아이를 돌보는 방식이라고 철석같이 믿는 듯하다. 그것이 인간의 생물학이 지시하는 가족 구조이며 처음부터 항상 그래왔다고 말이다.

그들은 틀렸다.

6장

돌봄 본능

하버드 대학의 분자 및 세포 생물학 교수 캐서린 둘락은 오랫동안 연구 주제로 부모 행동에 관심을 두지 않았다. 그녀는 쥐를 대상으로 감각이 사회적 행동에 끼치는 영향을 연구했다. 그녀가 나에게 말했다. "육아라는 관심사가 내 눈에 띄었던 적은 한 번도 없었어요. 나는 성인 개체 간의 상호 작용에 관심이 있었거든요. 수컷 대 수컷, 수컷 대 암컷, 싸움과 짝짓기, 사회적 상호 작용의 전형적인 연구 주제죠." 그녀가 말하는 '전형적인'이라는 말은 과학계를 지배해온 사람들이 중요하게 여겼던 주제라는 뜻이었다. 그들에게는 명백한 여성의 행동으로 보이는 돌봄보다 싸움과 짝짓기가 더 근본적이었다.

2000년대 초, 둘락과 그녀의 동료들은 쥐의 서비골 기관vomeronasal organ이 페로몬을 감지하고 성별에 따른 사회적 행동을 촉발하는 데 수행하는 역할을 조사하고 있었다. 이것은 비강 속에 있는 튜브처럼 생긴 기관이다. 그들은 유전적으로 서비골 기관의 신호가 손상된 암컷에게서 마운팅mounting이나 골반을 거칠게 미는pelvic thrusting 등 수컷에게 일반적인 행동이 나타난다는 사실을 발견했다. 나중에 연구자들은 신호 전달에 장애가 생긴 수컷들을 살펴보았는데, 새끼들에게 덜 공격적이었고 둥지를 짓고 새끼들을 그루밍하고 마치 젖을 먹이려는 것처럼 새끼들 위에 쪼그리고 앉는 모습이 나타났다. 다시 말하자면, 수컷 쥐의 뇌에 보통은 서비골 기관의 통제로 가려지는 전형적인 암컷 행동의 기능 회로 또한 포함되어 있는 것처럼 보인다고 연구진은 말했다. 그 반대도 마찬가지였다.[1]

그 연구 결과는 권위 있는 『네이처』지에 여러 편의 논문으로 발표되었고 많은 관심을 받았지만 다소 논쟁의 여지가 있었다. 일부 연구자들은 모순된 연구 결과를 제시하며 연구 방식에 의문을 제기했다.[2] 하지만 그 연구 결과가 둘락의 관심을 자녀 양육이라는 주제로 이끌었다는 사실은 무척 흥미롭다.

신경내분비학 분야는 오래전부터 돌봄을 연구 가치가 있는 고전적인 사회적 행동이자, 종들 간에 공유되는 능력으로 여겨왔다. 하지만 테스토스테론(그리고 그 대사산물인 에스트라디올)의 영향으로 남성의 뇌는 여성의 뇌와는 다른 성별 신경망을 포함하고 있으므로, 회로 자체가 달라서 짝짓기나 돌봄과 관련된 행동도 다르게 형성될 수밖에 없다는 일반적인 인식이 20세기 후반 거의 내내 과학계의 한편에 계속 남아 있었다(즉, 남자는 화성에서 왔고 여자는 금성에 왔다는 식의 정서).[3] 둘락은 이렇게 말했다. "남성과 여성의 뇌는 생식기만큼이나 서로 달라야만 했습니다. 그러니까 구조적으로 말이죠. … 하지만 나는 다르지 않다고 생각합니다."

무엇보다 "뇌는 만들기가 어렵습니다"라고 그녀는 말한다. 성별에 따라 서로 다른 버전을 만드는 것은 비효율적일 것이다. 대신 둘락은 뇌를 전반적으로 공통점이 있고 조절 스위치가 들어 있는 구조물이라고 보게 되었다. 그 스위치는 생물학적 성별과 사회적 맥락을 포함한 많은 요소에 의해 조정될 수 있을 것이다.

이것은 복잡한 것을 묘사하는 간단한 방법이다. 뇌는 복잡하고 나날이 추가되는 새로운 연구 결과가 의미하는 바에 의해 더더욱 복잡해진다. 우리는 인간(그리고 다른 포유류)이 스스로 낳지 않았거나 생물학적으로 관련 없는 아이를 돌보는 능력이 있다는 것을 알고 있다. 우리 주변의 생물학적인 아빠들, 사랑 넘치는 양부모들, 기타 헌신적인 양육자들을 보면 알 수 있다. 지난 20년 동안 발달한 성별 차이에 따른 뇌 과학은 훨씬 더 미묘하고 입체적인 그림을 보여준다. 뇌 전체의 평균적인 차이가 개인마다 천차만별일 수 있고 성호르몬과 관련이 있거나 별개인 요소들에 의해 형성된다는 것을 말이다. 하지만 우리는 부모됨에 대한 문화적 이해가 성과 젠더에 대한 문화적 이해에 깊이 뿌리박혀 있다는 것 또한 보았다. 부모의 뇌에 관한 연구는 육아 행동을 위한 신경 능력이 종 전체에 공통적이라는 사실을 보여주는 동시에 성별의 엄격한 경계에 의문을 제기함으로써 양쪽 모두를 뒤집고 있다.

남성과 여성의 뇌가 얼마나 비슷한지 또 다른지에 대한 질문은 까다로운 문제여서 종종 골치 아픈 고정관념으로 걸러지는 경우가 많은 듯하다. 처음으로 엄마의 뇌에 관한 기사를 썼을 때, 캘리포니아 대학 어바인 캠퍼스의 신경과학자이자 남녀의 차이를 연구하는 것으로 유명한 래리 커힐Larry Cahill에게서 이메일이 왔다. 그는 그 주제에 대한 나의 관심을 축하하면서(내 글은 여성성이 아닌 모성에 대한 내용이었지만) 자신의 연구에 관한 이야기를 꺼냈다.

매우 오랫동안 연구자들은 여성을 연구하기가 더 어렵다고 주장했다.[4] 남성 호르몬도 변동이 일어나지만 여성은 생식 호르몬의 변동으로 인해 더 "가변적"이라는 이유에서였다. 동물 모델과 인간 대상 연구에서도 여성은 그냥 무시되었다. 여성이 포함된 경우라도 데이터가 성별에 따라 의미 있는 방식으로 분류되지 않았다(그리고 연구비 지원 기관이 이러한 격차를 줄이기 위한 조치를 취한 오늘날에도 여전히 그런 경우가 많다). 결과적으로 심장마비나 뇌졸중 또는 여성의 신경생물학적 차이를 파악하지 못하거나, 처방약에 대한 부작용이 증가하는 등 진단 및 치료 결과에서 성별 격차가 광범위하게 발생하고 있다. 게다가 신경 가소성의 과정이나 정신병의 유병률 및 진행에서 성별이 생물학적 변수로써 광범위하게 과소평가되었다.

커힐은 신경과학 분야에서 인간과 다른 동물들에 관한 연구에 여성을 포함하는 것을 옹호하며 영향력을 발휘해왔다. 뇌의 성별 차이가 남성과 여성의 행동에 나타나는 전형적인 차이를 뒷받침한다는 논란 있는 주장으로 목소리를 내오기도 했다.[5] 전화 통화에서 그는 왜 여자 배관공이 적은지 생각해보라고 했다. 그 차이는 여성의 평균적으로 더 강한 후각이 악취에 대한 더 큰 혐오 반응을 일으키는 것과 연관이 있을 수 있다는 것이다.[6] 하지만 나는 수세대에 걸쳐 남자들이 남성 지배적인 수습 제도를 통해 그 직업의 문을 막아섰기 때문이 아닌가 의심했다.

일각에서는 내가 보기에 훨씬 더 미묘한 견해를 내놓는다. 생물학적인 성별이 모든 사람의 발달에 중요한 요소이기 때문에 성별 차이를 연구하는 것이 필수적이라는 것을 인정하는 것이다. 그러나 뇌와 행동을 형성하는 데 있어, 성별 차이는 성 정체성이나 세상에 육체적으로 존재하는 데 따르는 지속적이고 복잡한 경험을 포함한 수많은 요인 중 하나일 뿐이다. 노스웨스턴 대학교의 신경과학자 캐서린 울리Catherine Woolley는 2021년 1월에 이렇게 썼다. "뇌의 성별 차이는 실재하지만, 당신이 생각하는 것과는 다르다."[7]

울리의 연구실에서는 뇌의 분자 활동에서 성별에 기반한 차이에 관한 중요한 사실을 발견했다. 여기에는 해마의 시냅스 강도 조절 메커니즘이 포함된다. 그녀는 그 메커니즘을 토대로 설계된 처방약들이 남성과 여성에게 다른 효과를 일으킬 수 있으므로 남녀의 차이를 이해하는 것이 중요하다고 썼다. 그러나 분자 수준에서 차이가 존재한다고 해서 그것이 사람들의 삶의 방식에 근본적인 차이를 만드는 것은 아니라고도 했다. 실제로 연구자들은 기능적 결과의 차이를 일으키지는 않지만 뇌에 엄연히 존재하는 "잠재적인 성별 차이"에 관해 점점 더 많은 사실을 발견하고 있다. "똑같은 결과로 이어지는 두 가지 경로가 있다"고 울리는 적었다. 어쩌면 더 많을 수도 있다.

이 경로들이 어디에서 겹치고 어디에서 갈라지는지를 이해하는 것은 당연히 중요하다. 그래서 둘락이 강조하는 것처럼 여성을 포함하고 잠재적인 성별 차이를 분석하는 연구 역시 중요하다. 하지만 여성의 본성에 대한 낡은 생각을 다시 한번 은폐하지 않도록 그 분석을 엄격히 비판하는 것 역시 중요할 것이다.

성별 차이에 관한 연구는 완전히 새로운 관점을 제공하기도 한다. 둘락과 동료들이 전시각중추MPOA에 모여 있는 갈라닌을 만드는 신경세포들이 쥐가 육아 행동을 실행하는 데 필수적이라는 사실을 발견한 것을 기억할 것이다. 그 신경세포들이 활성화되면 미출산 암컷과 수컷을 포함해 모든 쥐의 육아 행동이 촉발되었다. 그리고 그곳이 활성화되지 않으면 새끼를 돌보는 행동이 극적으로 감소했다. 쥐의 MPOA의 갈라닌 신경세포 숫자는 성적 이형성을 보이지 않았다. 다시 말하자면 암컷과 수컷이 다르지 않았다. 쥐의 암컷과 수컷은 육아 회로를 공유했다. 쥐의 육아 회로는 암수가 아니라 종에 기반을 둔 "부모 본능"이지만 "둘 다 기본적으로 내장되어 있고 가소성이 있다"고 둘락은 말했다. 그녀와 하버드 뇌 과학센터의 동료들은 이 발견이 핵심 부모 회로가 개인의 생리적 상태와 환경, 자손이 보내는 신호에의 노출에 따라서 활성화되거나 비활성화된다는 것, 즉 "수컷과 암컷 뇌의 양능성bipotentiality"[8] 이론에 증거를 더한다고 적었다.

쥐는 사람이 아니다. 우리는 인간의 MPOA에도 비슷한 종류의 갈라닌 신경세포가 있는지 알지 못한다. 하지만 그 신경세포들이 존재하는 시상하부의 해부학적 구조와 기능은 척추동물 전체에서 보존되었다. 진화를 거치는 동안 시상하부는 거의 변하지 않았다는 뜻이다. 둘락은 많은 단서를 붙이기는 하지만("아직 증거가 없다") 인간의 MPOA에 "갈라닌이 제어하는 육아 행동을 발현하는" 신경세포 집단이 있을 가능성이 "매우 크다"고 믿는다.

나에게 더 흥미롭게 다가오는 핵심은 한층 광범위하다. 갈라닌 신경세포 집단이 작동하는 방식에 성별에 따른 차이가 있을 수 있다. 하지만 매우 근본적인 측면에서 육아 회로는 보편적으로 존재하되 성에 따라, 개인에 따라, 그리고 종의 사회적 맥락에 따라 다르게 조절되는 것일지도 모른다. 여성의 뇌에만 만들어지는 회로가 아닐 것이다.

물론 이것이 완전히 새로운 생각은 아니었다. 수십 년 전에 제이 로젠블랫과 동료들의 초기 연구는 설치류 돌봄 행동의 보편성을 지적했다. 그 후 1996년에 그들은 MPOA가 암컷과 마찬가지로 수컷의 "모성 행동"도 자극하며, MPOA의 손상이 수컷 쥐의 돌봄 행동을 하락시킨다는 사실을 발견했다.[9] 둘락의 연구는 돌봄 행동의 공통성과 그 발현의 다양성에 대한 중요한 세부 사항을 추가했다.

그녀와 하버드 동료 로런 오코넬Lauren O'Connell과 젱우Zheng Wu가 썼듯이, 종 내부와 종 간 육아 스타일의 다양성은 이 육아 회로가(그리고 공격적인 행동을 제어하는 반대 회로도) 공유되기 때문일 수 있다. 같음이 차이를 만든다는 것이 처음에는 직관에 반하는 것처럼 보일 수도 있다. 하지만 이 회로는 "기나긴 진화 기간"에 걸쳐서 적응이 일어난 레버 같은 것일지 모른다.[10] 둘락에 따르면 진화론적 관점에서 봤을 때 육아가 매우 유용하기 때문이다. 확실히 엄마들에게만 그런 것은 아니다.

°°°

제이크 로버츠Jake Roberts는 아빠가 될 계획이 전혀 없었다. 그는 주변에서 아기나 어린아이를 겪어본 경험이 거의 없다시피 했다. 본보기도 없었다. 메인주 비드포드에서 보낸 어린 시절, 그의 아버지는 곁에 있지 않았다. 스스로 "나는 아빠가 되고 싶지 않아. 난 자식을 가져서는 안 되는 사람이야"라고 생각했다. 2011년 만우절에 아내가 임신 사실을 알렸을 때까지만 해도 그렇게 생각했다(그는 아내에게 "혹시 만우절 거짓말이야?"라고 물었다).

제이크는 친구의 권유로 초보 아빠들을 위한 부트캠프에 등록했다. 비영리 단체인 메인 보이즈 투 멘Maine Boys to Men이 지역 병원에서 운영하는 공인 인증 프로그램이었다. 출산을 앞둔 아빠들과 초보 아빠들이 아기와 함께 참여한다. "친구가 꼭 해보라고 했어요. 그 캠프에 진짜 아기들이 있대요. 기저귀를 갈아줘야 한다고 하더군요. 아기들이 똥을 싸고 오줌을 싸고 울고 난리인데 온통 남자들뿐이라고." 제이크가 당시를 회상한다. 캠프에 참가한 그는 배워야 할 게 한두 가지가 아님을 알게 되었다.

그는 아빠 혼자 아기를 보는 모습을 그곳에서 난생처음 본 것 같다고 말했다. "아빠가 우는 아기를 달래고 기저귀를 갈아주고 분유를 먹이는 모습이 정말 멋지더군요. 그 모습을 보면서 속으로 '좋아. 다른 아빠들이 할 수 있다면 나도 할 수 있을 거야'라고 생각했죠."

그 후 제이크는 "육아에 푹 빠져버렸습니다"라고 말한다.

그는 아빠 역할에 빠졌고(그가 어느 일요일 저녁에 오븐에서 칠

면조를 꺼낼 때 아내의 진통이 시작되었다) 부성에 관해 이야기하는 것에도 푹 빠졌다. 제이크는 아들 뤼크와 함께 부트캠프에 다시 참가했다. 이번에는 코치 역할이었고 나중에는 프로그램 운영을 돕는 조력자가 되었다. "아빠와 아빠 역할에 대한 전통적인 고정관념은 이렇게 말하죠. 아빠는 아이가 어느 정도 클 때까지 기다렸다가 요란하게 놀아주면 된다고요. 하지만 아기와 유대에 관한 과학에 따르면 완전히 잘못된 생각이죠. 아빠들이 처음부터 육아에 관여하지 말아야 할 이유가 있을까요? 아이가 어릴 때일수록 마법 같은 일이 더 많이 생깁니다." 제이크는 말한다.

내가 제이크를 알게 된 것은 그가 운영하는 부트캠프에 내 남편도 참가했고 역시 코치가 되었기 때문이다. 내 남편 윤은 제이크와 마찬가지로 아기 경험이 거의 없었고 직접적인 역할 모델도 없었다. 부트캠프는 그에게 변화를 가져다주었다. 남편은 생후 몇 개월 되지 않은 아이에게 어떤 아빠가 되고 싶은지, 아내의 분만과 모유 수유를 어떻게 도와줄 것인지, 아기가 우는 이유를 도저히 알 수 없을 때 어떻게 대처해야 하는지 완전히 새로운 언어로 말할 수 있게 되었다. 남편은 갓 태어난 아이의 아빠로서 어떤 역할을 하고 싶은지에 대한 주체성이 생겼고, 흔하게 나타나는 엄마의 문지기 역할도 의식하게 되었다. 엄마의 문지기 역할이란 출산 부모가 직접 또는 간접적으로 다른 사람들이 아이를 돌보는 방법을 배울 기회를 주지 않음으로써 진정한 양육 파트너가 되는 것을 막는 행동을 말한다(엄마의 경계심과 혼자서 육아를 맡아야 한다는 사회적 압력을 참조하라).

첫째 아이가 태어난 지 1년 반 정도 되었을 때, 남편은 우리 부부가 함께 근무했던 신문사를 그만두고 프리랜서 사진작가와 비디오 프로듀서로서 개인 사업을 시작했고 동시에 시간제 전업주부가 되었다. 아이가 태어난 후 몇 달 동안 되도록 많은 시간을 함께하기 위해 그가 내렸던 모든 선택을 생각해볼 때 올바른 방향의 변화라고 생각되었다. 그 선택들은 그와 하틀리의 관계, 우리 부부의 관계, 우리 가족의 균형에 영향을 주었다. 그리고 내 남편이나 제이크의 육아 개입은 부모가 된 그들의 뇌에도 영향을 미쳤을 것이다.

출산 부모들에게 임신과 출산의 측면과 호르몬의 폭발, 신생아를 먹이고 돌보는 일의 너무나도 치열한 강도, 육아에 수반되는 모든 사회적 기대는 타협 불가능한 것으로 느껴질 수 있다. 반면 비출산 부모들에게 부모 역할에의 완전한 진입은 의식적인 선택에 가깝다. 하지만 생물학적 측면에서 그것 역시 혁신적인 일이다.

이 주제에서 대부분의 연구는 주로 시스젠더이며 이성애자인 생물학적 아빠들을 대상으로 한다. 이런 아빠들과 출산하는 엄마를 제외한 다른 부모에 대한 연구가 부족하다는 것은 인간 부모의 돌봄 메커니즘을 진정으로 이해하는 데 명백한 방해물이다. 이 점에 대해서는 나중에 다시 살펴보기로 하자. 먼저 연구의 대부분을 차지하는 아빠들에 관한 연구를 살펴보면서 그 결과를 어떻게 더 광범위하게 적용할 수 있는지 짚어보자.

인간 아빠의 자녀 양육이 어떻게 또는 언제 두드러지게 되었는지는 알지 못한다. 포유류에서 아빠 역할은 다른 진화 경로들을 거쳐 여러 차례 진화해왔다. 고대 인간의 경우, 남녀 한 쌍의 결합 또는 장기적인 짝짓기의 발달과 함께 등장했을 가능성이 크다. 하지만 아빠의 양육이 보편성과는 거리가 멀다는 사실이 문제를 어느 정도 복잡하게 만든다. 전문 용어로 말하자면 아빠의 양육은 "의무적이 아닌 조건적"[11]이다. 아빠가 항상 옆에 있는 것은 아니다. 그보다는 상황에 좌우되는 부분이 크다. 고대와 현대의 가족에게 아빠의 참여는 근접성과 자원, 부모 관계의 끈끈함과 지속 가능성 또는 다른 양육자의 도움에 달려 있었다.

세라 블래퍼 허디는 "인간 남성은 어린아이를 조금 돌보거나 많이 돌보거나 전혀 돌보지 않는다"고 적었다.[12] 인간이 아이를 임신하고 키우는 패턴은 놀라울 정도로 다양하다. 그러나 아빠의 생리는 그가 임신부 그리고 아기와 시간을 보낼 때 변화한다. "이는 남성에 의한 양육이 오랫동안 인류의 적응에서 필수적인 부분이었다는 것을 의미하는 것으로 보인다"고 허디는 적었다.

가장 극단적인 경우, 예비 아빠들은 임신과 비슷한 증상을 경험한다. 이러한 상상 또는 교감 임신 현상은 알을 품다 또는 부화하다를 뜻하는 프랑스어를 따서 쿠바드 증후군couvade syndrome이라고 한다. 아리엘 람찬다니Ariel Ramchandani는 『애틀랜틱』 기사에서 현재까지의 사례 연구와 다른 연구를 조사하고 이렇게 적었다. "그 증상의 목록은 거의 모든 것을 포함하는 것처럼 보였다. 설사, 변비, 다리 근육 경련, 인후염, 우울증, 불면증, 체중 증가 혹은 감소, 피로감, 치통, 잇몸 염증 등."[13] 그리고 입덧도 있었다.

이 증후군에 관해서는 많은 연구가 이루어졌지만 순수하게 심리적인 현상으로 치부되고 임신한 파트너들에게조차 조롱당하는 경우가 많다.[14] 이것이 얼마나 흔한지는 확실히 말하기 어렵다. 추정치가 매우 다양하며 당사자가 직접 보고하는 증상은 문화적 기대에 좌우될 가능성이 크기 때문이다(하지만 협동 번식을 하는 신세계 원숭이들에게서는 전적으로 예상되는 현상이다. 수컷은 그들의 짝이 임신했을 때 최대 15퍼센트 체중이 증가한다). 그러나 이 증후군은 훨씬 더 일반적인 무언가의 증상인 것처럼 보인다. 아빠가 될 날이 다가옴에 따라 일어나는 호르몬의 큰 변화 말이다.

2000년에 발표된 연구는 네 단계(임신 중기, 출산 직전, 아기가 태어나고 며칠 후, 그리고 몇 달 후) 중 적어도 한 단계에서 34쌍의 혈중 프로락틴과 코르티솔 수치를 분석했다.[15] 연구진은 여성의 에스트라디올 수치와 남성의 테스토스테론 수치도 살펴보았다. 그 결과, 평균적으로 남성과 여성은 비슷한 호르몬 패턴을 보였다. 두 그룹 모두 출산이 다가옴에 따라 프로락틴과 코르티솔이 증가했고 산후 몇 주 안에 에스트라디올과 테스토스테론이 감소했다. 여성의 호르몬 변화가 몸과 마음을 부모로의 변화에 대비시키기 위한 중요한 메커니즘이라는 사실은 이미 명백해 보일 것이다. 하지만 연구진은 호르몬 변화가 아빠들에게도 양육을 "대비"시키는 비슷한 역할을 한다고 제안했다.

논문이 발표된 이후 20년 동안 아빠들의 호르몬에 관한 관심이 커졌고, 아빠들의 증가한 육아 참여 현상을 추적하는 데 주의가 쏠린 듯하다.[16] 지금까지의 연구는 대부분 아빠의 테스토스테론 감소에 초점을 맞추었고, 명확해진 것들도 있지만 새로운 질문도 많이 제시되었다.

테스토스테론은 짝짓기나 양육에 대한 개인의 생리학적 헌신과 그 두 가지가 필요로 하는 경쟁과 협동의 상충 관계를 담당하는 것으로 여겨진다. 도전 가설challenge hypothesis이라고 하는 이 개념은 짝짓기를 위해 경쟁하다가 나중에는 새끼 양육을 위해 협동하는 수컷 새들의 계절적인 패턴에서 비롯된다. 약간의 변화는 있지만 새들은 번식기 초기부터 새끼가 태어날 때까지 테스토스테론의 감소가 일어난다. 그 패턴은 영장류 아빠들을 포함한 일부 포유류에도 해당하는데, 마모셋은 새끼에게 노출되면서 테스토스테론이 감소한다.[17] 2000년에 발표된 논문과 다른 논문들에서는 인간에게서도 유사한 패턴이 나타난다고 밝혔지만 같은 표본을 장기적으로 추적한 것이 아니라 서로 다른 단계에 놓인 남성 그룹을 서로 비교하는 단면 조사 연구법을 따랐다.

아빠와 테스토스테론에 관한 매우 강력한 자료는 인류학자 리 게틀러Lee Gettler와 크리스토퍼 쿠자와Christopher Kuzawa가 주도한 연구에서 찾아볼 수 있다.[18] 그들은 필리핀의 세부 시티 주변에 사는 수백 명의 젊은 남성들을 2005년부터 4년 반 동안 연구했다. 피실험자들은 21세에 아침과 저녁의 침 샘플을 제공했고 26세가 되었을 때 다시 제공했다. 더 규모가 큰 피실험자 집단 가운데 465명의 남성은 실험이 시작될 당시 미혼이었고 자녀가 없었다. 나중에 연구진은 연구를 시작할 당시 아침의 테스토스테론 수치가 더 높았던 남성일수록 연구 기간 내에 파트너를 찾는 경우가 많다는 사실을 발견했다. 파트너를 만나 자녀를 가진 남성들은 아침 테스토스테론의 중앙값이 26퍼센트, 저녁 중앙값은 34퍼센트 줄어들었다. 반면에 독신이고 자녀가 없는 남성들의 나이로 인한 중앙값 감소치는 아침과 저녁에 각각 12퍼센트와 14퍼센트였다.

연구 말미에 신생아의 아빠들은 좀 더 큰 자녀를 둔 아빠들보다 더 큰 테스토스테론 감소세를 보였다. 그리고 육아에 적어도 하루 3시간을 보내는 아빠들은 육아 시간이 그보다 적거나 아예 없는 아빠들보다 테스토스테론 수치가 더 낮았다. 특히 육아에 참여하는 아빠와 참여하지 않는 아빠들은 기준치에서는 큰 차이를 보이지 않았는데, 이는 양육 행위를 이끄는 특정한 호르몬 소인 때문이 아니라 아이를 돌보는 행위 자체가 테스토스테론 수치를 감소시켰음을 암시한다.

아기와의 상호 작용뿐만 아니라 (만약 파트너가 옆에 있다면) 파트너와의 상호 작용 역시 아빠를 변화시킨다. 발달 심리학자이자 서던캘리포니아 대학 가족변화센터의 설립자인 다비 색스비Darby Saxbe가 이끄는 연구진은 임신 기간 내내 약 8주 간격으로 이성애자 커플 27쌍의 타액 테스토스테론 수치를 측정했다.[19] 아기가 생후 3개월 반이 되었을 때 아빠들은 그들의 시간과 노력의 투자 수준, 헌신, (부모 역할이 아닌) 파트너와의 관계에 대한 만족도를 평가하는 설문에 답했다.

그 연구는 임신 기간에 아빠들의 테스토스테론 수치가 감소하고 엄마들은 증가했음을 보여주었는데, 주목할 만한 점은 그 수치가 변화한 방식이다. 임신 후기에 그 수치는 함께 변했는데, 아빠의 감소 정도는 엄마의 증가 정도와 관련이 있었다. 아빠들의 경우, 임신 중 테스토스테론의 전반적인 감소 정도와 파트너의 호르몬 변화 추이에 따라 산후 설문 조사에서 부부 관계에 대해 얼마나 긍정적으로 응답했는지 예측할 수 있었다.

과학자들은 임신한 여성이 어떤 식으로 예비 아빠의 생리에 영향을 미치는지 정확히 알지 못한다. 일반적으로 그들은 근접성, 시간, 친밀감, 즉 동기화를 지목한다. 호르몬의 동기화가 항상 긍정적인 것만은 아니다. 색스비의 연구는 파트너들의 코르티솔 수치가 함께 변할 수 있음을 발견했는데, 여성들이 파트너로부터 신체 · 언어적 공격 또는 통제를 경험할 때 그 경향이 가장 강하다는 사실도 발견했다.[20] 색스비는 그것을 일종의 "스트레스 전염"으로 본다고 말했다. 하지만 그 연구는 테스토스테론의 경우 동기화가 적응적이라는 것을 보여준다. 테스토스테론 논문은 참가 커플의 숫자가 적고 산후 자료를 수집하지 않았다는 한계가 있다. 그럼에도 불구하고 논문 저자들은 테스토스테론의 변화가 파트너에 대한 아빠의 헌신, 특히 부모가 되는 과정에서 스트레스를 받는 시기에 관계에 대한 만족도가 종종 떨어질 때 "아빠의 헌신의 토대가 될 수 있다"고 제안한다.

최근 두 건의 메타 분석에서는 아빠들의 테스토스테론 연구를 전체적으로 살펴보았다. 그중 한 분석에서 저자들은 합쳐서 수천 명에 이르는 이성애자 남성들의 테스토스테론을 살펴본 수십 개의 연구를 검토했다.[21] 이성 파트너와 헌신적인 관계를 맺고 있는 남성은 평균적으로 독신 남성보다 테스토스테론 수치가 낮았는데, 이러한 차이는 모든 연령대에 걸쳐서, 그리고 WEIRD(서구의Western, 교육 수준이 높은Educated, 부유한Rich, 산업화된Industrialized, 민주적인Democratic) 국가들을 다른 국가들과 비교했을 때도 유지되었다. 연구진은 아빠들의 전반적인 테스토스테론 수치가 자녀가 없는 남성보다 낮다는 사실을 발견했다. 저자들이 결론에 대한 불확실성을 언급하기는 했지만 활동적이거나 경험 있는 부모 범주에 속하는 아빠들의 테스토스테론 수치 역시 낮았다.

다른 메타 분석에서도 부성과 낮은 테스토스테론 수치 간의 연관성이 발견되었지만, 저자들은 그 효과의 규모나 차이가 너무 작아서 해당 인구층 전체에 적용하면 대부분의 남성에게 연관성이 나타나지 않을 것이라고 강조했다.[22] 그들은 신경과학의 본질, 테스토스테론의 본질과 관련한 몇 가지 설명도 함께 제안했다.

인간의 도전 가설에 관한 연구는 대부분 "동력이 부족"하다. 즉, 아빠들의 표본 수가 너무 적어서 강력한 통계적 결과를 도출하지 못한다. 테스토스테론의 하향 조절은 사회적 맥락과 관련된 여러 다양한 요소들에 좌우될 것이다. 하지만 그 요인들을 항상 밝힐 수 있는 것은 아닌 만큼, 그 영향력을 상세하게 조사하는 것이 불가능하다고 연구진은 적었다. 이러한 사회적 요인에는 아빠가 임신 전과 후에 파트너에게 얼마나 헌신적인지, 심리적으로 자녀를 맞이할 준비가 얼마나 되어 있는지, 이전에 육아 경험이 있는지, 부모로서 육아에 얼마나 직접적으로 참여하는지 등이 포함될 수 있을 것이다. 맨 마지막 논점에 대하여 저자들은 생물학적인 부성(기본적인 생식)이 남성의 생리에 미치는 영향은 "사회적인 부성"보다 훨씬 적은 듯하다고 적었다.

∘ ∘ ∘

테스토스테론은 까다롭다. 옥시토신이 "사랑 호르몬"이라고 불리는 것처럼 테스토스테론도 사실을 과장하는 문화적 서사의 주인공이다. 이것은 남성성의 원동력이자 남성 생식기와 남성의 정신을 만드는 것, 남성의 승부 근성과 성욕, 지배, 위험 감수를 자극하는 연료로 묘사된다. 그런 서사는 연구자들에게 편견을 심어주어 인간의 행동을 이끄는 미묘한 생리를 탐구하는 것이 아니라 고정관념을 확인할 뿐인 연구 설계로 이어지기도 한다.[23] 연구자들이 성별에 따라 가장 큰 영향력을 미친다고 여겨지는 특정 호르몬(남성은 테스토스테론, 여성은 에스트라디올 또는 프로게스테론)만 연구하는 경우가 많다는 사실이 호르몬에 대한 완전한 이해를 방해한다. 이 호르몬들이 남녀 모두에게 존재하고 복잡한 신경내분비계의 일부인데도 말이다.[24]

테스토스테론이 일반적으로 남성의 생식기 발달에 관여하는 것은 사실이다. 사춘기 이후 남성의 평균 순환 테스토스테론은 여성의 평균치보다 몇 배나 많으며, 이는 높은 근육 밀도나 강한 상체 근력을 비롯해 남성의 이차적인 성적 특징의 토대를 이룬다. 하지만 평균은 두 개의 정확한 숫자일 뿐, 더 넓은 범위에서 보면 남성과 여성 사이에는 겹치는 부분이 많다. 간성intersex이나 논바이너리에 해당하는 사람들을 포함한다면 전체 그림이 달라질 수 있다. 남녀에 차이가 있다고 확인된 뇌의 구조도 마찬가지이다. 성별 간의 공통 부분과 요소 간의 가변성이 존재하므로 개인의 뇌 구조가 어떤 영역은 여성에게 전형적이고, 다른 영역은 남성의 특징이 더 강할 수 있다.[25] "심리학에서의 성과 젠더의 미래"라는 제목의 최근 학제간 리뷰의 저자들은 "대부분의 뇌는 젠더 그리고 성sex의 모자이크"라고 적었다.

몇몇 저명한 과학자들은 그 주장에 이의를 제기한다. 하지만 성별 이분법의 명확한 증거이자 성인 테스토스테론 수치에 대한 "가장 최근의 포괄적이고 엄격한 연구"로 알려진 한 리뷰는 육상 경기를 관할하는 국제 단체인 세계육상연맹World Athletics으로부터 재정 지원이나 컨설팅 비용을 받은 연구자들이 작성한 것이다.[26] 그들은 테스토스테론이 "남성과 여성 사이에 넓고 완전한 분리가 존재하는 현저한 비중복 쌍봉분포를 이룬다"라고 결론 내렸다.[27] 설득력 있게 들린다. 하지만 그 논문이 스포츠 경기에 국한되고, 남녀 선수 사이에 선을 긋는 데 관심이 있는 단체가 연구비를 지원한 사실을 떠올려보자. 이 연구는 테스토스테론 수치가 높은 여성들을 비정상으로 보고 노골적으로 배제했다.

캐나다 온타리오주 킹스턴에 있는 퀸즈 대학에서 심리학, 젠더학, 신경과학을 가르치는 사리 반 앤더스Sari van Anders 교수는 이렇게 말했다. 그런 사고방식은 "X보다 T 수치가 높은 여자는 비정상이라고 단정하는 이야기로 이어질 뿐이죠. 그걸 어떻게 알까요? 분포에서 정작 T 수치가 높은 여성들은 배제되었는데 말이죠." 여성의 높은 테스토스테론 수치는 그 여성이 건강하다 해도 질병으로 여겨진다고 반 앤더스는 말했다. 그리고 건강한 엘리트 운동선수들을 포함한 남성의 낮은 테스토스테론 수치는 별것 아닌 일로 변호되곤 한다.[28]

테스토스테론 수치는 개개인에 따라, 한 개인의 일생에 걸쳐서, 심지어는 하루 동안에도 변동이 심하다. 일반적으로 남성의 테스토스테론 수치는 사춘기에 최고조에 이르고 나이가 들면서 감소한다. 국가 간, 지역 간, 사회경제적 조건에 따라 수치에 큰 차이가 있다. 이 차이를 수량화하는 것은 매우 어려운 일로 밝혀졌다.[29]

또한 우리는 테스토스테론이 성별 특유 행동의 원동력이라고 생각하지만, 오히려 성별 특유의 행동이 테스토스테론 수치의 원동력일 가능성도 있다. 반 앤더스가 이끈 연구에서는 전문 배우들이 권력을 휘두르는 장면, 구체적으로 부하를 해고해야 하는 독백 장면을 연기하기 전후의 타액 테스토스테론 수치를 측정했다. 남녀 배우들이 연기를 두 번 했다.[30] 한 번은 많은 공간을 차지하고 거의 웃지 않고 지배적인 자세를 취하고 상대의 말을 끊는 등 전형적으로 남성적인 방식으로 연기했고, 또 한 번은 시선을 마주치지 않고 머뭇거리고 더 고음의 목소리로 전반적으로 "친절하게" 상황을 해결하려는 여성적인 방식으로 연기했다. 두 가지 스타일의 연기 후 테스토스테론이 증가한 것은 남성이 아닌 여성이었다. 이는 그 표현이 성별 특유의 방식으로 이루어지는 것과 상관없이 권력을 소유하고 휘두르는 행위 자체가 테스토스테론의 증가를 촉진할 수도 있음을 시사한다.

연구진은 남성의 평균 테스토스테론이 여성보다 높은 이유는 유전적인 요인뿐만 아니라 남성이 평생 경쟁과 주체성, 권력의 획득을 추구하도록 격려받는다는 사실 때문일 수 있다고 적었다. 다시 말해서 성별 이분법의 생물학적 토대는 어느 정도는 사회적으로 구성된 이분법에 따라 만들어진 것일 수 있다. 한마디로 자기 확증이다.

옛날 이야기의 실타래를 풀지 않으면 새로운 이야기를 엮을 수 없다. 부모 행동의 "정상"이 무엇인지는 근본적으로 우리가 성별에 대해 "정상"으로 인식하는 것에 영향을 받을 수밖에 없다. 그리고 그 인식은 성과 젠더를 조사하는 과학 연구가 어떤 식으로 시행되고 연구 결과가 어떤 식으로 프레이밍되는가에 영향을 받는다. 반 앤더스의 표현에 따르면, 그 방식에서 호르몬이란 우리의 몸 안에서 움직이면서 "우리 사회에 순환하는 문화적 서사"를 형성하는 생화학적 물질이다. 이것이 "호르몬의 수사학"이다.

그 수사학은 남성성이 테스토스테론과 그것이 촉진하는 경쟁 및 공격성에 의해 만들어진다고 말한다. 또 테스토스테론을 선천적이며 남녀의 거대하고도 완전한 분리를 결정하는 바로 그 요소라고 말한다. 그 수사학은 엄마들에게 테스토스테론은 조금밖에 없고 '사랑 호르몬'은 넘쳐나므로 성별 특유의 양육에 대한 선천적인 메커니즘이 있다고 말한다.

그러나 현실적으로 아이와 유대감을 형성하는 능력은 유연하고 남녀 모두에게 있으며 개인에 따라 다르게 조절된다. 테스토스테론은 남성성의 단 하나의 원동력이 아니며 고정적이지도 확실하지도 않다. 그것은 호르몬 시스템의 중요하고 가변적인 구성 요소로서 남녀 모두의 뇌와 행동, 특히 사회적 유대를 지향하는 행동에 영향을 미친다.[31]

반 앤더스의 연구에서 핵심 주제는 사회적 행동에 대한 근본적인 질문을 던지는 것이다. 성에 관한 연구의 맥락에서 보는 '욕망은 무엇인가?'와 '양육이란 무엇인가?' 같은 질문들 말이다. 일반적으로 양육은 일련의 따뜻한 돌봄 행동으로 여겨진다. 하지만 양육에는 테스토스테론을 증가시키는 보호적 공격성, 일종의 경계심이 개입될 수도 있다. 아빠들에게 유아의 울음소리를 들려주었을 때 순환 테스토스테론 수치가 증가했는데 연구진은 이것을 돌봄에 대한 동기 부여와 연관시킨다(경험 있는 아빠들이 아기 울음소리를 들었을 때 보통 포유류의 모유 생산과 관련된 호르몬인 프로락틴 수치도 눈에 띄게 증가했다. 약간 복합적인 결과가 나타나기는 하지만 프로락틴은 아빠들의 돌봄 행위와의 연관성이 밝혀졌다).[32] 도전 가설의 맥락에서 이것은 양육이 테스토스테론 수치를 감소시킨다는 규칙의 예외로서, "자손 방어의 역설offspring defense paradox"이라고 불린다.

반 앤더스와 두 명의 동료 캐서린 골디Katherine Goldey와 패티 쿠오Patty Kuo는 테스토스테론이 특히 신경펩타이드에 속하는 옥시토신 및 바소프레신과 관련해 어떻게 작용하는지 사회적 목표를 고려하는 좀 더 미묘한 모델을 제안했다.[33] 그 모델은 남성성과 여성성에 대한 이론들로부터 사회적 목표를 분리하고자 하지만, 연구자들은 그 호르몬들에 관한 연구 자체가 성적 특징을 반영하는 만큼 완전히 분리하기가 어렵다고 적었다. 예를 들어, 아빠들의 테스토스테론에 관한 연구는 많지만 엄마들의 테스토스테론에 관한(또는 여성과 공격성에 대한) 연구는 극소수에 불과하다. 산전기 여성들의 테스토스테론 수치가 크게 증가한다는 사실[34]에도 불구하고(2014년에 29명의 임신부 타액 샘플을 살펴본 한 연구에 따르면, 임신 기간에 테스토스테론 수치가 6배 증가했다), 산후에는 아이가 없는 여성들보다 더 낮은 수준[35]으로 감소했다. "테스토스테론의 변화가 엄마나 부모의 역할, 조부모의 역할, 또는 그 어떤 다른 방식의 돌봄이 아닌 아빠의 역할과 관련이 있다는 것을 어떻게 알 수 있을까요?" 반 앤더스는 나에게 물었다.

여성과 마찬가지로 호르몬 변화가 남성의 부모 역할을 촉진한다는 생각은 그 자체로 가치 있는 목표이지만, 남성의 아버지 역할로의 전환을 이해하는 데 도움이 되는 것 이상의 의미를 지닌다. 한 걸음 더 나아가 남성의 건강을 고려하고 가족의 건강을 좀 더 폭넓게 바라보는 새로운 관점을 제시할 수 있다는 뜻이다.

아빠됨은 많은 남성의 삶에 무수히 많은 방식으로 영향을 미치며, 스트레스와 기쁨, 정서적 안정 또는 불확실성을 야기한다. 숫자가 많지는 않지만 현재까지의 연구는 아빠됨이 남성의 건강을 보호하는 효과가 있음을 시사한다.[36] 아빠됨의 신경생물학적 효과를 연구하는 연구자들은 그것이 남성에게도 연구할 가치가 있는 중요한 사건으로 간주되어야 한다고 말한다. 색스비도 "남자들의 건강이 아빠됨에 영향받는다고 여겨지지는 않죠"라고 말했다. 그건 부분적으로는 아빠들의 적극적인 육아 참여가 천차만별이기 때문일 수 있다. 그녀는 이러한 연구 격차가 남성과 가족의 큰 그림을 흐린다고 말한다.

색스비와 그녀의 대학 동료 다이앤 골든버그Diane Goldenberg, 스탠퍼드 의과대학의 마야 로신-슬레이터Maya Rossin-Slater는 부모가 되는 것이 성인의 건강에 중요한 변화라고 적었다.[37] 그때 발생하는 체중 증가와 정신 질환 패턴이 장기적으로 유지될 수 있기 때문이다. 그들은 출산 전후기가 인종과 사회경제적 지위에 따른 건강 격차의 "변곡점"이 될 수 있다고 적었고, 이것이 부분적으로 유급 육아휴직 정책의 불평등한 접근성과 관련이 있을 수 있다고 제안한다. 이 주장에서나 색스비의 연구 전반에서 중요한 요소는 부모와 자녀가 서로에게 영향을 주고받는 가족 건강 개념이다.

2017년 연구에서 색스비와 동료들은 아빠들의 테스토스테론 수치와 산후 우울증 증상, 파트너의 산후 우울증과의 연관성에 대해 살펴보았다. 149쌍의 커플 중에서 테스토스테론 수치(산후 9개월 표본 수집)가 낮은 아빠일수록 우울증 증상이 심하게 나타났다.[38] 테스토스테론 수치가 높은 아빠들은 우울증으로부터 보호받는 것 같았지만, 그런 아빠의 커플인 엄마들은 더 심한 우울증 증상과 함께 파트너의 더 큰 공격성을 경험하는 경우가 많았다.

나는 그 논문을 읽으면서 말이 된다고 생각했다. 남자들이 (엄마와 마찬가지로) 육아에 참여하면 새로운 역할에 적응하기 위해 신경생물학적 변화가 일어나고 그 변화는 위험을 전달한다. 실제로 산후 우울증에 걸리는 남성은 약 10퍼센트나 되는데, 불안이나 강박 장애 같은 기분 장애가 나타나는 이들도 있을 수 있다.[39] 색스비와 공동 저자들이 그 논문을 쓴 것은 남성의 산후 우울증을 테스토스테론 보충으로 치료해야 한다는 의사들의 제안 때문이기도 했다. 만약 그 치료법이 부모됨이 아빠들에게 일으키는 변화를 약화시키고 심지어 엄마를 더 큰 위험에 빠뜨린다면 어쩔 것인가?

색스비와 동료들은 임상의들이 테스토스테론의 역할과 가족의 필요를 "좀 더 미묘한 시각"으로 바라보아야 한다고 제안했다. "아기를 돌보는 것은 고립적이고 스트레스를 유발하는 지루한 일이고 사회적으로 과소 평가됩니다. 가치 있는 고용으로 인정받지 못하죠." 색스비가 나에게 말했다. "남자들이 그 역할을 맡게 되면 아마도 여자들과 똑같은 심리적 비용을 지불해야 할 겁니다." 그렇다고 남자들이 육아를 하지 말아야 한다는 뜻은 아니라고 그녀는 덧붙였다. 오히려 육아에 참여하는 남자들이 많아져야만 "가족 시스템"을 보호하는 최선의 방안이 유급 육아휴직이나 직장의 지원을 비롯한 인프라를 제공하는 것이라는 사실을 더 많은 사람이 알게 될 것이기 때문이다. 그러면 어떨지 한 번 상상해보자.

• • •

2008년, 생물 인류학자 제임스 릴링James Rilling은 사회신경과학 수업에 사랑과 애착에 관련된 내용을 추가하기로 했다. 문헌을 찾아보던 그는 심각한 불균형을 발견했다. 엄마들에 대한 자료만 많고 아빠에 관한 것은 너무 없었다. 지금도 마찬가지지만 그때는 더 심했다. 아빠의 뇌 구조와 기능에 관한 연구가 거의 없었고, 리 게틀러가 이끄는 연구진이 필리핀의 연구 자료를 발표하기 전이었으니까 말이다. 현재 에모리 대학의 다윈 신경과학 연구소Laboratory for Darwinian Neuroscience를 이끄는 릴링은 아빠의 육아 참여가 아이의 발달에 긍정적인 영향을 미친다는 사실을 알고 있다. 또한 아빠의 돌봄이 가족마다 천차만별이라는 것도 알고 있다. "남자들 사이에는 왜 그렇게 큰 다양성이 존재하는가? 나는 이 질문에 큰 흥미가 생겼습니다. 육아에 대한 헌신의 정도가 왜 그렇게 천차만별인지, 왜 어떤 아빠들은 다른 아빠들보다 더 적극적으로 참여하는지." 릴링은 말한다. 문화적, 사회적 요인들이 작용하는 것은 확실했다. 하지만 호르몬과 신경생물학적인 요인들은 어떨까?

그와 동료들은 4장에서 언급한 연구를 설계했다.[40] 그것은 도전 가설이 인간 아빠들에게도 적용되는지에 관한 조사이기도 했다. 1~2세 자녀를 둔 아빠 63명과 자녀가 없는 남성 30명의 혈장 호르몬 수치를 분석했고, 모르는 아이 사진과 도발적인 여성 사진을 볼 때의 신경 반응도 살펴보았다. 같은 피실험자들을 장기적으로 추적하는 것이 아니라 여러 집단을 서로 비교하는 단면 조사 연구였다. 그리고 결혼 및 연애 상태(남성도 파트너가 있을 때 호르몬 변화를 경험한다는 점에서 중요하다)가 아니라 자녀 유무만을 기준으로 평가했다.

연구 참가자 중에서 아빠들의 테스토스테론 수치는 아빠가 아닌 이들보다 평균 20.5퍼센트 낮았다. 옥시토신 수치는 33퍼센트 더 높았다. 나는 주로 임신으로 인한 호르몬 폭풍에 집중했지만, 폭풍이 아니라 끈질긴 빗줄기도 풍경을 바꿔놓을 수 있다. 아빠됨에 따르는 호르몬의 변화는 출산 부모가 겪는 내분비계의 롤러코스터만큼 예측되거나 극적이지 않을지라도 실질적이며 아빠의 뇌에 장기적인 영향을 미칠 수 있다.

물론 앞에서 살펴본 것처럼 테스토스테론이 전부는 아니고 특히 사회적 관계의 맥락에서 한 호르몬의 효과를 다른 호르몬의 효과와 따로 구분하기란 정말 어려운 일이다. 테스토스테론과 옥시토신은 서로 협력하고 상황에 따라서는 정반대로 움직일지도 모른다. 옥시토신은 아빠의 육아와 관련 있을 수도 있는 신경펩타이드 바소프레신에 영향을 준다. 테스토스테론은 에스트로겐으로 전환될 수 있다(남성도 그렇다). 그리고 테스토스테론은 코르티솔과 중요한 상호 작용을 한다. 하지만 대부분의 연구는 한 번에 한두 개의 호르몬만 살피고 있다.[41]

릴링과 동료들은 아빠와 아빠가 아닌 이들의 뇌 활동에서 차이를 발견했다.[42] 하지만 그 차이는 호르몬의 차이와 부분적으로만 연관성이 있었다. 아이들의 사진을 볼 때, 아빠들은 얼굴 표정과 마음 이론을 담당하는 영역 그리고 보상 중추에서 더 강한 신경 반응을 보였다. 특히 아이들의 슬픈 표정과 중립적인 표정을 볼 때 아빠가 아닌 이들보다 보상 및 동기 부여 반응이 강하게 나타났다.

연구진은 이것이 "괴롭거나 모호한 상황"에서도 자녀와 상호 작용하려는 아빠들의 동기가 지속되는 경향과 관련 있을 수 있다고 가정했다. 아빠가 아닌 사람들은 성적으로 자극적인 이미지를 볼 때 보상 및 동기 부여 영역에서 더 강한 신경 반응이 일어났다.

아빠됨과 낮은 테스토스테론 수치가 모두 아이들의 사진에 대한 더 강한 신경 반응과 연관된 것으로 나타난 곳은 표정 처리 및 공감 기능을 담당하는 뇌 영역(중전두회caudal middle frontal gyrus)뿐이었다. 그래서 연구진은 아빠의 테스토스테론 감소가 "공감을 강화하는 기능이 있을 수도 있다"고 적었다. 흥미롭게도 테스토스테론이나 옥시토신과 성적 자극에 대한 반응의 연관성을 보여주는 명확한 패턴은 나타나지 않았다. 측정상의 어려움이 반영된 것이거나, 성적 반응이 더 고정적이고 산후 기간에 발생하는 호르몬의 급격한 변화보다 약하기 때문일 수도 있다고 연구진은 밝혔다.

내가 보기에 이 연구 결과들은 아빠들에 관한 문헌들에서 공통으로 나타나는 두 가지를 긍정하는 듯하다. 아빠됨이 특히 동기 부여와 공감을 중심으로 남성의 신경 반응을 변화시킨다는 것이 하나이다. 그리고 호르몬이 인간의 행동, 특히 부모의 행동을 어떻게 형성하는지에 대해 우리가 잘 알지 못한다는 것이 또 하나다. 내 생각을 전하자 릴링은 이렇게 답했다. "나는 높은 테스토스테론 수치가 남성을 짝짓기에 노력을 쏟도록 편향시키고 직접적인 양육 행위에서는 멀어지게 한다는 증거가 꽤 많다고 생각합니다." 그는 이 발견이(도전 가설에 어느 정도 반론을 제기하는 테스토스테론과 성적 자극에 대한 신경 반응 사이의 관련성 부재) 예상 밖의 놀라움을 준다고도 말했다.

또한 그 결과들은 명백해 보일 수도 있는 무언가를 드러낸다. 연구자들에게는 분명해 보이지만 때때로 그들이 발표하는 정제된 연구 결과에는 누락된 것처럼 느껴지는 무언가를 가리킨다. 그것은 바로 연구에 참여한 부모들이 단순히 부모라는 지위로만 정의되지 않는 다양성을 갖춘 사람들이라는 점이다. 그들의 행동은 항상 쉽게 분류되지 않는다.

물론 분류는 연구의 중요한 도구이고, 나는 릴링의 연구팀이 다양한 방식으로 아빠들의 육아를 미묘한 부분까지 이해하고자 노력한 점에 감사한다. 그들은 딸을 둔 아빠와 아들을 둔 아빠의 자녀와의 상호 작용이 어떻게 다르고, 그 차이가 아빠의 신경 반응 차이와 어떤 연관성이 있는지도 살펴보았다.[43] 신생아 울음소리에 대한 초보 아빠의 반응이 나이에 따라 어떻게 달라지는지도 살폈다.[44] 아빠의 나이가 많을수록 아기의 울음소리를 덜 부정적으로 묘사했고 좀 더 절제된 신경 반응을 보였다. 그리고 초보 아빠 20명에게 우는 아기를 달래야 하는 비디오 게임을 하게 한 소규모 연구도 있다.[45] 연구진은 양육 시스템이 아빠와 엄마 모두에게 존재한다는 이론에 증거를 추가했고, 엇갈리는 결과가 나오기는 했지만 더 많은 좌절감을 드러낸 아빠일수록 동기 부여와 감정 조절과 관련된 시스템의 주요 영역이 덜 활성화된다는 것을 확인했다.

육아에 관한 릴링의 초기 논문에서 강렬하게 관심을 끄는 부분이 있었다. 그는 지금까지 알려진 것들에서 우리가 배워야 할 중요한 교훈은 "육아는 하나의 연속체[46]와 같아서 양쪽 끝에는 과민한 육아와 둔감한 육아가 있고, 가운데에 민감한 육아가 존재한다고 볼 수 있다는 것"이라고 적었다. "비슷한 연속체를 따라 매개적 생리 작용이 일어난다는 신호들이 존재한다."

행동으로서 그리고 생물학으로서 육아는 정해진 설정이 아니라 범위이다. 방법이 하나밖에 없는 것이 아니라 여러 가지가 있다. 물론 이것은 아빠들에게도 해당한다.

릴링은 모든 성인에게 돌봄을 위한 "똑같이 기본적인 핵심 신경회로"가 존재하고 수많은 변수가 그 회로에 영향을 끼칠 수 있다고 생각한다. 그는 나에게 말했다. "그 회로가 얼마나 쉽게 활성화될 수 있을까요? 기준값이 무엇일까요? 호르몬처럼 상향식으로 영향을 끼치는 생리적 요인들도 있을 테고 하향식의 사회·문화적 요인들도 있을 겁니다."

하향식으로 영향을 끼치는 요인에는 아빠들에 대한 사회적 기대 또는 그들 자신에 대한 기대가 포함될 수 있다. 아빠가 어떤 종류의 지원을 얼마나 많이 제공할 수 있는가도 마찬가지다. 우리 모두의 내면에는 아이와 연결될 수 있는 능력이 있지만 개인마다 다른 형태로 발현될 수 있다. 색스비는 나에게 말했다. "나는 기회가 있을 때마다 강조합니다. 좋은 부모는 태어나는 게 아니라 만들어지는 거라고요."

아빠들에 대한 더 많은 연구가 진행되고 있다. 인간 아빠의 뇌 구조에 과연 변화가 일어나는지, 일어난다면 어떻게 변화하는지에 대해 발표된 연구가 소수나마 존재하지만 그 결과는 엇갈리거나 매우 미묘하다.[47] 2021년 여름을 기준으로 색스비의 연구실은 임신 중기부터 산후 1년까지 최소 100쌍의 부부를 추적하는 종단 연구에 기반한 논문을 이제 막 발표하기 시작했다. 거기에는 시간 경과에 따른 아빠들의 뇌 구조와 기능 분석도 포함될 것이다. 그리고 릴링은 비슷한 시기의 예비 아빠들을 추적하는 종단 연구를 위해 참여자들을 모집하고 있었다. 두 프로젝트 모두 미국 국립과학재단National Science Foundation으로부터 연구비를 지원받는다. 엄마의 뇌에 관한 연구가 대부분 미국 국립보건원National Institutes of Health 산하 국립 아동건강 및 인간발달연구소National Institute of Child Health and Human Development의 지원을 받는다는 점에서 주목할 만한 사실이다.

몇몇 연구자들은 엄마들을 연구한다고 하면 지원 기관에서 "자손들은 연구 안 합니까?"라는 질문과 함께 연구 계획서를 돌려보낸다는 말도 해주었다. 마치 모성 발달이라는 주제는 엄마라는 고유한 존재를 통해서 바라보면 안 되고 자녀라는 결과물을 통해서만 조사할 가치가 있다고 말하는 듯하다. 아빠들에 관한 연구는 또 하나의 층을 추가한다. 색스비는 "대단히 고립적"이라고 표현한다. "성인 신경 가소성에 대해 알아보고 싶으면 몰래 살금살금 들어가야 하는 것처럼 느껴질 때가 많습니다." 유아를 돌보는 남성의 동기에 대해 이해하는 것이 "사회적, 정치적으로 매우 유용"하다는 사실에도 불구하고 실정이 이러하다.

° ° °

이성애자, 시스젠더가 아니면서, 아이와 DNA를 공유하는 생물학적 아빠들의 뇌 연구는 매우 드물다. 현존하는 논문들은 대단히 흥미롭지만 마치 다음 음악이 흘러나오기만을 기다리며 댄스 플로어에 홀로 서 있는 모습이다.

초기에 나온 탐색적 논문에서는 14명의 생물학적 엄마와 14명의 입양 또는 위탁 엄마들을 대상으로 뇌파 검사, 즉 EEG를 이용해 사건 관련 전위ERP 패턴을 살폈다.[48] 연구진은 피실험자들의 두피에 그물망 전극을 부착하고 기존의 반복적인 연구를 통해 특정한 종류의 자극 처리와 관련 있는 것으로 밝혀진 피질의 전기적 활동 패턴을 측정했다. 엄마들은 그들의 자녀와 다른 아이들의 이미지(아는 아이와 모르는 아이), 아는 어른과 모르는 어른의 이미지를 보았다. 두 집단 모두 모르는 아이가 아닌 자기 아이를 볼 때 "더 큰 주의 배분"을 나타내는 것으로 생각되는 반응을 보였다. 중요한 사실은 그 결과가 생물학적 관련성에 따라 크게 다르지 않았다는 것이다.

더 규모가 큰 위탁모 집단에서는 옥시토신 생산과 뇌 활동에서 흥미로운 연관성이 나타났다.[49] 당시 예일아동연구센터에 몸담았던 요해나 빅Johanna Bick과 코네티컷 대학의 다미언 그래소Damion Grasso, 델라웨어 대학의 동료들이 진행한 그 연구는 32명의 여성을 대상으로 아이를 껴안을 때의 옥시토신 수치를 측정했다(이 경우에는 소변 샘플을 통해). 위탁을 맡은 지 2개월 이내에 측정하고 3개월 후에 다시 측정이 이루어졌다. 연구진은 같은 시간대에 EEG를 이용해 엄마들이 자녀의 이미지와 모르는 아이의 이미지를 볼 때 일어나는 신경 활동도 측정했다.

첫 번째 실험 기간에는 위탁모들이 아이를 껴안을 때의 옥시토신 수치가 높을수록 자녀를 포함한 모든 아기를 볼 때 "동기 부여된 관심"과 관련된 진폭이 더 강하게 측정되는 것으로 나타났다. 하지만 3개월 후에 다시 측정했을 때는 변화가 있었다. 옥시토신 수치가 높을수록 엄마들이 자녀에게 반응할 때의 진폭이 강하게 나타났다. 이 결과는 엄마와 아이의 생물학적 유대 과정에 옥시토신이 관여하거나, "생리학적 매개 효과"가 위탁모를 양육의 연속선상에 위치시킨다는 것을 시사한다. 좀 더 쉽게 말하면, 위탁 부모의 신경생물학도 육아로 인해 변화하는 듯하다. 하나의 연구일 뿐이므로 속단은 금물이지만.

주양육자인 엄마와 주양육자인 아빠의 편도체 활성화에서 유사점이 발견된 연구는 이미 언급했다. 사실, 그 발견은 루스 펠드먼과 이얄 아브라함Eyal Abraham, 이스라엘의 동료들이 이성애 커플과 동성애 커플들의 뇌 반응과 옥시토신, 육아 행동을 비교한 연구에서 나왔다.[50]

이성애자 친부모 41명(남성과 여성 모두 포함되었고 여성이 주양육자)과 대리모를 통해 아이를 낳은 동성애자 아빠 48명(절반은 생물학적인 아빠였고 모두 주양육자였다)이 실험에 참여했다. 연구진은 부모들의 집을 방문하여 옥시토신 측정을 위해 타액 샘플을 수집하고 이른바 "자연적 서식지"에서의 부모-자녀 간 상호 작용을 비디오로 찍었다. 그 후에는 부모들이 그 영상 속의 상호 작용과 자기 모습, 모르는 부모와 아이의 모습을 볼 때의 뇌를 fMRI로

스캔했다.

이 논문은 남녀 모두에게 보편적인 부모 양육 네트워크 이론을 확립하는 데 결정적인 역할을 했다.[51] 영상에 담긴 자녀와의 상호 작용을 보는 모든 부모의 뇌에서 경계심과 현출성, 동기 부여, 사회적 이해, 마음 헤아리기와 관련된 영역이 거의 일관적으로 활성화되었다. 연구진은 이 연구 결과가 인간의 양육이 필요에 따라 활성화되는 "모든 성인 구성원에게 존재하는 동종 양육 기질"에서 진화했을 수 있다는 생각을 강조한다고 썼다. 즉, "동물의 왕국 전체에서 관찰되는 그러한 동종 부모 시스템이 우리 종의 진화 내내 관찰되는 부성 양육의 극단적인 가변성과 유연성에 이바지했을 수 있다."

집단에 따라 몇 가지 중요한 차이점이 있었다. 엄마들은 부양육자인 아빠들보다 편도체가 더 활성화되는 모습을 보였다. 아빠들은 엄마들보다 상측두고랑superior temporal sulcus이 더 활성화되었다. 하지만 주양육자 아빠들은 두 영역 모두 크게 활성화되는 모습을 보였다. 그리고 동성애자 아빠와 생물학적 아빠, 입양 아빠 사이에서 뇌 영역 활성화에 현저한 차이는 나타나지 않았다.

모든 아빠를 통틀어 살펴보았을 때 자녀를 직접적으로 돌보는 시간이 더 많을수록 자녀와의 상호 작용이 담긴 영상을 볼 때 편도체와 상측두고랑의 기능적 연결이 더 크게 증가했다. 연구진은 그들의 발견이 부모 뇌의 발달에서 "실제 양육 행동의 핵심적인 역할"을 강조하는 것이라고 언급했다. 다시 말해서 경험이 중요하다는 것이다.

2021년 현재, 레즈비언들도 연구 논문에서 거의 주목받지 못하고 있다.[52] 한 연구에서는 예비 부모인 레즈비언 커플 25쌍의 산전 테스토스테론 수치를 측정했다. 아빠들을 측정한 연구에서와 마찬가지로 두 파트너 모두 산전 테스토스테론 수치가 낮을수록 더 강한 헌신과 더 높은 관계 만족도, 산후 3개월에의 더 높은 육아 참여도와 관련 있는 것으로 나타났다. 하지만 예상과 달리 연구진은 그들이 가지고 있던 예비 아빠들의 표본에서 "작지만 신뢰할 수 있는" 감소가 나타난 것과 달리, 비출산 엄마의 산전 테스토스테론 수치에서는 현저한 변화가 발견되지 않았다. 예비 아빠의 테스토스테론 감소가 양육에 대한 헌신을 나타내는 일종의 신경생물학적인 신호라면, 왜 여성인 예비 부모에게서는 그런 신호가 나타나지 않을까? 그들이 이미 깊이 헌신하고 있기 때문이라는 것이 한 가지 설명이 될 수 있을 것이다.

동성애자 커플의 경우, 아기를 갖는 것에 추가적인 계획과 재정적인 투자가 필요할 수 있다. 이 표본의 여성들은 대부분 30대이고 소득 수준이 높았으며 부모가 된다는 사실을 두 사람 모두 고대하고 있었다. 논문의 저자이자 미시간 대학의 성격, 관계, 호르몬 연구소를 이끄는 로빈 에델스타인Robin Edelstein에 따르면, 연구진이 관계의 질과 헌신을 평가하는 데 사용한 표준화된 척도에는 레즈비언 커플에 적합하지 않은 듯한 질문들도 있었다. 당신은 이 관계에 얼마나 투자하고 있습니까? 파트너를 대체할 대안이 있습니까? "처음 숫자를 봤을 때 착오가 있는 줄 알았습니다. 그들은 모두 잘하고 있었어요. 그래서 가변성이 크지 않았습니다." 그녀는 표본이 더 큰 연구, 바라건대 파트너를 만나기 전부터 훨씬 더 오랫동안 여성들을 추적하는 연구라면 다른 결과가 나올 수도 있다고 말했다.

나는 몇몇 연구자들에게 물어보았다. 생물학적 아빠들의 연구 결과가 모두에게 비슷하게 적용된다는 것을 고려할 때, 비출산 부모들이 어느 정도로 강하게 고유한 범주를 이룬다고 할 수 있는지를 말이다. 엇갈린 대답이 돌아왔다. 어떤 이들은 부모와 자식의 생물학적 연관성이 아기가 부모에게 얼마나 강한 자극으로 다가올지에 중요할 수 있다고 말했다. 하지만 나는 만약 차이가 존재한다면 미미할 것으로 생각한다. 그 차이는 호르몬과 준비 상태, 경험, 사회적 지원과 함께 양육의 연속선에서 부모의 위치를 결정 짓는 하나의 요인인 것이다.

중요한 것은 "내 아이라는 감각ownness"이 부모의 뇌에 미치는 영향을 살펴보는 연구들이 실제로 무엇을 측정하는지 알 수 없다는 점이다. 공동 유전 물질의 특성을 측정하는 것일까? 위탁 부모 또는 양부모에 대한 연구에 비춰보면 그렇지 않다. 어쩌면 그것은 작지만 강력한 아기의 마법에 의해 주의력과 자아 감각이 침투당한 어른의 '포획 상태'를 측정하는지도 모른다.

제이크 로버츠는 초보 아빠들을 위한 훈련소의 코치가 된 후 임신한 친구들과 동료들에게 그들의 파트너에 관해 물어보게 되었다. "그가 네 배에 대고 말하고 있다구? 원한다면 내가 그들과 대화를 좀 해볼게. 아기들의 똥이나 엄마들의 문지기 역할 같은 것에 관해 얘기해볼 필요가 있거든."

몇 년 전 메인 보이즈 투 멘은 예비 아빠들을 위한 프로그램에 새로운 코너를 추가했다. 부트캠프가 끝난 후 코치들이 주도해서 좋은 엄마나 좋은 아빠를 정의하는 특성에 관해 대화를 나누고 각각의 목록을 작성한다. 그다음 각 항목을 선을 그어 지우면서 좋은 부모의 특징에 관해 이야기를 나눈다. 메인 보이즈 투 멘의 임원 하이디 랜들Heidi Randall은 "아이들을 돌보는 것은 모든 인간의 본능"이라고 말한다. 예비 아빠들은 그들의 부모와 자기 자신에 대해 성찰하는 시간을 갖는다.

제이크는 아빠들을 위한 부트캠프를 "황금 티켓"으로 묘사했다. 그것이 아빠로서 역할과 자신의 미래를 밝혀준 초대장이었다고 말한다. 그가 말한 것처럼 이 연습은 선택을 위한 초대장이다. "아빠 역할을 정해진 것으로 받아들이지 마세요. 그건 당신의 선택에 달렸습니다."

• • •

부모의 뇌에 관한 연구는 매우 구식이고 시대에 뒤떨어지고 정체된 것처럼 느껴지기도 한다. 모든 논문에 엄마와 아기가 한 세트처럼 존재한다. 엄마는 주양육자이고 아빠는 부차적인 존재다. 그리고 가족은 한 아이와 두 명의 성인으로 이루어지고 이 두 성인은 "현저한 중복이 없는 서로 다른" 성별이다. 하지만 우리가 보는 현실과는 천지 차이가 있다.

2019년 어느 맑은 여름밤, 나는 메인주 서부에 있는 케자르 호수에서 종합 시각 예술가이자 그래픽 회고록을 만드는 로건 니콜스-체스트넛Logan Nichols-Chestnut과 카누를 탔다. 우리는 둘 다 휴노크스Hewnoaks에 머물고 있었다. 그곳은 20세기 전반에 걸쳐서 호숫가 언덕에 들어선 오두막들로 이루어진 예술가 레지던시였다. 그도 나도 두 아이와 배우자가 있는 집을 떠나 그곳에서 그렇게도 갈망했던 조용히 집중하는 시간을 갖게 되었다. 별이 가득하고 은하수가 비치는 하늘 아래, 산의 실루엣이 검푸르게 액자처럼 드리워진 그곳에 있는 그 순간 그저 행복했다. 우리는 대기권을 가로질러 빛줄기가 유성을 쫓는 것을 몇 번이나 보았다.

내가 휴노크스에 간 이유는 엄마가 된다는 것에 관해 책을 쓰기 위해서였다. 우리가 알고 있는 엄마의 이야기가 진실과 다르다는 것을, 그리고 나를 엄마 역할에 더 잘 준비시켜준 엄마의 뇌 과학에 관해 쓰고 싶었다. 니콜스-체스트넛은 여성에서 남성으로 전환한 트랜스젠더이자 아빠로서의 경험, 그리고 손주를 보기 전에 세상을 떠난 그의 아버지에 관한 책을 집필 중이었다. 우리의 작업은 똑같은 비행기의 두 경로를 쫓는 것처럼 서로 연관되어 있지만 별개처럼 느껴졌다.

우리는 그 후로도 가끔 연락을 주고받으며 팬데믹 기간의 육아와 서로의 책 작업에 대해 소식을 나누었다. 우리의 이야기가 서로 한 지점에서 만난다는 사실을 깨닫기까지는 거의 2년이 걸렸다. 2021년에 또다시 휴노크스를 찾아 일주일을 머무르게 되었을 때 니콜스-체스트넛에게 이메일이 왔다. 그는 출판사들에 그의 책 『역수*The Reciprocal*』의 원고를 보내기 전에 나에게 첫 두 챕터를 보내왔다.

그 페이지들에는 성소수자인 그가 가정을 꾸린 과정(친구의 정자를 기증받아 그의 아내가 출산하기로 한 결정을 포함해)과 자녀가 나중에 어떤 부모가 되는지에는 부모가 예상치 못한 영향을 끼칠 수도 있다는 사실이 훌륭하게 묘사되어 있었다. 나는 그에게 왜 제목을 그렇게 지었는지 물어보았다. 어떤 수와 곱해서 1이 되는 수를 역수라고 한다. 주어진 수를 뒤집어서 완전해진다. 다른 것이 비슷함을 만든다. 하나로 접힌 두 부분, 여성성과 남성성, 부모와 자녀, 사랑과 슬픔, 모두 역수와 비슷하다고 그는 답했다.

나중에 전화 통화에서 니콜스-체스트넛은 어린 시절에 어머니가 거의 부재했다고 말했다. 실제로 집에도 거의 없었지만 심리적으로도 마찬가지였다. 그의 아버지는 대놓고 다정하지는 않았지만 끊임없이 관심을 주었다. 일 때문에 바쁘면서도 시간을 내려고 노력했다. 아버지가 사랑을 표현하는 방식은 뭔가를 가르쳐주는 것이었다. 빨래하는 법, 오믈렛 만드는 법, 다림질하는 법. 그리고 차를 고치는 법과 울타리를 만드는 법도 가르쳐주었다. "여자니까

이런 걸 배워야 한다가 아니었어요. 자신을 돌볼 줄 알아야 하니까 배워야 한다고 하셨죠." 그의 아버지는 현실적이었지만 인내와 배려심도 컸다.

니콜스-체스트넛은 성전환을 하기 전에 아내와 결혼했는데 아버지는 결혼식에 오지 않았고 그는 아버지가 세상을 떠나기 전까지 자신이 트랜스젠더라는 사실을 밝히지 않았다. 그래도 그의 원고는 아버지를 사려 깊게 묘사했고 젠더에 대한 경험을 감동적으로 탐구하고 있었다. 아버지가 치킨과 만두 만드는 법을 알려주는 모습과 니콜스-체스트넛이 아들들을 위해 같은 요리를 만드는 모습이 나란히 펼침면으로 들어간 페이지에 이르러서는 어쩐지 자부심 같은 것이 느껴져서 눈물이 맺혔다. "아버지는 나에게 아이를 돌보는 것이 남녀 모두가 할 수 있는 일이라는 걸 보여주었지요." 니콜스-체스트넛은 말했다.

육아의 생물학에는 "현저한 중복"이 있다. 엄마와 아빠가 동의어이고 그들의 경험이 전적으로 동일하다는 의미가 아니다. 일반적으로 엄마와 아빠의 생물학적 발달 경로는 서로 다르며, 그들은 성별에 따라 엄청나게 다르고 너무도 강력한 사회 규범에 의해 정의된 세계를 경험한다. 다만 이러한 차이가 남성과 여성의 뇌가 서로 다른 틀에서 만들어졌기 때문에 생기는 것은 아니다. 그러나 부모의 뇌를 탐구하는 구조와 메커니즘(연구비를 지원하는 기관, 연구가 설계되는 질문들, 선택된 측정 지표)은 대부분 그렇게 가정하고 있다.

최근 테스토스테론 주사를 맞은 지 10년을 맞이해 『뉴욕 타임스』에 실은 글에서, 트랜스젠더 저널리스트 토머스 페이지 맥비Thomas Page McBee는 모든 곳의 모든 사람들이 "우리를 단순하고 전환 가능한 패키지로 만들려는 정치적, 문화적 힘과 끊임없이 협상하고 있다"라고 적었다.[53] 그는 독자들에게 트랜스젠더들이 어쩔 수 없이 잘할 수밖에 없는 일을 더 많이 해보라고 촉구했다. 그것은 바로 육아를 포함해 생물학의 규범으로 받아들여지는 것들에 의문을 제기하는 일이다. "만약 자녀 양육에서 '엄마'와 '아빠'가 그렇게 뚜렷하게 구별되는 범주가 아니라면 어떨까? 엄마와 아빠의 지속적인 분리로 이득을 보는 것은 과연 누구인가?"

남성과 결혼한 시스젠더인 내가 정확히 우리와 같은 가족을 위해 설계된 의료 시스템에서 우리의 친자식을 출산할 때는 거의 생각하지도 못했던 질문들이다. 하지만 지금 내 마음속에는 이 질문들이 분명하게 자리하고 있다. 이 제도들에 의해 계속 피해를 보고 있는 사람들에게 더 나은 조력자가 되어주고 싶기 때문만은 아니다. 이제는 그 범주적 분리가 내 가족은 물론이고 결국 모든 가족에게 왜 해로운지가 분명하게 보이기 때문이다.

나만큼이나 우리 아이들의 주양육자인 남편이 엄마들만을 위한 것이라는 명백한 이름표가 붙은 놀이 학교나 온라인 육아 커뮤니티 같은 곳에서 소외되므로 해로운 일이다. 결과적으로 일과 신생아 육아를 병행하고, 적정 예산의 어린이집을 찾거나, 우리 지역 학교 시스템의 특수 교육에 대해 파악하거나, 카시트를 설치하는 방법을 몰라 전전긍긍할 때 필요한 소중한 정보원에서도 소외될 수밖에 없다. 이전 상사가 일주일에 나흘간 유연근무제로 일하고 싶다는 내 요청을 퇴짜 놓으면서 다섯째 날에 집에서 재택 근무를 하면 되지 않느냐고 물었을 때도 해로웠다. "마지막으로 아기와 함계 하루를 보낸 적이 언제인가요?"라는 내 물음에 그는 답하지 못했다.

엄마는 전적으로 아이를 돌보는 기본적인 양육자이고 아빠는 가끔 필요할 때 나서는 대역이라고 보는 우리 사회에 만연한 문화("엄마는 엄마고 아빠는 가끔 찾는 놀이방")는 전혀 유익하지 않다. 그리고 자연 분만과 모유 수유 같은 엄마됨과 관련된 생물학적 과정이 신성하고 필수적인 것으로 숭배되면 그런 과정을 겪지 못하는 출산 부모들은 처음부터 패배자라는 느낌으로 엄마의 길을 시작하므로 대단히 해롭다.

색스비는 대학원 때 교수가 양육처럼 종의 생존에 중요한 일은 불필요하게 중복되는 시스템일 수밖에 없다는 말을 자주 했다고 말했다. 다시 말해서 부모와 자녀의 유대로 가는 단 하나뿐인 문을 열어주는 단 하나의 순간이나 과정은 존재하지 않는다. 예를 들어 출산 직후 아기와 살이 맞닿는 순간을 놓치는 부모에게는 아기와의 연결을 시작할 다른 기회가 있다. 마찬가지로 자녀를 사랑하는 부모의 형태는 단 하나가 아니다. 색스비는 아빠의 프로락틴에 관한 자신의 연구와 함께, 여성의 모유 생산에 관련된 호르몬 시스템이 남성의 경우 근접성을 통한 유대 촉진을 촉발할 수 있다는 이론을 언급했다. 즉, 모든 아기가 경각심을 가진 부모를 곁에 두기 위해 또는 동생이 태어난 후에도 여전히 주의를 기울이는 어른을 근처에 두기 위한 목적의 불필요한 중복일 수 있다는 것이다.

모든 유형의 부모에 대한 훨씬 더 많은 연구가 필요하다. 모든 가족 역학의 기준을 확보하고 단순히 출산 직후의 엄마와 아기를 살펴보는 것이 아닌 대규모 종단 연구가 필요하다. 현대 가족 생활의 다양성을 고려한 좀 더 정확한 범주화를 따르는 소규모 연구도 또한 필요하다.

이런 것들이 꼭 필요하다. 하지만 지금도 우리는 충분히 알고 있기도 하다.

우리는 모든 사람이 부모의 양육 네트워크를 발달시키는 능력을 갖추고 있다고 말할 수 있을 만큼은 이미 충분히 알고 있다. 아기들이 그들을 돌보는 어른들을 변화시킨다는 사실도 충분히 알고 있다. 궁극적으로 변화에 적응하는 부모의 뇌를 만드는 것은 전적으로 개인의 성별이나 생식 방법이 아니라 사랑과 관심이라는 것도 충분히 안다. 물론 여전히 무수히 많은 질문이 남아 있지만 지금도 우리는 행동에 필요한 만큼은 충분히 알고 있다.

우리는 분만실과 진료실, 산전 수업, 출산 이후의 자조 모임에서 매우 다양한 부모 형태가 존재한다는 사실을 알아차릴 수 있다. 임신한 여성과 초보 엄마들이 삶의 이 단계에서 다른 임산부들과 초보 엄마들을 통해 얻는 지원은 매우 중요하고 유효하며 신체와 정신 건강에 필수적이고 기본적인 정보 출처이기도 하다. 하지만 그 전체적인 토대를 이루는 온라인과 오프라인의 주류 자조 모임이 전부 출산한 시스젠더 여성의 전유물이라면 여타의 출산 부모들이 고립될 뿐만 아니라 아빠와 파트너들에게도 육아는 그들이 할 일이 아니라는 메시지를 보내는 것과 마찬가지이다. 뇌를 바꿔놓을 정도로 엄청난 사건이 아무것도 아니라는 말과 같다.

우리는 부모됨에 관해 이야기할 때 사용하는 언어가 극도로 성별화되었다는 것을 알아차리고 재고해야 한다. 소셜 미디어와 보수적인 전문가들, 여성 인권 운동가 집단, 조산사들 사이에서

"출산인birthing people"이라는 표현의 사용에 반대하는 목소리가 있다.[54] 그 단어를 사용하면 마치 여성과 엄마가 지워지거나 무언가를 빼앗기기라도 한다는 듯이 말이다. 작가로서 나는 개인을 언급할 때는 구체적인 언어를, 집단을 언급할 때는 정확하고 포괄적인 언어를 사용해야 한다고 믿는다.

엄마로서 나는 출산 경험에 담긴 힘과 아이들을 돌볼 수 있는 능력에서 얻는 힘을 알고 있다. 성이나 젠더에 상관없이 아이를 낳거나 양육하는 다른 사람들에게 그 힘을 인정한다고 내가 무언가를 빼앗기는 것은 아니다. 내가 아는 것이 진실이라는 것을 확인시킬 뿐이다.

모든 부모가 육아에 적응하도록 돕기 위해 우리가 할 수 있는 가장 중요한 일은 유급 육아휴직 제도가 없는 곳에 그 제도를 강력하게 시행하여 신생아와 입양아를 둔 모든 부모를 지원하는 것이다. 특히 소득 수준이 비슷한 다른 국가들에 비해 한참 뒤처진 미국에 시급하다. 아기를 실제로 돌보는 시간이 매우 중요한 만큼 아빠와 비출산 부모가 이 제도를 활용하도록 촉진하는 동인 또한 필수적이다.

색스비는 현재 젠더 규범과 육아와 관련해서 일어나고 있는 변화를 낙관적으로 바라본다. 그녀는 만달로리안을 한번 보라고 말한다. 만달로리안은 동명의 스타워즈 시리즈의 주인공 캐릭터이다. 특수 금속인 베스카beskar 헬멧을 쓰고 클린트 이스트우드와 일본 구로사와 아키라 감독의 사무라이 캐릭터들을 떠올리게 하는 분위기를 풍기는 그가 귀여움의 모든 필수 조건을 충족하는 작고 강력한 외계 종족 아기를 돌본다.[55] 큰 눈, 작은 턱, 둥근 뺨. 게다가 귀여운 귀까지. "갑옷으로 무장한 지극히 남성스러운 전사가 아기 요다를 돌봅니다." 색스비가 말한다.

보통 남자들이 육아에 겁을 먹는 이유는 그들에게는 육아가 쉽지 않기 때문이다. 하지만 육아가 쉬운 사람은 아무도 없다. 쉬울 수도 있지만 훈련을 통해서만 가능하다.

색스비는 말한다. "육아는 기술입니다. 훈련이 가능하다는 뜻이니 희망적이죠. 발전시킬 수 있습니다. 동기 부여가 중요하죠."

색스비는 말한다. 육아는 자동으로 되는 것이 아니고, 부모의 뇌는 경험을 통해 발달한다는 사실을 이해한다면 변화가 일어날 수 있다고. 아빠들에게 육아휴직 혜택을 주려는 움직임이 정치권에서 나타날지도 모른다. "육아가 생물학적으로 타고나거나 그렇지 않거나 둘 중 하나라고 생각할 필요가 없습니다."

신경과학은 이 말이 정말로 사실임을 증명하고 있다. 사회도 변하고 있다. 비록 느리지만 분명히 변화가 이루어지고 있다. 색스비가 말하듯, 그것은 "시간 문제"이다.

7장

변화가 시작되는 곳

알리사 맥클로스키Alyssa McCloskey는 첫째가 태어났을 때 경외심을 느꼈다. 그녀는 열여섯 살이었고 결혼한 지 얼마 되지 않았다. 20시간이 넘는 끔찍한 "허리 통증" 끝에 아기가 태어났다. 그녀는 아들 타일러가 자신을 사랑한다는 것을 알 수 있었고 그녀 역시 아들을 사랑했다.

비록 10대 때 임신할 계획은 없었지만 아무 준비도 하지 않은 건 아니었다. 그녀는 닥치는 대로 책을 읽었다. 하지만 아기가 태어나고 몇 달 동안 과연 자신이 제대로 하고 있는 것인지 불안했다. 아이가 자신의 모든 행동을 지켜보고 따라할 거라는 사실을 생각하면 막중한 책임감과 부담감이 느껴졌다. 하지만 타일러의 엄마 역할은 기쁨으로 가득한 일이었다. "마법 같은 경험이었지요. 그저 좋았어요."

약 11년 후 다시 임신했을 때 처음과는 많은 것이 다르게 느껴졌다. 이번에는 바라고 계획한 임신이었다. 하지만 투쟁이기도 했다. 골반뼈가 탈골되어 물리 치료를 해도 끔찍한 고통이 느껴졌다. "하루빨리 진통이 시작되길 바랐죠." 출산 예정일이 지났고 양수가 터지자 유도 분만일을 잡았다. 그러나 진통은 시작되지 않았다. 적어도 규칙적으로 오진 않았다. 그래서 알리사는 유도 분만에 사용되는 피토신을 투여받았는데 이번에는 빠르고 강하게 진통이 왔다. 너무나 강했다. "내 몸이 나를 거스르는 것처럼 느껴졌어요. 진통이 너무 강해서 숨도 쉴 수가 없었어요."

그렇게 둘째 사이먼이 태어났다. 알리사는 첫째가 태어났을 때처럼 넘쳐흐르는 사랑을 기대했다. 하지만 사이먼을 품에 안았을 때 그런 감정은 느껴지지 않았다. "제 아이가 아닌 것 같을 정도였어요. 너무 이상한 느낌이었어요. 거의 2년 동안이나 원했던 임신이었는데… 저에게 무척 실망했죠."

그 단절감은 몇 주가 지나면서 조금 약해졌지만(수유가 도움이 되었다) 완전히 사라지지는 않았다. 그녀는 사이먼과 어떻게 유대를 형성해야 할지 알 수 없었다. 아직 갓난아기일 뿐인데. 죄책감이 가득 밀려왔다. "이 애가 과연 나를 엄마로 원하기는 할까?" 하는 생각도 들었다. 첫째 타일러가 엄마의 우선순위에서 밀려난 기분을 느낄까봐 걱정도 되었다. 게다가 그 몇 달 동안 그녀는 학대를 일삼는 사이먼의 아빠와 헤어지려고 애쓰고 있었다. 하지만 그가 아기와 시간을 보내고 싶어 하고 그녀가 수유 중이라는 사실, 이 모든 것(그의 학대나 아기와의 얕은 유대)이 자기 잘못이라는 믿음이 헤어짐을 어렵게 만들었다.

사이먼이 태어나기 전에는 산후 우울증을 아기를 해치려는 강한 충동을 느끼는 것이라고 생각했다. 그런데 그건 그녀의 경험과는 거리가 멀었다. 알리사는 온라인에서 산후 우울증에 대해 찾아보기 시작했다. 타일러의 경우에는 처음부터 값진 유대감을 맺는다는 것이 어떤 느낌인지 잘 알 수 있었다. 하지만 이번에는 거대한 스트레스 상황에 놓여 있어서, 뇌와 호르몬의 차이가 그런 감정을 느끼지 못하게 하는 것인지도 모른다는 생각이 들었다.

이 깨달음은 그녀에게 희망을 주었다. 그러나 동시에 어려움이기도 했다.

모성 본능의 오류를 알아차리자 냉혹한 현실도 따라왔다. 친구 중 하나는 아기가 태어나면 부모도 자동으로 업그레이드가 이루어질 줄 알았다고 말했다. 부모 역할에 필요한 기술과 정보가 저절로 다운로드돼서 어른 2.0이 되는 것이다. 하지만 그런 일은 일어나지 않았다. 부모의 뇌는 개인이 이미 가지고 있던 뇌에서 성장한다. 개인의 유전자와 복잡한 가족사, 어린 시절에 부모에게 보살핌을 받은 방식, 자라오면서 스스로 만든 대처 메커니즘의 영향을 받아서 발달한 뇌 말이다. 그 뇌는 부모가 살아오면서, 그리고 임신과 산후 기간에 겪은 스트레스와 트라우마의 영향도 받는다. 그들이 경험한 치유와 지원 역시 뇌에 영향을 준다.

우리 뇌에는 필요에 따라 온라인으로 제공되는 별도의 두뇌 네트워크가 존재하지 않는다. 헌신적이고 요구에 따라 언제든 발동하는 미리 포장된 부모 본능은 없다. 부모는 있던 그대로의 모습으로 시작한다.

이 장에서는 살면서 겪는 힘든 일들이 부모로서의 변화를 통해 뇌에 얼마나 많은 방식으로 영향을 미칠 수 있는지 살펴볼 것이다. 만성 스트레스와 트라우마는 양육에 꼭 필요한 동기 부여와 감정 조절, 사회적 인식과 관련된 신경회로의 형성에 강력한 영향을 미친다. 그리고 마찬가지로 임신과 산후에 일어날 수밖에 없는 대변동 또한 우리가 평생에 걸쳐 발달시킨 스트레스 반응에 중요하고도 놀라운 방식으로 영향을 준다. 연구자들은 지금까지 알아낸 연구 결과를 이용하여 어린 자녀를 둔 부모들을 더 효과적으로 지원하고 가장 힘겨워하는 사람들을 치료하는 방법을 찾기 시작했다. 그들을 취약하게 만드는 요인, 즉 뇌의 고조된 유연성을 이용해서 말이다.

° ° °

나는 두 아이를 낳기 전에는 산후 우울증이 독감 같은 것이려니 했다. 걸렸거나 걸리지 않았거나 둘 중 하나라고. 그건 결과적으로 순진한 생각이었다. 우울증을 피검사나 입안을 면봉으로 문질러서 진단할 수 없는 것과 마찬가지다. 막 부모가 된 이들의 증상도 그런 식으로는 알 수 없는 것은 당연하지 않을까? 나 역시 잘못 알고 있었다.

일반적으로 산후 우울증은 임산부들에게 주의해야 할 증상의 목록으로 소개된다. 아기를 낳은 후 일시적으로 "우울감"을 느낄 수도 있지만 2주 후에도 "무력감과 공허감"이 계속되면 전문가에게 도움을 청해야 한다는 권유도 따라온다. 이건 굉장히 억제된 느낌이다. 깔끔하다. 어떤 사람들은 산후 우울증 증상의 목록에 체크를 하고, 나머지는 제각기 희망과 충만감을 느낄 것 같다. 모호하지 않고 똑 떨어진다.

부모의 뇌에 대해 더 많이 알고 부모들과 이야기를 나눌수록 나는 부모들의 경험이 넓은 스펙트럼에 걸쳐서 분포한다는 사실을 알게 되었다. 그 스펙트럼의 한쪽 끝은 괴로움이 적은 상태이고, 반대쪽 끝은 심신을 쇠약하게 만들 정도로 큰 괴로움이 자리한다. 그리고 양극단 사이에는 다양한 범위의 불안과 적응이 존재한다.[1] 그 선상에는 괴로움이 장애로 변하는 정확한 지점이나 기준이 존재하지 않는다. 부모 역할을 아무런 심리적 어려움 없이 해내는 사람은 많지 않다. 산후 기분 장애에 대해 이야기하는 방식이 너무 단순화된 건 이 때문일지 모른다. 애초에 무슨 말을 해야 할지 제대로 알지 못하기 때문이다.

"부모로의 변화는 인간이 겪는 가장 심오한 일이라고 할 수 있을 거예요. 그것만은 확실합니다." 노스캐롤라이나 대학의 여성기분장애센터 소장 서맨사 멜처-브로디Samantha Meltzer-Brody가 나에게 말했다. 현재 멜처-브로디는 제약 기업 세이지 테라퓨틱스Sage Therapeutics가 출시한 줄레소Zulresso의 주성분인 브렉사놀론brexanolone에 대한 연구로 잘 알려져 있다. 이 약품은 2019년에 미국 식품의약국으로부터 승인받은 최초의 산후 우울증 치료제이다. 그녀는 연구자와 임상의로서 여러 가지 역할을 하고 있다.

멜처-브로디는 산후 우울증이 "쓰레기 봉투 같은 용어"라고 말했다. 증상과 예후, 치료 방법, 유전과 호르몬, 환경 원인이 저마다 다른 여러 종류의 암을 뭉뚱그려 전부 유방암이라고 부르는 것과 다르지 않다. 산후 우울증도 오래전부터 부모들이 산후에 경험하는 무수히 많은 정신 질환을 다 집어넣는 자루와 같았다. 그래서 불안이나 강박을 경험하는 이들이 육아서에서 그 경험에 관한 내용을 전혀 찾을 수 없는 것이다. 출산 경험의 트라우마가 생생한 많은 이들이 출산과 관련된 외상 후 스트레스 장애가 실제로 존재하고 치료도 가능하다는 사실은 절대 알지 못할 수 있다.

이제 많은 임상의와 연구자들은 일반적으로 출산 부모 5명 중 1명에게 영향을 미치는 것으로 알려진 출산 전후 기분 및 불안 장애, 또는 출산 전후 정신 질환의 범주가 더 넓다는 사실을 인정하고 있다.[2] 포괄적인 상위 개념은 경험의 폭을 더 잘 반영하는데, 섭식 장애나 드물지만 심각한 정신증도 이 장애에 포함될 수 있다. 하위 범주에는 중복이 있어서 진단과 치료가 복잡해질 수 있다. 트라우마는 우울증을 일으킬 수 있다. 불안과 우울증은 종종 동시에 일어난다. 강박 장애도 마찬가지다.

쉽게 알아차릴 수 있는 우울증 증상을 보이는 사람이라도 그 증상을 일으키는 다른 생물학적 메커니즘을 경험하고 있을 수 있다. 산후 우울증은 새로운 부모 역할에 적응하는 데 필요한 지원(경제적 자원이나 파트너와 가족, 친구의 도움 등)이 부족할 때 일어나는 경우가 많다. 또는 이전에 정신 질환을 겪은 적이 있어서일 수도 있다. 만성적이거나 극심한 스트레스로 인해 임신과 출산, 육아에 따르는 스트레스에 대처하는 능력이 약해졌기 때문일 수도 있다. 멜처-브로디에 따르면 심한 경우 산후 우울증은 "마른하늘에 날벼락 치듯 갑자기" 닥쳐서 "믿을 수 없을 정도로 생물학적인 현상"처럼 느껴진다.

정신의학의 바이블로 불리는 『정신 질환의 진단 및 통계 편람*DSM*』에서는 산후 기분 장애를 분명하게 인정하지 않는다.[3] 즉, 출산 전후 우울증을 임신 중이나 출산 4주 후에 시작되는 주요 우울증의 하위 유형으로 간주한다. 많은 출산 부모가 출산 6주 후의 표준 정기 검진에서만 산후 우울증 검사를 받는다. 그마저 받지 않는 경우도 많다. 하지만 산후 우울증이 산후 첫해에 언제든지 발생할 수 있다는 사실을 세계보건기구와 미국 질병통제예방센터를 포함해 많은 기관에서 널리 인정하고 있다.[4] 최근 미시간주의 한 병원에서 산전 검사를 받은 수백 명의 여성들을 추적한 결과, 산후 6주에 우울증과 PTSD 검사에서 음성이 나온 325명 가운데 8퍼센트가 산후 3개월에는 결과가 뒤집혀 우울증과 PTSD가 있는 것으로 나타났다.[5] 산후 6주째에 의사를 만날 기회를 얻기 전까지 많은 출산 부모가 몇 주 동안이나 힘들어한다. 이후로도 아무 도움도 받지 못하는 사람들도 많다. 과학자들은 우울증의 시작 타이밍과 특정 신경생물학적 유발 요인의 연관성을 알아보기 시작했다.[6]

증상이 임신 기간에 시작되는 예도 있지만 임신부들은 위험 요소에 대해 정기적인 검사를 받지 않는다. 그리고 일반적으로 산후 우울증은 주요 우울 장애와 비슷한 증상도 있지만(흥미나 즐거움을 잃는 것, 은둔, 절망 등) 보통의 우울증과 다르게 보일 수도 있다.[7] 특히 흥미 상실과는 정반대로 보일 수 있는 불안이나 강박 증상을 동반할 때 그렇다. 일반적인 인구층에서 산후 양극성 장애는 흔하고 과소 진단되고 있는데, 진단 도구 자체가 조울 증상이 아닌 우울증 증상만 찾아낸다는 점 때문이기도 하다.[8]

그에 반해 우울증이 부모와 아기에게 주는 피해는 명확하게 알 수 있다.[9] 아기가 안전하고, 청결하고, 배를 채우고, 뇌 발달에 중요한 상호 작용을 하기 위해서는 주의를 기울이는 부모가 필요하다. 항상 그런 것은 아니지만 우울증은 아기가 그런 것들을 얻지 못하도록 방해한다. 임신 중 우울증, 특히 정도가 심각한 우울증은 조산 위험을 높이는 것으로 알려져 있다. 연구 결과, 산후 우울증은 아동의 행동 문제, 그리고 낮은 인지 발달과 관련이 있는 것으로 나타났다. 하지만 그런 연구에서는 효과 크기가 작거나(아동 발달 저하와의 연관성이 약할 수도 있다는 뜻), 연구 결과가 우울증의 지속 여부나 부모와 아기가 어떤 유형의 지원을 받고 있는지에 좌우되는 경우가 많다.

이것은 매우 중요한 요점이다. 보통 산후 우울증이 있는 사람들은 그들의 우울증이 아기의 미래를 망치고 있다고 생각할 수 있기 때문이다. 감당하기 힘든 삶의 변화 속에서 느끼는 괴로움 때문에 우유를 상하게 했다고, 아이가 잘못되게 했다고 생각하는 것이다. 하지만 아기들은 회복력이 강하다. 알다시피 그들은 부모뿐만 아니라 모든 어른의 마음을 사로잡는 법을 잘 알고 있다. 게다가 초보 부모의 뇌에는 놀라운 변화와 적응 능력이 있다. 이런 의미에서 주산기 정신 질환의 존재 자체는 결정적인 문제가 아니다. 그보다는 아기를 돌봐줄 다른 어른이 없는 것, 아기가 있는 모든 가정에 필요한 시간과 자원의 부족 또는 효과적인 치료에 대한 접근성의 부재가 더 결정적인 문제일 것이다.

산후 우울증은 부모의 건강에도 심각하고 평생 갈 수도 있는 영향을 끼칠 수 있다. 자살은 (대부분 파트너에 의한) 타살과 함께 임신 관련 사망의 주요 원인이고, 산후 자살이나 자해 충동도 놀라울 정도로 흔한 일이다.[10] 각각 5퍼센트와 14퍼센트의 엄마들이 그런 충동을 느껴본 적 있다는 분석 결과도 있다. 우울증 증상은 그런 생각이 더 자주 들게 한다.

다비 색스비와 동료들이 표현한 것처럼 부모로의 변화는 장기적인 건강의 "중요한 창"[11]이다. 여기에는 당연히 정신 건강도 포함된다. 산후 우울증을 경험한 사람들의 40퍼센트는 이전에 우울증을 한 번도 겪어보지 않은 이들이지만 이후로는 재발할 수 있다.[12] 산후 우울증은 치료하지 않고 방치하면 특히 재발과 양극성 장애의 위험을 높인다.[13]

이 책에서 논의된 그 어떤 과학적 지식도 더 많은 가족이 아기와 함께하는 새로운 삶을 더욱 잘 시작할 수 있도록 산후 정신 건강 문제를 해결하는 열쇠를 제공하지는 못할 것이다. 만약 그런 열쇠가 존재한다면 그것은 취약한 가정을 지원하고, 그들이 속한 지역 사회의 불평등을 해결하는 방법에 관해 선택을 내리는 정부 관계자들과 정책 입안자들의 주머니에 들어 있을 것이다. 몇 년 전, 캘리포니아의 한 연구진은 산후 우울증 유병률을 추적하는 전 세계의 자료를 조사했다. 그들은 56개국 291개 연구를 분석했다.[14] 거기에는 거의 30만 명에 이르는 여성들에게서 나온 자료가 포함되었다. 연구진은 전 세계의 산후 우울증 유병률이 약 18퍼센트라는 사실을 발견했다. 하지만 국가별로 큰 차이가 있었는데 이를테면 칠레는 38퍼센트, 싱가포르는 3퍼센트였다. 이는 부분적으로는 산후 우울증에 대한 의식이나 문화적 프레이밍, 국가 간 연구 질의 차이와 관련이 있는 것처럼 보였다. 하지만 산후 우울증의 유병률이 가장 높은 국가들은 사회 전반에 경제 및 건강 격차도 큰 것으로 나타났다. 안정적인 환경과 지원이 갖춰진 상태에서 아이를 낳는 사람들일수록 부모가 된다는 새로운 변화를 큰 혼란 없이 헤쳐 나갈 수 있었다.

산후 우울증의 원인이 정확히 무엇인지, 정치인들의 변덕에 기대거나 가장 고질적인 사회 문제들을 해결하지 않고도 산후 우울증 문제를 가장 효과적으로 예방하고 치료하는 방법이 무엇인지 알아내기 위해 연구자들이 할 수 있는 일이 많다(이미 하고 있기도 하고).

• • •

멜처-브로디의 연구는 대부분 산후 우울증의 본질을 분석하고 진단의 엉킨 실타래를 풀어 출발점으로 거슬러 올라가는 것을 목표로 한다. 그녀를 포함한 세계 연구자들이 구성한 컨소시엄은 19개 의료 기관에서 수천 명의 상세한 임상 자료를 모아 증상이 언제 나타났고 얼마나 심각한지, 불안이나 자살 충동도 경험했는지를 비롯한 구체적인 특징을 토대로 산후 우울증의 하위 유형을 찾고자 했다.[15] 연구자들은 2016년에 산후 우울증을 겪는 여성들이 연구 데이터베이스에 자신의 정보를 제출할 수 있도록 앱을 출시했다. 일부 참가자들은 집으로 발송된 타액 튜브로 DNA 표본을 제공했다. 앱이 출시된 지 3년 후 크리에이티브 에이전시 웡두디Wongdoody의 도움으로 그 프로젝트는 업그레이드된 앱 디자인과 소셜 미디어 홍보, 로스앤젤레스에서의 인플루언서 행사, 흥미로우면서도 마음을 아프게 하는 영상 광고와 함께 산후 우울증과 싸우는 엄마 유전자Mom Genes Fight PPD라는 이름으로 새롭게 선보였다. "프로젝트에 거대한 에너지가 보태졌죠." 멜처-브로디는 말한다.

2021년 가을 현재, 그 컨소시엄은 약 2만 명의 여성 유전자 자료를 수집했고 게놈 분석 결과를 처음으로 발표할 준비를 하고 있다. 그들의 목표는 10만 명의 샘플로 데이터베이스를 구축함으로써 산후 우울증 검사와 치료를 개선하는 것이다. 그 데이터가 산후 우울증의 다양한 하위 유형의 유전적 위험 요소에 대한 의미 있는 통찰을 제공하기에 충분한 규모이기를 바라며 말이다.

멜처-브로디가 말한다. "25년 전만 해도 유방암에 걸리면 모두가 똑같은 치료를 받았습니다. 하지만 이제는 암의 유전적 특징에 따라 치료가 이루어지죠. 치료의 구체성 덕분에 긍정적인 측면에서 예후가 엄청나게 달라집니다. 산후 우울증도 하위 유형에 상관없이 모두가 똑같은 방법으로 치료받는 것과 다를 바가 없어요."

언젠가 산후 우울증 환자들에도 정밀 정신의학이 가능해질지 모른다. 그러나 중요한 차이점도 있다고 멜처-브로디는 지적한다. 일반적으로 유방암은 위치 특이성이 있다. 종양은 생체 검사로 분석할 수 있다. "뇌는 그게 불가능하지요. 그 점 때문에 문제가 됩니다."

한 예로 연구자들은 뇌 영상법을 사용해 산후 우울증에 걸린 뇌가 어떤 모습인지 살펴보고자 했다. 뇌 영상 연구는 산후 우울증이 어떤 메커니즘을 통해 육아에 영향을 미치는지, 치료를 위해 무엇을 표적으로 삼아야 하는지 이해하는 중요한 도구가 될 수 있다. 하지만 현재로서는 매우 제한적이다.

만약 산후 우울증에 많은 하위 유형이 존재한다면 제대로 이해하기 위해서는 대규모(앞에서 말한 산후 우울증과 싸우는 엄마 유전자 앱에서 목표로 하는 크기만큼)의 표본이 필요할 것이다.

현재까지의 뇌 영상 연구는 대부분 산후 우울증을 앓고 있는 열 명 또는 스무 명 남짓한 사람들의 뇌를 살펴보는 정도에 그쳤다. 산후 우울증 환자들을 장기적으로 추적한 종단 연구는 거의 없다. 그리고 지금까지의 연구는 상당히 엇갈리는 결과를 보여주는데, 연구마다 포함 기준(산후 개월 수나 종합적 증상)이 다른 탓이기도 하다. 신경 활동을 평가하는 데 사용되는 자극도 연구마다 다르기는 마찬가지다. 피실험자 엄마의 아기 사진이나 녹음한 울음소리가 사용되기도 하고, 뇌 스캔을 받는 사람과 개인적으로 전혀 관련 없는 긍정적이거나 부정적인 자극이 포함될 수 있다.

연구자들은 뇌 영상 연구의 한계를 인식하고 있다. 연구 전반에 걸쳐서 그리고 특정 피실험자 집단의 차이를 "넘어서" 유효한 결과를 찾는 것이 목표라고 맥마스터 대학의 신경과학 박사 연구원 아야 두딘Aya Dudin은 말한다. 이를테면 편도체와 관련된 발견이 그렇다.

산후에 심각한 우울증 증상을 보이는 사람들은 아기의 고통스러운 울음소리 같은 부정적인 자극에 대한 편도체의 반응이 둔감한 편이라고 알려져 있다.[16] 여기에는 용량 효과가 작용할 수 있는데, 우울증 증상이 심할수록 반응도 더 무뎌진다. 일반 인구층의 주요 우울 장애에서 나타나는 과민 반응 효과와는 정반대이다.[17]

두딘은 뇌 영상 결과를 단순한 서사로 압축하는 어려움을 강조한 두 가지 흥미로운 연구의 공동 저자이다.[18] 그 연구에서는 자녀와 우울증 유무로 여성들을 비교했다. 자녀가 없는 여성들이 웃고 있는 유아의 이미지(아기와 관련된 긍정적인 자극)를 볼 때 편도체 반응은 우울증 상태에 따라 차이가 없었다. 그러나 우울증이 있는 엄마들은 웃고 있는 모르는 아기들의 사진을 볼 때 우울증이 없는 엄마들보다 더 강한 편도체 반응을 보였다. 연구진은 엄마들에게 그들의 아기 사진도 보여주었는데 역시나 우울증이 있는 엄마들의 편도체가 강하게 반응했다. 그런데 연구자들은 흥미로운 사실을 알아차렸다. 우울하지 않은 엄마들의 편도체는 모르는 아기보다 그들의 아기에게 훨씬 더 강하게 반응했다. 그리고 우울증에 걸린 엄마들은 "자신의" 아기와 "다른" 아기를 볼 때 편도체 반응의 차이가 더 작았다.

연구진은 이것을 "자기 아이에 대한 무뎌진 편도체 고유 반응"이라 표현했다. 우울증에 걸린 엄마들은 마치 아기의 신호를 감지하는 레이더가 제대로 맞춰지지 않은 것처럼 보였다. 몇몇 연구자들은 이것이 산후 우울증의 특성을 반영할 수도 있다고 제안했다. 편도체가 상황에 따라 너무 강하게 반응하거나 너무 약하게 반응하고, 부모의 동기 부여와 경계심의 균형이 가장 잘 유지되는 중간 범위의 반응이 빠져 있다는 것이다.

또 다른 연구들은 보상과 관련된 뇌 영역, 감정 조절 및 실행 기능에 필수적인 회로, 백질 연결, 신경전달물질 수용체의 분포에서 우울증과 관련된 차이점을 찾아내고자 했다.[19] 부모가 불안이나 우울증이 있어도 아기에게 잘 반응할 수 있으므로 연구자들은 뇌의 어떤 연결이 돌봄 행동을 지원하는지 알아내고자 했다.[20] 하지만 그 결과물은 꼬불꼬불한 선들이 무엇을 말하는지 좀처럼 알아볼 수 없는 매직 아이 그림처럼 너무도 미묘해서 좌절감마저 느끼게 한다.

과거에 우울증 경험이 있고 산후 우울증이 있는 사람의 뇌가 산후에 처음으로 우울증을 경험한 사람의 뇌와 다르기 때문일 수도 있다고 두딘은 말했다. 대부분의 뇌 영상 연구는 피실험자들을 예/아니오 범주로 분류하므로 그 미묘함을 감지할 수 없다. "이원적인 시스템이죠. 알다시피 정신 건강과 정신 질환은 본질적으로 절대로 균일하지 않은데 말이에요."

일반적인 정신 질환을 이해하는 데 중요한 뇌의 기본 원리는 그것이 동적 긴장으로 움직인다는 것이다. 육아에 있어서는 특히 그렇다. 아기를 돌보는 것은 밀기와 당기기가 필요하다. 부모는 주의를 기울여야 하지만 지나치게 집착해서는 안 된다. 반응하되 조절해야 한다. 양육하되 경계해야 한다. 연구자들은 이것을 양극단으로 이어지는 뇌 활동 회로들 사이의 "상호 억제reciprocal inhibition"[21]라고 표현하기도 한다. 새끼들을 향한 공격성 vs 새끼 그루밍, 부모의 방어 vs 부모의 돌봄 같은 것들이 예다.

이런 것들의 균형은 대개(항상은 아니다) 스트레스와 관련이 있는 것처럼 보인다. 스트레스를 얼마나 경험하는지, 언제 그리고 얼마나 오래 경험하는지, 더 많이 흡수할 수 있는 능력이 있는지와 관계가 있다. 부모의 뇌를 이해하려면 임신부터 산후 기간까지 스트레스가 어떤 영향을 미치는지에 대해 알 필요가 있다는 인식이 커지고 있다.[22]

◦ ◦ ◦

스트레스 하면 코르티솔이 떠오를 것이다. 사람들은 당연히 "스트레스 호르몬"이라 불리는 코르티솔이 적을수록 최선이라고 생각한다. 그러나 완전히 옳은 말은 아니다.

코르티솔은 스트레스 상황이 시상하부, 시상하부 바로 아래에 있는 뇌하수체, 신장 위에 자리 잡은 부신을 포함하는 시스템을 작동시킬 때 생성된다. 이것이 바로 HPA 축(시상하부-뇌하수체-부신 축)이다. HPA 축은 스트레스 반응에 관한 우리 몸의 제어 센터이며, 시간이 지남에 따라 급성 및 만성 스트레스 요인에 노출되면서 영향을 받는다. 부신에서 생성되는 코르티솔은 혈당 수치를 높여서 신체가 도전에 반응하거나 높은 경계 상태를 유지하는 데 필요한 에너지를 확보하게 해준다. 하지만 HPA 축이 일반적으로 그러하듯, 코르티솔은 변화하는 환경에 적응하는 것과 관련된 신체의 더 많은 과정에 관여한다. 즉, 스트레스 많은 상황 또는 지극히 평범한 상황 모두에 관여한다.

코르티솔 수치는 일반적으로 주기적인 모습을 보이는데 아침에 높고 저녁으로 갈수록 줄어든다. 하루 동안 마주치는 자극에 반응하면서 시시각각 변하기도 한다. 이렇게 다층적인 변화는 코르티솔의 중요한 측면이다. 코르티솔은 기억과 면역 반응, 그리고 문자 그대로 아침에 침대에서 일어나는 일에 관여하는 변화의 촉진제이다.[23] 또한 신경 가소성과 학습 과정에서도 근본적인 역할을 하는 것처럼 보인다. 만성 스트레스나 주요 우울 장애가 있는 사람들은 하루의 코르티솔 리듬이 단조롭거나, 갑자기 급증했다가 느리게 낮은 수치로 돌아간다.[24] 한 연구자는 나에게 코르티솔이 스트레스의 "통화"라고 말했다. 코르티솔 조절 장애는 마치 통화의 과잉 공급이 경제에 영향을 미치듯 신경계에 복잡한 영향을 미치기 때문이다.

만성적인 스트레스와 관련된 정신 질환은 해마를 위축시키는 것으로 알려져 있다.[25] 해마는 HPA의 활동을 조절하는 피드백 루프의 일부이므로 스트레스가 폭포 효과를 일으켜 해마의 손상이 뇌의 스트레스 반응 조절 장애를 악화할 수 있다. 항우울제의 효과는 뇌의 해당 영역 부피 감소를 역전시키는 데서 나올 수도 있다. 한편, 스트레스가 편도체에 미치는 영향은 정반대이다. 인간과 다른 동물들에게 스트레스 및 스트레스 관련 장애는 편도체의 부피 증가와 활동 증가 모두와 관련 있는 것으로 나타났다. 이는 두려움과 불안의 증가로 이어질 수 있다.

스트레스와 뇌에 대해 알려진 것들은 대부분 2020년에 세상을 떠난 그 분야의 거인인 신경과학자 브루스 매큐언Bruce McEwen의 연구에서 나왔다.[26] 매큐언과 동료들은 쥐의 해마에 코르티코스테론 수용체가 있다는 사실을 처음 밝혔다. 이것은 설치류의 주요 당질코르티코이드glucocorticoid이며, 인간의 코르티솔과 유사한 것으로 여겨진다. 즉, 몸에서 순환하는 스트레스 호르몬이 뇌로 들어간다는 의미였다. 나아가 연구진은 코르티코스테론이 해마와 다른 곳의 신경 가소성에 어떤 영향을 주는지도 자세히 밝히고자 했다. 매큐언은 연구 생애 내내 신체 스트레스 반응에 조절 장애가 일어나면 평소에는 적응력 있는 과정에 "마모"가 일어나서 재앙적인 결과로 이어질 수 있다는 사실을 설명했다. 그는 알로스타시스에서 나아간 "알로스타시스 부하"라는 개념을 대중화했다.[27] 이는 신체가 스트레스에 너무 많이 또는 너무 적게 반응하거나, 급성 스트레스 요인이 지나간 뒤 이전 상태로 되돌리는 데 실패할 때 치러야 하는 비용을 뜻한다. 매큐언의 이론에서 핵심은 코르티솔이 우리 몸의 "악당"이 아니라 반응과 예측 능력의 중요한 매개체라는 사실이었다.[28]

부모로의 변화라는 맥락에서 이것은 코르티솔의 역할을 이해하는 데 중요한 요점이다. 임신 기간에는 코르티솔 생산이 기하급수적으로 증가하고 출산 초기까지도 높은 수치가 유지된다. 하지만 알고 보니 코르티솔이 적은 것이 항상 최선은 아니었다. 임신 후기의 혈장 코르티솔은 임신 전보다 3배나 높다.[29] 다른 때 같으면 병적인 상태로 여겨지는 수준이지만 임신 중에는 지극히 정상이다.

코르티솔은 태아가 자라는 동안 글루코스를 더 많이 만들어 태아의 성숙을 돕는 것으로 알려졌다.[30] 그리고 진통과 분만, 모유 분비에도 중요하다. 코르티솔은 성장 중인 태아에게 전달되지만 태반은 코르티솔을 비활성화 상태로 만들어 태아에게 해로운 수치가 전달되지 않도록 막을 수 있다. 놀랍게도 임신부 또한 극도로 높은 코르티솔 수치가 건강을 해치지 않도록 보호 장치를 갖고 있다. 에스트로겐의 증가가 혈중 단백질 코르티코스테로이드 결합 글로불린corticosteroid-binding globulin(이름에서 알 수 있듯이 코르티솔과 결합한다)의 수치를 높여서 세포들이 "공짜"로 이용할 수 있는 양을 줄여주기 때문이다. 그리고 임신 기간에 코르티솔의 반응성(스트레스 요인에 따른 급증)이 무뎌진다는 사실 또한 여러 연구에서 반복적으로 확인되었다.

대개 산후 약 3개월에 이르면 코르티솔 수치가 일반적인 수준으로 감소한다. 하지만 특히 초산이면 출산 후 초기에 높은 수치가 유지된다. 연구자들은 이용할 수 있는 경험이 없는 이때 코르티솔이 부모가 아기에게 관심을 기울이고 반응하도록 돕는다고 제안했다.[31] 키스나 쓰다듬기 같은 애정 어린 접촉, 아기의 울음소리에 대한 공감 반응, 아기가 보내는 다른 신호에의 끌림으로 측정한 바에 따르면, 코르티솔 수치의 증가는 아기에 대한 초보 엄마들의 관심과 관련 있는 것으로 밝혀졌다. 아빠들의 코르티솔 연구는 드물지만 한 연구에서는 초보 아빠는 경험 있는 아빠에 비해 아기의 울음소리에 대한 반응에서 코르티솔 반응성이 더 강하게 나타난다는 사실이 발견되었다.[32]

쥐의 경우, 코르티코스테론은 초기 돌봄 경험을 "모성의 기억"으로 만들어 엄마 쥐들이 나중에 새끼와 분리된 후 활용할 수 있게 하는 것처럼 보인다.[33] 인간의 경우 코르티솔 수치 증가가 초기 산후 기억의 생성 또는 지속을 돕는지, 혹은 그것이 부모의 학습에 어떤 영향을 끼치는지 알 수 없다. 하지만 그럴 수도 있다. 아기가 태어나고 처음 며칠 동안은 새로운 것투성이다. 처음 부모가 되면 그 무엇보다 치열한 학습에 몰두하게 된다.

높은 코르티솔 수치가 주는 이점은 적어도 엄마들에게는 적은 것으로 보인다. 산후 몇 달이 지났을 때 높은 코르티솔 수치는 아이를 돌보는 일에 중요하지 않거나 불리할 수 있다. 한 연구에서 산후 2~6개월에 하루 코르티솔 수치가 더 높은 엄마들[34]은 실행 기능이 더 낮게 측정되었고, 비록 증거가 엇갈리기는 하지만[35] 높이 시간에도 민감성이 덜한 모습을 보였다.

중요한 것은 출산 부모와 아기의 코르티솔 수치와 리듬이 서로 비슷한 패턴을 따름으로써 HPA 기능이 "조율"된다는 점이다.[36] 이러한 효과는 모유 수유하는 부모와 아기 사이에서 가장 강력하게, 적어도 가장 일관적으로 나타났다. 그러나 모유는 이 연결 고리를 설정하는 하나의 수단에 불과할지도 모른다. HPA 조율은 유전이거나 자궁에서 확립될 수도 있다. 아니면 생후 몇 달 동안 아기의 괴로움에 반응하는 부모-자녀 간 상호 작용의 결과일 수도 있다.

하지만 임신과 산후 기간에 코르티솔과 HPA가 어떻게 기능하는지에 대한 이야기는 혼란스럽다. 원래 호르몬의 움직임 자체가 선형적인 것과 거리가 멀고, 다른 시간 간격이나 하루 동안, 스트레스를 받는 순간, 다른 호르몬과의 맥락에서 계속 변동이 일어난다.[37] 그런데 연구마다 호르몬을 명확하게 파악하기 위해 무엇을, 언제 측정하는지가 천차만별이다. 호르몬이 부모의 양육 행동에 미치는 영향을 알아보는 연구들도 마찬가지인데, 코르티솔은 특히 그렇다. "안다고 생각하지만 그 누구도 정확히 짚어낼 수 없어요." 심리치료사이자 신경과학자인 조디 폴루스키의 말이다.

나는 코르티솔이 유난히 예민한 극단 스태프와 비슷하다고 생각하게 되었다. 전전긍긍하면서도 조정이 필요한 일을 뚝딱 처리해낸다. 우리 몸이 무대에서 무사히 공연을 펼치고 관객과 소통하고 무엇보다 위기가 닥쳤을 때 헤쳐나갈 수 있도록, 막이 오르기 직전에 사라진 소품을 다른 것으로 대체하고 고장 난 도구를 즉석에서 고친다. 코르티솔은 핵심 스태프이지만 다른 중요한 스태프들도 많다.

일반적으로 신경전달물질은 그 기능에 따라 두 가지로 분류할 수 있다. 바로 흥분성 신경전달물질과 억제성 신경전달물질이다. 신경세포의 활동을 증가시키거나 억제하는 효과가 있다는 뜻이다. 감마-아미노부티르산GABA은 둘 다 할 수 있지만 척추동물 신경계의 주요 억제성 신경전달물질로 간주된다. 시상하부의 GABA 수용체는 HPA 축의 과도한 흥분을 막아줌으로써 그 활동을 조절하는 데 필수적인 역할을 하는 것으로 알려졌다. GABA 신호는 무대 스태프들의 침착한 이성의 목소리와 비슷한 셈이다.

임신 기간에는 GABA 활동이 강력해져서 시상하부의 스트레스 반응성을 더욱 약화하는 듯하다.[38] 임신 중에 극적으로 증가하는 프로게스테론의 대사로 생산되는 신경스테로이드인 알로프레그나놀론allopregnanolone의 증가가 적어도 부분적으로 그 효과를 주도한다. 터프츠 생물의학 대학원 맥과이어 연구소를 이끄는 신경과학자 제이미 맥과이어Jamie Maguire에 따르면 알로프레그나놀론의 증가는 매우 중요하고 그 자체로 커다란 진정 효과가 나타날 것이라고 말했다. 하지만 반작용이 있다. 맥과이어와 동료 이스트반 모디Istvan Mody는 임신한 쥐의 특정 GABA 수용체 수가 마치 너무 심한 억제를 저지하기라도 하듯 임신 기간 동안 현저하게 감소한 사실을 발견했다.

연구자들은 프로게스테론과 코르티솔을 포함한 스테로이드 호르몬의 높은 수치가 임신 진행에 중요하지만, 이러한 GABA 통제의 미묘한 변화가 임신부의 스트레스 반응의 균형을 맞추는 데 도움이 된다고 본다.

하지만 그 균형 맞추기는 까다로운 일이다.[39] 급성 스트레스만으로도 HPA 축의 조절이 제대로 작동하지 않을 수 있다. 만성적인 스트레스는 GABA가 주도하는 억제 효과를 약하게 만든다. 그리고 임신이 끝나면 스트레스 척도가 하늘로 치솟는다. 프로게스테론과 알로프레그나놀론 수치는 출산 무렵에 곤두박질친다. GABA 수용체의 숫자가 다시 증가한다. 한편 코르티솔을 포함한 다른 호르몬들은 유동적이며 동일한 타임라인 또는 강도를 따르지 않을 수 있다.

출산 시 프로게스테론과 에스트라디올이 급격하게 떨어지는 것에 대해 연구자들은 신체가 겪는 이 금단 현상에 특히 민감한 사람들이 있고 그 민감성이 산후 우울증의 원인일 수도 있다고 제안한다.[40] 다른 연구는 임신 도중은 물론이고 출산 이후에도 에스트라디올과 프로게스테론의 비율이 중요하고 그 비율이 높을수록 우울증이 나타날 수 있다고 밝혔다. 게다가 만성적인 스트레스는 옥시토신 시스템의 변화를 방해하고 아기 돌봄의 보상을 강화하는 적응을 방해하는 것으로 알려져 있다. 또한 연구자들은 동물 모델 실험에 근거해 출산 부모의 중앙 면역 체계에 변화가 일어나 기분에 영향을 미칠 수 있다고 생각한다.[41] 요컨대 워낙 많은 일이 진행되는 탓에 문제가 발생할 확률도 높다.

코르티솔은 앨리슨 플레밍의 주요 관심사였다. 1987년 그녀는 동료들과 함께 코르티솔 수치와 엄마의 반응성 사이의 연관성을 처음 확인했다.[42] 좀 더 최근에 그녀와 다른 연구자들은 "코르티솔의 바이모달(두 가지 모드) 효과"[43]를 설명했다. 이 호르몬은 처음 부모가 된 사람이 주의력과 세심함을 갖도록 하는 데 중요한 역할을 하지만, 너무 많지도 적지도 않아야 한다. 두딘이 "골디락스 효과"라고 표현한 것이 바로 그것이다. 플레밍은 최근에 「다시 살펴보는 모성: 코르티솔의 역할?」이라는 리뷰 논문의 공동 저자로 참여했다.[44] 이 논문은 지금까지 일반적으로 코르티솔과 HPA 축이 부모 뇌에서 비상 대응 시스템처럼 취급되었을 뿐, 적응적 양육으로 이어지는 신경생물학적 변화 모델에 포함되지 않는다는 사실을 보여준다. 하지만 포함될 필요가 있을지 모른다.

° ° °

알리사 맥클로스키는 자신과 아이들을 위해 심리치료를 받기로 했다. 그래서 미시간 대학이 어려움을 겪고 있는 엄마들을 위해 만든 "강점 기반" 프로그램 맘 파워Mom Power를 소개받았다. 산후 우울증을 겪었을 수 있지만 치료를 받은 적이 없는 엄마들도 그 프로그램의 대상이었다. 그녀가 프로그램에 참여했을 때는 사이먼의 아빠와 완전히 결별하고 개인적으로나 법적으로 접근하지 못하도록 확고한 경계를 세워둔 상태였다. 미시간주 입실랜티에 가족을 위한 새 보금자리도 마련했다.

알리사는 맘 파워에 대해 회의적이었다. 자녀 양육서를 많이 읽은 그녀는 맘 파워에서 더 배울 게 있을 거라고 생각하지 않았다. 하지만 여전히 둘째 사이먼과 유대를 쌓기가 어려웠고 마음과 달리 거리감이 느껴질 뿐이었다.

그래서 2021년 여름까지 10주 동안 매주 월요일 오후에 엄마 그룹이 모이는 비디오 플랫폼에 접속했다.[45] 초기 세션에서 그룹 리더는 엄마들에게 「내 날개 밑에서 부는 바람아Wind beneath My Wings」라는 노래가 흘러나오는 가운데 엄마와 아기들의 상호 작용이 담긴 비디오 몽타주를 보여주면서 아기에게 그 노래를 불러주는 것을 상상해보라고 했다. 가사는 다음과 같다. "당신이 나의 영웅이었다는 것을 알고 있었나요. 당신은 내가 될 수 있었던 그 모든 것이었어요." 알리사는 어려울 것 없다고 생각했다. 그 다음으로 엄마들은 이번에는 영상을 다시 보면서 그들의 아기가 자신에게 그 노래를 불러주는 걸 상상해보라는 요청을 받았다. 알리사는 갑자기 감정이 북받쳐서 흐느껴 울었다.

알리사는 나에게 말했다. "엄마들은 자기가 영웅이라는 식으로 생각하는 일이 드물잖아요. 보통은 자신에게 무척 가혹하죠. 자기가 잘하고 있는지 알지 못해요. 게다가 아이들은 당연히 엄마에게 의지하고요. 아이들 눈에는 당연히 엄마가 최고로 보이죠. 왜냐하면… 아이들에겐 엄마가 전부니까요."

그 순간 알리사는 큰 안도감을 느꼈고 새로운 힘도 얻었다. 그 후에 이어진 많은 실습이 그 순간을 더 의미 있게 해주었다.

프로그램에 참여한 엄마들은 스트레스가 심한 순간에 아이들에게 어떻게 반응하고 싶은지 대본을 썼다. 그들은 매주 성공적이었던 경험을 나누고 새롭게 시도해볼 만한 방법을 함께 떠올렸다. 알리사에 따르면 중요한 것은 그녀가 반응하기 전에 잠깐 멈추는 법을 배웠다는 점이었다. 이제는 사이먼이 문제에 부딪혔을 때 마음을 닫아버리지 않고 "내가 도와줘야지"라고 생각하게 되었다. 그리고 좌절감이 커질 때마다 그냥 쌓아두지 않고 아이에게 자기 감정에 관해 설명해주기 시작했다. "예전에는 그럴 생각조차 못 해봤어요." 새로운 생각뿐만 아니라 계획을 세우는 것도 도움이 되었다. "문제가 무엇이고 답이 무엇인지 알면 그걸 실행하기만 하면 되죠."

아기의 탄생을 기다리는 사람이라면 누구나 어떤 부모가 되어야겠다는 희망을 품을 것이다. 아기가 태어나자마자 느껴질 유대감에 대해 꿈꾸고, 막 걷기 시작하거나 열 살이 된 아이와 어떤 관계를 만들지 상상해보기도 할 것이다. 아동 발달과 양육 이론을 공부하면서 자신만의 계획을 세울지도 모른다. 이처럼 자신만의 고유한 부모 역할에 대해 생각해보는 것은 부모로의 변화에 중요한 부분이 될 수 있다. 중요한 것은 이런 계획들이 타고난 본능이 아니라 신경정신적인 장애와 차이의 영향을 받았을 수도 있는 뇌에서 일어나는 복잡한 신경 과정(의식적이고 잠재의식적인 행동)에 의해 실행된다는 점이다.

인간의 양육 행동은 심리사회적 현상으로 취급될 때가 많다. 하지만 우리가 연결되고 걱정하고 유대를 맺는 방법 모두가 뇌의 구조와 기능에 의해 결정된다. 이것은 동물 연구를 통해 오래전부터 밝혀진 사실이다.[46] 엄마 쥐가 새끼들을 핥고 그루밍하는 것은 새끼들의 DNA 메틸화에 영향을 미친다. DNA 메틸화는 새끼들의 유전자의 발현에 영향을 미치고, HPA 기능에 변화를 일으키며, 이 변화는 성체가 되어서까지 지속될 수 있다. 핥기와 그루밍을 많이 해줄수록 새끼들의 스트레스 반응성이 낮아진다. 이 패턴들이 모성 행동의 촉발에 중요한 역할을 하는 전시각중추의 유전자 발현에도 변화를 일으키므로 핥기와 그루밍이 다음 세대에서 반복될 수 있다.

인간의 양육 행동에는 생리적인 토대도 있다.[47] 예를 들어, 산후 기분 장애 여부뿐만 아니라 부모의 삶과 관련된 요소도 보상 또는 동기 부여 네트워크가 아기의 울음소리에 얼마나 강렬하게 반응하는지 또는 신경 활동이 과잉 경계에서 보다 조절된 상태로 전환되는 것을 어떻게 경험하는지에 영향을 미칠 수 있다. 유아기와 아동기의 만성적이거나 극단적인 스트레스가 평생의 정신 건강 장애 위험을 높이고, 특히 감정 조절에 필수적인 편도체와 전전두피질의 연결을 바꾼다는 사실을 입증하는 증거도 많다.[48]

지난 10여 년 동안 연구자들은 실험실의 설치류보다 훨씬 복잡한 삶의 여정을 거치는 인간을 대상으로 유년기의 경험과 성인이 된 후의 양육 방식을 연관시켜서 이 요소들에 대해 살펴보고자 했다.[49] 그 결과, 어릴 때 트라우마나 학대를 경험한 엄마들은 유아의 신호 처리와 공감, 감정 조절을 담당하는 뇌 영역에 차이가 있을 수 있다는 사실이 발견되었다. 한 연구에서는 어릴 때 성적 또는 신체적 학대를 경험한 엄마 24명과 그런 경험이 없는 엄마 28명을 비교했다.[50] 학대받지 않은 엄마들은 15분의 자유 놀이 시간과 아이가 퍼즐 맞추는 것을 돕는 상호 작용에서 더 민감성이 큰 모습을 보였다. 또한 그들은 아이의 감정을 인지하고 경험하는 "정서적 공감"과 관련된 뇌 영역의 회백질 부피가 더 큰 것으로 나타났다. 반면 어릴 때 학대를 경험한 엄마들은 아이의 욕구를 정신화하는 "인지적 공감"에 관여하는 뇌 영역의 부피가 더 컸다. 연구진은 후자 그룹이 다른 부분의 부족을 보완하기 위해 정신화 영역을 활용하는 것일 수 있다고 설명했다.

빈곤은 아이의 두뇌 발달에 지대한 영향을 미칠 수 있다. 부모로의 발달에도 마찬가지일 수 있다. 거의 처음으로 시행된 부모의 뇌 영상 연구에 공동 저자로 참여한 김필영은 현재 덴버 대학의 가족및아동신경과학연구실을 이끌고 있다. 최근 그녀의 연구는 부모 뇌 연구의 사회경제적 격차를 줄이려는 노력에 초점을 맞추어왔다.

그녀의 연구실에서는 초산이며 산후 10개월 이내이고 소득이 중하위인 엄마 53명의 뇌를 스캔했다.[51] 연구진은 인터뷰와 가정 방문을 통해 수입 충분 여부뿐만 아니라 식량 불안정, 주거의 질, 지역 사회의 폭력을 포함한 스트레스 상황에 엄마들이 얼마나 노출되어 있는지를 평가했다. 놀라운 일은 아니었지만 초산 엄마들은 더 많은 스트레스에 노출되어 있을수록 불안 증상이 심하게 나타났다. 스트레스가 심한 엄마일수록 아기가 우는 소리를 들을 때 핵심적인 현출성 영역인 뇌도와 감정 정보의 처리와 개인의 감정 조절에 중요한 피질 영역의 활성화가 감소했다. 이 영역들의 감소한 활성화는 아이와 놀 때 엄마의 낮은 민감성과 관련이 있었다.

스트레스를 관리하는 개인의 생리적 능력에는 그 밖에도 많은 요소가 영향을 미칠 수 있다. 인종 차별에의 노출이나 이민자 지위 또는 성소수자나 트랜스젠더 부모의 정체성이 여기에 포함된다.[52] 그 능력은 상황에 따라 개인의 측면에서나 공동체의 측면에서 노출되는 여러 다양한 보호 요소에도 영향을 받는다. 부모의 뇌 연구 분야는 지나치게 백인 중심적이라 이런 부분이 고려되지 못한다. 그러나 김필영은 문화적 차이가 스트레스 노출과 어떤 상호 작용을 일으키는지에 대한 관심이 커져야 한다고 촉구했다.[53]

적어도 현재로는 부모의 뇌에 나타나는 차이를 살펴보고 돌봄 지표와 연결시키는 연구들의 표본 규모가 매우 작다는 점에 유의해야 한다. 이 연구들은 제한된 숫자의 인구 통계학적 요인을 측정하고 좁은 행동 기준을 활용한다. 즉, 평균 효과를 보여주는 흐릿한 스냅숏에 불과하다. 인간의 본성이나 특정한 개인의 경험에 대한 절대적인 진실을 보여주지 못한다. 부모가 된다는 것은 마치 뇌라는 팔찌에 작은 황금 젖병 장식이 새로 달린 것처럼 정적인 일이 결코 아니다. 더 깊은 차원의 이해가 변화를 가져올 수 있다.

현재까지의 연구 결과는 중독이 부모의 뇌에 미치는 영향을 확실히 말해주지 못하지만,[54] 예일 대학교의 비포앤애프터베이비

랩의 헬레나 러더퍼드와 동료들이 몇 년 전에 내놓은 일반적인 이론과 얼추 들어맞는다. 즉, 중독이 뇌의 보상과 스트레스 회로를 방해한다는 것이다. 유아와 관련된 보상 반응이 거부되고 스트레스 반응이 나타날 수 있다. 게다가 스트레스는 중독성 물질에 대한 갈망을 일으키는데, 육아는 특히 강력한 스트레스이다.[55]

러더퍼드는 중독과 부모의 뇌와 관련된 많은 뇌 영상 연구를 이끌었다. 그녀는 중독을 전문으로 다루는 임상의들에게 연구 결과를 자주 발표하는데, 임상의들은 신경과학이 자녀를 둔 환자들과의 대화를 변화시켰다고 말했다. "신경과학은 의사들이 그런 환자들에게 '여러분이 부모로서 어려움을 겪고 있는 이유는 중독과 관련된 뇌 영역이 자녀 양육에도 중요한 영역이기 때문입니다'라고 말해줄 수 있는 매우 구체적인 메커니즘을 제공하죠." 러더퍼드는 말한다.

대화를 돕는 데만 그치는 것이 아니다. 러더퍼드는 그녀의 연구가 중독에 시달리는 부모들에게 좀 더 표적화된 지원을 제공하는 길을 열어주기를 희망한다. 예를 들어 감정 조절 및 마음 챙김 훈련이 있을 수 있다. 스트레스 회로의 방향을 바꾸고 부모들이 보상이 따르는 경험으로서 아기와의 개입에 좀 더 의식적으로 집중할 수 있도록 돕는 것이다.

최근의 종합적인 검토에 따르면, 약물 중독 엄마들의 치료에 포함되어 제공되는 육아 프로그램은 저마다 방식에 큰 차이가 있고 증거에 입각한 접근법이 거의 활용되지 않는다.[56] 대부분 아동 발달이나 "양육 기술"(이를테면 한계 설정이라든지 엄격한 규율 전략이 아니라 타임아웃이나 보상을 통한 아이의 행동 바꾸기) 같은 정보 전달에만 집중되어 있다. 하지만 이 프로그램들은 자원이 한정된 사람들에게 성공률이 낮다. 게다가 중독 문제가 있는 부모들은 적어도 처음에는 자기 감정을 통제하지 못하는 상태에서 한계를 설정하고, 유아의 행동을 악화하는 원인에 대처하기가 힘들 수 있다. 중독 치료를 받는 동안 아이와 떨어져 있거나 위탁 가정에 맡겨진 상태라면 그런 기술을 제대로 연습할 기회가 거의 없을 것이다.

기술 기반의 육아 프로그램은 중독 문제가 있는 부모의 특정한 생물학 또는 삶의 역사를 고려하지 않는 경우가 많다고 예일아동연구센터의 부연구원 어맨다 로웰Amanda Lowell은 말한다. 그녀는 심리학자 낸시 서치먼Nancy Suchman의 연구를 토대로 하는 예일대학교의 프로그램 마더링 프롬 디 인사이드 아웃Mothering from the Inside Out[57]의 훈련과 효능 연구에 참여하고 있다. 이것은 특정한 교육 과정이라기보다는 치료 접근법에 더 가깝다. 그 프로그램의 전반적인 초점은 정신화와 타인의 심리 상태를 아는 데 필요한 호기심의 육성이다.

이 프로그램은 보통 일대일로 진행된다. 먼저 심리치료사가 엄마의 마음에 호기심을 기울이고, 둘이 함께 아이의 마음에 대해 성찰하는 방식으로 치료 과정을 설계한다. "부모-자녀의 관계가 개선되면 육아에서 더 큰 보람을 느낄 수 있고 결과적으로 육아도 개선된다는 생각에서 나온 방식입니다. 보상이 커지고 육아 스트레스가 줄어들면 중독 물질 사용에 반전이 일어날 수 있습니다." 지금까지의 연구에 따르면, 참가자들은 자신과 타인의 정신 상태와 감정을 이해하는 능력이자 더 민감한 돌봄과 관련이 있는 성찰 기능이 개선되었고 산후 1년 동안 효과가 지속되었다.

중독 문제가 있는 부모들을 더 효과적으로 돌보는 것은 여러 가지 이유에서 중요하다. 미국에서 약 8명의 아이 중 1명이 약물 남용 장애가 있는 성인과 살고 있다.[58] 이것은 2009~2014년의 데이터를 토대로 한 통계이므로 그 후 점점 더 심해지고 있는 미국 전역의 오피오이드 유행과 위기 현상을 제대로 반영하지 않는다(많은 여성이 자연 분만과 제왕절개의 회복 과정에 따르는 통증 때문에 오피오이드를 처방받으며 그중 약 2퍼센트가 중독성 강한 약물의 "지속적인 사용"으로 이어진다는 개별적이지만 관련 있는 통계[59]도 존재한다).

매우 위험한 상황이지만 변화의 가능성도 크다. 연구자들은 이러한 모든 습관의 격변과 신경 연결의 변화가 기회를 뜻한다고 생각한다.[60] 약물 사용은 임신 기간과 산후 초기에 급격히 감소하고 일반적으로 산후 후기에 다시 증가한다. 임신 기간과 산후 초기에 중독 치료에 전념할 가능성이 더 높은 이유는 부모의 동기 부여를 주도하는 신경생물학적 요인이 약물과 관련된 동기 부여를 방해하기 때문인지도 모른다. 연구자들에게 중요한 문제는 그 변화를 강화하고 계속 이어지게 하는 방법을 찾는 것이다. "엄마의 삶에서 임신 기간과 산후 초기는 중독 문제에 개입하는 데 필요한 신경 가소성이 무르익는 특별한 시간입니다." 로웰은 말한다.

정신화는 알리사 맥클로스키가 참여한 맘 파워 프로그램에서도 중요한 부분이다. 미시간주 입실랜티에서 청소년과 초기 성인을 위한 일차 진료 클리닉으로 출발한 맘 파워는 현재 8개 주의 정신 건강 센터와 클리닉에서 우울증과 트라우마 병력, 혹은 육아에 영향을 미치는 기타 요인이 있는 모든 연령의 엄마들을 대상으로

운영되고 있다. 맘 파워의 목표는 "그런 엄마들을 끌어 올려주는 것"이라고 미시간 대학교 주산기 정신의학 클리닉의 의학부 책임자이자 맘 파워의 설립자 중 한 명인 마리아 무지크Maria Muzik는 말한다. 엄마들이 그룹 리더와 구성원들과의 관계에서 지지와 보살핌을 받는다고 느끼는 동시에 금융 지식과 자기 돌봄 기술 같은 실질적인 필요를 충족하도록 돕는다는 뜻이다. 전체적으로 엄마 자신의 감정 반응과 아이가 행동을 통해 감정을 전달하는 방식을 이해하고 해석하는 것에 초점을 두고 있다.

연구에 따르면 맘 파워는 성찰 기능을 향상시키는 것과 마찬가지로 부모의 스트레스를 줄여주는 것으로 나타났다.[61] 신경 활동도 변화시킬 수 있다. 맘 파워 관계자들은 엄마의 뇌를 연구하는 제임스 스웨인, 숀 호Shaun Ho와 함께 소규모 엄마들을 대상으로 프로그램에 참여하기 전후의 뇌 활동을 측정해서 프로그램에 참여하지 않고 우편으로 정보를 받아본 엄마들의 뇌 스캔과 비교했다.[62] 맘 파워에 참여한 엄마들은 아기들의 울음소리에 대한 반응에서 감정 신호와 정신화와 관련된 뇌 영역의 특정 활동과 연결성이 더 크게 증가한 모습을 보였다.

무지크는 뇌 영상 결과에 만족했지만 놀라지는 않았다. 맘 파워는 부모들에게 아이들과 함께 있을 수 있고, 자기 경험을 이야기하고 성찰하며, 기존과 다른 방식을 연습하는 안전한 장소를 제공한다. 그녀는 그 결과로 "엄마들이 몸 전체가 변화하는 경험"을 할 수 있기를 바란다.

◦◦◦

임신 중 스트레스를 받는다고 전부 산후 우울증에 걸리는 것은 아니다. 어린 시절 방치되었다고 누구나 부모가 되었을 때 고전하는 것도 아니다. 단 하나의 특정한 사건이 우리가 어떤 돌봄 양육자가 되는지를 확실하게 결정짓지 않는다.

이 "모두가 똑같지 않은" 현실은 개인의 유전자가 어린 시절과 부모가 되었을 때의 연관성에 어떤 영향을 미치는지 살펴봄으로써 조사가 이루어지기도 했다.[63] 예를 들어, 어린 시절에 학대나 방치를 경험한 사람일수록 나중에 엄마가 되었을 때 모유 수유를 계속할 가능성이 낮고 산후 우울증에 걸릴 가능성은 높다. 연구자들은 옥시토신 펩타이드가 암호화된 유전자에 변이가 있을 때 그 확률이 더 커진다는 사실을 발견했다.[64] 가족의 죽음이나 심각한 질병처럼 스트레스를 일으키는 사건들도 산후 우울증의 발생과 관련이 있다. 하지만 그런 경험에 더해서 세로토닌 수송체 유전자에 특정한 변이가 있는 여성은 산후 우울증 위험이 더 컸다.[65]

모든 부모는 저마다 고유한 유전적 요인과 삶의 경험, 현재의 스트레스 요인이 혼합된 상태로 부모가 된다. 무지크는 그것을 뇌의 배경 음악이라고 적절하게 표현한다. "그 음악은 시끄러울 수도 있고 조용할 수도 있고 불안감을 일으킬 수도 있어요. 기분 좋고 부드러운 음악일 수도 있죠. 그 음악은 무효로 만들 수도 없고 없앨 수도 없어요. 그 음악은 우리를 만듭니다. 그게 바로 나예요. 하지만 볼륨을 줄이고 그 위에 새로운 곡조를 덧붙일 수는 있습니다."

한편으로는 안심이 된다. 그 음악이 결코 확정적이지 않고 우리가 음악을 바꾸기 위해 하는 일들이 헛되지 않다니. 하지만 솔직히 마주하기 힘든 사실이기도 하다. 뇌라는 믹싱 콘솔에는 처음부터 미리 정해진 음원이 있어서 내가 육아에 아무리 큰 노력을 쏟아도 완전히 바꿀 수 없는 면들이 있다는 말이니까. 어떤 소리는 변하지 않고 계속 그대로이다.

그 사실은 나를 경직시키고 끝없는 생각의 고리에 가두기도 한다. 윗세대 엄마들의 영향을 받은 유전자가 나의 뇌를 만들었고, 그 뇌가 나의 모성을 결정하고, 그 모성이 또 내 아이들의 뇌를 만든다.

나의 할머니는 육군 간호사였다. 할머니는 제2차 세계대전 때 프랑스에 갔고 그곳에서 할아버지를 만났다. 두 사람은 공습으로 큰 피해를 본 교회에서 결혼했고 전쟁이 끝나자마자 2세를 갖기 시작했다. 내가 어릴 때 기억하는 할머니는 부드러운 인상에 투박한 성품으로 틈만 나면 농담을 던졌고 뉴욕 양키스를 욕했으며 지역 사회를 돕는 일에 열심이었다. 항상 한 손에는 술잔을 한 손에는 담배를 든 모습이었고, 피부병 걸린 사랑하는 미니어처 푸들이 옆을 지켰다. 할머니는 전쟁의 참상을 두 눈으로 보았고 낯선 도시로 가서 처음 만난 시댁 식구들과 살게 되었고 아기를 낳았다. 한 명 더 낳았다. 얼마 후에는 할머니의 엄마가 세상을 떠났다. 지금 생각해보니 할머니는 이 모든 일을 짧은 시간에 다 겪었다.

나는 조부모님이 살았던 첫 아파트가 있는 포틀랜드의 백 코브 끄트머리에서 몇 킬로미터 떨어진 곳에 산다. 문득 궁금해진다. 찬란한 일출과 회색빛의 황량한 겨울 풍경이 있는 조수 분지에 들어선 그 아파트에서 할머니는 갓난아기를 안고 창밖 풀 사이에서 어기적거리는 왜가리를 보며 무슨 생각을 했을까?

나의 엄마가 첫 번째 임신의 막바지에 어떤 기분을 느꼈을지는 굳이 상상해보지 않아도 잘 알고 있다. 사실 엄마에게는 오랜 세월이 지난 지금까지도 마주하기 힘들 정도로 아픈 기억이라 내가 이 책을 쓰기로 마음먹기 전까지는 자세히 이야기 나눠본 적이 없었다.

임신 8개월에 엄마는 아버지가 공군으로 주둔하고 있던 일본 오키나와에 있었다. 미국에서 11,000킬로미터 넘게 떨어진 그곳에서 걸스카우트 회의를 진행하고 있을 때 진통이 시작되었다. 기지에 있던 병원에서는 진통이 아니라면서 엄마를 돌려보냈다. 하지만 태동이 갑자기 멈추었고 결국 2주 후 의사는 아기의 심장이 뛰지 않는다는 사실을 확인했다. 그는 중절이 자기 신념에 어긋나는 일이라면서 또 엄마를 그냥 돌려보냈다. 절망과 분노, 통제할 수 없는 상황의 무게가 엄마를 집어삼켰다. "3주를 더 기다렸어. 이성을 잃어버렸지." 엄마는 회상했다. 마침내 엄마와 아버지는 병원으로 돌아가 유도 분만 수술에 동의하는 다른 의사를 찾았다.

엄마의 이야기는 분노로 가득 차 있다. 정당하고 끊임없는 분노. 고통을 연장한 의사에 대한 분노. 아기의 심장 박동을 확인하겠다며 병실로 들어와 태동이 없다는 엄마의 말을 이해하지 못한 간호사에 대한 분노. 세례를 거절한 목사에 대한 분노. 기지 사령관의 아내가 사람들에게 나의 부모님을 좀 내버려두라고 했고 그제야 주변의 관심이 사그라들었다. 바다 건너에서 친정 엄마도 왔다. 어느 날 엄마는 외할머니와 매점에 갔다가 출산 예정일이 며칠밖에 차이나지 않았던 친구를 마주쳤다.

"아기랑 함께 있더구나." 엄마가 말했다.

얼마 후 부모님은 인도주의적 차원에서 미국으로 다시 발령을 받았다. "난 그 일을 절대 입에 올리지 않았어. 임신하기 전 몸매로 돌아가려고 미친 듯이 운동을 했지. 그러다 보니 잊히더구나. 잊으려고 노력했지."

"정말로 잊은 건 아니죠." 내가 물었다.

"그렇지."

약 2년 후에 나의 언니가 태어났다. 엄마는 다시 임신한 것이 크나큰 고통이었다고 말했다. 출산은 상처를 치유해주기도 했지만 그만큼 힘들게도 했다. 엄마는 언니와 오빠, 나, 우리 남매가 어렸을 때 우리의 신체적 욕구에 헌신적으로 관심을 쏟았고 가정에 충실했다. 하지만 엄마에게는 불안감이 있었다. 지금도 그렇다. "너희들이 아무리 커도 걱정이 사라지지 않아. 자식에 대한 부모의 걱정은 절대로 사라지지 않는단다. 그저 세월이 흐를 뿐이지."

나도 내 아이들을 걱정한다. 시간이 지날수록 사슬의 고리가 하나씩 커지는 것처럼 느껴지기도 한다. 이 혈통의 사슬은 부인할 수 없을 만큼 무겁고 명백하게 느껴진다. 엄마의 돌봄이 다음 세대로 전달될 수 있다는 연구 결과를 읽을 때마다 그 사슬은 더욱더 무겁게 느껴진다. 하지만 불공정한 속임수 같은 그 느낌을 나는 신뢰하지 않는다.

일반적으로 모성 돌봄의 세대 간 전이에 관한 연구는 복잡성으로 가득한 일생의 단 두 개 지점만을 비교한다. 개인의 유전자 구성의 아주 작은 부분이나 양육 행동의 별개 측면을 살펴볼 뿐, 전체적인 관계, 즉 가족 전체의 맥락에서 바라보지 않는다. 짧은 기간의 영향과 접촉을 측정할 뿐이다. 어렸을 때 플란넬 이불 속으로 기어들어 간 느낌이라든가, 할머니의 주방에서 나던 냄새를 측정하지 않는다. 엄마의 손 글씨나 자주 볼 수 없었지만 환하게 터지던 고음의 웃음소리도.

연구 결과들 자체가 엇갈리고 뒤죽박죽이다. 서로 어긋나고 대치되기까지 하는 결과라든지 분석에 사용되는 인구 통계 변수에 따라 변하는 결과를 포함하고 있다.[66] "우리는 너무 많은 잡음 속에서 패턴을 찾으려 노력하고 있습니다."[67] 비아라 밀레바-세이츠Viara Mileva-Seitz가 『엄마 유전자*Mom Genes*』의 저자 애비게일 터커Abigail Tucker에게 한 말이다. 밀레바-세이츠는 유전자-환경 간의 상호 작용을 다루는 몇 편의 논문에 주 저자로 참여했고 캐나다 미시소가에 있는 플레밍 연구실의 박사 연구원이었다. 하지만 그녀는 터커에게 지금은 연구계를 떠나 가족과 함께 양을 키우며 사진작가로 일하고 있다고 말했다. 모성 유전학을 연구하는 과학자들은 "거대한 산의 맨 아래에 있는 것이나 마찬가지입니다. 그 산을 어떻게 올라야 할지 확실히 모르죠. 모두가 제각각의 방법으로 조금씩 건드려보고 있을 뿐." 밀레바-세이츠는 말했다.

과학자가 아니라 그저 생각하는 사람인 내가 보기에 그 연구들은 수상쩍어 보이는 측정 기준을 토대로 하기도 한다. 예를 들어, "해결되지 않은" 어린 시절의 트라우마가 엄마를 자녀의 고통 상태와 분리한다는 연구 결과가 있다.[68] 하지만 그 연구는 엄마의 트라우마를 그녀가 어린 시절의 기억과 애착 관계에 대한 구조화된 인터뷰에서 보이는 문법상 오류를 통해 분석했고, 분리의 정도는 fMRI로 측정했다. 어린 시절의 역경과 성인이 된 후의 "언어적 실패"를 유의미한 신경 패턴으로 연결짓는다는 발상은 억지스러운 감이 있다.

과학 역사학자이자 하버드 젠더과학연구소 소장인 세라 리처드슨Sarah Richardson이 "수수께끼 같은 인과관계"[69]라고 부른 것도 그런 뜻일지 모른다. 좁은 연구 결과에서 넓은 결론까지, 너무 광활한 시간과 너무 멀리 떨어진 거리를 점프하려고 하는 것이다. 그래서 현실적인 맥락에서 바라보면 어떤 연관성의 끄트머리만 흐릿하게 보이거나 아예 보이지 않는다.

리처드슨은 저서 『모성 각인*The Maternal Imprint*』에서 사실로 받아들여지고 있는 연구 결과들의 다수가(특히 임신부가 자궁 내 효과를 통하여 아이의 장기적인 건강에 영향을 끼친다는 내용) 작은 효과 크기를 "복잡한 인과관계의 사슬"로 확장해서 "태아에게 미칠 확실하지도 않은 해악에 의해 긴급성을 부여받은 생물사회적 서사"를 만든 것에 불과하다고 주장했다.[70] 여기에는 임신 기간의 높은 코르티솔 수치에 관한 기초적인 연구는 물론, 쥐를 대상으로 한 상당히 미묘한 연구 결과를 토대로 임신부의 식단을 딸의(그리고 손녀와 증손녀의) 암 유병률과 관련 있다고 한 좀 더 최근의 연구들이 포함된다. 리처드슨은 그런 연구 결과들이 "영양에 관한 엄마의 죄" 같은 한심한 제목으로 발표되어 많은 많은 가임 여성들을 "아기를 품는 부적절한 그릇"으로 느끼게 함으로써 그들 자신과 가족의 정신 건강에 실질적이고도 측정 가능한 결과를 초래하게 한다고 썼다.

임신 과정이 아이에게 중요하지 않다는 뜻이 아니다. 자궁 내 환경이 장기적인 건강을 좌우하는 결정적이고 불변적인 요소는 아니라는 뜻이다. 리처드슨은 건강과 질병의 기원 분야에서 "자녀라는 결과물에 대한 동인과 책임이 엄마에게 있다는 사회적 가정"으로 뒷받침되는 반복적인 실험으로 증명되지 않은 결과가 가득하다고 적었다.[71]

별개의 연관 있는 연구 논문에서는 부정적 아동기 경험(ACEs. 정서적, 육체적, 성적 학대, 물질 사용, 정신 질환, 빈곤 또는 지역 사회 폭력 등)이 장기적인 건강에 미치는 영향을 살펴본다. 그 광범위한 누적 효과는 수만 명의 사람들을 포함하는 대규모 연구로 증명되었다. 어릴 때 트라우마를 경험할수록 나중에 심장병, 뇌졸중, 자살 또는 우울증 위험이 커지는 강력한 영향력이 나타난다.

나딘 버크 해리스Nadine Burke Harris 박사는 오랫동안 ACE에 관해 목소리를 내온 대표적인 인물로 2019년에 최초의 캘리포니아 보건총감이 되었다. 2020년, 캘리포니아주는 그녀의 지도로 미국 최초로 메디케이드 프로그램 지정 병원들에(산전 검사를 제공하는 병원도 포함) ACE 검사 비용을 지원함으로써 환자들이 더 위험이 큰 질환을 치료받을 수 있도록 하는 제도를 시행했다.

어렸을 때 부모에게 어떤 식의 돌봄을 받았는지는 개인의 건강에 확실히 중요하고 자녀의 건강에도 거의 확실히 중요하다. 우리는 아이의 삶이 어떤 식으로 펼쳐지는가에 대해 사슬의 고리가 하나씩 연결되듯 선형적으로 설명하려 하지만 실제로 영향을 끼치는 요인이 무수히 많다. 아빠와 친척, 가족 역학과 지역 사회 역학, 개인과 제도 등등. 내가 2018년에 진행한 인터뷰에서 버크 해리스는 아동기 트라우마가 성인 건강을 좌우하는 문제는 공중 보건 사안이라고 말했다. "사회적으로 거대한 문제입니다. 우리가 모두 조금씩 영향을 받는다는 뜻이지요."

소셜 미디어의 육아 콘텐츠에는 아기와 부모, 특히 엄마와의 신경생물학적 연결을 찬미하는 장르가 존재한다. 여성들이 아기를 양육하고, 아기의 신호에 반응하고, 아기가 엄마의 젖을 먹으며 잠들게 하고, 아기 훈련 개념을 거부하고, 아기의 장기적인 건강을 촉진시키는 건강한 뇌 발달을 위해 필요한 수고를 받아들여야 한다고 장려하는 게시물들 말이다. 나는 그런 게시물을 볼 때마다 부모 뇌의 반응성과 유아 발달 사이의 연관성에 관한 이야기가 널리 퍼져나가는 것 같아서 반갑다. 하지만 자기가 잘못하고 있는 건 아닐지 전전긍긍할 부모들을 생각하면 염려스러운 마음이 더 크다. 그들은 스스로 심각한 수면 부족에 시달려서 또는 좀 더 예측할 수 있는 일정을 원해서 수면 훈련을 시킨 것이 아기에게 해로울까봐 걱정한다. 아기를 어린이집에 보내기 때문에, 아기가 밤마다 울어서 어떻게 도와줘야 할지 모르기 때문에, 혹은 산후 우울증 때문에 일일이 반응해주는 부모가 되지 못하는 것을 걱정한다. 걱정이 너무 많아서 아기와의 연결이 시들해지거나 더 나쁘게는 오히려 해로운 영향을 끼치는 것은 아닐지 걱정한다.

플레밍은 평생 엄마와 아기의 생리학적, 행동학적 연관성에 연구의 초점을 맞추었다. 서로가 서로에게 어떤 영향을 주는지에 말이다. 하지만 그녀는 나에게 그 연결 고리가 훨씬 더 큰 그림의 일부일 뿐임을 잘 알고 있다고 말한다. 극단적인 학대와 방임 사례는 제외하고(또는 심지어 그런 경우라도), 부모가 자녀의 인생 경로에 끼치는 영향은 한계가 있다는 것이다. "아동기에서 부모가 될 때까지는 하나의 직선으로 연결되지 않습니다. 도중에 아주 많은 일들이 일어나죠. 만약 부모인 여러분이 아이를 망치고 있다는 생각이 든다면 그만하시면 됩니다. 하지만 또 한편으로 아이는 앞으로 살아갈 날이 많습니다."

아이에게 부모는 중요하지만 마찬가지로 중요한 것들도 많다는 이야기이다. "내가 그렇게 말할 줄 알고 있었죠?" 플레밍이 웃으며 말했다. 우리는 1년 반 전에 거의 같은 대화를 나누었다. "그렇게 말씀하실 줄 알았어요. 하지만 그 말을 꼭 다시 듣고 싶었어요."

∘ ∘ ∘

임신과 부모됨이 부모와 아기 모두에게 훨씬 더 나은 경험이 되기 위해 우리가 할 수 있는 일이 많다. 특히 미국에서는 출산 부모에게 가장 효과적인 방식과 실제로 그들에게 제공되는 돌봄에 크나큰 차이가 존재한다.

2016년에 미국 질병예방특별위원회는 모든 임신부와 산후 여성이 우울증 검사를 받아야 한다고 권장했다.[72] 의사들로 구성된 이 특별위원회는 예방적 검진과 시술의 증거를 검토하고 안전성과 효능에 기초해 등급을 부여한다. 민간 보험사를 포함한 미국 전역의 보험사들과 대부분 주의 메디케이드 프로그램은 건강보험개혁법Affordable Care Act에 따라 최고 등급을 받은 서비스를 본인 부담 없이 고객들에게 제공해야 할 의무가 있다.[73] 당연히 이 권고는 모성 정신 건강의 커다란 승리로 비추어졌다. 하지만 이미 위기에 놓인 사람들을 식별하는 검사는 절대 쉽지 않다.

2019년에 같은 특별위원회는 또 다른 권고를 내놓았다.[74] 임상의는 주산기 우울증 위험이 있는 임산부나 산후 여성을 증상이 나타나기 전에 심리 상담을 받을 수 있도록 소견서를 써줘야 하고, 그러한 진료는 예방 치료 비용으로 보험사가 부담해야 한다는 내용이었다. 그 권고는 20개 연구에 대한 리뷰를 바탕으로 한 것이었다. 우울증이나 불안 고조, 임신 합병증 이력, 특히 스트레스 심한 생활사 같은 위험 요소가 있는 임신부나 산후 여성들은 (적어도 이론적으로는) 추가 비용 없이 상담 형태의 예방적 치료를 받을 수 있다는 뜻이다(다시 말하지만 추가 비용 없이!).

하지만 의사들에게 널리 사용되는 주산기 기분 장애의 위험을 식별하는 표준화된 검사 도구[75]는 없다. 특별위원회도 그 사실을 인정하고 검사의 몇 가지 진단 기준을 발표했다. 2021년 가을 현재, 이 분야의 주요 전문 기관인 미국 산부인과의사협회는 특별위원회의 권고를 실행하는 방안에 대한 가이드라인을 발표하지 않았다. 게다가 미국 전역에는 특히 출산의 40퍼센트 이상을 부담하는[76] 메디케이드 보험을 받아주는 정신 건강 분야 병원과 의사들이 부족하다.[77] 내가 만난 한 산부인과의가 이 모든 상황을 "무인 명령"이라고 부른 것도 어쩌면 당연한 일일 것이다.

알다시피 팬데믹은 출산 과정과 출산 이후에 부모들에게 엄청난 스트레스 요인으로 작용했다.[78] 초보 부모들이 입은 피해가 온전히 파악되기까지는 수년이 걸릴 것이다. 내가 인터뷰한 한 싱글맘은 시간이 왜곡된 듯한 NICU에서의 병원 생활을 끝내고 집으로 돌아가자 현실을 마주했다. 도시에 봉쇄령이 내려진 지 얼마 되지 않아 계획과 달리 가족과 친구들로부터 전혀 도움을 받을 수 없게 되었던 것이다. 수유 시간이 불규칙한 신생아를 돌보는 동시에 집에서 비대면 수업을 하게 된 큰 아이들도 돌봐야 하는 부모들은 무한 반복의 늪에 빠졌다. 아기에게 젖을 먹인 후에도 경제적 안정과 신체적 안전에 관한 걱정으로 잠을 이루지 못하는 이들도 있었다.

그래도 팬데믹을 겪으며 원격 의료 접근성이 커지고 보편화됨으로써 의료 분야에 이로운 변화가 적어도 하나는 생겼다. "우울증에 걸린 산후 여성들이 신생아를 데리고 병원을 찾는 것은 언제나 힘든 일이었다. 특히 아기를 맡길 곳이 없고 교통수단이 없는 저소득층 여성들에게는 더 힘들 수밖에 없다."[79] 노스캐롤라이나 대학 여성기분장애센터의 메리 키멀Mary Kimmel과 존스 홉킨스 대학의 로런 오스본Lauren Osborne, 패멀라 수르칸Pamela Surkan은 2021년 2월 한 논평에서 이렇게 적었다. 그들은 보험사들이 원격 의료를 접근성 낮은 사람들에게 다가가는 도구로 인정하고 그 서비스를 제공하는 병원들에 지급하는 진료비를 늘려야 한다고 주장했다.

물론 더 나은 치료법도 변화를 가져올 것이다. 미국에서 최초로 승인된 산후 우울증 치료제 줄레소에 쏟아지는 기대감이 큰 것도 당연하지만 여전히 대부분의 사람들은 접근할 수 없다. 줄레소는 임신과 산후 기간에 발생하는 GABA 신호의 변화를 토대로 개발된 약이다. 그 약의 성분은 알로프레그나놀론인데, 3일 동안 입원해 주사로 투여받아야 한다. 알로프레그나놀론의 자연적인 수치가 높을 때와 마찬가지로, 그 약은 진정 효과를 내며 현기증과 기절을 유발할 수 있다.

줄레소는 보통 이상의 우울증 여성들에게 빠른 효과가 있는 것으로 나타났고, 특히 증상이 심한 우울증일수록 효과가 더 컸다.[80] 세이지 테라퓨틱스에서 연구비를 지원받아 그 약에 관한 연구를 진행한 서맨사 멜처-브로디는 줄레소가 모두에게 효과가 있는 것은 아니라고 말했다. 현실적으로 산후 우울증은 예방과 치료에 다양한 방법이 필요한 경우가 많다. 하지만 그녀는 줄레소가 효과적인 사람들은 "강력한 상태 변화"를 경험한다고 말한다. 중요한 것은 그 변화가 약을 투여받은 후에도 오랫동안 지속된다는 사실이다.

연구자들은 줄레소의 효과가 지속되는 이유를 알아내려 하고 있다. 제이미 맥과이어와 동료들은 알로프레그나놀론과 그 합성 유사체가 부모의 양육 행동과 불안 및 두려움의 표현에 모두 중요하다는 사실이 여러 번 증명된 편도체의 특정한 부분에서 일어나는 뇌 활동의 진동을 변화시킨다는 것을 발견했다. 연구진은 이것이 편도체와 전전두피질의 동기화를 더 건강한 네트워크 상태로 바꾸는 것 같다고 설명했다. "리셋이 일어나고 다른 변화가 있을 때까지 안정적으로 유지되는 것으로 보고 있습니다." 맥과이어가 나에게 설명했다. 우울증이 다시 발생했을 때 네트워크의 상태에 또 다른 변화가 일어나는가는 개인의 상황과 유전자, 스트레스에 따라 달라질 수 있다.

맥과이어의 연구는 산후 우울증이 일종의 손상이나 부재 또는 사라진 모성 본능이라는 관념에 도전장을 던진다. "건강하지 못한 상태에서 더 건강한 상태로 바뀔 수 있습니다. 균형을 회복하기만 하면 되는 것이죠."

하지만 미국의 대도시에 줄레소를 제공하는 병원은 소수에 불과하다. 줄레소는 출시와 함께 어마어마한 가격(입원 비용을 제외하고 34,000달러)에 대한 우려와 비용 부담을 꺼리는 보험사들 때문에 난관을 맞이했다. 게다가 아기를 놓아두고 3일 동안 병원에 입원하는 것도 쉽지 않은 일이다. 팬데믹 역시 상황을 악화시켰다.

줄레소는 세이지 테라퓨틱스의 첫 시판 약이다. 2020년 봄에 세이지에서 정리해고당한 약 340명 중에서 영업 직원이 대부분을 차지했다. 그 회사는 팬데믹 동안 줄레소를 찾는 사람들이 거의 없었고 처방하려는 의사들도 너무 적었다고 언급했다.[81] 2021년 말 현재, 세이지는 주주들에게 이미 줄레소를 제공하고 있는 지역의 판매에만 집중할 계획이라고 알렸다.

세이지는 GABA 신호를 표적으로 삼는 또 다른 약물을 개발 중이다. 집에서도 사용할 수 있는 경구용 약으로 산후 우울증 이외의 우울증에도 사용할 수 있다. 비록 임상 실험 단계부터 험난했지만 2021년 6월에 발표된 결과에서는 산후 우울증에 대한 효과를 기대할 수 있는 것으로 나타났다.[82] 그 약을 3일간 투약한 산후 우울증 실험군은 위약 대조군보다 우울증 점수가 상당히 개선되었고 45일 후에는 더 큰 효과를 보였다.

하지만 산후 우울증의 일차적 약물 개입에는 선택적 세로토닌 재흡수억제제SSRI라고 알려진 항우울제가 여전히 사용되며, 미국, 캐나다, 기타 국가의 임신부와 산후 여성 최대 10퍼센트가 처방을 받는다.[83] SSRI는 신경전달물질인 세로토닌이 신경세포에 흡수되는 것을 억제하여 시냅스에서 세로토닌의 양을 늘리는 원리로 작동한다. 결과적으로 기분을 개선하고 심리치료에 대한 거부감을 줄여준다. 하지만 SSRI가 일반인들에게 정확히 어떻게 작동하는지는 여전히 명확하지 않다. 과연 주산기에 그 기능이 변할 수 있는가는 큰 의문으로 남아 있지만 실제로 변화한다는 증거가 있다.[84]

임신과 산후 기간에 중추 세로토닌 시스템이 변하기 때문이다.[85] 임신 중에는 세로토닌의 상향 조절이 일어나 몸과 뇌에서 세로토닌이 더 많이 순환된다. 적어도 엄마들의 혈액과 뇌척수액 샘플 관련 연구에 따르면 그렇다. 설치류 실험에서는 전뇌에 세로토닌을 공급하는 일을 주로 담당하는 배측봉선핵dorsal raphe이라는 뇌 영역의 세포 활동과 신진대사, 수용체 발현에 세로토닌과 관련된 커다란 변화가 발견되었다.

하지만 쥐와 인간 모두에서 과학자들은 여전히 임신과 산후에 걸쳐 세로토닌이 어떻게 움직이고 부모의 행동에 정확히 어떤 영향을 미치는지 자세히 알지 못한다. 산후 기분 장애의 맥락에서는 더더욱 그렇다. 최근에 조디 폴루스키가 이끈 연구에서는 임신 후기 쥐를 대상으로 시중에서 판매되는 항우울제 졸로프트의 성분인 서트랄린이 해마의 일반적인 신경 가소성과 어떤 식으로 상호 작용하는지 살펴보았다.[86] 그 연구 논문에는 일반적으로 세로토닌에 관한 논문의 상징과도 같은 문구가 들어간다. "이 연구는 답보다 질문을 더 많이 내놓았다."

연구자들이 아는 것은 임신과 산후 기간에 세로토닌이 호르몬계 그리고 신경계와 복잡하게 상호 작용한다는 것이다.[87] 예를 들어, 세로토닌은 도파민 활동에 영향을 미친다. 그리고 매우 유동적인 모든 생식 호르몬(에스트로겐, 프로게스테론, 옥시토신, 프로락틴, 글루코코르티코이드)은 세로토닌의 활동에 영향을 미치는 것으로 알려져 있다. 폴루스키는 "모든 것이 연결되어 있다"라고 설명했다.

하지만 과연 어떻게 연결되어 있단 말인가?

산후의 맥락에서 SSRI의 효능을 조사한 연구는 놀라울 정도로 소수에 불과하다. 그 이유는 피실험자들을 모집하기가 어려워서일 수도 있고, 이미 다른 맥락에서 그 약의 효능이 충분히 입증되었다는 가정 때문일 수도 있다. 2021년 2월, 유명 의학 데이터베이스인 코크레인 라이브러리Cochrane Library는 SSRI는 위약 대조군과 비교했을 때 산후 우울증에 "이로울 수도 있지만" 증거의 확실성은 "낮거나 매우 낮다"라는 결론을 담은 체계적인 검토 결과를 발표했다.[88] 그 분석에 사용된 연구들은 규모나 숫자가 작았고 탈락률*이 높았다.

"한마디로 효과가 있을 수도 있고 없을 수도 있는 약을 처방하는 거죠." 폴루스키가 말했다. "그 효과가 플라시보 때문일지 누가 알겠어요. 하지만 플라시보라 할지라도 기분 상태가 나아진다면 그게 중요한 거죠. 저는 그렇게 생각해요. 하지만 궁극적으로는 제대로 작동하지 않는 시스템을 바로잡거나 정상화하는 것이 SSRI의 목적이죠." 하지만 그녀는 연구자들이 SSRI가 산후 우울증에 그런 효과를 내는지 확실하게 알지 못한다고 말했다.

SSRI는 주산기 우울증 치료의 중요한 도구가 되어왔고 일반적으로 의사들은 그 약을 먹는 임산부 환자들에게 효과가 있다면 계속 복용하라고 권장한다. SSRI의 가치를 최소화하고 싶은 생각은 없다. 하지만 산후 우울증에 더 나은 약이 필요하고, 적어도 현재 사용되는 약에 대한 더 많은 정보가 필요한 것만큼은 분명하다. 그 두 가지 목표의 달성은 우울증이 산후의 뇌에 어떻게 작동하는지 더 많이 아는 것에 달려 있다.

현재의 연구 상태를 고려할 때 시간이 좀 걸릴 것이다. 그전까지는 부모가 되는 것이 신경생물학적으로 얼마나 극적인 변화이고 그 변화가 스트레스에 커다란 영향을 받는다는 사실을 아는 것만으로도 출산 부모들에게 효과가 입증된 지원을 제공하는 일에 집중해야 할 이유가 충분하다. 거기에는 임신과 분만을 다루는 병원과 조산사, 둘라를 늘리는 것이 포함된다. 특히 병원 기반의 산과

---

* rate of attrition. 연구 참여자가 어떤 이유로 연구에서 중도 탈락하는 비율.

서비스가 없고, 관련 병원이나 의사를 거의 이용할 수 없는 이른바 "산전 관리 시스템의 사막"[89]이라 할 수 있는 미국 전역 수백 개의 시골 지역들의 사정이 시급하다. 그리고 가정 방문과 원격 의료 서비스 접근성, 더 효과적으로 설계된 자조 모임, 보편적인 유급 육아휴직 정책도 필요하다. 그런 변화가 산후 기분 장애를 줄여줄 수 있다는 증거가 있다.[90]

"몸에 일어난 변화를 정상화하려는" 시도는 임신과 산후 기간에 HPA 축이 뇌에 영향을 주는 메커니즘에 대한 정확한 이해가 없더라도 가능하다고 모성을 주로 다루는 스트레스 생리학자 몰리 디킨스Molly Dickens는 말했다. 여기에서 정상화는 더 많은 지원의 필요성을 정상화한다는 뜻이다. 임신은 "우리 몸을 벼랑 끝까지 몰고 갑니다." 따라서 그 과정에서 허우적거리는 것은 "정상적인 일"이다. 디킨스는 그 과정을 몇 가지 기분 장애 증상을 겪지 않고 보내는 것이야말로 "끝내주는 기적"이라고 말했다.

세라 멘케딕은 저서 『평범한 광기*Ordinary Insanity*』에서 첫 엄마됨이 애도와 관련 있다고 적었다. 그녀는 예전의 자신을 잃은 것을, 스스로가 꿈꾸었던 모습의 엄마를 잃은 것을 슬퍼했다. 하지만 알다시피 산후에는 슬퍼할 여유가 거의 없으며, 삶의 한 단계를 뒤로하고 새로운 단계가 시작되었다는 사실에도 거의 관심이 쏠리지 않는다.

미국에서는 이러한 삶의 변화를 이해하는 데 도움이 되었을 의식ritual들이(여성 공동체나 출산 부모들 세대 사이의 의식) 대부분 도시나 바다를 건너는 이주로 인해 제거되거나 상실되어 미아 버드송이 설명한 가족 형태의 "해로운 개인주의"보다 경시되었다. 멘

케딕은 "산후 우울증은 미국의 엄마들에게 유일하게 남은 애도 의식인지도 모른다"고 주장했다.[91]

나는 이 문장을 처음 읽었을 때 잠시 머뭇거렸다. 산후 우울증은 생물학적이라는 생각 때문이었다. 산후 우울증은 출산과 산후 기간에 대한 문화적으로 다양한 기대와 관행이 존재하는 전 세계 인구에 발생한다. 하지만 의식은 분명한 인식이고 무언가에 대한 의식적인 설명이다. 어쩌면 일부 부모들에게는 우울증이 일종의 설명일지도 모른다. 그들의 몸과 뇌가 겪고 있는 변화에 대한 인정이 없는 상태에서 나온 결과이다.

예비 부모들과 주변 사람들이 이 새로운 삶의 단계가 어떤 느낌을 줄 수 있는지 더 잘 이해하게 된다면 그들이 새로운 의식을 만들거나 예전의 의식으로 돌아갈지 궁금해진다. 적어도 잃어버리는 것들에 대해 마음의 준비를 할 수 있고 새로 얻는 것도 더 분명하게 알 수 있을 것이다. 이를 위해서는 출산 경험 자체를 포함해 그 변화에 영향을 미치는 다양한 요소들에 이름을 붙여야 한다.

° ° °

몇 년 전에 힐러리 프랭크Hillary Frank가 진행하는 선구적인 육아 팟캐스트(「The Longest Shortest Time」)에 놀라운 일이 일어났다.[92] 2014년에 힐러리는 임산부들의 필독서가 된 『이나 메이의 출산 가이드*Ina May's Guide to Childbirth*』를 쓴 유명 조산사 이나 메이 개스킨Ina May Gaskin을 인터뷰했다. 그 책의 메시지는 여성의 몸이 아이를 분만하는 방법을 알고 있으며, 두려움이 방해물로 작용하지 않는 한 보통 '자연적으로' 분만할 수 있다는 것이다. 개스킨은 두려움이 없으면 출산은 꽤 즐거운 경험이 될 수 있다고 썼다.

그것은 선택적이고 비계획적인 제왕절개가 증가하고 있던 당시에 많은 출산 부모에게 혁명적인 생각이었다. "자연스러운" 출산이 올바른 출산법이고 그것을 가능하게 해주는 열쇠(준비와 마인드셋)가 출산 부모의 손에 있다는 생각도 더불어 커졌다.

힐러리는 개스킨에게 임신했을 때 그 책을 읽은 덕분에 두려움이 사라지고 강해질 수 있었다고 말했다. 약물이나 수술 없이도 출산을 해낼 수 있다는 믿음이 생겼다고. 하지만 막상 분만 시간이 닥쳤을 때 그녀는 촉진제 피토신과 경막 마취제, 회음부 절개술(일주일 후 재수술이 필요했다) 등 여러 가지 의학적인 도움을 받아야만 했다. "결국 전 스스로 실패했다는 생각이 들었어요." 그녀가 개스킨에게 말했다. "할 수 있다고 생각했는데. 할 수 있다고 믿었는데 해내지 못한 거예요. 자연 분만이 달성해야 할 목표처럼 느껴졌거든요. 그렇게 말하는 책들을 떠올리니 솔직히 속상했어요. 화도 났어요. 이나 메이가 나처럼 자연 분만에 실패한 사람들에게는 해줄 말이 없다니 말이에요."

개스킨은 그녀의 목표가 출산 시 불필요한 의료 절차를 피하도록 돕는 것이지만 모든 여성에게 누구나 고통 없이 출산할 수 있다고 말한다면 "그건 큰 거짓말"이라고 대답했다. 힐러리가 그녀의 말을 막았다. "제 착각일지도 모르지만 전 이런 느낌을 받았어요. 당신이 모든 여성이 고통이 아예 없진 않더라도 최소한 여유롭게 출산할 수 있다고 믿는 것만 같았거든요."

개스킨은 그렇게 생각하지 않는다고 답했다. "당신이 그런 느낌을 받았다면 아무래도 그 부분에 대해 자세히 다룰 필요가 있겠어요."

그녀는 그 말을 정말로 실천에 옮겼다.

5년 후인 2019년 개스킨은 힐러리 프랭크와 나눈 대화 그리고 팟캐스트 방송 후에 달린 댓글 약 400개를 바탕으로 한 업데이트 버전의 안내서를 출판했다.[93] 제왕절개를 비롯한 기타 의학적 개입(피해야 하는 이유와 대처하는 방법을 모두 다루었다)과 출산의 불확실함, 다양한 범위에 대한 자세한 내용이 추가되었다. 또한 그녀는 출산 직후가 아기와 애착을 쌓기 위해서 가장 중요한 "황금 시간"[94]이라는 표현도 아예 없애버렸다. 제왕절개 수술을 받은 출산 부모가 회복 시간을 거치거나 아기가 NICU에 들어가는 경우에는 그 시간을 놓치는 가족들이 많기 때문이다. 그런 표현은 "아기와 잠깐 떨어져 있는 일시적인 분리가 자동으로 나쁜 일들을 가져다줄 것처럼 느끼게 한다. 현실은 그렇지 않다"라고 개스킨은 적었다.

나는 여러 가지 이유로 이 대화가 좋다. 두 여자가 서로에게 보여준 강인함과 따뜻함이 좋다. 두 사람의 열린 마음이 좋다. 그리고 힐러리가 많은 여자가 느낀 것을 이야기했고 개스킨이 귀 기울여주었다는 사실이 좋다.

출산을 있는 그대로 인정하는 대화라서 좋다. 출산은 인간의 몸이 수행할 수 있는 일이지만, 출산인이 두려움을 마주했을 때 안정을 취하게 해주고 적절한 순간에 적절한 지원을 제공해주면 한결 더 수월해질 수 있는 경험이다. 그리고 출산은 믿을 수 없을 정도로 치열한 경험이다. 거의 모든 출산인을 신체적, 심리적인 한계까지 밀어붙이고 때로는 삶의 문턱까지도 몰아세우며 출산 당일 당사자의 고유한 생리를 훨씬 넘어서는 요인들이 출산에 영향을 준다.

출산은 그 밖의 많은 말로 설명할 수 있지만 무엇보다 본질적으로 트라우마를 일으키는 경험이다. 전체 엄마의 6퍼센트가 출산 관련 PTSD를 겪는다.[95] 침습적인 부정적 또는 불안한 생각, 트리거 회피, 과잉 반응 등의 특징이 나타난다. 무려 6퍼센트이다. 그보다 훨씬 더 많은 약 17퍼센트는 출산 후 며칠이나 몇 주 내에 PTSD 증상을 보인다.

출산 관련 PTSD는 다른 모든 것과 마찬가지로 어떻게 또는 언제 발생하는지 분명한 공식이 없다. 하버드 의대 심리학과 조교수이자 매사추세츠 종합병원 데켈 연구소 소장인 샤론 데켈Sharon Dekel은 동료들과 함께 여성 685명의 출산과 산후 경험을 조사한 결과 분만 과정이 중요하다는 사실을 발견했다.[96] 계획되지 않은 제왕절개 수술은 PTSD의 위험을 3배 높인다. 유도 분만, 임신 합병증, 출산 전의 수면 부족도 위험 요소이다.[97] 출산하는 동안 자기 몸 밖에 있는 듯하거나 현재 일어나고 있는 일과 단절된 것처럼 느끼는 해리성 상태 경험도 그렇다.[98] 하지만 해리가 나중에 우울증을 예방해줄 수 있다는 증거도 있다.

연구 그룹 중에서 성폭력 경험이 있는 여성들은(미국 여성의 경우 5명 중 1명으로 많다) 합병증과 조산, 계획되지 않은 제왕절개 확률이 높고 분만 중에 더 많은 급성 스트레스를 경험했다.[99] 출산 부모의 나이, 교육 수준, 정신 질환 이력, 그리고 강도가 더 약하지만 유산이나 사산, 조산 같은 이전 임신의 스트레스 요인들도 결과에 영향을 미칠 수 있다.[100]

출산 관련 PTSD는 산후 우울증과 함께 발생하는 경우가 많다.[101] 데켈의 연구는 조산의 경우 두 가지 모두 진단받을 위험이 증가한다는 사실을 발견했다. 출산 관련 PTSD가 항상 우울증을 동반하는 것은 아니지만 트라우마를 처리하기 위해 특별한 치료가 필요할 수도 있다.

데켈의 목표는 출산 트라우마를 유발할 수 있는 요소들을 찾아내 더 나은 예측과 고위험군 검사법을 개발하는 것이다. 여기에는 트라우마의 객관적·주관적인 척도, 상호 작용이 모두 포함된다. 만약 출산 부모가 출혈 과다로 생명이 위험해진다면 그것은 분명히 객관적인 스트레스 요인이다. 그러나 데켈은 여성들에게 출산과 그 이후에 대한 내적인 경험에 대해서도 묻는다. 두려움을 느꼈는가? 통제력 상실을 느꼈는가? 분노를 느꼈는가? 출산에 대한 개인의 정서적 반응이 가장 중요한 예측 지표일 수 있다고 데켈은 말한다. "한 사람의 트라우마 원인이 다른 사람의 트라우마 원인과 다를 수 있습니다."

그러나 출산 부모의 트라우마 경험에는 거의 관심이 쏠리지 않고, 트라우마가 부모됨의 경험(출산 부모가 자기 몸과 아기에 대해 느끼는 감정, 새로운 역할에 대한 자아감)과 얼마나 복잡하게 연결되어 있는지 또한 심각하게 간과되고 있다.

데켈의 연구실에서는 수백 명의 여성을 인터뷰했다. 그들 중 다수가 전문가의 도움을 구할 형편이 되는데도 충격적인 출산 경험에 대해 그 누구에게도 이야기한 적이 없었다. 데켈이 말한다. "그들은 수치심과 죄책감을 느꼈습니다. 임신한 친구들에게 심각한 충격을 주고 싶지도 않았죠. 꼭 우울증이라고도 할 수 없었기에 자신에게 무슨 일이 일어나고 있는지 잘 모르는 경우가 대부분이었습니다."

데켈은 학생들에게 종종 이런 식으로 설명한다. 교통사고로 외상 후 스트레스 장애를 겪는 사람은 오랫동안 운전하거나 차에 타지 못할 수도 있다. 심지어 길을 건너기도 힘들 수 있다. 차를 보면 방아쇠가 당겨질 수 있으니까. "출산의 트라우마로 PTSD가 생긴 엄마에게는 아기가 바로 방아쇠입니다."

하지만 아기는 피할 수 없다. "그래서 병적 상태가 악화하고 회복이 지연될 수 있습니다. 게다가 엄마는 아이와 부모의 당연한 유대에 대한 사회적 기대와 인식을 떠올리게 됩니다. 정말 힘든 상황일 수밖에 없죠."

뇌 영상 연구는 주로 군인들의 전투 트라우마 맥락에서 PTSD의 기저를 이루는 뇌의 기능적, 구조적 변화를 살펴보는 것이 대부분이었다.[102] 특히 편도체와 해마, 전전두피질의 활동과 전체적인 뇌 부피 감소에 초점을 맞추었다. 출산과 관련된 PTSD를 조사한 연구는 하나도 없다. 이 글을 쓰는 지금, 데켈은 그 첫 번째가 될 연구를 위해 참가자를 모집하고 있다. 또한 그녀와 동료들은 출산의 고통이 가져오는 또 다른 중요한 결과인 성장에 대해서도 조사하고 있다.

데켈은 2001년 9월 11일 세계 세계 무역 센터가 공격받았을 때 그곳에 있었던 사람들의 경험을 포함해 전쟁과 감금, 재난의 맥락에서 심리적인 성장의 잠재력을 알아보는 연구로 그녀의 커리어를 시작했다. 극도로 스트레스가 심한 사건들은 "세상에 대한 가정을 흔들어" 자신의 강점, 다른 사람들과의 관계, 삶에서 의미를 만드는 방식 등을 바꿔놓을 수 있다고 데켈은 말한다. 실제로 괴로움은 심리적 성장의 필수 조건이자 자극제일 수 있다.

그렇다면 출산 이후로 심리적 성장을 이루었다는 여성이 대다수라는 사실은 잘 들어맞는다.[103] 데켈과 동료들은 428명의 여성으로 구성된 표본에서 계획되지 않은 제왕절개를 비롯해 어느 정도 객관적으로 출산에 따른 스트레스를 경험한 여성들이 삶에 대한 감사를 중심으로 가장 높은 수준의 성장을 보인다는 사실을 발견했다. 데켈은 그것이 '트라우마가 곧 성장'이라는 메시지를 주는 건 아니라고 말한다. PTSD 증상은 성장 결과와 부정적인 연관성을 보였기 때문이다. 즉, 특히 올바른 지원이 제공될 때 스트레스 상황이 성장으로 이어질 수 있다는 뜻이다.

팬데믹이 시작된 직후, 데켈의 연구실은 상황이 특히 불안정하고 노동 및 출산 정책이 유동적이었던 미국 내 코로나19의 첫 번째 물결 속에서 출산한 산모들을 포함한 새로운 엄마 집단을 모집하기 시작했다. 놀라운 일은 아니었지만, 임신이나 출산 당시 코로

나에 확진되거나 코로나 양성이 의심되었던 엄마들은 높은 수치의 급성 스트레스를 경험했다.[104] 그들 중 절반은 임상적으로 유의미한 PTSD 증상을 보였는데, 이는 역시 같은 시기에 출산했지만 코로나 음성이었던 여성들보다 두 배나 높은 수치였다. 전체 실험군에서 흑인과 라틴계 여성들은 팬데믹 초기 출산에 임상적으로 유의미한 트라우마로 인한 스트레스 반응을 보인 확률이 거의 3배나 높았다.[105]

하지만 데켈에 따르면 팬데믹 기간에 출산한 엄마들의 좀 더 광범위한 표본에서는 앞선 연구에서와 마찬가지로 하나의 패턴이 나타났다. 출산 스트레스가 PTSD로 기울지 않은 엄마들에게 고통은 오히려 내면의 힘을 키우는 효과가 있었다. 데켈은 말한다. "덕분에 아이와 더 큰 유대감을 쌓을 수 있게 됩니다. 트라우마는 있었지만, 아니, 오히려 트라우마가 있었기 때문에 출산 경험을 통해 유능감이 더 커진 것이죠." 아기와의 유대는 다시 더 큰 유능감과 확실성으로 이어진다. 데켈은 이 순환 고리에 관해 이야기하면서 고리의 방향이 반대일 수도 있다고 덧붙인다. 유대가 먼저 오고 유능감이 뒤따를 수도 있다는 것이다. 순서가 어떻든 유대와 유능감은 서로 연결되어 관점에 변화가 일어나고 "자신의 존재 수준이 엄마가 되기 전보다 높아진 것 같은" 감각을 느끼게 해주는 듯하다.

이 모든 것이 틀 만들기framing에 좌우된다는 사실에 주목하지 않을 수 없다. 임신부들이 어떤 이야기를 머릿속에 담고 출산을 맞이하게 되는지, 그들에게 일어나는 일을 받아들이는 데 필요한 지원이 제공되는지. 또 출산 당시에 어떤 검사와 치료가 제공되었는지뿐만 아니라 어떤 대우를 받았는지에 달려 있다. 미국 여성 6명

중 1명이 임신과 출산 중에 잘못된 대우(큰 소리와 무시, 꾸지람, 침해, 강요 때문에 원치 않는 처치를 받아들여야 했다)를 받았다고 알려졌다.[106] 사회·경제적 지위가 낮은 여성과 소득 수준이 낮은 유색인종 여성들의 경우에는 그런 경험을 할 가능성이 더 큰 것으로 나타났다.

2021년 5월, 미주리주의 흑인 여성 하원의원 코리 부시Cori Bush는 하원 소위원회에서 임신했을 때 두 번이나 중요한 치료를 거부당한 일에 관해 이야기했다.[107] 그중 한 번은 배 속의 아기가 유산될 수도 있는 위험한 상황이었는데 의사가 그녀를 그냥 집으로 돌려보냈다. 그녀의 언니가 복도에 의자를 집어 던진 후에야 병원에서 그녀를 진료해주었고 지금은 성인이 된 딸을 무사히 낳을 수 있었다.

"병원 복도를 날아다니는 의자, 이게 바로 절망의 모습입니다. 이게 바로 스스로 자신의 권리를 옹호하는 모습입니다. 흑인 여성들은 임신과 출산 중 매일 가혹하고 인종 차별적인 대우에 노출됩니다. 제도가 우리의 인간성을 부정하기 때문입니다. 제도는 우리가 환자로서 진료받을 권리를 부정합니다." 한마디로 트라우마의 연속이다.

코르티솔이 "악당"이 아닌 것처럼 임신과 출산 스트레스도 반드시 파괴적인 것은 아니다. 적어도 꼭 그럴 필요는 없다. 브루스 매큐언은 스트레스 경험은 그 경험에 대처할 때 우리가 얼마나 많은 지원을 받고 얼마나 큰 통제력을 쥐고 있다고 생각하는지에 따라 좋은 것, 참을 만한 것 혹은 해로운 것이 될 수 있다고 적었다.

크리스티나 로이스Cristina Lois의 출산 경험은 내가 지금까지

들어본 것 중에서 가장 특이했다. 로이스의 이야기에서 놀라운 것은 객관적으로 트라우마라고 할 만한 사건들의 숫자와 그것들에 대한 그녀의 관점이었다. "원래 저는 가장 자연스럽게 출산을 경험하는 것이 목표였는데 실제로는 제가 원했던 것과 완전히 반대가 되어버렸죠."

나는 로이스를 데켈에게 소개받았는데 로이스 역시 매사추세츠 종합병원에서 일했다. 물리학자인 그녀는 주로 알츠하이머에 집중하는 의료 영상 연구에 참여하고 있었다. 로이스는 오랫동안 아이를 원하는지 확신하지 못했다. 하지만 2013년에 임신 테스트기에서 양성 반응이 나온 것을 보자마자 심경에 변화가 일어났다.

그녀는 기뻐서 어쩔 줄 몰랐고 임신 기간도 수월하게 지나갔다. 하지만 37주에 의사로부터 유도 분만을 하자는 말을 들었다. 의사는 그녀가 36세로 노산이라는 사실 때문에 걱정했고 초음파 검사 결과 아기가 기대만큼 크고 있지 않았다. 하지만 스페인 출신인 로이스는 미국이 다른 나라보다 유도 분만율이 높다는 사실을 알고 있었고 유도 분만을 원하지 않았다. 그녀는 의사의 반대 속에서 예정일이 2주 지날 때까지 기다렸고 결국은 유도 분만을 시도하게 되었다. "유도 분만이 실패했어요." 로이스는 말한다. 진통이 시작되더니 곧 멈추었다. 결국 제왕절개로 분만할 수밖에 없었다. 그녀의 뱃속에서 꺼내진 아이는 건강했다. 그런데 "사람들이 근심서린 얼굴로 왔다 갔다 하고 서로 뭐라고 얘기하더니 사진을 찍는 거예요." 로이스는 품에 안긴 아이에게 집중할 수가 없었다. 마침내 의료진 하나가 그녀의 난소에서 암일 수도 있는 덩어리가 발견되었다고 말해주었다. 지금 난소를 제거할지, 아니면 절개 부위를 그대로 봉합한 뒤에 검사를 더 받겠는지 물었다.

로이스는 난소암 연구에 매우 익숙한 사람이었다. 그 암이 얼마나 치명적일 수 있는지 잘 알고 있었다. 이제 막 아기가 태어났는데 갑자기 그녀가 "죽을 수도 있는" 상황이 된 것이다.

"제거해주세요." 그녀가 의료진에게 말했다. 수술 준비가 시작되었다. 하지만 의사들은 그들이 틀렸다는 것을 깨달았다. 암이 아니라 커다란 난소낭종이었다. 쉽게 제거할 수 있었다.

놀랍게도 며칠 안에 로이스와 가족은 집에 돌아갈 수 있었다. 남편이 간호와 요리, 청소를 도맡아 해주는 동안 그녀는 회복과 아들 로크에게 젖 먹이는 일에만 집중했다. 그런데 출산한 지 10일 정도 지났을 때 가슴에 통증이 느껴지기 시작했다. 그녀는 주치의에게 전화를 걸었고 이내 구급차로 병원에 긴급 이송되었다. 폐색전증이었다. "'앞으로 또 뭐가 남았으려나?' 하는 생각밖에 안 들더군요." 그녀는 며칠 후에 퇴원했다. 혈액 희석제를 장기 처방받았고 간호사가 집에 방문했다.

놀랍게도 출산과 트라우마의 본질에 관한 이야기를 나눌 때 로이스가 계속 강조한 것은 그런 사건들이 아니었다. 유도 분만이 실패해서 제왕절개를 하게 된 결정을 생각하며 종종 속상하기도 했지만, 그녀는 의료진이 최선을 다해주었다고 말했다. 대신 그녀는 험난했던 출산 이후에 일어난 일들이 얼마나 힘들었는지 강조했다. 처음 부모가 된 이들이 겪는 훨씬 더 평범한 일들 말이다. 수면 부족, 도저히 감당할 수 없을 것 같은 두려움, 더 많은 도움을 바라는 마음. 미처 준비되기 전에 업무에 복귀할 때의 어려움, 부모 역할이 영원히 끝나지 않을 것 같다는 생각까지. "부모가 된다는 건 정말로 큰 변화예요."

"그 누구에게도 행복한 시간은 아닐 거예요." 부모가 되고 처음 몇 주 동안에 대해 그녀는 이렇게 말한다.

나 역시 아기가 태어난 후 몇 달을 커다란 고통 없이 보냈다는 사람은 한 명도 보지 못했다. 원인은 다양하다. 몇 년 동안 계속된 유산 또는 몇 달간의 힘든 임신으로 인한 괴로움. 험난한 입양이나 대리 출산, 또는 임신 합병증으로 인한 괴로움. 태어나자마자 치료받아야 하는 아기에 대한 걱정과 괴로움. 우울증, 불안, 젖꼭지 갈라짐, 죄책감으로 인한 괴로움. 출산으로 되살아나는 개인이나 가족의 과거 트라우마나 새로 생긴 트라우마로 인한 괴로움까지.

우리는 마치 부모가 되는 것이 삶의 여정에서 우연히 마주치는 물건이라도 되는 것처럼, 처음부터 그 자리에 놓여 있었던 반짝이는 보석이라도 되는 것처럼 행동한다. 하지만 사실 이 빛나는 보석은 열과 압력과 시간을 들여 연마된 것이다. 그 보석은 바로 우리다. 이 현실을 무시함으로써 우리는 너무나 많은 부모를 좌절하게 했다. 그들에게 필요한 지원을 주지 못하고 있다. 부모가 되는 변화가 무엇을 의미하는지, 부모가 되는 힘든 과정에서 그들이 무엇을 얻는지 들여다보지 못하고 있다.

로이스는 지금의 그녀가 로크를 낳기 전과는 다른 사람이라고 말했다. 그녀는 일을 사랑하지만 일에 대한 관점이 예전보다 더 넓어졌다. 첫 육아의 시련이 결혼 생활에 큰 압박이 되었고 결국 그녀는 남편과 이혼했다.

이제 그녀는 예상치 못한 일이 일어났을 때 예전보다 덜 당황하고 미리 계획을 세운다. 예전보다 인생을 더 즐기게도 되었다. 그녀는 로크와 함께 자전거를 타고 베이킹소다와 식초로 화산을 만든다. 음악을 틀어놓고 춤을 춘다. 아이들은 작은 것에서 행복을 느낀다. 로이스가 말한 것처럼, "그 행복은 전염성이 있다."

8장

거울 속의 그 사람

"지금 쓴다는 책이 무슨 내용이라고 했죠?" 첫째와 같은 유치원에 다니는 친구의 엄마가 물었다. 여름 날씨 같은 완벽한 봄날 저녁, 우리는 해변에서 피크닉을 즐기고 있었다. 메인주를 방문하는 많은 관광객이 아직 몰려오기 전이어서 놀이터 바로 근처에 있는 피크닉 테이블을 널찍하게 차지하고 있을 수 있었다. 아이들이 저희끼리 잘 놀고 있어서 여유롭게 대화를 나누었다. 그 엄마와는 아이들을 유치원에 데려다주고 데려오면서 얼굴을 익혔지만 서로에 대해 잘 알지는 못하는 상태였다.

"부모가 되는 것이 뇌를 어떻게 변화시키는지에 관한 내용이에요." 내가 말했다.

"아, 아이들 때문에 엄마들의 뇌세포가 팍팍 줄어든다는 내용이요?" 그녀가 배꼽을 잡고 웃었다. 착하고 똑똑한 세 딸을 둔 그 엄마는 최근에 세련된 감각으로 잡화점을 개점했는데 친구들에게 선물하기 좋은 보물을 건질 수 있어서 내가 좋아하는 장소였다. 그녀는 주변 공예가들을 위해 커뮤니티를 육성하고, 실내 분위기를 산뜻하게 살리는 기하학적 프린트를 판매하기도 한다.

"음, 그건 아니에요. 그건 사실도 아니고요." 내가 말했다.

내 연구의 주제에 대해 들으면 사람들은 거의 이렇게 반응한다. 아무리 총명하고 유능한 여성들이라도 마찬가지이다. 언제나 예측할 수 있다. 듣자마자 사람들의 눈이 커지면서 이렇게 말한다. "아, 온 식구가 나갈 준비 하느라 정신없는 아침에 내가 꼭 필요한 물건을 못 찾는 이유를 설명해주는 건가요?" 그들은 내가 건망증 심한 "엄마의 뇌"를 다룬다고 생각하는 것이다. 왜냐하면 그들에게 부모가 된다는 것은 뇌에 스위스 치즈처럼 구멍이 송송 뚫리고 온 세상이 그들의 부족함을 알게 되는 것이기 때문이다.

"임신하면 향후 20년 동안 정서적으로나 지적으로나 부재하게 되죠."[1] 작가 루시 엘만Lucy Ellmann은 그녀의 소설 『덕스, 뉴버리포트*Ducks, Newburyport*』에 관한 인터뷰에서(같은 인터뷰에서 그녀의 작품이 "극도로 페미니스트적"이라고 묘사되었건만) 한 말이다. "이 불필요한 종의 영속이 우선시되는 동안 사고와 지식, 어른의 대화, 필수적인 정치적 행동이 모두 중단되는 거죠."

2021년 7월, 『뉴욕 타임스』에는 "'엄마의 뇌'는 진짜다"라는 제목의 기사가 실렸고, 몇 달 후 『워싱턴 포스트』는 그에 대한 반박처럼 보이는 「'엄마의 뇌'라는 게 정말 존재하는가?」라는 기사를 실었다. '엄마의 뇌'는 존재한다. 앞으로 살펴볼 것이다. 하지만 부모의 뇌가 삶의 더 넓은 맥락에 끼치는 영향은 세상이 엄마 뇌의 특징이라고 말하는 건망증 따위보다 훨씬 더 광범위하다. 아이 친구 엄마가 보인 것은 반사적인 반응이었다. 사실이 아닌 것은 아니지만 전부를 말해주지도 않는다.

알다시피 부모는 아기가 생기면 가장 중요한 순간에 경계심과 주의, 보호 본능이 생긴다. 그런 변화는 부모를 아기 가까이로 끌어당겨서 아기의 욕구를 돌보고, 아기의 사회적 뇌 발달에 영향을 끼치게 한다는 것도 우리는 알고 있다. "엄마의 뇌" 이야기는 문제가 많다. 아기를 돌보는 일에 몰두하면 엄마의 다른 기능은 모두 손상되는 것처럼, 육아 기술의 강화가 다른 모든 것의 희생을 토대로 이루어지는 것처럼 말하기 때문이다. 하지만 육아 회로는 뇌의 나머지 부분과 별개로 존재하는 것이 아니다. 양육이라는 새로운 기술과 능력을 갖춘 부모의 뇌는 우리가 삶의 다른 영역에서 활용하는 바로 그 뇌와 똑같다. 따라서 부모의 강점을 다른 영역으로도 가져갈 수 있다.

문제는 부모의 삶이라는 더 큰 맥락에서 뇌를 살펴보는 연구가 많지 않다는 것이다. 숫자가 정말로 적다. 그러므로 여기서는 그 연구들을 확장해서 적용할 필요가 있다. 이 장에서는 거의 전적으로 출산 부모에 대해 살펴볼 것이다. 아빠와 자녀의 직접적인 상호작용이 어떤지와는 별개로, 아빠됨의 신경생물학적 변화가 남성의 삶에 미치는 영향을 살펴보는 연구는 그 주제에 대한 사회의 일반적인 관점을 반영하기 때문이다. 한마디로 그런 연구는 거의 존재하지 않는다. 마찬가지로 지금까지 비출산 부모들은 이 분야 연구에서 대부분 빠져 있다. 그러나 여기서 살펴본 많은 전제들은 출산 부모뿐만 아니라 육아라는 변화에 관심과 에너지를 쏟는 모든 부모에 해당된다.

이 장은 현재까지의 연구 결과를 검토하고 그것이 엄마들과 다른 이들에게 어떤 의미인지 좀 더 멀리 내다보기로 한다. 과학이 끝나고 나 자신의 "희망 사항(정보를 바탕으로 한 추측이라고 하자)"이 시작되는 시점을 명확히 하고자 노력했음을 알린다.

• • •

예비 엄마 5명 중에서 무려 4명은 임신 중에 건망증이 심해졌다고 밝혔다.[2] 그러나 출산 부모 5명 중 5명 모두가 출산이 인지 기능을 저하시킨다는 말을 듣는다. 그렇다면 무엇이 진실이고 무엇이 아기가 엄마의 "생명력"을 훔쳐서 지성을 저해한다는 19세기 관념의 장기적인 영향인지 어떻게 구분할 수 있을까?

1986년에 주로 의료 전문직과 행정직으로 이루어진 여성 51명을 대상으로 시행된 설문조사의 결과, 그중 21명이 건망증, 혼란, 난독 등을 포함해 연구진이 "임신의 양성 뇌병증"이라고 이름붙인 일시적인 증상이 있다고 응답했다.[3] 그 이후로 몇몇 연구에서 임신과 산후 기간의 인지 기능 저하를 정량화하려고 시도했지만 엇갈린 결과가 나왔다.[4]

물론 임신한 사람들이 그들의 인지 증상에 대해 하는 말이 정확하지 않을 수도 있다. 이것은 한 연구에서도 증명되었다.[5] 임신한 사람들과 임신하지 않은 사람들에게 주의력, 기억력, 언어, 실행기능에 대한 검사를 시행한 결과, 예비 엄마들이 일주일 전에 뇌기능 저하에 대해 더 많이 불평했음에도 불구하고, 두 실험군 사이에 아무런 차이가 발견되지 않은 것이다. 그리고 임신부들의 인지기능 저하가 발견된 일부 연구도 그런 증상이 존재한다는 연구자들의 확증 편향의 영향을 받았을 수 있다. 하지만 연구자들이 잠재적인 편향을 설명하는 방식으로 여러 연구 자료를 분석하면 특정 종류의 기억 결함이 남아 있음이 발견된다.

2012년, 그 시점까지의 연구를 분석한 결과 대부분 작은 효과가 발견되었다.[6] 즉, 임신 중에는 약간의 작업 기억 결손이, 산후에는 약간 더 결손이 있었다. 지연 회상(학습 목록을 잠시 후에 회상할 수 있는 능력. 이 경우에는 10분 후 회상)은 임신 기간에 어느 정도 손상되었지만 산후에는 그 정도가 덜했다. 그리고 병원 예약일을 기억하는 일 같은 미래 기억 기능에는 사소한 변화가 있었다. 맥마스터 대학의 말라 앤더슨Marla Anderson과 멜 러더퍼드Mel Rutherford는 산후보다 임신 기간에 더 나쁜 처리 속도 결핍을 발견했는데, 그것이 여성들이 보고한 경험 패턴과 일치한다고 설명했다. 임신과 기억력이라는 커다란 주제의 이면에 자리하는 진실은 이것일 수 있다고 그들은 적었다. 인지 능력 자체가 그렇게 많이 감소하지는 않고, 단어를 떠올리거나 열쇠를 찾는 것처럼 똑같은 과제를 수행할 때 좀 더 시간이 필요할 뿐이며 출산 이후에 대체로 개선된다고 말이다.

임신에 초점을 맞춘 더 최근의 분석에서도 비슷한 작은 기억 장애와 함께 문제 해결 및 인지적 유연성(상대적으로 더 복잡한 과제를 위해 전두피질이 개입되는 과정)을 포함하는 실행 기능에도 약간의 결핍이 추가로 나타났다.[7] 여기서 강조되는 것은 "작은"이다. 호주 디킨 대학의 아기 뇌 연구 프로젝트 저자들은 평균적인 기억 결핍이 임신 당사자들과 주변 사람들이 알아차릴 정도로 클 수 있지만, 형편없는 업무 수행 능력이라든가 중요한 임무를 완수하는 능력의 현저한 손상으로 이어질 가능성은 낮다고 적었다.

물론 평균이라는 말은 기억력 저하를 전혀 경험하지 않는 출산 부모도 있고 더 강하게 영향받는 이들도 있음을 뜻한다. 우울증 증상은 임신부의 작업 기억 문제를 증폭시킬 수 있다.[8] 한 연구에서는 태아의 성별이 영향을 줄 수도 있다는 흥미로운 결과가 나왔다.[9] 39명의 엄마가 참여한 연구에서 딸을 가진 이들이 아들을 가진 이들보다 작업 기억에 관한 복잡한 도전 과제에서 임신기와 산후에 더 낮은 성적을 보였다. 차이가 나타나는 이유는 확실하지 않지만, 연구자들은 일반적으로 태아와 "엄마 주변부" 간의 복잡한 상호 작용("양방향 관계")을 지목한다. 하지만 딸 가진 엄마들과 비임신 대조군의 기억력 차이는 통계적 유의성을 보이지 않았다.

적어도 인간의 경우, 기억력 저하는 여러 번의 임신으로 악화할 수 있다.[10] 임신 여성 254명을 대상으로 임신 기간 내내 그리고 산후 12~14주 사이에 다시 기억력을 검사한 연구에서 이전에 출산 경험이 있는 여성들이 임신 후기부터 작업 기억 과제에서 더 낮은 점수를 받았고, 아이를 3~4명 이상 낳은 여성들이 가장 큰 기억력 저하를 보였다.

점점 커지는 배 때문에 불편해서 잠을 뒤척이다가 또 다른 자녀 때문에 새벽같이 깨는 사람이나, 갓난아이와 더 큰 아이들의 다른 수면 패턴 때문에 고생해본 사람이라면 이 결과가 별로 놀랍지 않을 것이다. 연구자들은 엄마들에게 수면에 대해 질문하고 그 질이나 양 차이를 최대한 통제하려고 애썼다. 하지만 결과는 변하지 않았다.

인지 기능에 관한 연구에 아빠들의 자료가 포함된 예도 있다. 그러나 엄마들과 마찬가지로 우울증이나 수면 부족을 겪을 수도 있는 처음으로 아빠가 된 이들의 평균적인 건망증을 측정하는 데 초점을 맞춘 연구는 하나도 없다.

브리티시컬럼비아 대학의 신경과학자이자 학술지 『신경내

분비학의 프런티어*Frontiers in Neuroendocrinology*』의 편집장 리사 갈레아Liisa Galea는 둘째 아이인 딸을 임신했을 때 차를 어디에 주차했는지 자주 잊어버렸고 그 경험은 임신과 인지 연구에 대한 그녀의 관심을 부추겼다. 그녀는 임신한 사람들이 그들의 경험이 인정받는 기분을 느끼게 하려면 이 변화에 관해 이야기하는 것이 중요하다고 말했다. "우리는 그 이야기를 하려고 하지 않아요. 커리어 선택에 안 좋은 영향을 주거나 정신적 능력이 손상된 것처럼 보일까 봐 걱정되기 때문이죠." 실제로는 대부분이 기억 기능의 "사소하고 일시적인 문제"일 뿐이다. 하지만 그 사실을 무시한다면 더 나은 방향으로의 변화를 포함할 수도 있는 부모의 인지 기능에 대한 큰 그림을 놓칠 수 있다고 그녀는 말한다.

연구자들은 이러한 기억 문제가 왜 나타나는지 꽤 훌륭한 이론을 내놓는다. 일부 연구는 인지 기능을 기본 모드 네트워크의 변화와 연결했다.[11] 하지만 기억으로 저장되고 인출될 우리의 사회적 삶의 디테일을 계획하고 유지하는 중요한 중추인 해마에 가장 큰 관심이 쏠렸다. 해마는 새로운 뉴런 생성의 중추이기도 한데, 임신기와 산후에 그 구조와 활동이 변화한다.

임신 기간에 뇌의 부피가 감소한다는 사실이 주로 발견된 엘세리네 호크제마의 연구를 기억하는가?[12] 그녀가 이끄는 연구진은 해마도 수축한다는 것을 발견했다. 하지만 출산 후 2년 안에 다소 회복된다. 그들은 이러한 변화가 임신한 사람들이 경험하는 기억력 저하의 미묘한 패턴에 기여한다는 가설을 세웠다. 산후 약 2년에 기억력이 회복된다는 것도 가설에 포함된다(하지만 그 연구 참가자들은 임신 전후 기억 능력에 큰 차이를 보이지 않았다). 연구진은 뇌의 부피 감소가 임신 중에 감소하고 산후에 다시 회복되는 신경 생성이 원인일 수 있다고 설명했다.

쥐들도 출산일이 다가올수록 작업 기억 저하가 일어난다. 과학자들은 쥐들에게 일어나는 일에 대해서는 인간의 경우보다 좀 더 많이 알고 있다. 2000년에 발표된 연구를 위해 갈레아와 그녀의 동료들은 임신한 쥐들을 원형의 물웅덩이에 넣었다.[13] 수면 바로 아래에 플랫폼이 잠겨 있었다. 일련의 테스트에서 임신한 쥐들은 (적어도 처음에는) 쉴 수 있는 곳으로 가는 가장 빠른 길을 잘 학습했다. 임신 초기에 그들은 임신하지 않은 쥐들보다 빨리 짧은 거리를 헤엄쳐서 플랫폼으로 갔다. 하지만 임신이 진행될수록 더 오래, 더 먼 거리를 헤엄쳐야 플랫폼에 닿을 수 있었다. 쥐들의 공간 기억력이 감소했다고 저자들은 적었다. 연구자들이 나중에 임신한 암컷들의 뇌를 측정했을 때 해마의 부피가 줄어드는 경향도 발견되었다.

논문이 발표된 지 20년이 넘는 시간 동안 연구자들은 특히 임신 후기의 세포 생성 감소와 수상돌기 가시dendritic spine의 복잡성 감소를 포함해 임신한 쥐의 해마에서 다면적인 변화가 일어난 것을 발견했다.[14] 초산 엄마 쥐들도 산후 초기에 기억력 저하와 해마의 뉴런 생성 감소가 나타났다.[15] 하지만 젖을 뗄 때쯤엔 기억 기능이 다시 향상되었고 놀랍게도 특정한 척도에서는 처녀 쥐들의 기억력보다 더 나아졌다(아빠들이 새끼 양육에 밀접하게 참여하는 캘리포니아 쥐 종을 대상으로 한 실험[16]에서는 엄마와 아빠 쥐의 해마 신경 가소성에 비슷한 변화가 발견되었다).

엄마 쥐들과 관련해서 중요한 점은 이것이다. 엄마됨은 장기적으로 그들의 뇌에 이롭고 심지어 "신경 보호 효과"[17]까지 있다. 새끼를 한 마리 이상 낳은 쥐일수록 중년기에 노화와 관련된 신경 발생 감소가 덜했으며,[18] 연구자들이 다양한 요소를 기반으로 하는 "노화 궤적의 변화"라고 표현하는 것을 따른다. 그들은 새끼를 돌보는 동안과 그 이후에 스트레스가 학습에 끼치는 해로운 영향에서 보호되는 것처럼 보인다.[19] 새끼를 낳은 지 오래된 엄마 쥐들은 공간 기억과 인지적 유연성을 테스트하는 미로 과제에서 엄마가 아닌 쥐들보다 더 높은 수행 능력을 보였다.[20] 그리고 새끼를 한 마리만 낳은 경우보다 많이 낳은 경우 더 뛰어난 능력을 보였는데, 이는 그 이로운 효과가 여러 번의 임신을 통해 "누적"될 수도 있음을 시사한다. 같은 연구에서 나이 많은 엄마 쥐들은 아밀로이드 전구체 단백질amyloid precursor protein의 침전물이 더 적은 것으로 나타났다. 이것이 분해되어 생긴 단백질은 알츠하이머와 연관 있는 플라크를 만든다.

인간의 경우 부모됨에 따른 신경 보호 효과의 증거는 희박하지만 흥미롭다. 5장에서 자세히 설명한 것처럼 개인의 생식 경험과 유전자의 상호 작용은 중년 이후의 뇌 건강에 영향을 미치지만 그 정확한 원리를 이해하려면 훨씬 더 많은 연구가 필요하다. 대규모 데이터뱅크를 이용해 뇌 연령을 조사한 연구들은 부모됨에 노화와 관련된 이점이 있을 수 있다는 가능성을 처음 제공했지만 연구는 이제 시작 단계에 머물러 있다.

출산 직후에서 80세까지 우리 삶의 광활함은 또 어떤가? 생식 이력이 인지 기능에 어떤 영향을 미치는지 가족의 일정과 식사 계획, 아동기와 청소년기의 의식 관리를 통해 장기적으로(또는 수십 년 동안) 살펴보는 연구는 하나도 없다. 일과 생활의 균형 관점에서도 마찬가지다. 우리는 새끼를 낳은 쥐들이 엄마가 아닌 쥐들보다 먹이를 찾거나 귀뚜라미를 사냥하는 일을 더 효율적으로 잘한다는 사실[21]은 알면서도 인간 엄마들에 관해서는 아기를 낳은 후 여러 기능이 저하된다는 축약된 버전의 이야기에만 머물러 있다.

청소년 엄마와 성인 엄마, 그리고 자녀가 없는 이들로 이루어진 동류 집단들의 실행 기능을 비교한 연구에서는 모성과 나이의 흥미로운 영향이 발견되었다.[22] 10대 엄마들의 작업 기억이 동류 집단보다 낮은 것으로 나타났다. 연구진은 이것이 10대 임신의 스트레스와 관련이 있을 수 있다고 설명했다. 하지만 10대 엄마들은 주의 능력에서는 성인 엄마들과 거의 일치할 정도로 훨씬 좋은 결과를 보였는데, 엄마의 뇌 발달과 돌봄 행동에서 주의력의 중요성을 고려할 때 납득할 만하다. 상황에 따라 다르긴 하지만 엄마들에게 인지 기능이 추가된다는 것을 시사하기도 한다.

일부 연구자들은 지금까지 인지 기능에 관한 연구가 부모의 맥락에서 의미 있는 방식으로 접근하는 경우가 거의 없다고 말한다. 이 연구들은 일반인을 대상으로 하는 표준적인 테스트 도구를 사용한다. 연관성이 결여돼 있다. 아기의 욕구를 학습하고 충족시키는 것의 속도와 강도에 대한 개인의 수행을 어떻게 수량화할 수 있는가? 아이를 돌보는 행동이 부모가 되기 전의 인지 부하를 증가시킨다는 것을 통계적인 방법으로 어떻게 설명할 수 있는가? 인간 부모의 기억, 아이의 성장과 함께 일어나는 그 기억의 통합과 조정, 또는 여러 명의 아이를 동시에 양육할 때 기억을 인출하고 활용하는 능력을 어떻게 측정하는가?

연구자들은 양육과 관련된 자극과 임신의 맥락에 따른 미묘한 뇌 분석을 포함하는 기억력 검사를 활용해 그 질문들을 분석하기 시작했다.[23] 지금까지 연구 결과는 제한적이지만 고무적이다. 한 사례에서는 "일반적인 인지 향상 효과"가 언급되었다. 건망증과 주의력 저하는 정말로 사실인 것으로 보인다. 그러나 임신으로 여성의 인지 기능이 저하된다는 이야기에만 집중하는 것은 위대한 예술가가 작품에 몰두하느라 싱크대에 설거짓거리를 방치한다고 비웃는 것과 다를 바 없다.

° ° °

수면에 대해 이야기하지 않고서 처음 부모가 된 사람들의 인지 기능을 다룰 수는 없을 것이다. 하지만 그 이야기를 하기 전에 커피를 한 잔 더 마셔야겠다(어제 둘째가 새벽 2시부터 4시까지 깨어 있었고 두 시간 뒤에는 첫째가 기상했으니까).

수면 부족은 갓 부모가 된 사람들이 거의 보편적으로 겪는 경험이다. 내가 이 책을 쓰기 위해 인터뷰한 거의 모든 사람이 몇 달 동안 제대로 자지 못하는 것이 얼마나 힘든지에 대해 이야기했다. 임신했을 때 "임신 축하해! 이제 꿀잠은 영원히 작별이야!" 같은 농담도 들었지만 이 정도일 줄은 몰랐다. 하하.

신시내티의 소아과 간호사 에밀리 빈센트는 첫째 월이 어렸을 때 수면 부족으로 인해 트라우마가 생겼을 정도였다고 말했다. 아기를 먹일 때도 달랠 때도 계속해서 젖을 물려야 했는데, 에밀리는 병원의 산모 교실에서 배운 대로 젖병과 공갈 젖꼭지를 되도록 자제해야 한다는 압박감을 (스스로나 사회적으로나) 느꼈다.

2년 후 갓 태어난 딸을 병원에서 집으로 데려왔을 때 그녀는 남편을 붙잡고 엉엉 울었다. "'나 못 할 것 같아. 또다시 한 시간마다 깨는 거 도저히 자신 없어'라고 말했어요. 남편은 나를 안고 '할 수 있어. 나도 여기 있잖아. 사랑해. 잘될 거야'라고 했죠." 그날 밤 마고는 딱 두 번 깼고 에밀리의 수면 부족 문제도 첫째 때보다 훨씬 덜했다. 마고가 잠을 더 많이 잤고 에밀리는 가끔 아기가 잘 때도 불안 때문에 깨어 있는 문제를 해결하기 위해 심리치료와 항우울제, 운동의 도움을 받기 시작했다.

여유가 조금 생기자 에밀리는 첫째 때의 산후 경험을 떠올리며 화가 났다고 말했다. 그녀는 12주의 출산 휴가가 끝난 후 오랫동안 밤중에 두 시간마다 깨어야 했다. 수면 부족은 너무나 고통스러웠고 방향을 잃게 했다. 옷을 제대로 갖춰 입고 직장에 출근했는데 거기까지 어떻게 왔는지 도무지 기억이 없었다. 지금에야 웃으며 말할 수 있지만 그때는 심각했다. "그때 누군가가 저에게 이렇게 말해줬다면 얼마나 좋았을까요. 모유 수유는 훌륭한 일이지만 X시간 동안 잠을 자지 못한다면 그땐 분유로 바꿔야 할 때라고 말이죠."

수많은 책과 블로그, 수면 컨설턴트가 아기를 재우고 깨지 않도록 하려면 어떻게 해야 하는지 조언을 제공한다. 하지만 그 대화에 부모가 제대로 기능하기 위해 무엇이 필요한지는 빠져 있다. 또는 아기가 잘 때 잠을 청하라거나, 밤중 수유를 파트너와 돌아가면서 하라는 등 전혀 도움 안 되는 진부한 말만 늘어놓는다. 후자의 방법은 파트너가 육아에 적극적으로 참여하고 아기가 젖병을 거부하지 않아야 한다는 전제가 필요하다. 많은 부모가 듣게 되는 가장 좋은 모유 수유 방법에도 어긋난다.

에밀리는 "안전한 수면의 ABC"에 대해 잘 알고 있었다. 질식과 그 밖의 위험을 예방하기 위해 아기를 혼자(sleep **a**lone), 등을 바닥에 대고(on their **b**acks), 아기 침대(in a **c**rib)에 재우라는 의학계의 표준 권장 사항이 그것이다. 하지만 그녀는 전문가들이 품에 안겨 잠들고 싶어 하는 아기를 침대에 눕히는 방법에 대해 명확한 지침을 제시하지 않고 표준을 밀어붙인다고 말한다. 그래서 부모들은 필사적인 나머지 의도와는 달리 아기와 같이 자게 되거나,

최근까지 거의 시장 규제가 이루어지지 않은 수많은 아기 수면 장치에 기대게 된다.[24]

수면 부족이 단순히 졸음을 유발하는 데 그치지 않는다는 사실은 광범위한 수면 연구를 통해 잘 알려져 있다. 수면 부족은 건강에 해롭다.[25] 보통 하루 7시간 미만이면 수면 부족이라고 하는데, 수면 부족이 장기적으로 계속되면 심혈관 질환, 우울증, 당뇨, 불안 등의 위험이 커진다. 수면 부족은 뇌에 이 책의 주제와도 관련성이 큰 중대한 영향을 초래한다. 수면을 연구한 캘리포니아 대학 버클리 캠퍼스 연구진은 학술지 『네이처 신경과학 리뷰*Nature Reviews Neuroscience*』에 실은 논문에서 이렇게 적었다. "잠을 자지 않으면 우리의 인지 능력과 감정 능력이 현저하게 손상된다."[26] 그들은 수면이 부족한 것뿐만 아니라 깨어 있는 시간이 긴 것도 문제라고 설명했다.

유전적 변이가 수면 부족에 대한 민감성을 더 높거나 낮게 할 수 있지만 일반적으로 만성적인 수면 부족은 부모 행동에 필수적인 많은 인지 과정을 약화하거나 적어도 변화시킨다. 수면 부족은 해마의 기억-암호화 활동을 방해하는 것으로 알려져 있다. 주의력 지속에 중요한 전전두엽의 활동이 감소하는 것과도 관련 있다. 기본 모드 네트워크의 연결을 약화하고, 뇌의 능력을 손상해 한마디로 과제 수행 주의력이 필요한 활동을 할 때 네트워크 스위치를 꺼지게 한다.

특히 급성 수면 부족은 도파민 신호와 보상 회로의 활동을 변화시킨다.[27] 연구진에 따르면 그 결과로 보상 시스템이 과도하게 민감해져서 (탐나는 음식 같은) 기분 좋은 것들에 대한 반응뿐만 아니라 "과도하게 일반화된" 반응이 증폭되고 보상이 따르는 것과 그렇지 않는 것을 구분하는 능력이 손상되는 특징이 나타나는 듯하다고 설명했다. 연구자들은 수면 부족 상태의 사람에게 도박할 때 화폐 변환을 정확하게 해내거나 배고플 때 원하는 음식과 원치 않는 음식을 구분하는 능력을 테스트해서 이것을 실험했다. 또한 수면 부족은 편도체 활동을 증가시켜서 내수용 감각의 작업과 다른 사람의 감정과 자신의 감정을 정확하게 읽는 일에 필수적인 연결을 방해한다. 나는 이 내용을 읽고 산후 우울증이 있는 사람들의 편도체에서 과잉 행동이 일어나고, 자기 아이와 다른 아이의 보상 신호를 구분하는 능력이 약해졌다는 연구 결과가 떠올랐다.

수천 명의 독일 부모들을 6년에 걸쳐 매년 인터뷰한 연구에 따르면, 엄마들의 수면 시간과 "수면 만족도" 모두 임신 기간과 산후 첫 3개월에 급격히 감소한다.[28] 엄마들보다는 덜했지만 아빠들 역시 수면 시간과 수면 만족도 감소를 경험했다. 엄마와 아빠 모두 아기가 태어난 지 3개월째부터 수면 시간과 만족도가 서서히 개선되지만 6년의 연구 기간 동안 결코 임신 전 수준을 회복하지는 못했다.

그러나 우리는 수면이 부모 뇌의 변화하는 신경생물학과 어떻게 상호 작용하는지에 대해서는 거의 아무것도 알지 못한다. 전부는 아니지만 일부 부모 뇌 영상 연구들은 참가자들에게 수면 질에 대해 질문함으로써 수면 부족을 제어하고자 한다. 부모의 뇌에 관한 논문들은 거대한 질문들을 제시하고 있지만, 뇌에 미치는 직접적인 영향을 알아보는 연구는 하나도 없다. 예를 들어, 수면 부족은 호르몬, 돌봄 경험과 나란히 (그리고 결합하여) 부모의 뇌에서 관찰된 변화에 어느 정도로 영향을 미치는가? 그리고 부모의 뇌에는 수면 부족의 해로운 영향을 줄이기 위해 어떤 보호 효과가 일어나는가?

부모됨의 본질(예를 들어 수면 조작을 포함하는 연구에 참여가 불가능하거나 내켜하지 않음)은 좀 더 상세한 분석을 방해하는 확실한 장애물이다. 또 다른 방해물은 산후 수면의 특수성이다. 그것은 매우 복잡하다.

"신생아로 인한 수면 부족은 수면 부족 중에서도 최악입니다."[29] 이것은 저널리스트 캐서린 엘리슨Katherine Ellison이 2005년에 쓴 책 『엄마의 뇌*The Mommy Brain*』에 인용된 스탠퍼드 대학의 신경과학자 로버트 새폴스키Robert Sapolsky의 말이다. 수면 손실도 일어나지만 예측 불가능도 문제다. 새폴스키는 아기를 먹이거나 달래기 위해 힘겹게 일어나야 할 것에 대비해 우리 몸이 밤에 코르티솔 수치를 조절한다고 말했다. "밤중에 언제든 깨어날 수 있다는 사실을 알고 잔다면 그 스트레스 요인에 생리학적으로 계속 대비하는 상태가 됩니다."

많은 연구에서 수면 손실과 산후 우울증의 연관성이 발견되었지만 잠을 덜 잘수록 무조건 우울증 위험이 커지는 것은 아니었다.[30] 채플 힐에 있는 노스캐롤라이나 대학교와 보스턴에 있는 베스 이스라엘 디코니스 메디컬 센터의 수면 및 인지 센터 연구자들은 초산 엄마 25명을 대상으로 임신 후기와 산후 몇 개월째에 일주일간 우울증 증상과 수면을 측정했다.[31] 그들은 오라 링Oura Ring이나 시중에서 판매되는 건강 추적 기기와 비슷한, 움직임을 추적하는 활동 기록 모니터를 손목에 착용했다. 수면 일지를 쓰고 수면

질에 대한 설문조사도 완료했다.

그것은 비록 규모는 작지만 같은 여성들을 시간의 흐름에 따라 추적하고 수면의 주관적·객관적 측정 기준을 살펴보는 종합적인 연구였다. 총수면뿐만 아니라 엄마의 수면이 얼마나 분절되어 있는지 또는 효율적인지와 같은 다른 요소들에 대한 측정도 이루어졌는데, 침대에 누워 있는 동안 실제로 잠을 잔 시간으로 효율성이 측정되었다. 총수면 시간은 우울증 증상과 연관성이 없는 것으로 나타났다. 실제로 이 연구는 물론 다른 연구들에서는 엄마들의 실제 총수면 시간이 권장 수면 시간인 7~8시간에 근접할 수도 있다는 사실이 발견되었다.[32] 하지만 문제는 효율성이 떨어지는 분절 수면이었다. 수면 방해에 대한 엄마 자신의 평가도 문제였는데 이는 엄마의 기분과 관련이 있었다.

연구진은 "수면 교육 또는 규칙적인 낮잠"을 포함한 수면 개입이 우울증 증상을 예방하는 중요한 도구가 될 수 있다고 적었다. 다른 연구자들은 산후 수면 개선의 열쇠는 임신 중에 더 건강한 수면 패턴을 확립하는 것일 수 있으며(특히 취침 시간을 더 앞당기는 것), 산전 교육과 공중 보건 메시지에서 이 점을 강조해야 한다고 제안했다.[33]

심리학자이자 덴마크 오르후스 대학의 부교수인 크리스틴 파슨스Christine Parsons는 뇌가 유아의 신호를 처리하는 방법과 돌봄 경험에 따라 그러한 신경 반응이 어떻게 변화하는지에 대한 영향력 있는 논문의 공동 저자이다. 최근에 그녀는 수면과 부모의 뇌에 관한 연구가 부족하다는 사실을 깨닫고 그 주제에 관심을 돌리기 시작했다. 예를 들어, 그녀는 부모의 뇌가 잠자는 동안 유아의 울음소리를 어떻게 처리하는지, 남성과 여성 또는 주양육자와 부양육자 간에 차이가 있는지에 관심이 있다.

"믿을 수 없을 정도로 중요한 새로운 자극이 합쳐져서 부모들에게 완전히 새로운 의미를 띠게 되는 거죠. 게다가 잠이 부족한 상황이고요. 서로 복잡한 영향을 끼칠 것으로 생각되는 이 두 가지 요소가 부모의 뇌에 합쳐지는 거죠." 파슨스는 말한다.

특히 생후 몇 달 동안은 아기들이 밤중에 배고파서 깨는 것이 필연적이다. 대부분의 부모에게 수면 교란은 피할 수 없는 경험이다. 하지만 도움될 만한 것들이 몇 가지 있다. 우선 알다시피 유급 육아휴직이 있다. 직장에 다니는 동안에는 규칙적으로 낮잠을 자기가 힘들다. 또한 무급 휴가 동안 생활비를 어떻게 해결할지 걱정에 시달린다면 제대로 휴식을 취하기 힘들 수밖에 없다. 임신 중인 부모들에게 앞으로 수면 패턴이 어떻게 변하고 그 변화가 그들의 뇌와 몸에 어떤 의미일 수 있는지 좀 더 분명한 메시지를 전달한다면, 그들이 변화를 예측하고 실질적으로 도움이 될 만한 계획을 세울 수 있을 것이다.

에밀리는 선배 부모들의 비웃음 섞인 경고와 출산 관련 서적, 육아 수업과 주치의와의 상담 같은 철저한 준비에도 불구하고, "행복과 흥분감에서 잠시 벗어나" 임신 이후에 엄청난 변화를 겪게 될 뇌와 신체를 가진 사람으로서 엄마됨의 첫 경험이 그녀에게 진정 무엇을 의미할지에 "집중하고 제대로 준비할" 시간과 공간이 제공된 적은 한 번도 없었다고 말한다. 그런 기회가 주어졌다면 많은 것이 달라졌을 것이다.

∘ ∘ ∘

부모가 되는 것에 대한 일종의 "비용"으로 초기에 (비록 일시적이지만) 기억 기능과 주의 집중력이 떨어질 수 있다는 사실을 받아들인다고 해보자. 우리는 그 투자에 수익이 따른다는 것을 이미 알고 있다. 사회적 처리 회로, 즉 타인의 사회적이고 감정적인 신호를 읽고 의미 있는 방식으로 반응하는 능력은 부모가 되면서 강화되는 듯하다. 이러한 변화(이득이라고도 할 수 있다)는 다른 관계에도 적용된다. 특히 파트너 관계처럼 긴밀한 유대 관계가 그렇다.

약 10년 전 아칠과 동료들은 엄마 15명과 아빠 15명(커플들이었다)이 그들의 아기와 모르는 아기의 영상을 볼 때의 뇌를 스캔했다.[34] 연구진은 커플 엄마와 아빠가 그들의 자녀를 볼 때 정신화와 공감, 운동 반응과 관련된 뇌 영역이 비슷하게 활성화되었다는 사실을 발견했다. 규모가 작은 탐색적인 연구였지만 이러한 상관관계는 "부모들이 유아의 상태와 신호에 대한 직관적인 이해를 실시간으로 공유할 수 있다"는 뜻일 수 있다고 연구진은 적었다.

이스라엘 바일란 대학교 연구진이 시행한 별도의 연구에서는 커플 42쌍(약 절반이 동성 커플이고 처음 부모가 된 이들이었다)의 뇌를 스캔하고 6년에 걸쳐 공동 양육과 가족 역학의 신경 및 호르몬 강화를 조사했다. 결과는 미묘한 차이가 있었지만, 연구진은 동기 부여와 관련된 선조체striatum와 공감 및 감정 조절과 관련된 복내측전전두피질ventromedial prefrontal cortex의 연결성이 큰 부모일수록 장기적으로 좀 더 협력적인 공동 육아를 보여주었다는 점을 언급했다.[35] 이전의 연구는 가족 생활이 필요로 하는 이타주의에 기여하는 협력 및 행동 유연성과 관련된 뇌 영역들의 연결성에 관한 것이었다.

신경과학자들은 이렇게 부모가 아이의 영상을 보는 것처럼 두 사람이 똑같은 작업을 따로 할 때의 뇌를 살펴보는 방법이 상당히 제한적이라는 사실을 알고 있다. 틈새가 너무 크다. 인간관계는 관찰되는 순간으로 존재하는 것이 아니라, 개인이 타인의 정신 상태를 읽고 영향을 주고 또 받는 지속적이고 진화하는 상호 작용으로 존재하기 때문이다.[36] 어떤 연구자들은 사람들이 서로의 뇌가 "우리-모드we-mode"에서 함께 작용하는 상호 마음 읽기를 한다고 제안하기도 했다.

두 사람의 그런 연결 능력은 자녀 양육에서만 나타나는 것이 아니다. 그것은 인간 사회성의 근본적인 특징일지도 모른다. 하지만 파트너가 있는 대부분의 부모들에게 아기를 함께 돌보는 일은 과도한 요구와 높은 위험, 큰 잠재적 이득이라는 특징이 따르는 그들이 지금까지 참여해본 가장 강렬하고 복잡한 협력일 것이다. 아기를 읽고 반응하는 부모의 능력이 개선되면 파트너를 읽고 반응하는 능력 또한 커질 수밖에 없을 것이다.

여러 사람이 서로에게 실시간으로 상호 작용할 때의 뇌 활동을 살펴보는 2인 신경과학은 논리적으로나 통계적으로 난제이다.[37] 그 연구를 가능하게 하는 기술도 여전히 제한적이다. 아직 잘 눈에 띄지는 않지만 이것이 현재 사회신경과학 분야가 나아가는 방향임은 확실하다.

최근 한 연구에서 국제 연구진은 아직 어린 자녀를 둔 엄마-아빠 커플 24쌍의 신경 반응을 측정했다.[38] 기능적 근적외선 분광

법fNIRS이 이용되었는데 머리에 빛을 쏘고 받는 장치를 착용한 뒤 활성화된 뇌의 혈류를 측정하는 방법이다. 연구진은 참가자들이 아기와 어른들의 웃음과 울음소리를 들을 때와 잡음을 들을 때의 전전두피질을 측정했다. 커플들은 같은 방에서 동시에 소리를 들으면서 테스트를 받을 때 따로 테스트할 때보다 주의 조절과 인지 통제를 담당하는 중추가 더 많이 동기화되는 것처럼 보였다. 커플이 아닌 대조군이 함께 테스트를 받았을 때는 그 효과가 나타나지 않았다.

커플의 뇌 신호는 울음소리를 들을 때보다 중립적이거나 긍정적인 소리를 들을 때 더 강하게 일치되었는데, 연구진은 이것이 적응의 결과일 수 있다고 설명했다. 아기의 울음소리에 스트레스로 반응하는 것은 부모 모두에게 해로울 수 있다고 연구진은 적었다. 그들은 이 결과가 "공동의 임박한 행동을 조율하기 위해" 부모의 뇌가 협력할 수 있는 잠재력을 반영한다고 설명했다. 이 조율 기술은 아이를 키우는 데도 분명 이롭지만, 함께 삶을 꾸려나가는 더 큰 그림에서도 유용하다.

아칠은 엄마들이 다른 어른들과 관계를 맺는 방법에 관한 연구[39]에도 공동 저자로 참여했다. 나는 학교로 아이들을 데리러 갈 때나 놀이터에서 서로 인사하는 부모들을 볼 때마다, 언니네 집 뒷베란다에 앉아 아이들이 뛰어놀고 어린이용 풀에서 물장구 치는 모습을 볼 때마다 그 연구 결과가 떠오른다.

아칠은 두 신경학자, 텔아비브 대학의 탈마 헨들러Talma Hendler와 헤르츨리야 학제간 센터의 루스 펠드먼과 함께 다른 유아가 엄마와 상호 작용하는 것을 보는 엄마들의 뇌를 스캔했다. 어떤 영상 속의 엄마들은 능숙하고 애정 가득한 모습으로 아기들과 상호 작용했다. 그리고 또 다른 영상의 엄마들은 아기와 상호 작용하지 않거나 불안하거나 반응이 조율되지 않은 모습이었다. 실험에 참여한 엄마들이 "동시적" 상호 작용을 볼 때, 보상과 정신화와 관련된 영역과 다른 사람의 행동을 마음속으로 구현하는 시뮬레이션에 관련된 영역이 더 강하게 활성화되었다. 연구진은 엄마들이 다른 엄마들의 행동을 자신에게 비추어봄으로써 사회적 동시성을 감지했다고 제안했다. 다시 말해서, 다른 엄마와 아이의 건강한 상호 작용을 본 엄마의 뇌가 그 상호 작용이 마치 자신의 것인 것처럼 시뮬레이션함으로써 반응했다는 것이다.

이해가 되었다. 나는 몇 년간 다른 엄마들과의 관계에 많이 의지해왔다. 특히 끔찍한 정치와 세계적 팬데믹까지 덮친 이 시기에 결혼과 육아라는 험난한 바다를 헤쳐나가야 하는 우리에게 다른 엄마들은 기쁨과 연대를 제공한다. 그들은 어린이 카시트를 설치하는 방법이라든지 팬데믹 시기에 아이들의 놀이 약속을 잡는 팁을 알려주는 상당히 구체적인 방법으로 내가 침착을 유지하도록 도와준다. 눈에 잘 띄지 않는 도움도 많다.

처음 부모가 된다는 것은 한꺼번에 너무 많이 변화가 일어나서 몸에 맞지 않는 옷을 입은 느낌이 들게 하기도 한다. 나에게 잘 맞지 않는 책임감이라는 옷을 입어야 한다. 하지만 나는 훌륭한 엄마인 친구가 딸과 손을 잡고 걸어가는 모습을 보거나 또 다른 친구가 아들에게 해도 되는 일과 안 되는 일을 분명하게 설명해주는 것을 들을 때, 엄마들이 털어놓는 걱정이나 외로움, 육아에 관한 성공적인 일화를 듣거나 눈 오는 날이나 팬데믹이 한창인 어느 날 아이들과 꼼짝없이 집안에 갇혀서 엄마들과 메시지를 주고받을 때(꼭 "지금 우리 애들은 고삐 풀린 망아지야"라는 푸념이 나오기 마련이다), 내 뇌는 그 장면에서 정지 버튼을 누르고 "엄마"라는 태그를 단다. 나는 다른 엄마들에게서 나를 본다. 그러면 엄마라는 옷이 나에게 좀 더 잘 어울리는 것처럼 느껴진다.

아칠은 그 연구의 결과가 엄마와 엄마의 상호 작용에만 해당하지 않는다고 말했다.

아이를 돌보는 과정, 타인의 알로스타시스를 조절하는 책임 과정은 부모들에게 주변의 사회적 세계를 해석하는 데 사용할 수 있는 새로운 내적 작동 모델을 제공한다. 그 모델에는 그들이 다른 사람의 욕구에 주의를 기울이고 그것을 충족시키는 방법을 알아내면서 겪은 모든 경험이 포함된다.

부모의 뇌 전문가들은 대담하게도 이 새로운 내적 모델이 사회 변화의 힘이 될 수 있다고 제안하기도 했다. 유아의 끌어당김(아기 도식을 이루는 구성 요소들뿐만 아니라 웃음과 옹알거림, 냄새도 포함된다)은 어른들에게 매우 신속하게도 느리게도 작용할 수 있다. 미국 국립 아동건강 및 인간발달연구소 선임 연구원이었던 마크 본스타인Marc Bornstein과 옥스퍼드 대학의 모튼 크링겔바흐Morten Kringelbach, 앨런 스타인Alan Stein을 포함하는 연구진은 아기들이 양육자에게서 빠른 관심을 끌어내고 공감과 자비 능력이 서서히 쌓이게 만든다고 적었다.[40] 그들은 이것을 "귀여움"의 힘으로 표현한다. 아기들을 감각적인 힘으로 만드는 모든 긍정적인 특징이 "귀여움"으로 묘사된다.

크링겔바흐와 동료들은 귀여움이 사람들에게 그들의 도덕적

범위, 즉 "도덕적으로 고려할 가치가 있다고 여겨지는 존재들을 둘러싼 경계"를 확장하게 만든다고 주장한다.[41] 연구진은 가족과 함께 배를 타고 그리스로 향하던 중 배가 뒤집혀 튀르키예의 해안에 시신으로 밀려온 세 살배기 시리아 난민 알란 쿠르디의 사진이 전 세계의 관심을 끈 것을 예로 들었다.

사람들은 파도에 휩쓸려 온 아이가 작은 얼굴을 모래에 묻은 채로 엎드려 사망한 사진을 보았고 아이의 아빠 압둘라 쿠르디의 설명을 읽었다. 그는 친척들이 이미 일자리와 머물 곳을 준비해놓고 기다리는 캐나다로 가족을 안전하게 데려가기 위해 백방으로 노력했지만 그 어떤 방법도 통하지 않자 결국 가족들을 밀항업자의 뗏목에 태웠다. 그러나 배가 뒤집혀 다른 난민들과 함께 바다에 빠졌고 그는 아이들이 가라앉지 않게 하려고 양손으로 한 명씩 받쳤지만 어느새 알란이 사라지고 없었다. 그의 아내와 알란의 형도 보이지 않았다. 압둘라 쿠르디는 『뉴욕 타임스』와의 인터뷰에서 "소중한 것을 잃었습니다"라고 말했다.

소년의 이야기는 "전 세계로 빠르게 퍼져나가" 적어도 한동안 그 어떤 사건보다 강렬하게 정치인과 대중의 관심을 끌었다. 당시 1,100만 명이 넘었던 시리아 난민의 숫자도 그만한 관심을 끌지 못했다고 『뉴욕 타임스』는 보도했다. 그건 전 세계의 수많은 이들이 알란의 사진을 보고 그들 자신의 아이에 대한 시뮬레이션으로 반응했기 때문인지도 모른다. 그들이 자녀의 통통하고 보드라운 뺨을 만질 때 활성화되는 뇌 영역이 활성화된 것이다. 부모에게 너무도 익숙한 불안이 활성화되었다. 절망과 너무도 가까운 커다란 기쁨이.

크링겔바흐와 동료들은 "귀여움은 마치 트로이 목마처럼 평소에는 꽉 닫혀 있는 문을 연다"고 적었다.

돌봄 자체와 그것을 타인에게 반영하는 반응이 문을 열어젖힐 힘을 가졌는지에 대한 연구는 놀라울 정도로 찾아보기 힘들다. 우리는 부모가 되면 오히려 배타적이 된다는 말을 자주 듣는다. 이것이 바로 외부 위협으로부터의 보호를 위한 적응 메커니즘, 즉 부모의 공격성이라는 개념이다. 어느 일련의 연구에서는 참가자들에게 아기나 돌봄에 대해 생각하도록 준비시킨 후 "외집단" 구성원들의 사진이나 정보를 접하게 하자 그 집단에 대한 참가자들의 편견이 커졌다.[42] 하지만 그 집단을 위협으로 인식하도록 하는 경우에만 그러했다. 양육자들이 서로에게 어떻게 반응하는지 살펴보는 연구는 매우 적은데(거의 없다) 어른의 삶에서 부모 대 부모의 관계가 얼마나 큰 역할을 차지하는지 생각할 때 매우 놀라운 사실이다.

지금까지 부모의 뇌 연구가 대부분 병리의 근본 원인을 조사하는 문제에서 시작한다는 사실은 주목할 만하다. 다른 뇌 연구 분야에서는(예를 들어 스포츠 심리학 분야나 금전적 투자에 동기를 부여하는 신경회로 연구, 또는 리더십의 본질을 보다 완벽하게 설명하기 위한 연구 등) 문제 해결뿐만 아니라 인간의 본성을 밝히는 데 가치가 있다고 여겨지는 질문을 던지는 뇌 영상 연구에 상당한 투자가 이루어지고 있다. 하지만 그 근본적인 경험을 이해할 목적으로 부모의 발달을 살펴보는 연구는 부모-자녀 간 관계로 초점을 좁히더라도 실행되기가 어려운 실정이다. "사회신경과학 논문조차도 전부 동류 집단에 대한 공감만 다루죠." 발달 심리학자 다비 색스비가 나에게 말했다. "그게 어디에서 진화했는지부터 시작해야 하는

데 말이에요. 모든 인간의 가장 기본적인 첫 번째 사회적 관계부터 살펴봐야 하지 않겠어요?"

2016년에 학술지 『호르몬과 행동*Hormones and Behavior*』은 제이 로젠블랫을 기리는 의미로 부모의 돌봄에 관한 특별 호를 발행했다. 펠드먼은 거기에서 다윈 진화론의 중심에는 "기본적으로 무자비한" 인간의 본성이 영원한 생존 경쟁을 이끈다는 생각이 자리한다고 적었다.[43] 그러나 펠드먼은 돌봄과 연결의 생물학적 토대에 초점을 맞춘 로젠블랫과 동료들이 "사회적 협력, 상호적 동기화, 호혜성의 역량이 잔인한 자원의 획득만큼이나 '생물학적'이고 '일차적'이라는 것을 입증했다"고 강조했다. 로젠블랫과 다른 이들의 연구는 특히 부모와 아기의 생물학적 메커니즘이 어떻게 작동하는지 많은 것을 밝혀냈지만 아직 더 알아야 할 것이 너무 많다.

인간의 자녀 양육이 오래전부터 협력적 행동이었다는 사실을 앞에서 살펴보았지만, 부모의 뇌는 타인의 양육 능력을 인식하는 기능(시뮬레이션)도 포함하는 듯하다. 이것은 부모가 다른 사람과 관계를 맺는 방식에 어떤 의미를 가질까? 신경적 측면이나 삶의 전반에서 무엇을 의미할까? 부모가 된다는 것은 사회적 내집단에 대한 헌신을 배가시키는 요인이지만, 돌봄을 내집단 그 자체로 만들어서 장벽을 무너뜨릴 수도 있을까?

엄마라는 지위를 둘러싸고 효과적인 공동체와 정치 단체가 만들어진다는 사실을 보면 정말로 그런 듯하다. 도나 노튼Donna Norton은 보편적 유급 육아휴직, 이민, 총기 안전, 사법 개혁, 가족의 안전에 영향을 미치는 기타 문제에 관심을 기울이는 옹호 단체 맘스라이징MomsRising의 상무를 맡고 있다. 노튼은 부모들이 자원봉사를 하게 만드는 동력이 아이들을 보호하려는 욕구라고 말했다. 자기 아이만을 말하는 것이 아니다. "엄마가 되면 공동체와의 연결을 느끼게 됩니다. 공동체의 도움이 더 많이 필요해지기 때문이죠. 다른 사람들에게 다가가야 하죠. 혼자서 아이를 키우는 건 불가능해요. 마을이 필요합니다."

마을 주민을 발견하고 알아보는 것은 부모의 뇌가 갖춘 또 하나의 기능일지 모른다.

° ° °

부모됨이 우리를 더 똑똑하게 만들어준다고 명쾌하게 말해주는 연구는 없지만 나는 정말로 그런 효과가 있다고 믿는다. 이 책에서 살펴보는 모든 연구 결과에는 미묘한 차이가 존재하지만 그래도 한 가지 단순한 사실을 확인할 수 있다. 부모가 되면 신경과학에서 인지 기능을 개선시킨다고 알려진 풍부한 환경(많은 감각 입력, 복잡한 사회적 요구)[44]에 몰입하게 된다는 것, 산후 기간뿐만 아니라 몇 년 또는 심지어 수십 년 동안 그렇다는 사실이다.

나는 부모가 된다는 것이 우리의 기능을 더 효율적으로 만들어준다는 것을 증명하는 어떤 자료도 인용할 수 없지만 분명히 그런 효과가 있다고 확신한다. 하지만 고려해야 할 다른 요소들도 생각해봐야 한다. 우리는 부모가 되기 전에 자신의 기본적인 욕구를 관리할 책임이 있다. 그리고 부모가 된 후에는 자신의 욕구에 더해 아이의 욕구까지 관리해야 한다. 여전히 똑같은 하루 24시간, 똑같은 뇌를 가지고 말이다.

아이를 낳으면 대담함과 용기, 회복력이 더 향상된다는 연구 결과도 본 적이 없다. 그런데 부모들은 어떻게 소중한 아이에게 가해질 수 있는 잠재적 위협을 날카롭게 인식하는 동시에 그 작은 생명체의 사회적, 정서적 욕구에 민감하게 귀 기울이게 하는 뇌를 갖게 된 것일까? 이 과정에는 대담성이 필요하다.

나는 이 책에서 부모가 되면 더 창의적이 된다는 연구 결과를 내놓을 수 없다. 하지만 실제로 그렇게 된다는 것은 확실하다. 심리학자 앨리슨 고프닉Alison Gopnik은 『아기는 철학자*The Philosophical*

Baby』에서 이렇게 적었다. "아이들과 어른들 사이에는 일종의 진화적인 노동 분업이 존재한다. 아이들은 인류의 연구개발 부서를 담당하고 각종 창의적인 아이디어를 낸다. 어른들은 생산과 마케팅을 맡는다. 아이들이 발견을 하고 우리는 그것을 실행한다. 아이들은 대부분 쓸모 없는 새로운 아이디어를 백만 개 내놓고, 우리는 그중에서 쓸만한 것을 서너 개 골라서 실행한다."[45] 나는 "창의적인" 아이디어를 내는 아이들과 같이 살면서 성장하는 시간이 부모에게도 다른 무언가를 제공한다고 생각한다. 그건 경외심이다.

감정을 연구하는 심리학자들에 따르면 무언가 경외심을 불러일으키려면[46] 그것이 우리가 작은 존재임을 일깨워주는 거대한 것이어야 한다. 말 그대로는 우주나 수평선 너머로 펼쳐진 바다가 그렇다. 비유적으로는 영적 각성이나 눈을 천천히 깜빡이며 잠에 빠져드는 아기의 모습, 영원한 시간 속 덧없는 찰나의 순간이 있을 것이다. 또한 마음의 세계관을 어떻게든 바꿔주어야 한다. 내 생각에 부모가 된다는 것은 이 경외심의 두 가지 조건이 모두 충족되는 기회가 거의 무한대로 제공되는 듯하다. 잘 둘러보면 찾을 수 있다. 그리고 경외심은 강력한 창조의 힘이다.[47] 새로운 생각이 만들어지거나 기존 생각들이 연결될 수 있게 해주는 광활함 그 자체이다.

물론 건망증에도 초점을 맞춰봐야 한다.

스트레스 생리학자이자 작가인 몰리 디킨스는 엄마들의 건강을 다루는 스타트업 블룸라이프Bloomlife에서 일하고 있던 2017년에 미국의 실외 육상 경기 6회 챔피언 알리시아 몬타노Alysia Montaño를 인터뷰했다. 올림픽 선수들이 출산을 준비하는 방법과 임신한 몸으로 경기에 출전한 경험에 관해 이야기를 나누었다. 몬타노는 임신한 몸으로 육상 경기를 하는 것이 아기에게 안전한지 질문을 많이 받았다고 이야기했다. "사람들이 임신한 여자들을 깔보는 경향이 있다는 걸 깨닫고 화가 치밀었어요. 임신한 여자는 자기 몸을 이해하고 이 몸에서 생명이 태어날 예정이지만 여전히 기능하고 움직일 수 있다는 사실을 존중할 수 있는 지적인 능력이 없다고 생각하는 거죠."[48]

그녀는 2014년에 임신 34주의 몸으로 출전한 전국 선수권 대회에서 입상하지 못하자 후원 기업이 후원을 중단했다고 말했다. 그녀는 2년 뒤에 『뉴욕 타임스』와의 인터뷰에서 그 이야기를 자세하게 털어놓았다.[49]

그녀에게 후원을 중단하고 나중에는 계약을 파기한 기업은 아식스였다. 몬타노는 나이키와도 비슷한 경험을 했다. 장거리 육상 선수이자 올림픽 출전 선수인 카라 구처Kara Goucher도 나이키와 미국올림픽위원회, 미국육상연맹으로부터 비슷한 대우를 받았다고 밝혔다. 그녀는 급여, 아들과 보낼 시간, 의료보험을 잃었다. "파격적인 꿈을 꿔라Dream Crazy"라는 원대한 광고 메시지를 내보내는 기업이 임산부들을 존중하지 않은 것이다.

"스포츠 산업은 남성들에게만 완전한 커리어를 허락합니다. 출산을 결정한 전성기의 여성 선수들은 쫓아내죠." 몬타노가 『뉴욕 타임스』와의 인터뷰에서 말했다.

몬타노와 구처는 후원 기업들과의 비밀 유지 조항을 어기고 진실을 털어놓았다. 약 2주 후에 두 사람을 보고 용기를 얻은 단거리 육상 선수 앨리슨 펠릭스Allyson Felix도 『뉴욕 타임스』에 자신의 이야기를 실었다.[50] 그녀가 아기를 낳은 후 나이키는 후원금을 삭

감했고 출산한 지 몇 달밖에 지나지 않았을 때 최고 성적을 내지 않으면 계약상 불이익이 있을 수 있다고 경고했다. 그 후로 머지않아 역대 가장 많은 메달을 딴 미국 육상 선수가 된 펠릭스는 인터뷰에서 이렇게 물었다. "엄마가 된 나를 내가 지키지 않으면 누가 지켜주겠는가?"

그들의 행동은 사회 운동과 의회의 압력으로 이어졌고 나이키는 정책을 바꾸었다. 그걸로 끝이 아니었다.

2020년에 팬데믹이 닥쳤을 무렵 몬타노는 셋째 아이를 출산했고 디킨스와 함께 앤드마더&Mother라는 비영리 단체를 설립했다. 옹호자 "그리고 엄마." 운동선수 "그리고 엄마." 과학자 "그리고 엄마"라는 뜻이었다. 디킨스는 2013년에 캘리포니아 대학 버클리 캠퍼스에서 박사후 연구원으로 스트레스와 생식 호르몬, 생식력에 관해 연구하고 있을 때 첫 아이를 임신했다. 그녀는 4개월의 육아휴직을 원했지만 그녀의 박사후 과정에 자금을 지원하는 미국 국립보건원 펠로우쉽에서 보장하는 육아휴직은 8주뿐이었다. 그래서 그녀는 나머지 기간은 펠로우쉽을 중단하고 지원을 받지 않기로 결정했다. 남편의 수입과 보험 규정 덕분에 그 선택이 가능했다. 디킨스가 인사과에 그 계획을 알렸을 때 "지금까지 이런 부탁을 한 사람은 아무도 없었다"라는 말을 들었다.

딸이 태어나고 일주일 후 디킨스는 그녀가 사는 곳과 정반대 쪽으로 멀리 떨어진 곳에서 정년이 보장되는 교수직을 제안받았다. 그녀는 육아휴직이 끝난 후에 인터뷰를 진행하자고 부탁했지만 그때까지 공석으로 둘 수 없는 자리라고 했다. 그래서 몇 주 후 그녀는 남편과 함께 신생아를 데리고 비행기를 타고 날아가 이틀

간의 인터뷰에 참여했다. 두 시간마다 쉬면서 모유를 짜야만 했다. 그녀는 인터뷰에서 꽤 잘했다고 생각했다. 하지만 결과는 탈락이었다. 같은 해 『네이처』는 과학 분야에서 "여성들은 어디에 있는가?"라는 질문을 다루는 특별 호를 내놓았다. 그 특별 호 전체는 성별 편견, 리더직과 과학 자문 위원회에서 여성의 비중이 늘어나야 할 필요성을 다루었지만 부모됨에 대해서는 별로 공간을 할애하지 않았다.

"여성의 커리어에서 이 단계를 잘 헤쳐나가도록 도와준다면 과학 분야에 계속 몸담는 여성들이 늘어날 거라는 사실에 전혀 관심이 쏠리지 않고 있습니다." 디킨스는 말한다. 과학 커리어는 영원할 수 있는데 가족의 니즈가 가장 강력한 비교적 짧은 기간에 여성의 편의를 봐주지 않는 건 너무도 근시안적인 일이라고 그녀는 말한다. "여성의 건강과 임신, 엄마의 건강을 앞으로 연구하려는 여성 연구자들, 실제로 연구해왔던 여성 연구자들이 이 시기에 포기하게 되는 경우가 얼마나 많겠어요?"

디킨스의 발언은 과학계를 겨냥하지만 모든 산업에 똑같은 문제가 존재한다. 내가 커리어의 대부분을 보낸 뉴스 업계도 다르지 않다. 미디어 업계에서 일과 육아의 균형을 맞추는 것을 가로막는 장벽은 예전만큼은 아니더라도 여전히 높다.[51] 이러한 현실은 저널리스트들의 경력과 편집국의 남녀 평등을 심하게 해칠 뿐만 아니라 저널리스트들이 핵심적인 역할을 하는 사회적 담론 형성에도 좋지 않은 영향을 준다. 마찬가지로 엄마들에게 더 많은 기회가 주어진다면 프로 스포츠 분야와 여성이 성인기에 그들의 신체로 이루어낼 가능성에 대한 집단적 이미지가 얼마나 더 풍요로워지겠는가?

현재 앤드마더는 여성 운동선수들의 계약서에 임신 및 출산 기간에 지원이 보장되게 하려고 힘쓰고 있다. 그들은 스포츠 분야에 유급 휴가, 이동 및 경기 도중의 수유 지원 등 엄마들이 경력을 이어갈 수 있게 해주는 표준을 확립하기 위해 노력한다. 또한 선수들이 무엇을 어떻게 요구해야 하는지 알 수 있도록 계약서를 공개하기 위해서도 노력하고 있다.

스포츠 업계가 진일보할 수 있도록 모델을 만들어서 부모가 된 사람들의 가치를 깎아내리는 분야라면 어디든 본보기를 제시할 수 있도록 하는 것이 목표이다.

도쿄 올림픽은 엄마들의 가치를 팬과 후원 기업에 매우 명확하게 보여주었다. 힘차고 기쁨에 넘치는 모습으로 경기에 출전해 승리를 거머쥔 엄마 선수들의 이야기가 올림픽의 주요 머리기사를 차지했다.[52] 이제 아슬레타의 후원을 받고 앤드마더의 이사가 된 펠릭스는 400미터에서 동메달을, 치열한 4×400미터 계주에서 금메달을 땄다.

다른 선수들이 그녀와 같은 길을 수월하게 걸을 수 있으려면 엄마들에게 허락되는 일과 그들의 진짜 능력에 관한 오래된 생각들이 뒤집혀야 한다고 디킨스는 말한다.

앤드마더가 하는 일이 흥미로운 이유는 임신 이후의 우리가 정말로 누구인지에 대한 광범위한 투쟁을 세상이 볼 수 있도록 드러내주기 때문이다. 임신과 산후의 신체가 무엇을 할 수 있는가에 대한 세상의 인식, 임신과 산후의 뇌가 무엇을 할 수 있는가에 대한 세상의 인식이 존재한다. 그러나 둘 다 현실과 전혀 일치하지 않는다.

"그게 문제입니다. 그 현실을 어떻게 바로잡을 수 있을까요?" 디킨스는 말한다.

9장

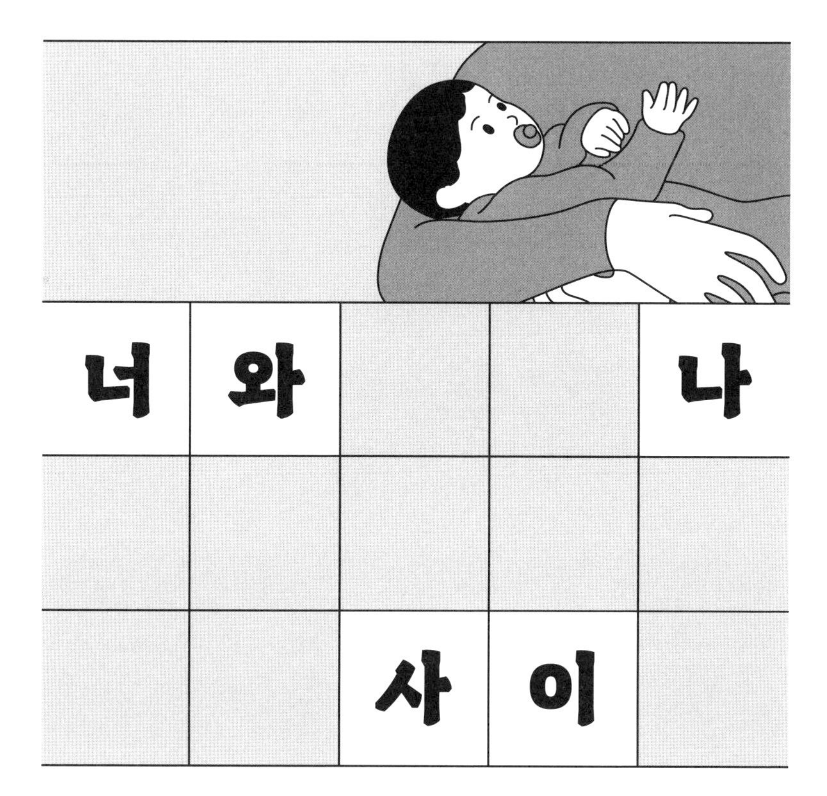

2016년 초에 T. 베리 브레이즐턴의 핸드폰으로 전화를 걸어 통화를 한 적이 있다.[1] 그 유명한 소아과 의사가 수십 년 전에 쓴 책은 산후 경험에 관한 내 생각의 틀을 바꿔주었다. 그는 곧 98세였고 나는 엄마가 된 지 1년을 앞두고 있었다. 며칠 후면 하틀리의 돌이었다. 브레이즐턴은 나를 몰랐지만 서로 겹치는 지인이 우리를 연결시켜서 점심 식사를 같이하기로 했다.

몇 주 후 우리는 매사추세츠주 콩코드의 유서 깊은 콜로니얼 인Colonial Inn에서 만났다. 미국 독립 전쟁 첫날에 긴급 소집병들이 영국군과 싸운 노스브리지와 루이자 메이 올컷Louisa May Alcott이 『작은 아씨들』(책에서 엄마는 네 딸 중 고집 센 둘째 조에게 이렇게 말한다. "난 살면서 화가 나지 않은 날이 거의 없었단다. 하지만 화를 드러내지 않는 법을 배웠지. 지금도 여전히 화를 느끼지 않는 법을 배우고 싶어. 앞으로 또 40년이 걸리더라도 말이야.")[2]을 집필한 오차드

하우스의 중간쯤에 있는 곳이다. 남편은 나를 콜로니얼 인 앞에 내려주고 하틀리와 함께 시간을 보낼 도서관을 찾아 떠났다.

그날 브레이즐턴은 보스턴 아동 병원에서 함께 일했던 동료의 장례식에 참석하기 위해 간병인과 함께 케이프코드의 집에서 콩코드를 방문한 터였다. 소음 가득한 분주한 레스토랑에서 나는 그에게 내 이야기를 들려주었다. 아기를 낳은 후 특히 힘들었던 시기에 그의 말이 큰 위안이 되었고 그것이 처음 부모가 된 이들의 신경생물학에 대한 관심을 불러일으켰다고. 녹음된 그때 대화를 다시 듣노라면 느리지만 확실한 어조로 그의 말이 시작되는 순간 나는 안도의 숨을 내쉬곤 한다.

그는 모든 의사가 처음 엄마가 된 이들과 우울증에 관해 이야기를 나누어야 한다고 말했다. 산후 기간에 약간의 우울증은 거의 보편적이다. 심지어 필수적이고 생산적이라고도 할 수 있다. "엄마는 겁나고 잘할 수 있을지 자신도 없지만 난생처음 맹목적으로 사랑하게 된 이 작은 아이를 마주하기 위해 안간힘을 쓰지요. 그게 얼마나 큰 책임인지, 자신의 인생에서 얼마나 큰 전환점인지 실감합니다. 나는 그렇게 모든 게 흐트러지고 너무도 혼란스러운 상황에 빠지는 것이 다시 체계를 세우고 정신을 가다듬고 자신이 원하는 새로운 사람이 될 중대한 기회라고 봅니다."

이것은 브레이즐턴이 1951년에 케임브리지에서 처음 개원했을 때부터 줄곧 실천해온 철학이었다. 우리가 만난 지 2년 후 『뉴욕 타임스』에 실린 그의 부고에 따르면 당시 "아기와 육아에 대한 일반적인 통념은 가차 없이 권위주의적이었다."[3] 아기들은 감정이 없는 존재로서 엄격한 시간표를 지키게 하는 것이 최선이라고 여겨졌다. 하지만 브레이즐턴은 기존과 상당히 다르고 종종 비정통적인 접근법을 따랐다. 그는 아기들이 세상에 태어난 첫날부터 행동을 통해 어른들과 의사소통할 수 있다는 것을 알아차렸다.

브레이즐턴은 그 틀을 이용해 모유 수유가 다시 대중화되는 데 핵심적인 역할을 했다. 그는 육아휴직을 옹호하고 아기가 병원에 입원해야 할 때 부모가 옆을 지켜는 것의 중요성을 홍보했다. 병원 진료, 잡지와 책을 통한 저술 활동, 그리고 라이프타임 채널에서 오랫동안 방송된 TV 프로 「모든 아기가 아는 것What Every Baby Knows」을 통해 브레이즐턴은 아기의 언어를 이해하는 방법을 가르쳐 부모들의 손에 힘을 쥐여주는 것을 가장 중요한 목표로 여겼다.

그가 소아과 의사로 처음 일하기 시작했을 때에 대해 말했다. "아이에게 문제가 생기면 무조건 부모의 책임이었어요. 부모는 그러잖아도 이미 자기가 부족한 것 같아서 죄책감을 느끼고 있는데 실패자라는 생각이 강해질 수밖에 없었지요. 내 생각에는 반대로 해야 할 것 같았습니다. 엄마의 자존감을 높여줘야 해요. 그래야 아이한테도 그걸 전해줄 수 있으니까요."

브레이즐턴은 우리 만남이 있기 몇 달 전에 미국 질병예방특별위원회가 모든 임신부와 산후 여성이 우울증 검사를 받아야 한다는 권장 사항을 발표한 사실이 고무적이고, 앞으로 소아과 의사들이 엄마의 정신 건강에 더 적극적으로 개입하는 움직임이 커지기를 희망한다고 말했다. 그때쯤 나는 그가 나와 같은 생각일 것이라고 확신할 수 있었다. 엄마들이 앞으로 경험하게 될 뇌의 변화에도 아기가 태어나기 전부터 더 잘 준비되어 있어야 하지 않을까?

"대부분의 엄마들이 그런 종류의 정보에 준비되어 있지 않을 겁니다. 아마 겁먹는 사람들이 많겠지요. 자기 뇌가 바뀔 거라고 생각하고 싶지 않을 거예요. 어떤 쪽으로 변할지 무서울 겁니다." 그는 엄마들이 먼저 그 주제를 꺼낸다면 기꺼이 이야기하겠지만 그렇지 않은 경우에는 불필요한 두려움만 더할 것이라고 말했다.

나는 당황해서 말을 더듬었다. 그때까지의 대화는 약간 가부장적이기는 했지만 큰 안도감을 주었다. 그런데 갑자기 여성들이 자기 몸과 뇌에 대한 정보를 감당할 수 없다는 매우 무거운 생각이 튀어나왔다. "그건 어떤 의미에서, 구식의 생각이 아닐까요?" 내가 물었다. 그렇게 엄청난 경험과 위상을 가진 사람에게 의문을 던진다는 사실이 의식되지 않을 수 없었다. 나는 그런 엄청난 육체적 경험을 감당할 수 있을지에 대한 우려 때문에 예전에는 여성들이 출산에 대해 많은 정보를 얻지 못했지만 지금은 크게 바뀌지 않았느냐고 말했다. 뇌 역시 좀 더 공개적으로 말할 수 있는 주제가 되지 않았을까요?

브레이즐턴은 내 질문을 의도와 다르게 받아들이고 사회적 지원이 부족한 워킹맘들의 어려움에 관해 이야기했다. 우리의 점심은 이내 마무리되었다. 사람들이 교회로 모여들고 있었다.

브레이즐턴이 그의 시대에 얼마나 진보적이었고 의학계가 반대하는 것을 많이 밀어붙였다는 사실은 아무리 강조해도 지나침이 없다. 그는 다른 의사들이 엄마에게 지시만 하던 시대에 엄마들의 말에 귀 기울였다. 엄마들이 "자신에게 필요한 것을 스스로 말하게" 하는 것이 그의 방식이었으므로 신경과학에 대해서도 분명 비슷한 접근법을 취했을 것이다.

나는 그의 말이 무슨 뜻인지 이해할 수 있었다. 나 역시 나의 힘든 경험을 임신한 친구들에게 들려주면 겁먹을까봐, 내가 나쁜 엄마로 비칠까봐 걱정돼서 일부러 말해주지 않았으니까. 하지만 그것이 받아들일 수 있는 올바른 결정이었다는 생각이 나를 기운 빠지게 했다.

나를 비롯한 예비 엄마들은 밀려드는 귀여운 우주복 선물과 축하 인사 속에서 정작 우리 자신의 발달에 대해 꼭 알아야 할 정보는 얻지 못했다. 부모가 된다는 것이 극적인 신경생물학적 변화를 뜻한다는 걸 한 번도 들어본 적 없는데 어떻게 알까? 임산부를 위한 인기 앱은 얼굴 없는 다이어그램을 사용하여 매주 몸의 변화를 추적하게 해주지만 뇌는 완전히 무시하고 기껏해야 건망증만 언급한다(한 앱에서는 임신 후기에 "걱정하지 마세요. 여러분의 뇌는 출산 몇 달 후에 곧바로 다시 통통해질 테니까"라는 메시지로 안심시켜 주기까지 한다).[4]

육아서들은 출산이나 수유 방법, 무엇을 얼마나 먹어야 하는지, 어떤 아기용품이 필요한지, 어떤 기분을 느껴야 하는지(기뻐하고 운이 좋고 축복받았다고 느껴야 한다)에 대해서는 임신부들에게 주저 없이 조언을 던진다. 하지만 뇌의 변화라는 근본적인 문제는 경험한 사람만 알고 있어야 한다. 주변에서 아기를 낳고 호된 시련을 겪는 동지가 나오면 그때 비밀을 공유하려고 할까?

아니다.

브레이즐턴과 만난 후 몇 년 동안 나는 부모의 뇌에 관해 연구하고, 이 거대한 변화를 맞이한 사람들과 이야기를 나누면서(나만큼 예상치 못한 변화에 놀란 사람들이 많았다), 육아의 상징적 인물이 내 생각과 같지 않아서 느낀 감정은 단순한 실망스러움 이상이다. 이제는 짜증이 난다. 브레이즐턴에게 화가 난다기보다는(물론 약간 화도 난다) 임신과 부모됨이 신체적으로나 실행 측면에서나 큰 도전이지만 충분히 해낼 수 있는 일이라고 생각하게 만든 사람들과 기관들 전체에 화가 난다. 온전히 준비된 모성 본능만 있다면 충분히 해낼 수 있다는 말에. 모든 부모가 주변부로, 보이지 않는 존재로, 열외자로 취급당하거나 배척당해서 화가 난다. 그 모든 게 가식이고 가장이라는 것을 정작 알아야 할 사람들만 빼고 다 알고 있다니.

나는 엄마와 부모들을 흔드는 이 가부장적 규범을 과학이 마침내 낱낱이 밝혀주리라는 환상 따위는 갖고 있지 않다. 결국, 우리가 아는 이야기가 잘못되었음을 알려준 것은(여전히 알려주는 것은) 대를 이어온 세대들이었으니까. 하지만 작업에서 솔기 하나를 제거하듯 과학도 분명 도움이 될 수 있을 것이다.

나는 예비 부모들이 이 과학을 알고 앞으로 다가올 삶의 새로운 단계를 더 잘 준비할 수 있기를 바란다. 내가 이 책을 쓰게 된 데 그보다 더 중요한 동기는 없다. 하지만 부모의 뇌 과학이 공공 담론에서 중요한 부분을 차지해야 할 더 큰 이유가 있다. 사회 전반에 걸쳐서 장기적으로 볼 때 중요한 이유다. 이 과학은 성인기 전체에 걸친 신체 및 정신 건강에 관한 생각을 바꿀 수 있기 때문이다. 또한 그것은 우리가 아이의 인생에서 가장 중요한 유대 관계를 측정하고 지원하는 방법을 다시 고민하게 만든다. 왜냐하면 이 과학이 드러내는 부모의 뇌에는 약점도 있지만 그에 못지않게 힘이 있기 때문이다. 우리가 진정으로 부모의 뇌 과학을 받아들인다면 무슨 일이 일어날 수 있을까?

∘ ∘ ∘

부모 뇌의 신경과학은 아직 초기 단계에 머물러 있다. 사람으로 치면 아직 답이 없는 "왜, 어떻게, 무엇을"의 흥미로운 질문을 잔뜩 안고 있는 네 살짜리 같다고 할까. 당연한 것처럼 보이지만 명쾌한 답이 없는 것부터 시작해 몇 가지 질문을 살펴보자.

변화하는 뇌는 출산에 어떤 영향을 미칠까? 이스라엘 텔하이 대학에서 과학철학을 연구하는 오를리 다한Orli Dahan은 부모 뇌의 신경과학이 그러한 변화들이 어떻게 부모가 될 준비를 하게 하는지에 초점을 맞추지만, 진통과 분만은 거의 완전히 무시한다고 지적했다.[5] 과학자들은 분만을 조정하거나 지속하는 것과 관련된 정확한 뇌 메커니즘을 알지 못한다. 그 메커니즘이 환경 요인이나 의학적 개입에 어떤 영향을 받는지도 모른다. 다한은 인류가 출산 시 의식 상태를 변화시키는 능력(주의 집중 변화, 시간 왜곡, 고통 감소)을 진화시켰을 수도 있으며, 연구자들이 발견한 뇌의 변화가 그 기능을 수행할 수도 있다고 제안했다. 그녀는 뇌가 "출산 과정의 활동적이고 결정적인 주체이고, 출산 자체가 뇌의 신경 가소성을 요구하는 과정이다"라고 적었다.

장-뇌 연결성은 어떤가? 최근 분만과 수유 방법이 아기의 미생물 군집에 어떤 영향을 주는지에 많은 관심이 쏠렸다. 그리고 특히 HPA 축을 포함해 면역과 스트레스 관련 계를 통하여 뇌가 장에 사는 세균들과 연결되어 있다는 사실에 대해서도 점점 더 많은 사실이 밝혀지고 있다.[6] 예를 들어 미생물 군집의 차이는 불안 및 주요 우울증과 상관관계가 있는 것으로 보인다. 하지만 임신과 산후 기간에 장에서는 무슨 일이 일어날까?[7]

연구에 따르면 미생물 군집은 임신 기간에 계속 변화하는데,[8] 임신 후기에 이르러 지방 조직에 에너지가 저장되는 것을 돕고 태아의 발달을 촉진하는 쪽으로 변화가 이루어진다. 출산 부모의 미생물 군집 교란이 주산기 정신 건강, 특히 출산 시 스트레스 반응의 취약한 균형과 호르몬 변동에 영향을 줄 수 있다는 징후가 있다. 하지만 정말로 그런지, 그렇다면 어떻게 가능한지에 대한 퍼즐 조각은 맞춰지지 않았다.

태아 세포가 출산 부모의 몸에 정확히 어떤 영향을 끼치는가? 4장에서 태아 세포가 탯줄을 자른 후에도 출산 부모의 몸에 오랫동안 남아 있을 수 있다는 사실에 대해 언급했다. 태아의 마이크로키메리즘 현상을 설명하는 과학은 한마디로 입이 떡 벌어질 만큼 놀랍다. 그 이름은 그리스 신화에 나오는 여러 생물체가 부분적으로 합쳐진 괴물을 가리킨다.[9] 암컷 사자의 머리에 몸통은 염소이고 뱀 꼬리가 달린 모습이다. 한마디로 우리 몸의 유전자 구조는 나 혼자만으로 이루어지지 않는다. 실제로 우리는 결코 독자적으로 존재한 적이 없다.

비록 불규칙하지만 부모와 아기의 유전자 교환은 "세포 이동cell trafficking"이라고도 불린다.[10] 아기들은 유아기부터 성인기까지 낳아준 부모(손위 형제나 어쩌면 할머니들로부터도)가 준 세포를 가지고 있다.[11] 하지만 출산 부모는 나눠주는 것보다 받는 세포가 더 많다. 2017년 『네이처 면역학 리뷰*Nature Reviews Immunology*』에 실린 논문 요약에 따르면 임신 기간에 출산 부모에게 "씨앗 뿌려진" 온전한 태아 세포는 그저 "임신의 우연한 기념품"이라기보다는 뚜렷한 진화적 목적이 있을 수 있다.[12] 그 목적이란 부모의 면역 내성을 변화시키는 것일 수도 있다. 신체가 성장하는 태아를 거부할 가능성을 낮추고 시간이 지남에 따라 출산 부모의 임신 성공률을 높이는 것이다.

태아 세포는 100퍼센트 확률로 모든 임신부의 혈액에서 소량 발견되고 자간전증과 유산 같은 일반적인 임신 문제로 인해 증가한다.[13] 개인마다 정도는 다르지만 그 세포들은 출산 후 증식하고 군락을 형성한다. 애리조나 주립 대학교 연구진은 이 외부의 만능 세포가 사절 특사와 비슷해서[14] 신체적 자원을 아기의 필요에 따라 끌어당기려고 하며 때로는 출산 부모가 대가를 치르게 하기도 하는 듯하다고 설명했다. 그 세포들은 유선을 포함한 유방 조직에서 발견되었고, 동물 연구에 따르면 모유 공급을 촉진하는 역할을 한다. 제왕절개 흉터 조직에서도 발견된 적이 있으며, 부상 부위로 이동하여 상처 치유를 돕고 심지어 노화의 영향을 늦추기도 하는 것으로 보인다.

쥐를 이용한 연구에서는 태아 세포가 뉴런이 되어 엄마 쥐의 뇌 회로에 합쳐진다는 사실이 발견되었다. 한 연구에서는 아들을 임신한 적 있는 엄마 59명의 뇌를 부검한 결과, 약 3분의 2가량에서 마이크로키메리즘의 증거가 발견되었다.[15] 그 증거는 남성 DNA의 존재로 측정되었다. 이 마이크로키메리즘의 대용물이 여러 뇌 영역에서 발견되었고 지금까지 이 연구는 태아 세포가 지속된다는 가장 강력한 증거를 제공한다. 남성 DNA가 발견된 가장 나이가 많은 여성은 94세였다.

아직 답해야 할 많은 질문이 남아 있고 그중 많은 질문은 임신과 출산이 우리 생각과는 달리 출산 부모의 일생과 무관한 별개의 사건이 아니라는 사실과 관련이 있다. 우리는 임신 전 건강이 임신 중의 건강에 영향을 미칠 수 있다는 사실을 어느 정도 의식하고 있다. 임신과 산후 기간의 건강이 그 사람의 남은 인생 전체의 건강을 좌우할 수 있는 것도 사실이다. 뇌를 포함해 우리 몸의 장기는 간단히 원래의 모양과 크기, 기능을 되찾지 않는다. 부모가 되는 일이 사람의 신체와 정신 건강에 평생 영향을 미치는 발달 단계라면, 의료와 연구 설계 그리고 새로운 치료법의 개발에도 이 점이 충분히 고려되어야 한다.

하지만 지금까지는 그렇지 못했다.

신경과학자 리사 갈레아가 이끄는 브리티시컬럼비아 대학교 연구진은 2018년에 발표한 의견서에서 생식 경험은 "여성의 생리학에 결정적인 요소인데도 극도로 간과되었다"[16]라고 적었다.

그 문제는 전반적인 연구에서 생물학적 성별 무시가 계속되는 현상과 밀접하게 연관되어 있다. 1977년에 미국 식품의약국은 엄마들과 예비 엄마들(즉 모든 가임 여성)이 대부분의 임상 시험에 포함되는 것을 금지했다.[17] 일반적으로 남성이 모두를 대표하는 기본값으로 취급되었다. 그 결정은 세상을 떠들썩하게 한 윤리 위반과 입덧 치료제 탈리도마이드thalidomide나 디에틸스틸베스트롤(diethylstilbestrol, DES)에 노출된 태아들이 부작용 피해를 본 비극적인 사건 이후에 나온 것이었다. 게다가 여성의 호르몬 "변동성"을 설명할 필요 없이 남성만 취급하는 것을 선호하는 연구자들도 많았다.

여성들은 실험 참여 전면 금지가 그들의 건강에 위협이 된다며 반발했고 1985년에 연방 특별위원회도 동의했다. 얼마 지나지 않아 미국 식품의약국FDA과 미국 국립보건원NIH은 임상 실험에 여성을 포함할 것을 권고했다. 하지만 변화는 거의 일어나지 않았다. 1993년 의회는 연구자들이 합당한 이유를 댈 수 있는 경우를 제외하고 NIH가 자금을 지원하는 모든 임상 시험에 여성을 포함하는 것을 의무화했다.[18]

그러나 그 법은 연구자들이 실험에 참여한 여성들을 통해 알게 된 것을 보고해야 할 의무가 있다고는 규정하지 않았다. 법이 발효된 지 20년이 지나도록 관상동맥 질환(미국에서 여성 사망 원인 1위이고 성별에 따른 차이가 나타난다) 치료 옵션에 관한 연구의 약 17퍼센트만이 성별 결과를 포함했고, 이 수치는 시간이 흘러도 개선되지 않았다.[19] 최근의 수많은 다른 연구들도 대표성이 부족하다. 2016년에 NIH는 연구비 지원 결정에서 암컷과 수컷 동물을 모두 사용하는 사전 임상 실험을 선호하기 시작했고 그런 연구자들을 지원하기 위한 다양한 프로그램을 마련했다.[20] 전 세계의 주요 연구비 지원 기관들도 연구에 성별과 젠더 변수를 통합하기 위해 비슷한 조치를 취했다.[21]

균일하지는 않지만 오늘날 상황이 개선되고 있다는 징후가 있다.[22] 최근에 갈레아와 동료들은 2009~2019년까지 발표된 신경과학과 정신의학 분야의 논문 수천 편을 분석한 결과, 시간이 지남에 따라 피험자의 성별에 상당한 개선이 이루어진 것을 발견했다.[23] 하지만 전체의 68퍼센트가 연구 후반에 두 성별을 포함한 반면, 실제로 성별 차이를 식별하기 위해 이른바 "최적 설계"를 따른 연구는 19퍼센트밖에 되지 않았다(이 분석 결과는 2021년 11월에 견본 논문으로 공개되었고 아직 동료 검토가 이루어지지 않았다). 이러한 상황은 과학에도 좋지 않을 뿐 아니라 실질적인 피해를 발생시킨다.

여성건강연구협회Society for Women's Health Research가 2013년~2018년에 발표된 약 150편의 쥐 실험 논문을 분석해 잠재적 알츠하이머 치료법을 평가한 결과, 수컷 쥐와 암컷 쥐를 포함한 연구는 3분의 1뿐이었고 성별에 따른 데이터 분석을 실행한 경우는 훨씬 적었다.[24] 논문을 분석한 저자들은 쥐 연구의 대부분이 적어도 부분적으로 성공적인 결과를 보고했지만 인간 대상 임상에서는 성공을 재현하지 못했다면서 의문을 제기한다. 그들은 알츠하이머가 여성에게서 다르게 발병하고 진행될 수 있으며, 여성이 미국 알츠하이머 환자의 거의 3분의 2를 차지한다는 사실이 한 가지 이유일 수 있다고 설명했다.

여성들이 과학에서 무시당하고 있으니 임신한 여성들에 관한 연구도 더 적게 이루어질 수밖에 없을 것이다. 2019년 1월까지 임신한 여성은 "강제적 또는 과도한 영향력에 취약하다"고 연방 정책에 의해 공식적으로 규정되었다.[25] 이러한 분류는 임신부의 연구 참여를 관료주의적 난제로 만들었다. FDA는 임신한 사람들을 임상 실험에 참여시킬 때의 구체적인 지침을 발표했다.[26] 반면 임신 기간에 알레르기나 만성 고혈압, 정신 질환을 어떻게 치료해야 하는지에 관한 지침은 너무 적어서 우리는 여전히 매일의 결정에 어려움을 겪는다.[27] 임신 기간의 안전성과 효과를 구체적으로 평가한 다음에 출시되는 신약은 거의 없다. 저널리스트 캐럴린 Y. 존슨Carolyn Y. Johnson은 2019년에 『워싱턴 포스트』에 이렇게 썼다.

"임신한 여성들에게 과학의 급속한 발전이 주는 혜택을 누리게 하는 것보다 그들을 연구로부터 보호하는 것이 필수적이라는 것이 오래전부터 기본적인 가정이었다."[28]

임신한 사람은 산후 기간을 맞이하게 되고 생식 이력이 있는 사람이 된다. 미국 여성 가운데 40세 무렵에 출산 경험이 있는 비율은 약 83퍼센트이다.[29] 하지만 우리는 임신과 출산이라는 중대한 삶의 단계가 그들의 장기적인 건강에 어떤 영향을 미치는지 너무 모르고 있다.

출산 부모의 몸 안에 남은 태아 세포가 뭔가를 하고 있다. 태아 마이크로키메리즘은 갑상선 질환과 루푸스를 포함한 자가면역 질환과 관련이 있고(임신 경험이 있는 사람의 유병률이 더 높기 때문이다), 다발성 경화증 증상도 악화하는 것으로 보인다.[30] 나는 태아 세포가 "엄마의 피부로 침략하는 것으로 증명되었고" 그 존재가 "설명되지 않는 염증성 피부 질환"과 관련이 있다는 내용을 읽었을 때, 엄마가 된 이후로 지속적인 한포진으로 고생했고 여러 병원을 가봐도 마땅히 해결책이 없었던 이유가 이해되었다. 그건 태아 세포의 침략이었다. 태아 세포는 다른 질병이 있을 때 더 많이 발견되었다. 예를 들어 C형 간염이 있는 경우 종양이나 병든 장기 내에서 발견된다. 태아 세포가 거기서 정확히 무엇을 하고 있는지는(질병을 가속하는 것인지 손상을 복구하는 것인지) "여전히 해결되지 않은 사안"이다. 유전학자이자 유니스 케네디 슈라이버 국립 아동건강 및 인간발달연구소 소장인 다이애나 비안치Diana Bianchi가 주도한 2021년 리뷰 논문에 따르면 그렇다.[31]

인간의 건강과 질병에 관한 연구는 "선택적 중절과 유산을 포함해 완전한 임신 이력"을 포함할 필요가 있다고 비안치와 동료들은 적었다. 출산 부모와 아이의 생물학적 연관성은 "가장 기본적인 과립세포 수준"에서조차 진정으로 평생 동안 이어진다.

호르몬 수치는 일생의 그 어떤 시점보다 임신기와 산후 초기에 극적으로 변한다. 출산 이후에는 잠잠해지지만 임신 전으로 돌아가지는 않는다. 어쩌면 영원히 돌아가지 않을 수도 있다. 설치류와 인간에 관한 수많은 연구에서 엄마들의 호르몬 수치와 호르몬 수용체 표현에서 지속적인 변화가 발견되었다. 엄마들은 엄마가 아닌 이들에 비해 에스트로겐과 프로락틴 수치가 감소했다.[32] 이 호르몬 변화가 다른 신경생물학적, 면역학적인 변화들과 함께 연구에서 확인된 생식 이력에 따른 유병률이나 질병의 중증도 차이를 만드는 것이 확실하지만,[33] 대부분의 경우 연구자들은 그 원리를 알지 못한다(알츠하이머나 임신 횟수와 합병증 경험, 심혈관 질환 및 뇌졸중의 연관성도 마찬가지이다).

아직 연구되지 않고 답이 나오지 않은 질문들이 많다. 게다가 먼저 알아차리지 않으면 영원히 답을 알 수 없을 새로운 질문도 많다. 예를 들어, 임신이 뇌가 두려움을 처리하는 방법을 근본적으로 바꾼다고 할 수 있을까? 에스트라디올과 프로게스테론의 변화가 노출 치료의 효과를 바꾼다는 사실은 많은 연구가 이루어졌다(임상 치료에서 널리 알려지지는 않았지만). 흔히 불안 치료에 사용되는 노출 치료는 두려움의 근원이 되는 대상에 환자를 노출시키는 방법인데 부정적인 결과가 아예 없는 것은 아니다. 노출을 통해 자극과 연결된 새로운 "안전 기억"을 만들어 공포의 기억보다 우선되도록 한다는 게 원리이다. 쥐와 인간을 대상으로 한 연구에서는 월경 주기가 시작되는 난포기나 다른 어떤 시점에서 에스트라디올과 프로게스테론 수치가 낮은 경우 피임약을 복용하면 공포 소멸 과정이 약화한다는 사실이 발견되었다.[34]

얼마 전, 심리학자 브론윈 그레이엄Bronwyn Graham이 이끄는 뉴사우스웨일스 대학교 연구진은 생식과 관련된 호르몬 수치의 장기적인 변화가 두려움을 제거해줄 수도 있다는 사실에 흥미를 보였다. 그들이 발견한 것은 놀라웠다.[35] 쥐와 인간 모두에서 임신 후 호르몬 감소는 단순히 공포 소멸의 순환 효과에 점진적인 변화를 일으키는 것에 그치지 않았다. 그 효과를 아예 없앴다. 즉, 엄마들은 노출 치료를 통해 두려움을 없애는 능력이 더 이상 호르몬 수치에 따라 달라지지 않았다. 왜일까? 그레이엄이 이끄는 연구진은 그 질문의 답을 찾기 시작했다. 그러나 질문은 오히려 더 많은 질문으로 이어졌다.

생식 경험이 있는 쥐들은 공포를 없애는 데 완전히 다른 뇌 영역을 사용하는 듯했다. 가장 두드러지는 점은 "공포 센터"라고 불리는 편도체가 활성화되지 않는다는 것이다. 이 글을 쓰는 시점에 그 연구 결과는 아직 발표나 동료 검토가 이루어지지 않았다. 그레이엄은 그들이 그 테스트를 반복하는 데 1년이나 소비한 것은 전혀 예상치 못한 일이었다고 말했다. 엄마 쥐들에게 공포 조건을 형성하고(이 경우, 특정 소음에 이어 발에 충격을 가함으로써) 편도체를 비활성화했음에도, 나중에 공포를 문제없이 제거할 수 있었다(충격 없이 소리에 노출됨으로써).

지금까지 그레이엄의 연구실에서 발견된 결과는 대부분 엄마 쥐의 뇌가 하지 않는 것에 초점을 맞췄다. 그런데 이것은 해당 과학에서 중요한 발걸음이기는 하지만 궁극적인 목표는 아니다. 엄마 쥐들은 두려움을 없애기 위해 편도체를 사용하지 않는다. 그리고 그들은 신경 가소성과 관련 있고 엄마가 아닌 쥐들의 공포 제거에 중요한 N-메틸-D 아스파르트산염, 즉 NMDA 수용체라는 특정한 수용체를 사용하지도 않는다. "문제는 정확히 무슨 일이 벌어지고 있는지 알아내지 못했다는 것입니다. 하지만 우리는 많은 질문을 내놓을 수 있어요." 그레이엄이 나에게 말했다.

엄마 쥐들의 공포 제거에 편도체가 관여하지 않는다는 것은 "정말 놀라운 발견"이라고 그레이엄은 말한다. "하지만 내가 우리 연구실의 연구자들에게 늘 하는 말이 있어요. 만약 그동안 수컷을 대상으로 이 시스템에 관한 포괄적인 연구가 이루어지지 않았더라면 과연 이게 놀라운 발견이었을까? 우리는 그게 뇌의 원래 작동 방식이라고 받아들였지만 실제로는 매우 특정한 상황에서만 그렇게 작동하는 것인지도 모릅니다. 사회적, 역사적 이유로 우리의 연구 기준으로 자리 잡은 것이죠."

그레이엄은 아이들이 공포를 제거하는 방법은 어른들과 다르고 청소년들의 신경 과정 역시 다르다고 말한다. 또 다른 발달 단계의 시작을 알리는 임신 이후에 그 과정이 달라지는 건 어쩌면 당연하지 않을까?

나는 그레이엄의 연구가 어디로 향할지 보고 싶다. 임신이 내 뇌가 두려움을 처리하거나 극복하는 방식을 바꿨다는 개념은 옳은 것처럼 느껴진다. 더 중요하게는, 아기를 낳은 사람들이 정확히 어떤 방식으로 공포를 제거하는지 알아낸다면 불안 장애로 고생하는 사람들을 위한 좀 더 효과적인 치료법으로 이어질 수도 있다. 이러한 이유에서, 그리고 보류 중인 모든 질문과 아직 제기되지 않은 모든 질문을 위해서도 임신과 부모됨의 중요성을 알고, 아직 대부분 탐구되지 않은 그 심오한 변화에 관한 대화가 이루어져야만 한다. 그렇지 않으면 우리가 얼마나 많은 것을 놓치고 있는지 어떻게 알겠는가?

∘ ∘ ∘

내가 이 장을 쓰기 시작했을 때 미국은 양질의 유아 교육에 대한 접근성을 크게 높이고, 적어도 다른 국가들에 가까운 수준으로 부모들에게 유급 육아휴직을 제공할 법안을 통과시킬 준비가 되어 있었다. 그러나 그 계획을 담은 빌드 백 베터Build Back Better 법안의 유급 육아휴직 예산은 삭감되었고 의회를 통과하지 못했다. 웨스트버지니아주의 민주당 상원의원 조 맨친Joe Manchin의 반대가 컸다. 어린아이들을 위한 양질의 교육, 그리고 특히 유급 육아휴직이 대다수 가정의 손에 닿지 않는다는 사실은 특히 미국의 수치가 아닐 수 없다.

미국 외에 유급 휴가 정책이 시행되지 않는 국가는 5개국뿐이고(모두 고소득 국가가 아니다), 소수를 제외한 모든 국가에서 엄마들에게 12주 또는 그 이상의 휴직을 제공한다.[36] 대부분의 유럽 국가뿐만 아니라 캐나다, 칠레, 인도, 이란, 러시아, 베네수엘라 및 기타 국가들은 최소 24주 이상을 제공하고 거의 두 배에 가까운 곳도 있다. 클레어 케인 밀러Claire Cain Miller가 『뉴욕 타임스』에 보도한 바에 따르면, 2021년 기준 유급 배우자 출산 휴가를 제공하는 83개국의 평균 휴가 기간은 16주이다.

왜 미국은 엄마들이 공식적인 로비를 시작한 지 한 세기가 넘는 지금까지도 그 정책이 부재한 것일까?[37]

경제학자들이 유급 휴가가 근로자와 고용주, 경제 전체에 주는 이익을 증명하지 못해서일 리는 없다. 전 세계에서 운영되는 기능적인 제도는 차치하고 미국의 주 정부 운영 프로그램만 보아도 유급 휴가가 이 자본주의 사회의 특수한 모든 요구 조건을 충족한다는 증거가 나타난다.[38] 가계의 재정 안정성을 높여주고, 노동 참여를 증가시키고, 고용주의 이직 관련 비용을 낮출 수 있으며, 적어도 비즈니스 전반에 부정적인 효과를 초래하지 않는다.

미국에서 유급 휴가의 장벽은 공중 보건 전문가들이 아기들과 출산 부모들을 위한 건강상의 이점을 적절하게 증명하는 데 실패했기 때문이 아니다. 실제로 유급 휴가에 따르는 건강상의 효과는 극적이며 더 이상 논쟁의 여지가 없는 사안이다.

유급 휴가는 예정일보다 빠르게 또는 저체중으로 태어나는 아기들의 비율을 낮춰주고 특히 흑인 여성과 미혼모의 아이들에게 가장 큰 효과가 있는 것으로 나타났다.[39] 이것은 임신 기간의 직장 및 소득 관련 스트레스와 관련 있을 것이다. 유급 휴가를 이용할 수 있는 부모들은 모유 수유를 계속하고 아기가 정기적으로 병원 검진을 받게 할 가능성이 크다.[40] 그리고 신생아와 보내는 집중적인 시간은 장기적으로 아동의 건강과 발달에 이로운 방식으로(특히 저소득층 아이들의 경우) 가정 생활을 시작하게 해주는 것으로 알려져 있다. 가장 중요한 기준을 측정하는 몇몇 연구에서는 유급 휴가 기간이 길수록 유아 사망률이 현저히 감소한다는 사실을 발견했다.[41]

유급 휴가가 엄마들에게 주는 건강상의 이점은 다면적이고 오래 지속된다.[42] 우선, 출산 후에는 당연히 회복 시간이 필요하다. 알다시피 출산에는 큰 수술이 필요할 수 있으며 때로는 생명을 위협하는 합병증이 동반된다. 기간에 상관없이 유급 휴가를 받는 여성들은 출산 후 일 년 동안 어떤 이유로든 입원할 위험이 낮아진다. 그리고 휴가 기간(유급 또는 무급)이 일주일 길어질 때마다 출산 후 일 년 동안 "좋지 않은 신체적 웰빙" 상태가 나타날 가능성이 작아진다. 유급 휴가와 관련된 높은 모유 수유율과 더 긴 모유 수유 또한 당뇨와 고혈압, 유방암 또는 난소암의 위험을 낮춤으로써 엄마의 건강에 장기적으로 이로울 수 있다.[43] 12주 이상의 유급 휴가가 산후 우울증 비율을 낮춰준다는 사실은 반복적으로 확인되었으며,[44] 더 긴 휴가는 50세 이후에도 우울증을 예방하는 효과가 있는 것으로 보인다.[45]

흑인 출산 부모와 그 아기들에게서 나타나는 엄청난 예후의 차이에 대한 인식이 커짐에 따라 산부인과 진료에 변화를 주고, 의사와 의료 기관 내의 제도적 인종 차별의 영향을 해소하고, 임신 및 출산 과정에서 임산부의 건강에 대한 우려를 듣고 해결하며, 건강보험 적용의 격차를 메우는 데 많은 관심이 쏟아지고 있다. 산부인과 진료 모델을 정비하는 것은 매우 중요하다. 그러나 문제는 그것보다 거대하다.

산부인과 의사이자 전국 출산 형평성 공동체National Birth Equity Collaborative의 회장인 요야 크리어-페리Joia Crear-Perry는 미국 임산부들이 표준 산전 검사와 출산 직후 정기 검진 이외에는 거의 진료를 받지 않는다는 점을 지적한다. "그 외에는 임산부들의 존재를 위한 공간이 아예 없죠. 우리는 그들을 지원하지 않아요. 직장 업무 시간에 병원 진료를 잡아야 하고 유급 휴가도 못 받고 큰 아이들을 데려올 수도 없고 사무실에서 뭘 먹지도 못하죠. 우리는 엄마들이 번영하는 데 필요한 정반대의 상황을 만들고 있습니다."

사람들에게 실제로 필요한 것은 횟수는 더 적더라도 더 선별적인 산전 검사와 더 나은 통합 치료(의사가 노숙 여부나 업무 스트레스, 다른 자녀들의 보육처럼 임신에 영향을 미치는 요인들을 다루는 다른 병원이나 기관을 연결해 도움을 줄 수 있다)일 수도 있다고 크리어-페리는 말한다. 실제로 필요한 것은 산후의 방문 진료나 조산사를 비롯한 더 광범위한 의료 서비스일 수도 있다. 그리고 가장 확실하게 필요한 것은 유급 육아휴직이다. 이것은 크리어-페리의 일에서 가장 중요한 메시지가 되었다.

그녀는 2021년에 『블룸버그 오피니언*Bloomberg Opinion*』에 실은 논평에서 이렇게 적었다. "무급 휴가 정책은 아버지가 모든 가족을 부양하는 시대에 뒤떨어진 가족 개념을 지지하기 위해 만들어졌다. 하지만 오늘날 대부분의 가정은 그런 모습이 아니다. 이 사실을 인정하지 못하는 현실이 특히 흑인과 유색인종 공동체에서 엄마들의 건강을 해치고 있다. 미국이 전 세계에서 아기를 낳기에 가장 위험한 부자 나라인 이유도 그 때문이다."[46]

우리가 이미 알고 있는 현실이다. 하지만 이러한 무대책의 이유는 유급 휴가가 아이들과 가족들에게 주는 가치가 없어서가 아니라 우리의 지도자들이 추구하는 가치관과 관련이 있다. NPR의 대니얼 쿠르츨레벤Danielle Kurtzleben은 2015년에 육아 휴가와 병가 의무 반대에 대해 이렇게 적었다. "여기에 작용하는 복잡한 힘에 관해서는 책 한 권을 써도 모자라겠지만 몇 가지 큰 요인들이 합쳐져서 이 상황을 만들었다. 제2차 세계대전의 여파, 기업 로비, 미국 노동운동의 감소, 개인주의와 스스로 불가능한 일을 해내는 것에 대한 미국인들의 사랑이 전부 합쳐져서 미국을 노동자들에게 유급 휴가를 주지 않는 유일한 국가로 만들었다."[47] 나는 그 목록에 모성 본능과 생물학을 운명적인 것으로 생각하는 믿음(여성에게는 아이를 돌볼 수 있는 능력이 있으며 그것이야말로 그들의 가장 고귀하고 유용한 쓰임새라는 믿음)과 엄마-아기의 유대가 절대적으로 최고라는 믿음을 추가하고 싶다.

보수적인 평론가들이 미국 교통부 장관 피터 부티지지Pete Buttigieg가 2021년에 남편과 함께 신생아 쌍둥이를 입양하고 육아휴직을 냈을 때 비웃은 배경이 바로 그것이다. 쑥덕거리는 표현은 저마다 달랐지만 주제는 하나였다. 아빠는 아기와 함께할 시간이 필요하지 않다! 신생아에겐 엄마가 필요하다! 저 가족에는 어차피 엄마도 없는데 무슨 의미가 있는가? 팟캐스트 진행자인 맷 월시Matt Walsh는 네 아이의 아빠로서 한 번도 육아휴직을 쓰지 않은 경험을 적은 일련의 트윗에서 이렇게 말했다. "아빠와 아이의 유대에서 가장 중요한 시간은 아이의 인생에서 조금 더 뒤에 온다. 아빠들은 아기가 신생아일 때보다 걷기 시작할 무렵에 훨씬 더 많은 유대를 쌓을 수 있다. 갓난아기들은 거의 전적으로 엄마에게 집중한다. 생물학적인 일이다."[48]

생물학이 아니라 신념이다. 생물학은 아기들이 단지 출산 부모하고만 이어지는 것이 아니라고 말한다. 아빠들은 부모로의 변화에서 다양한 방법으로 파트너(파트너가 임신과 출산을 직접 했건 안 했건)를 도울 수 있지만 그것 말고도 아기가 성장하는 사회적 세계의 일부로서 중요한 역할을 한다.[49] 생후 첫 몇 달 동안 아빠가 아기의 뇌 발달에 끼치는 영향은 유아기의 감정 조절과 자신감, 또래와의 연결 능력, 취학 준비에 영향을 주게 된다.[50] 아기와 함께하는 시간이 아빠를 변화시킨다는 사실도 중요하다. 즉, 양육자로서 평생의 역할에 적응할 수 있도록 돕는다.

많은 페미니스트 학자들은 오래전부터 "불필요하게 생물학을 싫어했다"고 경제학자 낸시 폴브레Nancy Folbre가 나에게 이메일로 말했다. 생물학은 불평등을 정당화하기 위해 사용되곤 했다. "어쩌면 대부분의 여성은 스스로 통제할 수 있는 범위를 넘어선 힘이 자기 삶에 영향을 끼친다는 매우 명백한 가능성을 무의식적으로 두려워하고 그것을 최소화하기를 원할 거예요." 만약 우리가 그 힘을 정면으로 마주 본다면 어떻게 될까?

폴브레는 2021년에 출간된 저서 『가부장제의 흥망성쇠*The Rise and Decline of Patriarchal Systems*』에서 "자연적이든 천부적이든 여성의 자기희생 성향에 대한 믿음이 남성들로 하여금 경제적인 자기 이익을 추구하게 해주었다"라고 지적했다.[51] 실제로 생물학에 뿌리를 뒀든 아니든 여성들은 남성들이 자유롭게 자본주의 경제에서 성공할 수 있도록 "의무적인 이타주의"와 다른 사람들을 보살펴야 한다는 오랜 압력에 시달렸고, 여성의 "젠더하기doing gender"는 "돌봄"과 동의어가 되었다. 페미니스트 운동에 향하는 분노는 대부분 여성이 전통적인 역할에서 멀어지면 다른 사람들(남성, 아이들, 환자, 노인, 고용주)이 받는 돌봄의 크기가 줄어들 것이라는 두려움에서 나온다. 폴브레는 이렇게 적었다. "이는 완전히 비현실적인 두려움이 아니다. 성 역할의 재협상은 타인을 돌보는 좀 더 넓은 의무 규범에 대한 재협상을 필요로 한다. 하지만 이것은 더 큰 대가를 치르는 일은 되도록 피하고 싶은 이들의 저항을 일으킨다."

육아의 (그리고 어쩌면 일반적인 돌봄의) 신경생물학적 특성이 어른들을 사로잡는다는 사실을 강조하는 것은 위험할 수도 있다고 폴브레는 나에게 말했다. 사로잡히고 싶지 않은 사람도 있기 때문이다. "어떤 생물학적 아빠들은 아기를 가까이하지 않으려고 해요. 매일까봐, '이도 저도 할 수 없을까봐' 그런 거죠. 아이를 낳지 않는 여성들이 증가하는 이유는 엄마가 되면 다른 우선순위와 쉽게 조율되지 않는 돌이킬 수 없는 의무가 따른다는 의식과 관련이 있을 겁니다."

하지만 이것이 바로 내가 부모의 뇌 과학이 성 규범의 변화에 필요한 도구라고 생각하는 이유이다. 누구나 자신의 자유 의지를 벗어날 정도로 육아에 매이거나 갇힌 기분을 느낄 수 있다. 심지어 전적으로 원하고 계획해서 낳은 아이일 때도 그렇다.

이것이 부모의 뇌 발달 과정의 일부이다. 자아가 확장되고 더 이상 내가 전적으로 내가 아니게 되는 것이다. 하지만 이것은 하나의 성별에만 특정한 일이 아니다. 이런 변화 능력은 깊고 헌신적인 돌봄 행동을 형성하며, 모든 종의 기본적인 특징이다. 부모의 뇌 과학은 돌봄이 여성의 영역이라는 잘못된 개념에 이의를 제기하는 하나의 방법이다. 그 개념은 틀렸다.

오늘날 남자들은 이미 이전 세대보다 극적일 정도로 아빠의 삶에 더 많이 관여하고 있다.[52] 만약 앞으로 많은 아빠가 야망과 의무 사이, 추진력과 관심 사이의 긴장을 느끼고, 투자 비용과 수익을 경험하고, 무엇보다 그것에 소리 내어 이름을 붙일 수 있게 된다면, 유급 육아휴직과 양질의 저렴한 보육 서비스, 균형 잡힌 삶을 가능하게 하는 직장 기준, 보육 분야를 포함한 직접 돌봄 인력의 생활임금 보장에 동참하게 될지도 모른다. 폴브레는 이러한 사로잡힌 느낌의 공유가 규범의 재협상을 가속할 수 있다고 설명한다.

거기에 도달하려면, 유아 발달의 본질과 유아의 삶에서 누가 중요한지에 대한 오래된 생각을 버려야 할 수 있다. 존 볼비가 부모들이 유아의 욕구를 인식하고 충족시키는 데 많은 도움을 주었지만 엄마와 아이의 분리가 흡연이나 방사선과 비슷하다고 말한 적도 있다는 사실을 생각해보자. "약간의 영향은 무시할 수 있지만 노출은 계속 누적된다. 가장 안전한 노출량은 제로이다."[53] 이것은 볼비가 육아를 전적으로 담당하는 붉은털원숭이 엄마들을 한 번에 며칠씩 새끼들로부터 떨어뜨려 놓은 연구를 바탕으로 내린 결론이었다.

이 책에 포함된 많은 뇌 과학을 포함한 부모됨의 연구는 대부분 볼비와 메리 에인스워스Mary Ainsworth의 애착 이론에 토대를 둔다. 다시 말하자면 엄마와 아기의 유대가 가장 중요하고 가장 근본적이며 발달에 가장 큰 도움을 주는 관계라는 생각에 뿌리를 두고 있다. 물론 엄마와 아기의 연결이 중요하고 근본적이며 발달에 큰 도움을 주는 것은 사실이다. 그러나 아기가 맺는 다른 모든 가까운 유대 관계가 중요하고 근본적이며 발달에 큰 도움을 주는 것도 사실이다. 그럼에도 여전히 가장 자주 연구되는 한 쌍은 엄마와 아기이다.

애착 이론에 관한 생각과 감정 때문에 힘들었을 때 『애착의 다른 얼굴들*Different Faces of Attachment*』라는 책을 만났다. 힐트루드 오토Hiltrud Otto와 하이디 켈러Heidi Keller가 엮은 이 책은 2014년에 출간되었는데, 인간 발달 및 인류학 분야 학자들의 에세이가 담겼다. 그들은 이 책에서 유아의 애착이 발달하는 정해진 설계design가 없고 "엄마의 민감성"도 한 가지로 정의되지 않는다고 주장한다. 그런 것들이 문화적 환경에 따라 크게 다르고 실제로 전 세계 대부분의 가정에서 아동의 애착으로 이어지는 돌봄은 엄마-아기 한 쌍에만 국한되지 않고, 다른 어른들과 형제자매들도 중요한 역할을 수행하므로 돌봄이 사회적으로 분배된다는 것이다.

애착 이론이 너무 편협하고 엄마와 아기들을 사회적 맥락에서 고립시킨다는 증거가 수십 년 동안 제시되었지만, 그것은 여전히 지배적이며 거의 변하지 않은 채로 남아 있다. 인류학자이자 UCLA 명예교수이며 위에 언급한 책의 기고자인 토머스 와이즈너Thomas Weisner는 "애착 이론은 중력과도 같다"고 말한다. 그 말은 그것이 어디에나 존재하고 과학으로 받아들여지며 우리가 세상을 바라보는 관점에 영향을 끼친다는 뜻이다.

애착 이론이 산업으로 자리 잡았다는 사실도 한 가지 이유로 작용한다. 연구자들은 사람들을 고용해서 에인스워스가 고안한 낯선 상황 실험strange situation experiment에서 관찰한 내용을 암호화하는 방법을 가르쳤다. 그 실험은 방에서 엄마가 아이를 혼자 두고 떠날 때, 낯선 사람이 들어왔을 때, 엄마가 돌아왔을 때의 반응을 관찰한 뒤 아이가 안정 애착인지, 불안정 애착인지 평가한다. 불안정 애착에는 회피형, 혼란형, 저항형이 포함된다. 성인을 포함한 다양한 연령대의 애착 유형을 알아보기 위해 다양한 애착 척도가 개발되었다. 와이즈너는 저명한 학술지들이 낯선 상황 실험을 그 한계를 완전히 인식하지 못한 채 연구의 최적 기준으로 여기게 되었다고 말했다.

문제는 그 실험 자체가 아니라 그것이 다른 유효한 증거를 배제할 정도로 엄마와 아기에 대한 우리의 문화적 이해에 깊이 박혀 있다는 사실이다. 와이즈너는 단 한 번의 상호 작용이 포함된 단 하나의 측정 도구로 도출된 결과가 그 도구가 측정하려는 대상, 즉 아기와 아기의 영역에 있는 사람들 사이에서 발달하는 사회적 신뢰와 융합되었다고 지적한다.

현실적으로 인간 유아의 돌봄은 항상 분배적이었다. 와이즈너는 아이들이 자라는 모든 공동체에 아이들을 돌보는 일에 전문화된 사람들이 있다고 말한다. 따라서 괴로워하는 아기들을 달래는 일(그들의 알로스타틱 욕구를 충족시키는 일)도 해결사가 있게 마련이다. 보통 그 사람들에 엄마가 포함된다. 하지만 아버지, 조부모, 숙모, 삼촌 등도 포함될 수 있다. 와이즈너의 초기 연구는 전 세계의 형제자매와 사촌들의 역할에 집중되었다.[54] 그들은 엄마와 가장 많은 시간을 보내는 아기를 무척 귀여워하고 한두 살 먹은 어린 아이를 돌보는 데 직접적인 역할을 맡기도 한다.

와이즈너에 따르면 대체로 엄마가 받는 경제적 압박이 심할수록 공동체의 협력에 더 많은 가치가 부여되고 엄마를 도울 사람들이 주변에 있을 가능성이 크다. 그리고 이 과정은 애착 규범에서 벗어나는 것이 아니라 오히려 아기가 문화적으로 적절한 사회적 신뢰를 배우는 데 중요한 부분이 될 수 있다. 아기들은 "환경에 매우 민감하게 반응할 준비가 되어 있는데, 자신이 속한 사회적 세계에 잘 적응하도록 하는 방식으로 반응한다"라고 와이즈너는 말한다. 만약 그 세계가 다수의 양육자가 존재하는 곳이라면 "아기는 바로 그 환경에 반응하고 그 안에서 안전하다고 느낄 것이다."

애착 이론 안에서 사회적 세계의 현실을 설명하는 방법을 찾는 것은 연구자들이 풀어야 할 문제이다. 하지만 그것은 우리가 고려해야 할 문제이기도 하다. 우리가 아이들을 돌보는 네트워크를 갖추기 위해 노력하는 과정에서 엄마만으로 충분하다는 사고방식을 고수하는 사람들이나 기관들을 만날 수 있기 때문이다. 우리가 다양한 육아 돌봄 제공자들을 "비정상"의 엄마 대역이 아니라 사회 교육자이자 전문 양육자로 대접한다면 어떨까? 초보 부모 가정을 돕는 전문 육아 조력자 공동체 시스템을 구축한다면 어떨까?

예일아동연구센터 소장 린다 메이스Linda Mayes는 현재 부모의 뇌 연구에서 문화적 맥락이라는 중요한 요소는 찾아볼 수 없다고 말한다. 메이스에 따르면 부모의 뇌 구조나 기능의 어떤 측면이 세계적으로 공유될 수 있는지, 아니면 주로 연구가 이루어지는 WEIRD 국가들의 백인 참가자들에게만 해당하는지 현재 연구자들은 아직 알지 못한다. "과연 보편적인 현상인지, 나는 그럴 거라고 생각하지만 확실히 알 수 없어요."

만약 포유류 종들의 뇌에 일어나는 변화의 다수가 공통적이라는 이론이 사실이라면 인간에게도 일반적으로 보편적일 것이다. 제한적이지만 그렇다는 증거가 있다. 한 연구에서는 처음 엄마가 된 11개국 684명의 행동을 관찰했다.[55] 모든 사회적 집단에 걸쳐 매우 기본적인 수준에서 엄마들은 아기의 울음소리를 들으면 "우선적이고도 체계적으로" 아기를 안아주고 말을 거는 반응을 보였다. 어쩌면 너무 명백한 사실을 보여줬다고 치부할 수 있지만, 그 연구는 좀더 규모를 축소해서 미국과 중국, 이탈리아 엄마들의 뇌 스캔도 분석했다. 그 결과 아기의 울음소리는 의식적인 의사 결정 이전에 자동 운동 및 언어 반응과 관련된 뇌 영역을 지속적으로 활성화하는 것으로 나타났다. 연구진은 인간 엄마들의 행동이 둥지를 이탈한 새끼를 데려오는 다른 포유류들의 접근-회수 양육 행동과 일치한다고 적었다.

부모의 뇌에 일어나는 변화가 보편적이라 해도 서로 다른 모든 문화에서 또는 같은 문화 안에서 모든 부모가 반드시 똑같은 방식으로 경험한다는 뜻은 아니라고 메이스는 말한다. 생후 첫 몇 주에 아기의 신호에 주의를 기울이는 것과 관련된 뇌의 변화는 어떤 엄마에게 극도로 경계심을 느끼게 할 수도 있지만, 다른 문화적 맥락(예를 들어 더 큰 지원 네트워크가 준비되어 있거나 젊은이들이 가족이나 친구가 부모가 되는 모습을 옆에서 미리 지켜볼 기회가 많은 환경)에서는 그런 의식이 덜 강렬할 수도 있고 전혀 다른 것으로 묘사될 수도 있다. 또한 부모 역할에 적응하기 위해 일어나는 신경생물학적 변화가 자신의 아이를 낳기 전에 다른 아이를 돌본 경험이 많은 사람에게는 어떻게 다를 수 있는지에 대해서도 알려져 있지 않았다.

"그런 측면에서 밝혀져야 할 게 많아요." 메이스는 말한다.

장차 부모의 뇌 과학은 우리에게 인간이 유아기와 평생에 걸쳐서 어떻게 사회적 두뇌를 구축하고 조정하는지에 관해 중요하고 매혹적인 사실을 알려줄 것이다. 산후 기분 장애와 불안 장애 치료의 새로운 길을 열어줄 것이다. 분명 흥미로울 것이라고 확신한다. 하지만 나는 초보 부모들을 더 잘 돕기 위해 알아야 할 것을 우리가 이미 알고 있다는 사실을 계속 떠올리게 된다.

산부인과 의사 크리어-페리는 인종이 건강 결과를 좌우하는 위험 요소가 아니라는 사실을 옹호하는 목소리를 내왔다. 예를 들어, 흑인이 아기를 조산할 가능성이 높다는 것은 생물학적으로 전혀 맞는 말이 아니다. 오히려 인종 차별이 위험 요소이다. 신체를 혹사하고 가뜩이나 부족한 지원 체계 문제를 복잡하게 만들기 때문이다. 크리어-페리는 인종 차별이 생물학적으로 해롭다는 사실을 증명하는 연구는 단 하나도 더 필요하지 않다고 말한다. "문제는 우리가 그 피해를 줄이는 데 필요한 일을 할 것인가입니다. 하지만 어느 회의에 가든 '더 많은 과학적 연구가 필요하다'라는 말을 들을 뿐이죠."

부모가 된다는 것이 뇌를 포함해 모든 측면에서 한 사람의 삶을 크게 바꿔놓는 사건이라는 것을 알려줄 더 이상의 연구는 필요하지 않다. 완전히 실패한 미국의 사회 정책과 망가진 의료 서비스가 그 사실을 이미 잘 설명해준다.

문제는 이것이다. 우리는 부모들이 번영하도록 돕기 위해 필요한 일을 할 것인가?

• • •

도널드 위니코트는 1956년에 "일차적 모성 몰두" 이론을 내놓았고 약 반세기 후에 연구자들은 그가 설명한 특정한 경계심의 토대를 이루는 신경 변화를 지도로 만들었다. 그 이론과 일치하는 신경회로가 있다니, "선견지명이 있다"라고 정신과 의사이자 연구자인 제임스 스웨인은 말했다.

1989년에 세라 러딕은 아이의 취약성을 보고 반응하는 것이 엄마가 아이를 돌보는 일의 핵심임을 설명하는 "모성적 사고" 이론을 발표했다.[56] 아이를 보호하고 양육하고 훈련하고 "적절한 신뢰"를 쌓고 아이의 삶이 엄마의 삶과 분리되어 있다는 사실을 의식함으로써 집착과 겸손의 균형을 맞추는 전략을 세우는 것. 이 모든 것을 지원하는 것을 러딕은 "주의를 기울이는 사랑"이라고 불렀다.

"주의는 공감 능력과 비슷하다. 타인의 경험 속에서 나를 알고 발견하듯 타인과 함께 고통스러워하거나 기뻐하는 능력이다."[57] 그녀는 저서 『모성적 사유*Maternal Thinking*』에서 이렇게 썼다. "하지만 일반적으로 이해되는 공감의 개념은 상대방에게서 나를 발견하지 않으면서 상대방을 아는 것의 중요성을 과소평가한다. 엄마는 아이에게서 자신을 보는 것이 아니라 정말로 아이를 보고, 아이를 정확하게 보려고 노력한다."

러딕은 또한 모성적 사유는 여성이나 출산 엄마만 하는 것이 아니라고 했다.[58] 그것은 몸과 마음, 에너지의 "헌신으로 통제되는 활동"이고, 선택이 아니고 사실이다. "아이의 행동에 반응하기 위해 헌신하고, 그 반응 작업을 삶의 중요한 일부로서 받아들이는 사람은 엄마다"라고 그녀는 썼다. 부모는 아이에게 반응하는 데 무수히 많이 실패하고 다시 시도한다. 이를 통해 양육은 "힘들고 불확실하고 지치면서도 종종 신나는 양심에 따르는 일이다."[59]

과정이다.

오늘날 러딕의 책을 다시 읽으며 선견지명을 느낀다. 주의, 동기 부여, 감정 조절, 사회적 인식, 마음 이론(같지만 다른 존재), 이 모든 별이 모여 부모의 뇌라는 별자리가 된다.

러딕의 이론은 내가 이 책을 쓰기 위해 살펴본 무수히 많은 부모의 신경학 학술 논문 중 그 어디에도 언급되거나 인용되지 않는다. 내가 아는 한 다른 페미니스트 학자들(에이드리언 리치Adrienne Rich, 오드리 로드Audre Lorde, 벨 훅스bell hooks 등 다수)의 연구도 마찬가지다. 그들은 1970년대와 1980년대에 그리고 그 후에 돌봄의 관행을 도덕성과 본능의 잘못된 서사를 파헤쳐 현실적으로 살펴보려고 노력했다. 반면 위니코트의 연구는 자주 등장한다. 위니코트가 소아과 의사이자 정신분석가였기 때문이리라. 러딕은 철학자였다. 그리고 엄마였다.

어떻게 하면 기초 과학과 실제 경험의 간극을, 실험 주제와 주체의 간극을, 오랫동안 여성들에게 엄마로서 자신을 바라보는 방법을 제공해온 페미니스트의 사고와 그것을 지지하는 것처럼 보이는 신경생물학의 간극을 메울 수 있을까?

지금 이 페이지에서 메운다. 우리의 삶에서 매일 우리가 우리 자신에게 하는 이야기를 통해 메운다.

아이샤 마투Ayesha Mattu는 출산과 산후가 통과의례처럼 느껴진다고 생각했다. 그 생각을 만든 것은 파키스탄 친척들의 출산 이야기였다. 그곳에서 가족 내 결혼한 여성들이 모여 임산부를 안심시켰다. "정상이야. 우리가 옆에 있어. 지금보다 더 큰 무언가가 되는 거야."

하지만 2010년 아이샤가 샌프란시스코의 병원에서 아들을 출산했을 때의 상황은 그녀의 기대와 매우 다르게 진행되었다. 그녀는 89시간 동안 심한 진통을 겪었고 결국 제왕절개 수술을 받았지만 도중에 마취가 풀렸다. 아이와 함께 집으로 돌아온 그녀는 거의 쉬지 않고 모유를 먹여야 했다. 아기는 먹어도 먹어도 부족한 듯했다. 아침에 출근한 남편이 저녁에 돌아왔을 때도 아이샤는 아침과 똑같은 의자에 앉아 똑같이 모유 수유를 하는 모습이었다. 그녀는 너무 변해버린 자신을 알아보기가 힘들었다. 기대했던 대로 모성애를 느끼려고 애썼다. "내가 외계인처럼 느껴졌어요. 형벌처럼 느껴지는 이 길을 왜 선택했을까 싶었죠."

출산 9주가 지났을 무렵 아이샤는 아이에 대한 사랑이 꽃피어나는 것을 느끼기 시작했다. 그래도 엄마로서의 삶에 더 확실하게 초점이 맞춰지기까지는 시간이 걸렸다. 아이샤는 생후 몇 달 몇 년의 시간 동안 아이에게 극도로 집중했다. 그녀는 남편이(어쩌면 세상이) 어떻게든 그녀가 예전으로 돌아가기를 기다리고 있는 것을 느꼈다. 하지만 그것은 불가능했다. 그녀와 남편은 각자 다른 속도로 부모라는 새로운 역할로 들어가는 길을 찾아야 했다. 그렇게 하자 그녀의 주의가 확장되었다.

그녀는 아이에게 느꼈던 강렬한 사랑이 "모든 엄마가 그들의 아이에 대해 느끼는 감정"임을 깨달았다. "그러자 모든 아이에게 그런 안전과 안정감을 주고 싶다는 마음이 들었어요." 아이샤는 심리치료를 시작했고 인간관계를 회복하려고 노력함으로써 "심리적으로 정말 건강해지고 싶은" 동기를 얻었다. 기후 정의와 인종 정의 문제에 더 의식적으로 관여하게 되었다. 그리고 주변의 다른 아이들에게 "이모" 역할을 해주겠다는 생각도 매우 의식적으로 행동에 옮겼다. 여기에는 친조카들뿐만 아니라 친구와 이웃들도 포함된다.

이슬람교도인 아이샤와 그녀의 남편은 오랫동안 여러 세대로 이루어진 쿠란 스터디 모임의 회원이다. 이들은 팬데믹이 시작된 후 줌으로 더 자주 모이게 되었다. 그들은 모임에서 아기를 낳은 첫 번째 커플이었다. 아이가 한 살 때 아이샤는 모임 회원들과 함께 바닷가 마을로 여행을 떠났다. 날씨와 다른 문제 때문에 거의 새벽 3시가 다 되어 도착했다. 겨우 세 시간 뒤인 아침에 아이가 깨자 친구가 아이샤에게 더 자라고 하며 아이를 데려갔다. "진심으로 사랑받고 이해받는 기분이 들었고 내 아이가 안전하다는 생각에 안심하고 푹 쉴 수 있었죠." 모임 회원들 사이에서 더 많은 아기가 태어났고 아이샤도 그들에게 안정감을 느끼게 해주려고 노력했다. 안전과 이해는 그들에게도 그녀에게도 필요하고 그녀의 아이에게도 필요한 일이기 때문이다.

미국에서는 모성이 매우 편협해지는 경향이 있다. 자기 아이의 성공에만 집중하고 다른 모두를 경쟁 상대로 본다. 하지만 다음 세대에게 연장자이자 양육자가 되어주는 것이야말로 "모성이 우리를 이끌어야 하는 방향"이라고 아이샤는 생각한다.

출산 초기는 감당하기가 쉽지 않은 시간이었다. 아이샤는 출산으로 외상 후 스트레스를 경험했고 신체 회복 과정도 까다로웠다. 그 시간을 제대로 준비하지 못했던 것이 아쉬워서 다른 이들은 잘 준비할 수 있도록 도우려고 노력한다. “아기를 낳은 후 제가 완전히 바뀐 기분이었는데 그걸 설명해줄 수 있는 이야기가 없었어요.” 지금 와서 생각해보면 그녀는 알 것 같다. “문이 확 열린” 것 같은 그 경험은 새로운 시작이었다.

생식심리학자 오렐리 에이선Aurelie Athan은 우리 모두가 시작 지점에 있다고 생각한다. 최근 그녀의 연구는 어머니기matrescence의 개념에 초점을 맞춘다.[60] 이것은 1970년대에 인류학자 다나 래피얼Dana Raphael이 엄마가 되는 변화를 청소년기만큼이나 중요하다고 설명하면서 사용한 단어인데 에이선이 다시 유행시켰다. 엄마와 다른 이들은 부모가 된다는 것이 메타노이아*라는 사실을 점점 더 인식하고 있다고 에이선은 말한다. 마음의 변화일 뿐만 아니라 뇌의 변화라는 것이다.

부모가 되는 것이 깨달음의 길을 제공하는 것은 아니다. 깨달음은 많은 곳에서 올 수 있고 부모가 되는 경험도 그중 하나일 뿐이다.[61] 생각해보면 당연한 일처럼 느껴진다. 부모됨은 신체적, 정서적으로 매우 강렬한 경험이다. 발달이 가속화되고 타인에 대한 공감과 의존을 지향하는 친사회적 행동이 유발된다.[62] 하지만 “정작 그 변화에 관한 이야기는 부모로의 변화라는 주제에서 빠져 있습니다. 너무 흔하게 볼 수 있기 때문이죠. 거의 모든 부모가 그러니까요.” 에이선의 말이다.

에이선은 부모가 되는 것을 변화로 인식하고 받아들이는 사람

---

* metanoia. 전환, 변화를 뜻하는 고대 그리스어.

들이 많을수록 "의식으로의 더 큰 변화" 가능성도 커진다고 말한다. 사람들에게 해를 끼치는 시스템을 교체하고 생명을 지지하는 사회 구조, 그리고 협업과 상호 지원을 우선시하는 기술을 선호하는 분위기가 마련되어야 한다.

나는 이런 주장에 회의적인 편이지만, 부모됨은 정말로 우리가 생각하는 방식과 관계 맺는 방식을 바꾼다. 내가 생각하기에 에이선은 갑작스러운 정치적 각성을 제안하는 것이 아니다. 그보다는 인간 사회의 틀에서 더 느리고 강력한 변화가 일어나 돌봄이 주변부에서 일어나는 일이 아니라 사회의 목표가 될 수 있어야 한다는 것이다. 그 목표는 인간 사회성의 생물학적 본질, 그걸 구축하는 과정을 지원하는 방법, 변화하는 부모의 뇌가 사회 전반에 걸쳐서 유대감을 형성하는 기본적인 역할에 대한 이해를 통해서만 달성할 수 있다.

우리는 앙투아네트 브라운 블랙웰이 여성들에게 그들 삶의 중심에 자리하는 긴급한 질문들의 답을 찾는 도구로써 과학을 받아들이라고 촉구한 이후로 많은 것을 배웠다. 모성은 성녀를 본뜬 모습으로 이미 만들어져 있는 어떤 모드 같은 게 아니다. 그것은 다른 것들처럼 발달 단계이고 주요 신경 재구성과 새로운 기술의 느린 습득을 필요로 한다. 주의력에 더해, 다른 사람의 욕구를 이해하고 충족시키기 위해 자신을 확장하는 능력에서 탄생한 이 적응 상태는 임신과 출산을 직접 겪는 엄마뿐만 아니라 모든 인간이 성장을 통해 닿을 수 있다. 이것은 인류의 역사를 통해 사실이었고 오늘날에도 여전히 사실이다.

요즘 에이선은 청소년과 젊은이들에게 생식 정체성 발달을 가르치는 보건 교육자들을 지도하면서 많은 시간을 보낸다.[63] 그녀는 그 교육이 "난자와 정자가 있으니까 콘돔을 사용해라" 같은 내용이 아니라고 말한다. 그녀는 보건 교육자들에게 피임 이야기를 꺼내기 전에 학생들에게 이렇게 묻기를 조언한다. 여러분의 가족은 어떤 가족입니까? 여러분은 어떤 가족을 원합니까? 여러분은 아이를 원합니까, 그렇다면 그것은 어떤 모습일까요? 어떤 식으로 아이를 갖고 싶은가요? 그녀의 목표는 젊은이들에게 부모가 된다는 것이 그들의 미래를 위한 중대한 사건이라고 의식적으로 프레이밍 하는 것이다.

"여러분은 과연 어떤 식으로 부모가 되고 싶은가요?" 에이선은 묻는다.

• • •

몇 년 전 어느 가을 오후, 나는 포틀랜드 미술관의 지하 1층에서 하틀리를 따라다니면서 아이의 관심을 끌만 한 게 있는지 찾고 있었다. 남편은 미술관 내 극장에서 어린이 뮤지컬을 보고 있었다. 우리 막내는 남편 무릎에 앉아 배우들을 보면서 까르르 웃고 온몸을 흔들었다. 첫째 하틀리는 뮤지컬을 얌전히 앉아서 보기 힘들어해서 내가 화장실과 카페에 데려갔다. 우리는 공사 중인 체험형 전시회 밖에 게시된 표지판을 읽고 또 읽었고 로비에 있는 의자란 의자에는 죄다 앉아보고 엘리베이터도 탔다. 바로 거기에서 요게벳을 만났다.

1873년경에 만들어진 모세 어머니의 대리석 조각상이 길게 늘어선 엘리베이터 옆의 벽감에 들어가 있었다. 요게벳은 한 팔로 어린 아들을 안고 있다. 아기는 자신의 운명도 모른 채 옷으로 가려진 엄마의 젖가슴을 향해 손을 뻗는다. 요게벳은 다른 손으로 의자 가장자리를 잡고 상체는 아기 쪽으로 기울였다. 시선은 아기를 향하지 않고 저 앞의 세상 또는 앞쪽 공간을 향한다.

그녀의 표정뿐만 아니라 전체적인 몸짓은 성경에서 흔히 표현되는 평온하고 단호하며 헌신적인 엄마의 모습과 사뭇 다르다. 그녀에게는 거의 마비된 것처럼 보일 정도로 강렬한 감정이 엿보였다. 결단력, 의심, 불굴의 의지…. 그녀가 넓어진 의식으로 아름다움과 위험으로 가득한 세상을 새롭게 바라보고 있을 때조차 절박한 욕구를 가진 아기가 엄마를 잡아당긴다. 서로 반대 방향으로 당겨지는 실 가닥처럼 그 긴장감은 보는 이마저 지치게 한다.

그때 나는 성경의 출애굽기에서 넌지시 언급되는 요게벳의 이야기를 알지 못했다. 그 아기가 모든 히브리인 사내 아기를 강에 던져 죽이라는 이집트 왕의 명령이 있었을 때 태어난 모세라는 것도 몰랐다. 이 조각품은 미국 남북전쟁의 영웅들과 정치인들을 다룬 것으로 유명한 19세기의 예술가 프랭클린 B. 시몬스Franklin B. Simmons의 작품이다. 그가 만든 율리시스 S. 그랜트의 동상은 박물관 메인 층의 원형 홀 중앙에 한 손에 검을 들고 서 있다. 메인주에서 태어났지만 생애 대부분을 로마에서 보내며 일한 시몬스는 종교적 이상을 표현하는 작품도 만들었다. 이를테면 어머니의 희생 같은 것이다.

시몬스의 요게벳은 이제 생후 3개월이 되어 더이상 존재를 숨길 수 없는 아기의 목숨을 구할 계획을 세우고 있는 건지도 모른다. 아니면 요게벳이 최후의 수단으로 아기의 목숨을 구하기 위해 (성공하리라는 보장은 없지만) 파피루스 바구니에 넣어 나일강에 떠내려 보내기 직전이라고 생각하면서 만들었을 수도 있다. 아마도 갈색의 피부를 가졌을 여성을 하얀 돌로 표현한 그 조각상은 내면의 혼란과 침착한 겉모습을 대조적으로 표현함으로써 극찬을 받았다.[64] 20세기 초 한 미술 비평가의 표현처럼 "모성의 신비한 아름다움과 이상"을 담아냄으로써 요게벳의 "아름다운 연약함과 사랑스러움"까지 표현한 것이다.[65]

육아와 뇌에 대해 더 많이 알게 되면서 계속 요게벳을 떠올리는 나를 발견했다. 이전의 임신들과 아들이 거의 틀림없이 목숨을 부지하지 못할 것이라는 사실을 알면서도 출산해야만 하는 억압적인 현실이 그녀의 뇌에 어떤 영향을 끼쳤을지 궁금했다. 그 경험의 트라우마가 그녀에게 어떤 영향을 주었을까? 임신과 부모됨의 생리학(주의 깊은 사랑, 타인의 마음을 아는 능력)이 그녀가 상황에 대처하고 기어이 행동하고 주변의 세상을 읽고 방법을 찾으려고 애쓰게 했을까? 나는 그녀에게서 연약함이나 경건함은 느끼지 못했다. 하지만 이전에 얼어붙은 것처럼 보였던 그녀의 모습이 이제는 다르게 보인다. 이제 그녀에게서 뿜어져 나오는 것은 힘이다.

엄마의 힘. 한껏 치켜세워 모두가 보도록 받침대 위에 올려놓자.

감사의 말

이런 책을 쓰기 위해서는 먼저 상상력을 발휘해야 하는 것 같다. "그런 책이 나온다면 읽을 것 같아"라고 말해준 실리아 존슨Celia Johnson을 포함해서 내가 이 책을 상상하고 실제로 쓸 수 있도록 도와준 많은 분께 감사를 전합니다. 스튜어트 크리체프스키 문학 에이전시Stuart Krichevsky Literary Agency의 멜리사 다나츠코Melissa Danaczko는 이 책의 가능성을 알아봐주고 끝까지 손을 잡아주었습니다. 그녀의 지도와 우정에 감사합니다. 제 머리와 컴퓨터 화면에 있던 생각들을 세상 밖으로 끌어내준 세레나 존스Serena Jones, 아니타 셰이Anita Sheih 그리고 몰리 블룸Molly Bloom, 플로라 에스터리Flora Esterly, 제인 헉스비Jane Haxby, 줄리안나 리Julianna Lee, 데번 메조네Devon Mazzone, 캐트린 실버색Catryn Silbersack, 켈리 투Kelly Too 등 헨리 홀트의 모든 사람들에게 감사드립니다.

알프레드 P. 슬론 재단Alfred P. Sloan Foundation의 과학, 기술 &

경제에 대한 대중의 이해 프로그램의 아낌없는 지원과 레지던시 휴노크스를 현실화한 패멀라 몰튼Pamela Moulton을 비롯한 관계자들이 만든 공간과 그들의 귀중한 시간, 그리고 팬데믹 기간 내내 우리 모두를 계속 책과 함께 머물게 해주려는 사우스포틀랜드 공립 도서관South Portland Public Library의 비상한 노력이 없었더라면 이 책은 불가능했을 것입니다. 이 책의 집필 과정에서 과학 자문 위원 역할을 맡아준 아드리아나 갈반Adriana Galván과 꼼꼼히 사실 정보를 확인해준 로라 톰슨Laura Thompson에게 감사합니다. 여러분 덕분에 모든 페이지가 더 나아질 수 있었습니다. 구술 내용을 글로 옮겨준 좋은 이웃 메리 로빈스Mary Robbins, 빠른 번역으로 많은 도움을 준 폴라 드필리포Paula DeFilippo, 미술사 지식을 나눠준 댄 카니Dan Kany에게도 고마워요. 자신감을 되찾게 해준 폴라 리조Paula Rizzo에게도 감사를 전합니다.

인터뷰에 응해서 자신의 이야기를 들려주고 과학에 생명을 불어 넣어준 모든 엄마, 아빠들, 과학에 대한 이해를 도와준 연구자들에게도 감사합니다. 이 책을 위해 통찰과 시간을 나눠준 앨리슨 플레밍과 조디 폴루스키, 이 분야의 개척자이자 초기에 격려와 조언을 아끼지 않은 세라 블래퍼 허디에게 특별한 감사를 드립니다. 그녀는 같은 엄마들에게 의지하라고 저에게 말했지요. 기준을 세워준 마사 볼드윈Martha Baldwin과 이선 소머맨Ethan Somerman, 긴장감으로 가득한 시기를 지나도록 도와준 코라 부스비-아킬로Cora Boothby-Akilo에게 감사합니다. 가장 필요할 때 명료한 관점을 나눠준 수산나 뒤부아Susanna Dubois와 제스 타운센드Jess Townsend에게 감사드립니다.

이 책은 고대의 와바나키 연맹Wabanaki Confederacy이 자리 잡은 곳의 책상에서 쓰였습니다. 이 연맹에 속한 페노브스콧족Penobscot과 페스코토무카티족Passamaquoddy은 어린이를 가족과 분리해서 기숙 학교로 보냈던 과거의 유산과 여전히 씨름하고 있습니다. 이 사실은 이 책의 맥락에서 매우 중요합니다. 부모의 뇌와 관련한 새로운 과학은 핵가족의 도덕적 확실성을 포함하여 백인 정착민들이 옳다고 믿고 원주민을 박멸하거나 동화시키기 위해 사용한 많은 이상이 거짓이었고 파괴적이었다는 사실을 보여주고 있기 때문입니다. 이곳과 북미 전역의 원주민들은 그들과 그들의 조상들에게 가해진 피해를 인정받아야 하고, 오늘날의 새로운 가족과 공동체에 영향을 미칠 정책 결정에서 더 큰 목소리를 낼 자격이 있습니다.

이 책은 저의 첫 번째 책인 만큼 제가 여기까지 올 수 있도록 도와주고 지지해준 편집자들과 멘토들에게 감사하고 싶습니다. 직접적으로 도와주신 분들도 계시지만 내 머릿속에 계속 맴도는 목소리가 되어 도와주신 분들도 계시지요. 특히 메러디스 홀Meredith Hall, 제인 해리건Jane Harrigan, 한스 슐츠Hans Schulz, 래리 타이Larry Tye에게 감사합니다. 그리고 저를 격려해주고 이 주제에 대해 처음 글을 쓸 수 있는 공간을 허락해준 베로니카 차오Veronica Chao에게 감사드립니다.

책을 쓰는 과정에서도 육아에서 길을 잃지 않도록 도와준 친구들, 마리Marie와 데이비드 본파스David Boneparth, 알리 그라포네Alli Grappone, 리즈 실리가Liz Szeliga, 애니 모스코프Annie Moskov, 로리 더프Lori Duff, 안나 스토싱어Anna Stoessinger, 세실리아 드 조르지Cecilia

De Giorgi, 홀리 타바노Holly Tavano, 애슐리 키저Ashley Keiser, 리즈 야링턴Liz Yarrington, 안나 베르케Anna Berke, 로런 타란티노Lauren Tarantino, 미라 프타신Mira Ptacin, 에린 마스터슨Erin Masterson, 그리고 조디 페리Jodi Ferry, 이루 말로 다할 수 없이 고맙습니다.

격려해주신 시부모님께 감사합니다. 부모님과 형제자매들, 그들의 가족들에게도 항상 감사합니다. 사랑해요. 특히 마리와 나의 언니 크리스틴 에드워즈Kristin Edwards, 식사를 챙겨주고 아이들을 봐주고 절실하게 필요한 응원을 해주고 원고를 한 글자도 빼지 않고 읽어주어서 고맙습니다.

그리고 나의 남편 윤, 당신은 우리 두 아들을 함께 키우는 데 최고의 파트너야. 당신이 이렇게 멋진 아빠로 성장한 것이 자랑스럽고 우리가 함께 계속 성장할 수 있어서 기쁘고 감사해. 당신의 인내심과 사랑이 없었다면 이 책은 불가능했을 거야.

저는 원고의 막바지 작업을 위해 금요일마다 온 가족이 영화 보는 시간을 함께하지 못하고 사무실에 나가야 했습니다. 첫째 하틀리는 저에게 키보드에서 H와 A를 누를 때마다 자신과 동생 애슐리를 생각해달라고 부탁했지요. H와 A를 누를 때마다 나의 뇌와 심장을 영원히 바꿔놓은 두 아이를 생각합니다.

다른 모든 알파벳을 누를 때도요.

시작하며

1 Sara Ruddick, *Maternal Thinking: Toward a Politics of Peace* (Boston: Beacon Press, 1995), 42. Here she is describing maternal authority versus fatherhood.

2 Alexis Pauline Gumbs, China Martens, and Mai'a Williams, eds., *Revolutionary Mothering: Love on the Front Lines*, illustrated ed. (Oakland, CA: PM Press, 2016), 9.

1장 스위치가 켜진다고?

1 "It comes naturally," the mother swan in E. B. White's classic *The Trumpet of the Swan* tells her mate as she starts the labor of nest building. "There's a lot of work to it, but on the whole it is pleasant work."

2 T. Berry Brazelton, *Infants and Mothers: Differences in Development*, rev. ed. (New York: Dell, 1983), 44.

3 Jodi L. Pawluski, Kelly G. Lambert, and Craig H. Kinsley, "Neuroplasticity in the Maternal Hippocampus: Relation to Cognition and Effects of Repeated Stress," in "Parental Care," ed. Alison S. Fleming, Frederic Lévy, and Joe S. Lonstein, special issue, *Hormones and Behavior* 77 (January 2016): 86–97, https://doi.org/10.1016/j.yhbeh.2015.06.004.

4 Michael W. O'Hara and Katherine L. Wisner, "Perinatal Mental Illness: Definition, Description and Aetiology," in "Perinatal Mental Health: Guidance for the Obstetrician-Gynecologist," ed. Michael W. O'Hara, Katherine L. Wisner, and Gerald F. Joseph Jr., special issue, *Best Practice & Research Clinical Obstetrics & Gynaecology* 28, no. 1 (January 2014): 3–12, https://doi.org/10.1016/j.bpobgyn.2013.09.002.

5 Mariana Pereira and Annabel Ferreira, "Neuroanatomical and Neurochemical Basis of Parenting: Dynamic Coordination of Motivational, Affective and Cognitive Processes," in "Parental Care," ed. Alison S. Fleming, Frederic Lévy, and Joe S. Lonstein, special issue, *Hormones and Behavior* 77 (January 2016): 72–85, https://doi.org/10.1016/j.yhbeh.2015.08.005; and Pilyoung Kim, "Human Maternal Brain Plasticity: Adaptation to Parenting," in "Maternal Brain Plasticity: Preclinical and Human Research and Implications for Intervention," special issue, *New Directions for Child and Adolescent Development* 2016, no. 153 (Fall 2016): 47–58, https://doi.org/10.1002/cad.20168.

6 Elseline Hoekzema, Erika Barba-Müller, Cristina Pozzobon, Marisol Picado, Florencio Lucco, David García-García, Juan Carlos Soliva, et al., "Pregnancy Leads to Long-Lasting Changes in Human Brain Structure," *Nature Neuroscience* 20, no. 2 (2017): 287–96, https://doi.org/10.1038/nn.4458; Elseline Hoekzema, Christian K. Tamnes, Puck Berns, Erika Barba-Müller, Cristina Pozzobon, Marisol Picado, Florencio Lucco, et al., "Becoming a Mother Entails Anatomical Changes in the Ventral Striatum of the Human Brain That Facilitate Its Responsiveness to Offspring Cues," *Psychoneuroendocrinology* 112 (February 2020): 104507, https://doi.org/10.1016/j.psyneuen.2019.104507; and Pilyoung Kim, Alexander J. Dufford, and Rebekah C. Tribble, "Cortical Thickness Variation of the Maternal Brain in the First 6 Months Postpartum: Associations with Parental Self-Efficacy," *Brain Structure & Function* 223, no. 7 (September 2018): 3267–77, https://doi.org/10.1007/s00429-018-1688-z.

7 Alexander J. Dufford, Andrew Erhart, and Pilyoung Kim, "Maternal Brain Resting-State Connectivity in the Postpartum Period," in "Papers from the Parental Brain 2018 Meeting, Toronto, Canada, July 2018," special issue, *Journal of Neuroendocrinology* 31, no. 9(September 2019): e12737, https://doi.org/10.1111/jne.12737.

8 Edwina R. Orchard, Phillip G. D. Ward, Sidhant Chopra, Elsdon Storey, Gary F. Egan, and Sharna D. Jamadar, "Neuroprotective Effects of Motherhood on Brain Function in Late Life: A Resting-State fMRI Study," *Cerebral Cortex* 31, no. 2 (February 2021): 1270–83, https://doi.org/10.1093/cercor/bhaa293.

9 Edwina R. Orchard, Phillip G. D. Ward, Francesco Sforazzini, Elsdon Storey, Gary F. Egan, and Sharna D. Jamadar, "Relationship between Parenthood and Cortical Thickness in Late Adulthood," *PLoS ONE* 15, no. 7 (July 28, 2020): e0236031, https://doi.org/10.1371/journal.pone.0236031.

10 Shir Atzil, Talma Hendler, Orna Zagoory-Sharon, Yonatan Winetraub, and Ruth Feldman, "Synchrony and Specificity in the Maternal and the Paternal Brain: Relations to Oxytocin and Vasopressin," *Journal of the American Academy of Child and Adolescent Psychiatry* 51, no. 8 (August 2012): 798–811, https://doi.org/10.1016/j.jaac.2012.06.008; and Shir Atzil, Talma Hendler, and Ruth Feldman, "The Brain Basis of Social Synchrony," *Social Cognitive and Affective Neuroscience* 9, no. 8 (August 2014): 1193–202, https://doi.org/10.1093/scan/nst105.

11 Helena J. V. Rutherford, Norah S. Wallace, Heidemarie K. Laurent, and Linda C. Mayes, "Emotion Regulation in Parenthood," *Developmental Review* 36 (June 2015): 1–14, https://doi.org/10.1016/j.dr.2014.12.008.

12 Pereira and Ferreira, "Neuroanatomical and Neurochemical Basis of Parenting," https://doi.org/10.1016/j.yhbeh.2015.08.005.

13 Orchard et al., "Neuroprotective Effects of Motherhood," https://doi.org/10.1093/cercor/bhaa293.

14 J. S. Rosenblatt, "Psychobiology of Maternal Behavior: Contribution to the

Clinical Understanding of Maternal Behavior among Humans," supplement, *Acta Paediatrica* 83, no. s397 (June 1994): 3–8, https://doi.org/10.1111/j.1651-2227.1994.tb13259.x.

15 "Jay S. Rosenblatt—Obituary," Legacy, originally published in *New York Times*, February 19, 2014, https://www.legacy.com/amp/obituaries/nytimes/169759170.

16 Frank A. Beach Jr., "The Neural Basis of Innate Behavior. I. Effects of Cortical Lesions upon the Maternal Behavior Pattern in the Rat," *Journal of Comparative Psychology* 24, no. 3 (1937): 393–440, https://doi.org/10.1037/h0059606.

17 J. P. Scott and Mary-'Vesta Marston, "Critical Periods Affecting the Development of Normal and Mal-Adjustive Social Behavior of Puppies," *Pedagogical Seminary and Journal of Genetic Psychology* 77, no. 1 (1950): 25–60, https://doi.org/10.1080/08856559.1950.10533536.

18 Marga Vicedo, *The Nature and Nurture of Love: From Imprinting to Attachment in Cold War America*, illustrated ed. (Chicago: University of Chicago Press, 2013), 58; Konrad Z. Lorenz, "The Companion in the Bird's World," *Auk* 54, no. 3 (July 1937): 245–73, https://doi.org/10.2307/4078077; and Konrad Lorenz, *Studies in Animal and Human Behaviour*, trans. Robert Martin (Cambridge, MA: Harvard University Press, 1970), 1:244, http://archive.org/details/studiesinanimalh01lore. Lorenz was not the first to use this metaphor. By the time he wrote the article above, it had become somewhat cliché among people who studied instinct and motivation. William James used the same metaphor in his *Principles of Psychology* in 1890.

19 "3 Behavioral Science Pioneers Win Nobel Prize for Medicine," *New York Times*, October 12, 1973, https://www.nytimes.com/1973/10/12/archives/3-behavioral-science-pioneers-win-nobel-prize-for-medicine-3.html.

20 Walter Sullivan, "Questions Raised on Lorenz's Prize," *New York Times*, December 15, 1973, https://www.nytimes.com/1973/12/15/archives/questions-raised-on-lorenzs-prize-scientific-journal-here-cites.html.

21 Vicedo, *Nature and Nurture of Love*, 58–62.

22 "An Adopted Mother Goose: Filling a Parent's Role, a Scientist Studies Goslings' Behavior," *Life*, August 22, 1955, 73.

23 Vicedo, *Nature and Nurture of Love*, 60–64.

24 It's worthwhile to look at the quote noted by Vicedo in a fuller context, to see how squarely Lorenz sets societal ills on parents' shoulders: "There is no doubt that through the decay of genetically anchored social behavior we are threatened by the apocalypse in a particularly horrible form. However, even this danger is easier to avert than others... To prevent the genetic decline and fall of mankind, all we need do is follow the advice implied in the old Jewish story I quoted earlier. When you look for a wife or husband, do not forget the simple and obvious requirement: she must be *good*, and he no less." Konrad Lorenz, *Civilized Man's Eight Deadly Sins* (New York: Harcourt Brace Jovanovich, 1974).

25 New York TimesVicedo, *Nature and Nurture of Love*, 216–19; Paul Hofmann, "Nobel Laureate Watches Fish for Clues to Human Violence," *New York Times*, May 8, 1977, https://www.nytimes.com/1977/05/08/archives/nobel-laureate-watches-fish-for-clues-to-human-violence.html.

26 T. C. Schneirla, "Behavioral Development and Comparative Psychology," *Quarterly Review of Biology* 41, no. 3 (September 1966): 283–302, https://doi.org/10.1086/405056.

27 Jay S. Rosenblatt, Gerald Turkewitz, and T. C. Schneirla, "Development of Suckling and Related Behavior in Neonate Kittens," in *Roots of Behavior: Genetics, Instinct, and Socialization in Animal Behavior*, ed. Eugene L. Bliss (New York: Hafner, 1968), 198 – 210, http://archive.org/details/rootsofbehaviorg0000blis.

28 Daniel S. Lehrman, "A Critique of Konrad Lorenz's Theory of Instinctive Behavior," *Quarterly Review of Biology* 28, no. 4(December 1953): 337 – 63, https://doi.org/10.1086/399858.

29 Rats mother indiscriminately, meaning they will care for pups that aren't their own.

30 Jay S. Rosenblatt and Daniel S. Lehrman, "Maternal Behavior of the Laboratory Rat," in *Maternal Behavior in Mammals*, ed. Harriet Lange Rheingold (New York: Wiley, 1963), 8 – 57. In her introduction to *Maternal Behavior in Mammals*, editor Harriet L. Rheingold writes about the care taken in choosing the book's title, and why she considers the word "maternal" as applicable to mammal mothers and any other members of the species who do the work of caregiving. I also appreciate the distinction made here between maternal behavior and loving care, a subtle recognition that mothers can *and do* act in their own self-interest, and that this is part of maternal behavior, too: "Although in mammals it is the biologic mother that is most attentive to the young, 'maternal' has been used in the title of this book in its generic sense and is not meant to exclude any other member of the species which has commerce with the young. Parental care . . . was considered as an alternative. But among mammals care is given the young not only by the mother and father but often by other members of the group, males as well as females, juveniles as well as adults. Then, under the conditions of many of the studies reported here, all but the mother and her offspring were excluded. Maternal care, a term so common that it has crept into this introduction, was rejected for the title because of its implications of solicitude for the needs of the offspring and its anthropomorphic overtones. Furthermore, it causes one to stumble over those activities of the caretaker which separate the young from her, her withdrawing from them and inflicting pain on them. Maternal behavior was chosen, then, to mean the behavior of the mother and her surrogates in the presence of the young."

31 J. S. Rosenblatt, "Nonhormonal Basis of Maternal Behavior in the Rat," *Science* 156, no. 3781 (June 16, 1967): 1512 – 14, https:// doi.org/10.1126/science.156.3781.1512.

32 Jay S. Rosenblatt, "Views on the Onset and Maintenance of Maternal Behavior in the Rat," in *Development and Evolution of Behavior: Essays in Memory of T. C. Schneirla*, ed. Lester R. Aronson, Ethel Tobach, Daniel S. Lehrman, and Jay S. Rosenblatt (San Francisco: W. H. Freeman, 1970), 496, http://archive.org/details/developmentevolu00aron.

33 Rosenblatt, "Views on the Onset and Maintenance of Maternal Behavior in the Rat," 498. I like to think that Rosenblatt and future Supreme Court Justice Ruth Bader Ginsburg were friendly acquaintances. She taught at Rutgers at the same time Rosenblatt was there, publishing his landmark work on parental behavior in rats. I imagine that they discussed their theories of how "old notions" of gender influenced science and the law. I have found no evidence for their friendship, but it seems likely they shared similar circles. Rosenblatt worked closely with Lehrman, and Lehrman's wife, Dorothy Dinnerstein, was a psychologist and feminist scholar. Dinnerstein wrote *The Mermaid and the Minotaur*, an expansive work about the social and

psychological consequences of female-dominated child-rearing. In 1971, the same year that Ginsburg established the ACLU Women's Rights Project, Dinnerstein and a colleague filed a federal complaint against Rutgers University alleging unequal treatment for female faculty.
34 Lisa Feldman Barrett, *Seven and a Half Lessons about the Brain* (Boston: Houghton Mifflin Harcourt, 2020), 19 – 22.
35 Alison S. Fleming, Michael Numan, and Robert S. Bridges, "Father of Mothering: Jay S. Rosenblatt," *Hormones and Behavior* 55, no. 4 (April 2009): 484 – 87, https://doi.org/10.1016/j.yhbeh.2009.01.001.
36 Joseph S. Lonstein, Frédéric Lévy, and Alison S. Fleming, "Common and Divergent Psychobiological Mechanisms Underlying Maternal Behaviors in Non-Human and Human Mammals," *Hormones and Behavior* 73 (July 2015): 156 – 85, https://doi.org/10.1016/j.yhbeh.2015.06.011.
37 Eyal Abraham and Ruth Feldman, "The Neurobiology of Human Allomaternal Care: Implications for Fathering, Coparenting, and Children's Social Development," in "Evolutionary Perspectives on Non-Maternal Care in Mammals: Physiology, Behavior, and Developmental Effects," ed. Stacy Rosenbaum and Lee T. Gettler, special issue, *Physiology & Behavior* 193, part A (September 1, 2018): 25 – 34, https://doi.org/10.1016/j.physbeh.2017.12.034.
38 Kirsten Swinth, *Feminism's Forgotten Fight: The Unfinished Struggle for Work and Family*(Cambridge, MA: Harvard University Press, 2018), 42 – 69.
39 Lonstein, Lévy, and Fleming, "Common and Divergent Psychobiological Mechanisms Underlying Maternal Behaviors," https://doi.org/10.1016/j.yhbeh.2015.06.011.
40 Pawluski, Lambert, and Kinsley, "Neuroplasticity in the Maternal Hippocampus," https://doi.org/10.1016/j.yhbeh.2015.06.004.
41 "The Teen Brain: 7 Things to Know," National Institute of Mental Health, revised 2020, https://www.nimh.nih.gov/health/publications/the-teen-brain-7-things-to-know/index.shtml.
42 Frances Jensen, a neuroscientist who, with Amy Ellis Nutt, wrote *The Teenage Brain: A Neuroscientist's Survival Guide to Raising Adolescents and Young Adults* (New York: Harper, 2015), frequently speaks to high school students about their own neurobiology. "Teenagers are looking to understand themselves," she told *Time* magazine. "I think talking about this gives them more insight." Alexandra Sifferlin, "Why Teenage Brains Are So Hard to Understand," *Time*, September 8, 2017, https:// time.com/4929170/inside-teen-teenage-brain/.
43 Chelsea Conaboy, "Motherhood Brings the Most Dramatic Brain Changes of a Woman's Life," *Globe Magazine, Boston Globe*, July 17, 2018, https://www.bostonglobe.com/magazine/2018/07/17/pregnant-women-care-ignores-one-most-profound-changes-new-mom-faces/CF5wyP0b5EGCcZ8fzLUWbP/story.html.

2장 엄마 본능 만들기

1 "Darwin's Women," Darwin Correspondence Project, University of Cambridge, YouTube video, 19:45, posted September 8, 2013, by Cambridge University, https://www.youtube.com/watch?v=9qZxa3WjZQg&t=595s.
2 Charles Darwin, *The Descent of Man, and Selection in Relation to Sex* (repr., London: Penguin Classics, 2004), 128.
3 Carol Meyers, *Rediscovering Eve: Ancient Israelite Women in Context* (Oxford

and New York: Oxford University Press, 2012), 63–65. Much of our modern understanding of the story of Eve, including that she was a temptress who deceived Adam and that her actions brought the "fall" of man, is not actually in Genesis, but came from later interpretive texts. Such misreadings have "achieved a canonicity of their own," with profound consequences, Meyers wrote.

4 Laurel Thatcher Ulrich, *Good Wives: Image and Reality in the Lives of Women in Northern New England, 1650–1750*, reissue edition (New York: Vintage, 1991), 239; and Meyers, *Rediscovering Eve*, 121–25.

5 Ulrich, *Good Wives*, reissue ed., 157.

6 Ulrich, *Good Wives*, reissue ed., 238–40.

7 Kim Anderson, "Giving Life to the People: An Indigenous Ideology of Motherhood," in *Maternal Theory: Essential Readings*, ed. Andrea O'Reilly (Bradford, Canada: Demeter Press, 2007), 761–81.

8 Margaret D. Jacobs, "Maternal Colonialism: White Women and Indigenous Child Removal in the American West and Australia, 1880–1940," *Western Historical Quarterly* 36, no. 4 (Winter 2005): 453–76, https://doi.org/10.2307/25443236.

9 Amanda Coletta and Michael E. Miller, "Hundreds of Graves Found at Former Residential School for Indigenous Children in Canada," *Washington Post*, June 24, 2021, https://www.washingtonpost.com/world/2021/06/23/canada-cowessess-residential-school-graves/; and Brad Brooks, "Native Americans Decry Unmarked Graves, Untold History of Boarding Schools," Reuters, June 22, 2021, https://www.reuters.com/world/us/native-americans-decry-unmarked-graves-untold-history-boarding-schools-2021-06-22/.

10 Marie Jenkins Schwartz, *Birthing a Slave: Motherhood and Medicine in the Antebellum South* (Cambridge, MA: Harvard University Press, 2006), 13–31; and Angela Y. Davis, *Women, Race & Class*(New York: Random House, 1981), 15.

11 Meyers, *Rediscovering Eve*, 52, 121; Elinor Accampo, *Blessed Motherhood, Bitter Fruit: Nelly Roussel and the Politics of Female Pain in Third Republic France* (Baltimore: Johns Hopkins University Press, 2006), 3; and Shari L. Thurer, *The Myths of Motherhood: How Culture Reinvents the Good Mother* (Boston: Houghton Mifflin Harcourt, 1994), 183.

12 Thurer, *Myths of Motherhood*, 184.

13 Stephanie Coontz, *The Way We Never Were: American Families and the Nostalgia Trap* (New York: Basic Books, 1992), 52–53.

14 Thurer, *Myths of Motherhood*, 195–98; and Kimberly A. Hamlin, *From Eve to Evolution: Darwin, Science, and Women's Rights in Gilded Age America*, reprint ed. (Chicago: University of Chicago Press, 2015), 6–7.

15 Accampo, *Blessed Motherhood, Bitter Fruit*, 3.

16 Edward Higgs and Amanda Wilkinson, "Women, Occupations and Work in the Victorian Censuses Revisited," *History Workshop Journal* 81, no. 1 (April 2016): 17–38, https://doi.org/10.1093/hwj/dbw001.

17 Claudia Goldin, "Female Labor Force Participation: The Origin of Black and White Differences, 1870 and 1880," *Journal of Economic History* 37, no. 1 (1977): 87–108.

18 Coventry Patmore, *The Angel in the House* (London: Cassell and Co, 1887).

19 Coontz, *Way We Never Were*, 11–12.

20 Amy Westervelt, *Forget "Having It All": How America Messed Up Motherhood—and How to Fix It* (New York: Seal Press, 2018), 66.

21 Westervelt, *Forget "Having It All,"* 66–69; and Heidi Hartmann, "The Unhappy Marriage of Marxism and Feminism: Towards a More Progressive Union," in *Marx Today: Selected Works and Recent Debates*, ed. John F. Sitton (New York: Palgrave Macmillan, 2010), 201–28, https://doi.org/10.1057/9780230117457_14.
22 Eileen Janes Yeo, "The Creation of 'Motherhood' and Women's Responses in Britain and France, 1750–1914," *Women's History Review* 8, no. 2 (1999): 201–18, https://doi.org/10.1080/09612029900200202; and Linda Kerber, "The Republican Mother: Women and the Enlightenment—An American Perspective," in "An American Enlightenment," special issue, *American Quarterly* 28, no. 2 (Summer 1976): 187, https://doi.org/10.2307/2712349.
23 As quoted in Yeo, "The Creation of 'Motherhood,'" https://doi.org/10.1080/09612029900200202.
24 Kerber, "Republican Mother," https://doi.org/10.2307/2712349.
25 Sarah Menkedick wrote in *Ordinary Insanity* that the White maternalism that was especially strong in the United States had a long-lasting effect: "This laid the groundwork for the all-or-nothing dilemma that would plague so many mothers at the end of the twentieth century and into the twenty-first: women could either accept full-time motherhood, the whole maternalist ball of fuzzy moral goodness, or reject it, establish careers, and make their way in a white man's world where motherhood had no real value." Sarah Menkedick, *Ordinary Insanity: Fear and the Silent Crisis of Motherhood in America* (New York: Pantheon, 2020), 259.
26 Hamlin, *From Eve to Evolution*, 35–42. Hamlin's book provides a fascinating history of the rift between groups of suffragists who read Darwin's work in a literal way and wanted to upend gender norms of the day, and those who embraced social Darwinism as evidence that progress toward women's rights was inevitable as part of God's plan *and* biological destiny.
27 Darwin, *Descent of Man*, 629.
28 Sarah Blaffer Hrdy, *Mother Nature: A History of Mothers, Infants, and Natural Selection* (New York: Pantheon, 1999), 15.
29 Herbert Spencer, "Psychology of the Sexes," *Popular Science Monthly*, November 1873, 30–38, http://archive.org/details/popularsciencemo04dapprich. Spencer would eventually fall out of favor with many of the sociologists whose careers he had inspired, but his views on women persisted. It is worth noting here that Spencer himself acknowledged his own tendency to find fault over favor, especially with regard to women. He chose a life of celibacy and saw his own mother as "simple minded," someone whose intellectual development had ceased at age twenty-five, according to Spencer's autobiography. He was the oldest of nine children born to Harriet Spencer and the only one who survived beyond early childhood. Charles H. Cooley, "Reflections upon the Sociology of Herbert Spencer," *American Journal of Sociology* 26, no. 2 (1920): 129–45.
30 Hamlin, *From Eve to Evolution*, 55.
31 "Antoinette Brown Blackwell," Rochester Regional Library Council, accessed March 4, 2020, https://rrlc.org/winningthevote/biographfries/antoinette-brown-blackwell/.
32 Hamlin, *From Eve to Evolution*, 102.
33 Antoinette Brown Blackwell, *The Sexes throughout Nature* (New York: G. P. Putnam's Sons, 1875), 234, http://archive.org/details/cu31924031174372.
34 Blackwell, *Sexes throughout Nature*, 144.
35 Blackwell, *Sexes throughout Nature*, 14.

36 Blackwell, *Sexes throughout Nature*, 14–23. Blackwell wrote, "Only a woman can approach the subject from a feminine standpoint; and there are none but beginners among us in this class of investigations. However great the disadvantages under which we are placed, these will never be lessened by waiting."
37 Hamlin, *From Eve to Evolution*, 67–69.
38 William McDougall, *An Introduction to Social Psychology* (London: Methuen, 1926), 20, http://archive.org/details/b29815940.
39 William James, *The Principles of Psychology* (New York: Dover Publications, 1950), 2:439–40, http://archive.org/details/principles ofpsyc00will.
40 McDougall, *Introduction to Social Psychology*, 56–58.
41 McDougall, *Introduction to Social Psychology*, 232–33.
42 McDougall, *Introduction to Social Psychology*, 58.
43 Leta S. Hollingworth, "Social Devices for Impelling Women to Bear and Rear Children," *American Journal of Sociology* 22, no. 1 (1916): 19–29.
44 Leta S. Hollingworth, *The Psychology of Subnormal Children* (New York: Macmillan, 1920), 236–38, http://archive.org/details/psychologysubno-01hollgoog.
45 *Achievements in Public Health, 1900–1999: Healthier Mothers and Babies*, Morbidity and Mortality Weekly Report (Division of Reproductive Health, National Center for Chronic Disease Prevention and Health Promotion, Centers for Disease Control and Prevention, October 1, 1999).
46 Hrdy, *Mother Nature*, 22.
47 Hrdy, *Mother Nature*, 535.
48 Mark S. Blumberg, "Development Evolving: The Origins and Meanings of Instinct," *WIREs Cognitive Science* 8, no. 1–2 (January 2017): e1371, https://doi.org/10.1002/wcs.1371.
49 Thurer, *Myths of Motherhood*, 236.
50 Marga Vicedo, *The Nature and Nurture of Love: From Imprinting to Attachment in Cold War America*, illustrated ed. (Chicago: University of Chicago Press, 2013), 37–42.
51 Vicedo, *Nature and Nurture of Love*, 90.
52 Kirsten Swinth, *Feminism's Forgotten Fight: The Unfinished Struggle for Work and Family* (Cambridge, MA: Harvard University Press, 2018).
53 Marga Vicedo, "The Social Nature of the Mother's Tie to Her Child: John Bowlby's Theory of Attachment in Post-War America," *British Journal for the History of Science* 44, no. 3 (September 2011): 401–26, https://doi.org/10.1017/S0007087411000318; and Evelyn S. Ringold, "Bringing Up Baby in Britain," *New York Times*, June 13, 1965, http://timesmachine.nytimes.com/timesmachine/1965/06/13/106993810.html. 54 Jack Rosenthal, "President Vetoes Child Care Plan as Irresponsible," *New York Times*, December 10, 1971, https://www.nytimes.com/1971/12/10/archives/president-vetoes-child-care-plan-as-irresponsible-he-terms-bill.html.
55 "Klobuchar, Duckworth, Colleagues Introduce 'Marshall Plan for Moms' Resolution to Support Mothers in the American Workforce," US senator Amy Klobuchar, press release, March 3, 2021, https://www.klobuchar.senate.gov/public/index.cfm/2021/3/klobuchar-duckworth-colleagues-introduce-marshall-plan-for-moms-resolution-to-support-mothers-in-the-american-workforce; and Betsy Z. Russell, "Governor: 'We'll Try Again' on Early Childhood Learning," *Idaho Press*, March 3, 2021, https://www.idahopress.com/news/local/governor-well-try-again-on-early-childhood -learning / article _fc643fd6-48bf -5041 -bc92-58ee2ce49ab2.html.

56 Brigid Schulte, "The Secret to Happy, Healthy Homes? Universal Childcare," Fast Company, April 29, 2021, https://www.fastcompany.com/90625892/the-secret-to-happy-healthy-homes-universal-childcare.
57 The White House, "President Biden Announces the Build Back Better Framework," news release, October 28, 2021, https://www.whitehouse.gov/briefing-room/statements-releases/2021/10/28/president-biden-announces-the-build-back-better-framework/.
58 Jill Filipovic wrote about the increased use of birth control and abortion in the nineteenth century: "With those things also came, eventually, a conservative religious backlash, led largely by men, demonizing contraception and abortion, often with the argument that it's natural for a woman to find joy in being a mother—and wholly unnatural, then, to limit the number of times in which she becomes one." Jill Filipovic, *The H-Spot: The Feminist Pursuit of Happiness* (New York: Bold Type Books, 2017), 19. Stephanie Coontz cited examples of women hospitalized as "schizophrenic" for failing to adjust to domestic life. Electric shock treatments were used on them and on women who had sought abortion, "on the assumption that failure to want a baby signified dangerous emotional disturbance." Coontz, *The Way We Never Were*, 32.
59 Thurer, *Myths of Motherhood*, 258–61.
60 Mikki Kendall, *Hood Feminism: Notes from the Women That a Movement Forgot* (New York: Viking, 2020).
61 Mia Birdsong, *How We Show Up: Reclaiming Family, Friendship, and Community* (New York: Hachette Go, 2020), 3.
62 Claire Cain Miller and Alisha Haridasani Gupta, "Why 'Supermom' Gets Star Billing on Résumés for Public Office," *New York Times*, October 14, 2020, https://www.nytimes.com/2020/10/14/upshot/barrett-harris-motherhood-politics.html?action=click&module=Top%20Stories&pgtype=Homepage.
63 Lyz Lenz, "The Power—And Threat—Of Mothers Like Amy Coney Barrett," *Glamour*, October 14, 2020, https://www.glamour.com/story/threat-of-mothers-like-amy-coney-barrett.
64 Andrea Hsu, "Even the Most Successful Women Pay a Big Price," NPR, October 20, 2020, https://www.npr.org/2020/10/20/924566058/even-the-most-successful-women-are-sidelining-careers-for-family-in-pandemic; and Amanda Taub, "Pandemic Will 'Take Our Women 10 Years Back' in the Workplace," *New York Times*, September 26, 2020, https://www.nytimes.com/2020/09/26/world/covid-women-childcare-equality.html.
65 Sarah Kliff, "A Stunning Chart Shows the True Cause of the Gender Wage Gap," Vox, February 19, 2018, https://www.vox.com/2018/2/19/17018380/gender-wage-gap-childcare-penalty.
66 Shelley J. Correll, "Minimizing the Motherhood Penalty: What Works, What Doesn't and Why?," *Gender & Work: Challenging Conventional Wisdom*, research symposium, Harvard Business School (Boston, 2013), https://www.hbs.edu/faculty/conferences/2013-w50-research-symposium/Documents/correll.pdf; and Claire Cain Miller, "The Motherhood Penalty vs. the Fatherhood Bonus," *New York Times*, September 6, 2014, https://www.nytimes.com/2014/09/07/upshot/a-child-helps-your-career-if-youre-a-man.html.
67 Hear Niles talk more about this point on the podcast *Natal*, episode 2, "Roots of the Black Birthing Crisis," https://www.natalstories.com/two.
68 Roosa Tikkanen, Munira Z. Gunja, Molly FitzGerald, and Laurie Zephyrin, "Maternal Mortality and Maternity Care in the United States Compared to 10

Other Developed Countries," Commonwealth Fund, November 18, 2020, https://doi.org/10.26099/411v-9255; Donna Hoyert and Arialdi Miniño, *Maternal Mortality in the United States: Changes in Coding, Publication, and Data Release, 2018* (Hyattsville, MD: US Dept. of Health and Human Services, Centers for Disease Control and Prevention, National Center for Health Statistics, January 30, 2020); and Nina Martin, "The New U.S. Maternal Mortality Rate Fails to Capture Many Deaths," ProPublica, February 13, 2020, https://www.propublica.org/article/the-new-us-maternal-mortality-rate-fails-to-capture-many-deaths?token=lZ_nPrh6oVJEnMzcTH1Jr59Ibe3K8X-ZC.

69 Nina Martin and Renee Montagne, "Nothing Protects Black Women from Dying in Pregnancy and Childbirth," ProPublica, December 7, 2017, https://www.propublica.org/article/nothing-protects-black-women-from-dying-in-pregnancy-and-childbirth?token=LxlGpDTGeNkRVdBY_bX0b-8KqR5dJhsIu.

70 "Nursing and Midwifery," World Health Organization (WHO), January 9, 2020, https://www.who.int/news-room/fact-sheets/detail/nursing-and-midwifery; "WHO | The Case for Midwifery," WHO, accessed October 18, 2020, http://www.who.int/maternal_child_adolescent/topics/quality-of-care/midwifery/case-for-midwifery/en/; and Jane Sandall, Hora Soltani, Simon Gates, Andrew Shennan, and Declan Devane, "Midwife-Led Continuity Models of Care Versus Other Models of Care for Childbearing Women," *Cochrane Database of Systematic Reviews* 4 (2016), https://doi.org/10.1002/14651858.CD004667.pub5.

71 Judith M. Orvos, "ACOG Releases New Study on Ob/Gyn Workforce: Trends Similar to Those Seen in Previous Studies Expected to Continue," *Contemporary OB/GYN* 62, no. 7 (July 2017): 50–53.

72 Tikkanen et al., "Maternal Mortality and Maternity Care," https://doi.org/10.26099/411v-9255.

73 Emily Eckert, "It's Past Time to Provide Continuous Medicaid Coverage for One Year Postpartum," *Health Affairs* (blog), February 6, 2020, https://www.healthaffairs.org/do/10.1377/hblog20200203.639479/full/. Advocates were optimistic in 2021 that, under the Biden administration and using provisions of the American Rescue Plan, more states would choose to expand Medicaid to cover birthing parents for a year postpartum. Shefali Luthra, "How the COVID Stimulus Bill Could Help Fight Pregnancy-Related Deaths," The 19th, March 15, 2021, https://19thnews.org/2021/03/how-the-covid-stimulus-bill-could -help-fight-pregnancy-related-deaths/.

74 "ACOG Committee Opinion No. 736: Optimizing Postpartum Care," *Obstetrics & Gynecology* 131, no. 5(2018): e140–e150.

75 Matthew Stone, "Maine Has Sliced the Ranks of Nurses Who Prevent Outbreaks, Help Drug-Affected Babies," *Bangor Daily News*, August 9, 2016, https://bangordailynews.com/2016/08/09/news/bangor/maine-has-sliced-the-ranks-of-nurses-who-prevent-outbreaks-help-drug-affected-babies/.

76 Hollie McNish, *Nobody Told Me: Poetry and Parenthood* (London: Blackfriars, 2018).

77 Ali Wong, *Hard Knock Wife* (Netflix, 2018), https://www.netflix.com/title/80186940.

78 "Frida Mom | Oscars Ad Rejected," YouTube video, 1:35, posted February 5, 2020, by Frida Mom, https://www.youtube.com/watch?v=3GePXGfRP04&feature=emb_title.

79 New York TimesHannah Seligson, "This Is the TV Ad the Oscars Didn't Allow on Air," *New York Times*, February 19, 2020, https://www.nytimes.com/2020/02/19/us/postpartum-ad-oscars-frida.html.
80 "Scientists Find Clue to 'Maternal Instinct,'" Louisiana State University press release, EurekAlert!, July 25, 2019, https://www.eurekalert.org/pub_releases/2019-07/lsu-sfc072519.php.
81 Tom W. J. Schulpen, "The Glass Ceiling: A Biological Phenomenon," *Medical Hypotheses* 106 (September 2017): 41-43, https://doi.org/10.1016/j.mehy.2017.07.002.
82 Hrdy, *Mother Nature*, 27.
83 Jeanne Altmann, *Baboon Mothers and Infants* (Chicago: University of Chicago Press, 1980), 1-7.
84 Barbara B. Smuts, *Sex and Friendship in Baboons* (New York: Routledge, 2017), 7, https://doi.org/10.4324/9781315129204.
85 Hrdy, *Mother Nature*, xvi.
86 Sarah Blaffer Hrdy, "Empathy, Polyandry, and the Myth of the Coy Female," in *Feminist Approaches to Science*, ed. Ruth Bleier (New York: Pergamon, 1986), 119-46.
87 Hrdy, *Mother Nature*, 29.
88 Élisabeth Badinter, *The Conflict: How Modern Motherhood Undermines the Status of Women* (New York: Metropolitan Books, 2012), 4-5.
89 I wrote to Badinter to request an interview for this book, about whether the emerging neuroscience of motherhood has shifted her thinking at all, about whether she sees a place for it within a feminist framework. She declined the interview, saying she has not focused on neuroscience and has no expertise there. But she wrote, "Yes, I think that there may be room for neurobiology in the study of motherhood, even though I feel it comes in second, behind the societal factor. In any event, there is work to be done. Do not be afraid of feminist reactions. Scientific research must never be subjected to ideologies." (Translated from French by Paula DeFilippo.)
90 Badinter, *Conflict*, 54-55.
91 Élisabeth Badinter, "La femme n'est pas un chimpanzé," interview by Anne Crignon and Sophie des Déserts, *L'Obs*, February 12, 2010, https://bibliobs.nouvelobs.com/essais/20100212.BIB0270/la-femme-n-039-est-pas-un-chimpanze.html. (Translated by Paula DeFilippo.)

3장 관심만이 필요할 뿐

1 Eberhard Fuchs and Gabriele Flügge, "Adult Neuroplasticity: More Than 40 Years of Research," in "Environmental Control of Adult Neurogenesis: From Hippocampal Homeostasis to Behavior," ed. Sjoukje Kuipers, Clive R. Bramham, Heather A. Cameron, Carlos P. Fitzsimons, Aniko Korosi, and Paul J. Lucassen, special issue, *Neural Plasticity* 2014 (May 4, 2014): e541870, https://doi.org/10.1155/2014/541870.
2 Or 100 billion neurons, or 128 billion neurons, depending on whose estimate you rely on. Frederico A. C. Azevedo, Ludmila R. B. Carvalho, Lea T. Grinberg, José Marcelo Farfel, Renata E. L. Ferretti, Renata E. P. Leite, Wilson Jacob Filho, Roberto Lent, and Suzana Herculano-Houzel, "Equal Numbers of Neuronal and Nonneuronal Cells Make the Human Brain an Isometrically Scaled-Up Primate Brain," *Journal of Comparative Neurology* 513, no. 5 (2009): 532-41, https://doi.org/10.1002/cne.21974.
3 Lisa Feldman Barrett, *Seven and a Half Lessons about the Brain* (Boston:

Houghton Mifflin Harcourt, 2020), 31.

4 Barrett, *Seven and a Half Lessons*, 37.

5 Paul J. Lucassen, Carlos P. Fitzsimons, Evgenia Salta, and Mirjana Maletic-Savatic, "Adult Neurogenesis, Human after All (Again): Classic, Optimized, and Future Approaches," in "SI: Functions of Adult Hippocampal Neurogenesis," ed. Michael Drew and Jason Snyder, special issue, *Behavioural Brain Research* 381 (March 2, 2020): 112458, https://doi.org/10.1016/j.bbr.2019.112458.

6 Barrett, *Seven and a Half Lessons*, 34–39.

7 Nicholas P. Deems and Benedetta Leuner, "Pregnancy, Postpartum and Parity: Resilience and Vulnerability in Brain Health and Disease," *Frontiers in Neuroendocrinology* 57 (April 2020): 100820, https://doi.org/10.1016/j.yfrne.2020.100820; J. S. Rosenblatt, "Psychobiology of Maternal Behavior: Contribution to the Clinical Understanding of Maternal Behavior among Humans," supplement, *Acta Paediatrica* 83, no. S397 (June 1994): 3–8, https://doi.org/10.1111/j.1651-2227.1994.tb13259.x; and Johannes Kohl, Anita E. Autry, and Catherine Dulac, "The Neurobiology of Parenting: A Neural Circuit Perspective," *BioEssays* 39, no. 1 (January 2017): 1–11, https://doi.org/10.1002/bies.201600159.

8 "Estrogen and Progesterone," Your Guide to Pregnancy Hormones, What to Expect, accessed December 1, 2020, https://www.whattoexpect.com/pregnancy/pregnancy-health/pregnancy-hormones/estrogen-progesterone; and "HPL, Relaxin, and Oxytocin," Your Guide to Pregnancy Hormones, What to Expect, accessed December 1, 2020, https://www.whattoexpect.com/pregnancy/pregnancy-health/pregnancy-hormones/hpl.aspx.

9 Joseph S. Lonstein, Frédéric Lévy, and Alison S. Fleming, "Common and Divergent Psychobiological Mechanisms Underlying Maternal Behaviors in Non-Human and Human Mammals," *Hormones and Behavior* 73 (July 2015): 156–85, https://doi.org/10.1016/j.yhbeh.2015.06.011.

10 Lonstein, Lévy, and Fleming, "Common and Divergent Psychobiological Mechanisms Underlying Maternal Behaviors," https://doi.org/10.1016/j.yhbeh.2015.06.011.

11 Lonstein, Lévy, and Fleming, "Common and Divergent Psychobiological Mechanisms Underlying Maternal Behaviors," https://doi.org/10.1016/j.yhbeh.2015.06.011.

12 Mariana Pereira and Annabel Ferreira, "Neuro-anatomical and Neurochemical Basis of Parenting: Dynamic Coordination of Motivational, Affective and Cognitive Processes," in "Parental Care," ed. Alison S. Fleming, Frederic Lévy, and Joe S. Lonstein, special issue, *Hormones and Behavior* 77 (January 2016): 72–85, https://doi.org/10.1016/j.yhbeh.2015.08.005; and Johannes Kohl and Catherine Dulac, "Neural Control of Parental Behaviors," in "Neurobiology of Behavior," ed. Kay Tye and Nao Uchida, special issue, *Current Opinion in Neurobiology* 49 (April 2018): 116–22, https://doi.org/10.1016/j.conb.2018.02.002.

13 Aya Dudin, Patrick O. McGowan, Ruiyong Wu, Alison S. Fleming, and Ming Li, "Psychobiology of Maternal Behavior in Nonhuman Mammals," in *Handbook of Parenting*, ed. Marc Bornstein, 3rd ed., vol. 2 (New York: Routledge, 2019), 30–77, https://doi.org/10.4324/9780429401459-2.

14 Zheng Wu, Anita E. Autry, Joseph E. Bergan, Mitsuko Watabe-Uchida, and Catherine G. Dulac, "Galanin Neurons in the Medial Preoptic Area Govern Parental Behaviour," *Nature* 509, no. 7500 (May 2014): 325–30, https://doi.org/10.1038/nature13307; and Catherine Dulac, Lauren A. O'Connell,

and Zheng Wu, "Neural Control of Maternal and Paternal Behaviors," *Science* 345, no. 6198 (August 15, 2014): 765 – 70, https://doi.org/10.1126/science.1253291.

15 Gareth Leng and Mike Ludwig, "Neurotransmitters and Peptides: Whispered Secrets and Public Announcements," *Journal of Physiology* 586, no. 23 (December 2008): 5625 – 32, https://doi.org/10.1113/jphysiol.2008.159103.

16 Kohl and Dulac, "Neural Control of Parental Behaviors," https://doi.org/10.1016/j.conb.2018.02.002.

17 Johannes Kohl, Benedicte M. Babayan, Nimrod D. Rubinstein, Anita E. Autry, Brenda Marin-Rodriguez, Vikrant Kapoor, Kazunari Miyamishi, et al., "Functional Circuit Architecture Underlying Parental Behaviour," *Nature* 556, no. 7701 (April 2018): 326 – 31, https://doi.org/10.1038/s41586-018-0027-0.

18 "Breakthrough Prize Winners of the 2021 Breakthrough Prizes in Life Sciences, Fundamental Physics and Mathematics Announced," accessed October 2, 2021, https://breakthroughprize.org/News/60; and "Yuri Milner | Breakthrough Foundation," accessed October 2, 2021, https://breakthroughprize.org/Yuri_Milner.

19 Kohl et al., "Functional Circuit Architecture Underlying Parental Behaviour," https://doi.org/10.1038/s41586-018-0027-0.

20 Lonstein, Lévy, and Fleming, "Common and Divergent Psychobiological Mechanisms Underlying Maternal Behaviors," https://doi.org/10.1016/j.yhbeh.2015.06.011.

21 Because this study was ongoing at the time of my visit, the lab did not allow me to interview the mother or use her name or identifying details here, citing Institutional Review Board protocol.

22 Sarah Blaffer Hrdy, *Mother Nature: A History of Mothers, Infants, and Natural Selection* (New York: Pantheon, 1999), 303 – 4.

23 Sandra Newman, "The Roots of Infanticide Run Deep, and Begin with Poverty," *Aeon*, November 27, 2017, https://aeon.co/essays/the-roots-of-infanticide-run-deep-and-begin-with-poverty.

24 Sarah B. Hrdy, "Variable Postpartum Responsiveness among Humans and Other Primates with 'Cooperative Breeding': A Comparative and Evolutionary Perspective," in "Parental Care," ed. Alison S. Fleming, Frederic Lévy, and Joe S. Lonstein, special issue, *Hormones and Behavior* 77 (January 1, 2016): 272 – 83, https://doi.org/10.1016/j.yhbeh.2015.10.016.

25 Hrdy, *Mother Nature*, 174.

26 Kay Mordecai Robson and R. Kumar, "Delayed Onset of Maternal Affection after Childbirth," *British Journal of Psychiatry* 136, no. 4 (April 1980): 347 – 53, https://doi.org/10.1192/bjp.136.4.347.

27 Aurélie Athan and Lisa Miller, "Spiritual Awakening through the Motherhood Journey," *Journal of the Association for Research on Mothering* 7, no. 1 (January 1, 2005): 17 – 31, https://jarm.journals.yorku.ca/index.php/jarm/article/view/4951.

28 Rozsika Parker, *Mother Love/Mother Hate: The Power of Maternal Ambivalence* (New York: Basic Books, 1995), http://archive.org/details/motherlovemother00park.

29 Melissa Benn, "Deep Maternal Alienation," *Guardian*, October 27, 2006, http://www.theguardian.com/lifeandstyle/2006/oct/28/familyandrelationships.family2.

30 D. W. Winnicott, "Hate in the Counter-Transference," *Journal of Psychotherapy Practice and Research* 3, no. 4 (Fall 1994): 348 – 56. Originally published in the *International Journal of Psycho-Analysis* 30 (1949): 69 – 74.

31 Mayra L. Almanza-Sepúlveda, Aya Dudin, Kathleen E. Wonch, Meir Steiner, David R. Feinberg, Alison S. Fleming, and Geoffrey B. Hall, "Exploring the Morphological and Emotional Correlates of Infant Cuteness," *Infant Behavior and Development* 53 (November 2018): 90–100, https://doi.org/10.1016/j.infbeh.2018.08.001; and Morten L. Kringelbach, Eloise A. Stark, Catherine Alexander, Marc H. Bornstein, and Alan Stein, "On Cuteness: Unlocking the Parental Brain and Beyond," *Trends in Cognitive Sciences* 20, no. 7 (July 2016): 545–58, https://doi.org/10.1016/j.tics.2016.05.003.

32 Christine E. Parsons, Katherine S. Young, Nina Kumari, Alan Stein, and Morten L. Kringelbach, "The Motivational Salience of Infant Faces Is Similar for Men and Women," *PLoS ONE* 6, no. 5 (May 31, 2011): e20632, https://doi.org/10.1371/journal.pone.0020632.

33 Morten L. Kringelbach, Annukka Lehtonen, Sarah Squire, Allison G. Harvey, Michelle G. Craske, Ian E. Holliday, Alexander L. Green, et al., "A Specific and Rapid Neural Signature for Parental Instinct," *PLoS ONE* 3, no. 2 (February 27, 2008): e1664, https://doi.org/10.1371/journal.pone.0001664.

34 Marsha Kaitz, A. Good, A. M. Rokem, and Arthur Eidelman, "Mothers' and Fathers' Recognition of Their Newborns' Photographs during the Postpartum Period," *Journal of Developmental and Behavioral Pediatrics* 9, no. 4 (August 1988): 223–26, https://doi.org/10.1097/00004703-198808000-00008; M. Kaitz, A. Good, A. M. Rokem, and A. I. Eidelman, "Mothers' Recognition of Their Newborns by Olfactory Cues," *Developmental Psychobiology* 20, no. 6 (November 1987): 587–91, https://doi.org/10.1002/dev.420200604; and James A. Green and Gwene E. Gustafson, "Individual Recognition of Human Infants on the Basis of Cries Alone," *Developmental Psychobiology* 16, no. 6 (November 1983): 485–93, https://doi.org/10.1002/dev.420160604.

35 Studies comparing parents and people without children are especially tricky, because nonparents are so variable themselves. Some have extensive experience caring for siblings or other babies in their lives, or they may even be professional baby tenders. There can be very different factors shaping the brain of someone who has chosen not to have children and someone who is actively trying to have one but has not yet been pregnant. And then there are the potential hormonal and experiential factors affecting someone who has had a pregnancy that, for any number of reasons, was not carried to term. Researchers often rely on undergraduate students as a pool of potential study participants, but they don't necessarily make the best candidates for comparing with adults who have entered a phase of life that includes children. Several researchers, including Helena Rutherford, described the challenge of settling on the definition of a nonparent study group and then controlling for a wide variety of factors.

36 Erika Barba-Müller, Sinéad Craddock, Susanna Carmona, and Elseline Hoekzema, "Brain Plasticity in Pregnancy and the Postpartum Period: Links to Maternal Caregiving and Mental Health," *Archives of Women's Mental Health* 22, no. 2 (April 2019): 289–99, https://doi.org/10.1007/s00737-018-0889-z; Caitlin Post and Benedetta Leuner, "The Maternal Reward System in Postpartum Depression," *Archives of Women's Mental Health* 22, no. 3 (June 2019): 417–29, https://doi.org/10.1007/s00737-018-0926-y; and Pereira and Ferreira, "Neuroanatomical and Neurochemical Basis of Parenting," https://doi.org/10.1016/j.yhbeh.2015.08.005.

37 Michael Numan and Thomas R. Insel, *The Neurobiology of Parental Behavior* (New York: Springer, 2003), 320–21.

38 Lonstein, Lévy, and Fleming, "Common and Divergent Psychobiological

Mechanisms Underlying Maternal Behaviors," https://doi.org/10.1016/j.yhbeh.2015.06.011; and Shir Atzil, Alexandra Touroutoglou, Tali Rudy, Stephanie Salcedo, Ruth Feldman, Jacob M. Hooker, Bradford C. Dickerson, Ciprian Catana, and Lisa Feldman Barrett, "Dopamine in the Medial Amygdala Network Mediates Human Bonding," *Proceedings of the National Academy of Sciences* 114, no. 9 (February 28, 2017): 2361–66, https://doi.org/10.1073/pnas.1612233114.

39 John D. Salamone and Mercè Correa, "The Mysterious Motivational Functions of Mesolimbic Dopamine," *Neuron* 76, no. 3(November 8, 2012): 470–85, https://doi.org/10.1016/j.neuron.2012.10.021.

40 Veronica M. Afonso, Waqqas M. Shams, Daniel Jin, and Alison S. Fleming, "Distal Pup Cues Evoke Dopamine Responses in Hormonally Primed Rats in the Absence of Pup Experience or Ongoing Maternal Behavior," *Journal of Neuroscience* 33, no. 6 (February 6, 2013): 2305–12, https://doi.org/10.1523/JNEUROSCI.2081-12.2013; and Daniel E. Olazábal, Mariana Pereira, Daniella Agrati, Annabel Ferreira, Alison S. Fleming, Gabriela González-Mariscal, Frederic Lévy, et al., "New Theoretical and Experimental Approaches on Maternal Motivation in Mammals," *Neuroscience & Biobehavioral Reviews* 37, no. 8 (September 2013): 1860–74, https://doi.org/10.1016/j.neubiorev.2013.04.003.

41 Ruth Feldman and Marian J. Bakermans-Kranenburg, "Oxytocin: A Parenting Hormone," in "Parenting," ed. Marinus H. van IJzendoorn and Marian J. Bakermans-Kranenburg, special issue, *Current Opinion in Psychology* 15 (June 1, 2017): 13–18, https://doi.org/10.1016/j.copsyc.2017.02.011.

42 Dara K. Shahrokh, Tie-Yuan Zhang, Josie Diorio, Alain Gratton, and Michael J. Meaney, "Oxytocin-Dopamine Interactions Mediate Variations in Maternal Behavior in the Rat," *Endocrinology* 151, no. 5 (May 2010): 2276–86, https://doi.org/10.1210/en.2009-1271.

43 James E. Swain, Esra Tasgin, Linda C. Mayes, Ruth Feldman, R. Todd Constable, and James F. Leckman, "Maternal Brain Response to Own Baby-Cry Is Affected by Cesarean Section Delivery," *Journal of Child Psychology and Psychiatry* 49, no. 10 (October 2008): 1042–52, https://doi.org/10.1111/j.1469-7610.2008.01963.x; and Post and Leuner, "Maternal Reward System," https://doi.org/10.1007/s00737-018-0926-y.

44 Salamone and Correa, "Motivational Functions of Mesolimbic Dopamine," https://doi.org/10.1016/j.neuron.2012.10.021.

45 Erika Barba-Müller et al., "Brain Plasticity in Pregnancy and the Postpartum Period," https://doi.org/10.1007/s00737-018-0889-z; William W. Seeley, "The Salience Network: A Neural System for Perceiving and Responding to Homeostatic Demands," *Journal of Neuroscience* 39, no. 50 (December 11, 2019): 9878–82, https://doi.org/10.1523/JNEUROSCI.1138-17.2019; and Vinod Menon and Lucina Q. Uddin, "Saliency, Switching, Attention and Control: A Network Model of Insula Function," *Brain Structure and Function* 214, no. 5–6 (June 2010): 655–67, https://doi.org/10.1007/s00429-010-0262-0.

46 Erich Seifritz, Fabrizio Esposito, John G. Neuhoff, Andreas Lüthi, Henrietta Mustovic, Gerhard Dammann, Ulrich von Barde-leben, et al., "Differential Sex-Independent Amygdala Response to Infant Crying and Laughing in Parents versus Nonparents," *Biological Psychiatry* 54, no. 12 (December 15, 2003): 1367–75, https://doi.org/10.1016/S0006-3223(03)00697-8.

47 Alexander J. Dufford, Andrew Erhart, and Pilyoung Kim, "Maternal Brain Resting-State Connectivity in the Postpartum Period," in "Papers from the

Parental Brain 2018 Meeting, Toronto, Canada, July 2018," special issue, *Journal of Neuroendocrinology* 31, no. 9 (September 2019): e12737, https://doi.org/10.1111/jne.12737.

48 Seeley, "Salience Network," https:// doi.org/10.1523/JNEUROSCI.1138-17.2019; and Robert A. McCutcheon, Matthew M. Nour, Tarik Dahoun, Sameer Jauhar, Fiona Pepper, Paul Expert, Mattia Veronese, et al., "Mesolimbic Dopamine Function Is Related to Salience Network Connectivity: An Integrative Positron Emission Tomography and Magnetic Resonance Study," *Biological Psychiatry* 85, no. 5 (March 1, 2019): 368–78, https://doi.org/10.1016/j.biopsych.2018.09.010.

49 Christine E. Parsons, Katherine S. Young, Alan Stein, and Morten L. Kringelbach, "Intuitive Parenting: Understanding the Neural Mechanisms of Parents' Adaptive Responses to Infants," in "Parenting," ed. Marinus H. van IJzendoorn and Marian J. Bakermans-Kranenburg, special issue, *Current Opinion in Psychology* 15 (June 1, 2017): 40–44, https://doi.org/10.1016/j.copsyc.2017.02.010.

50 Amanda J. Nguyen, Elisabeth Hoyer, Purva Rajhans, Lane Strathearn, and Sohye Kim, "A Tumultuous Transition to Motherhood: Altered Brain and Hormonal Responses in Mothers with Postpartum Depression," in "Papers from the Parental Brain 2018 Meeting, Toronto, Canada, July 2018," ed. Jodi L. Pawluski, Frances A. Champagne, and Oliver J. Bosch, special issue, *Journal of Neuroendocrinology* 31, no. 9 (September 2019): e12794, https://doi.org/10.1111/jne.12794; and Post and Leuner, "Maternal Reward System," https://doi.org/10.1007/s00737-018-0926-y.

51 Eyal Abraham, Talma Hendler, Irit Shapira-Lichter, Yaniv Kanat-Maymon, Orna Zagoory-Sharon, and Ruth Feldman, "Father's Brain Is Sensitive to Childcare Experiences," *Proceedings of the National Academy of Sciences* 111, no. 27 (July 8, 2014): 9792–97, https://doi.org/10.1073/pnas.1402569111.

52 Chelsea Conaboy, "A New Mother Learns to Breastfeed," *Press Herald*, May 7, 2015, https://www.pressherald.com/2015/05/06/a-new-mother-learns-to-breastfeed/.

53 Pilyoung Kim, Lane Strathearn, and James E. Swain, "The Maternal Brain and Its Plasticity in Humans," in "Parental Care," ed. Alison S. Fleming, Frederic Lévy, and Joe S. Lonstein, special issue, *Hormones and Behavior* 77 (January 2016): 113–23, https://doi.org/10.1016/j.yhbeh.2015.08.001. The finding that mothers who delivered vaginally and mothers who delivered by C-section had similar neural responses by the fourth month postpartum were published in the above review paper, but not in a separate paper subject to peer review.

54 Pilyoung Kim, Ruth Feldman, Linda C. Mayes, Virginia Eicher, Nancy Thompson, James F. Leckman, and James E. Swain, "Breastfeeding, Brain Activation to Own Infant Cry, and Maternal Sensitivity," *Journal of Child Psychology and Psychiatry* 52, no. 8 (August 2011): 907–15, https://doi.org/10.1111/j.1469-7610.2011.02406.x.

55 Elseline Hoekzema, Christian K. Tamnes, Puck Berns, Erika Barba-Müller, Cristina Pozzobon, Marisol Picado, Florencio Lucco, et al., "Becoming a Mother Entails Anatomical Changes in the Ventral Striatum of the Human Brain That Facilitate Its Responsiveness to Offspring Cues," *Psychoneuroendocrinology* 112 (February 2020): 104507, https://doi.org/10.1016/j.psyneuen.2019.104507.

56 Shankar Vedantam, "Creatures of Habit," December 30, 2019, in *Hidden*

Brain, podcast, MP3 audio, 49:40, https://podcasts .apple .com /us /podcast /creatures -of -habit /id1028908750 ?i=1000461145219; and Wendy Wood, *Good Habits, Bad Habits: The Science of Making Positive Changes That Stick*, illustrated ed. (New York: Farrar, Straus and Giroux, 2019), 163.

57 Olazábal et al., "New Theoretical and Experimental Approaches on Maternal Motivation in Mammals," https://doi.org/10.1016/j.neubiorev.2013.04.003.

58 W. E. Wilsoncroft, "Babies by Bar-Press: Maternal Behavior in the Rat," *Behavior Research Methods & Instrumentation* 1, no. 6 (January 1968): 229–30, https://doi.org/10.3758/BF03208105.

59 Anna Lee, Sharon Clancy, and Alison S. Fleming, "Mother Rats Bar-Press for Pups: Effects of Lesions of the MPOA and Limbic Sites on Maternal Behavior and Operant Responding for Pup-Reinforcement," *Behavioural Brain Research* 100, no. 1–2 (April 1999): 15–31, https://doi.org/10.1016/S0166-4328(98)00109-0.

60 Liz Tenety, "Chelsea Clinton on Motherhood, Public Health, and Advice for Families during Coronavirus," March 16, 2020, in *The Motherly Podcast*, produced by Jennifer Bassett, podcast, MP3 audio, 40:23, https://www.mother.ly/podcast/Season-3/chelsea-clinton.

61 *The Collected Works of D. W. Winnicott*, ed. Lesley Caldwell and Helen Taylor Robinson, vol. 5, *1955–1959* (New York: Oxford University Press, 2017), 183–88.

62 J. F. Leckman, L. C. Mayes, R. Feldman, D. W. Evans, R. A. King, and D. J. Cohen, "Early Parental Preoccupations and Behaviors and Their Possible Relationship to the Symptoms of Obsessive-Compulsive Disorder," *Acta Psychiatrica Scandinavica* 100, no. S396 (February 1999): 1–26, https://doi.org/10.1111/j.1600-0447.1999.tb10951.x.

63 Dufford, Erhart, and Kim, "Maternal Brain Resting-State Connectivity in the Postpartum Period," https://doi.org/10.1111/jne.12737.

64 Leckman et al., "Early Parental Preoccupations," https://doi.org/10.1111/j.1600-0447.1999.tb10951.x.

65 Chelsea Conaboy, "New Mothers, Don't Fear: You Were Made for Times Like This," *Boston Sunday Globe*, May 10, 2020, https://www.bostonglobe.com/2020/05/08/opinion/new-mothers-dont-fear-you-were-made-times-like-this/.

66 Pilyoung Kim, Linda Mayes, Ruth Feldman, James F. Leckman, and James E. Swain, "Early Postpartum Parental Preoccupation and Positive Parenting Thoughts: Relationship with Parent–Infant Interaction," *Infant Mental Health Journal* 34, no. 2 (March/April 2013): 104–16, https://doi.org/10.1002/imhj.21359; and Leckman et al., "Early Parental Preoccupations," https://doi.org/10.1111/j.1600-0447.1999.tb10951.x.

67 James E. Swain, P. Kim, J. Spicer, S. S. Ho, C. J. Dayton, A. Elmadih, and K. M. Abel, "Approaching the Biology of Human Parental Attachment: Brain Imaging, Oxytocin and Coordinated Assessments of Mothers and Fathers," in "Oxytocin in Human Social Behavior and Psychopathology," special issue, *Brain Research* 1580 (September 11, 2014): 78–101, https://doi.org/10.1016/j.brainres.2014.03.007; and Katherine S. Young, Christine E. Parsons, Alan Stein, Peter Vuust, Michelle G. Craske, and Morten L. Kringelbach, "The Neural Basis of Responsive Caregiving Behaviour: Investigating Temporal Dynamics within the Parental Brain," *Behavioural Brain Research* 325, part B (May 15, 2017): 105–16, https://doi.org/10.1016/j.bbr.2016.09.012.

68 M. Pereira and J. I. Morrell, "Functional Mapping of the Neural Circuitry of

Rat Maternal Motivation: Effects of Site-Specific Transient Neural Inactivation," in "The Parental Brain," special issue, *Journal of Neuroendocrinology* 23, no. 11 (November 2011): 1020–35, https://doi.org/10.1111/j.1365-2826.2011.02200.x.

69 Madison Bunderson, David Diaz, Angela Maupin, Nicole Landi, Marc N. Potenza, Linda C. Mayes, and Helena J. V. Rutherford, "Prior Reproductive Experience Modulates Neural Responses to Infant Faces across the Postpartum Period," *Social Neuroscience* 15, no. 6 (November 2020): 650–54, https://doi.org/10.1080/17470919.2020.1847729; and Angela N. Maupin, Helena J. V. Rutherford, Nicole Landi, Marc N. Potenza, and Linda C. Mayes, "Investigating the Association between Parity and the Maternal Neural Response to Infant Cues," *Social Neuroscience* 14, no. 2 (April 2019): 214–25, https://doi.org/10.1080/17470919.2017.1422276.

70 Erika Barba-Müller et al., "Brain Plasticity in Pregnancy and the Postpartum Period," https://doi.org/10.1007/s00737-018-0889-z.

71 Mary Oliver, *Upstream: Selected Essays* (New York: Penguin Press, 2016), 8.

4장 아기와 나

1 Elizabeth asked that I not use her full name or Claire's to protect their privacy.

2 *The Collected Works of D. W. Winnicott*, ed. Lesley Caldwell and Helen Taylor Robinson, vol. 5, *1955–1959* (New York: Oxford University Press, 2017), 183–88.

3 R. Montirosso, F. Arrigoni, E. Casini, A. Nordio, P. De Carli, F. Di Salle, S. Moriconi, M. Re, G. Reni, and R. Borgatti, "Greater Brain Response to Emotional Expressions of Their Own Children in Mothers of Preterm Infants: An fMRI Study," *Journal of Perinatology* 37, no. 6 (June 2017): 716–22, https://doi.org/10.1038/jp.2017.2.

4 Ellen Leibenluft, M. Ida Gobbini, Tara Harrison, and James V. Haxby, "Mothers' Neural Activation in Response to Pictures of Their Children and Other Children," *Biological Psychiatry* 56, no. 4 (August 15, 2004): 225–32, https://doi.org/10.1016/j.biopsych.2004.05.017; and Paola Venuti, Andrea Caria, Gianluca Esposito, Nicola De Pisapia, Marc H. Bornstein, and Simona de Falco, "Differential Brain Responses to Cries of Infants with Autistic Disorder and Typical Development: An fMRI Study," *Research in Developmental Disabilities* 33, no. 6 (November 13, 2012): 2255–64, https://doi.org/10.1016/j.ridd.2012.06.011.

5 Karel O'Brien, Kate Robson, Marianne Bracht, Melinda Cruz, Kei Lui, Ruben Alvaro, Orlando da Silva, et al., "Effectiveness of Family Integrated Care in Neonatal Intensive Care Units on Infant and Parent Outcomes: A Multicentre, Multinational, Cluster-Randomised Controlled Trial," *Lancet: Child & Adolescent Health* 2, no. 4 (April 2018): 245–54, https://doi.org/10.1016/S2352-4642(18)30039-7.

6 Peter Sterling and Joseph Eyer, "Allostasis: A New Paradigm to Explain Arousal Pathology," in *Handbook of Life Stress, Cognition and Health*, ed. Shirley Fisher and James Reason (New York: John Wiley and Sons, 1988), 629–49; and Jay Schulkin and Peter Sterling, "Allostasis: A Brain-Centered, Predictive Mode of Physiological Regulation," *Trends in Neurosciences* 42, no. 10 (October 2019): 740–52, https://doi.org/10.1016/j.tins.2019.07.010.

7 Peter Sterling, *What Is Health? Allostasis and the Evolution of Human Design* (Cambridge, MA: MIT Press, 2020), x.

8 Peter Sterling, "Allostasis: A Model of Predictive Regulation," in "Allostasis and Allostatic Load," ed. Bruce McEwen and Achim Peters, special issue, *Physiology & Behavior* 106, no. 1 (April 12, 2012): 5 – 15, https://doi.org/10.1016/j.physbeh.2011.06.004.

9 Bruce S. McEwen and John C. Wingfield, "What Is in a Name? Integrating Homeostasis, Allostasis and Stress," *Hormones and Behavior* 57, no. 2 (February 2010): 105 – 11, https://doi.org/10.1016/j.yhbeh .2009.09.011.

10 Bruce S. McEwen and John C. Wingfield, "The Concept of Allostasis in Biology and Biomedicine," *Hormones and Behavior* 43, no. 1 (January 2003): 2 – 15, https://doi.org/10.1016/s0018-506x(02)00024-7.

11 Sterling, "Allostasis: A Model of Pre-dictive Regulation," https://doi.org/10.1016/j.physbeh.2011.06.004.

12 Lisa Feldman Barrett, *Seven and a Half Lessons about the Brain* (Boston: Houghton Mifflin Harcourt, 2020), 8 – 10.

13 Lisa Feldman Barrett and W. Kyle Simmons, "Interoceptive Predictions in the Brain," *Nature Reviews Neuroscience* 16, no. 7 (July 2015): 419 – 29, https://doi.org/10.1038/nrn3950; and Karen S. Quigley, Scott Kanoski, Warren M. Grill, Lisa Feldman Barrett, and Manos Tsakiris, "Functions of Interoception: From Energy Regulation to Experience of the Self," in "The Neuroscience of Interoception," special issue, *Trends in Neurosciences* 44, no. 1 (January 1, 2021): 29 – 38, https://doi.org/10.1016/j.tins.2020.09.008.

14 A. D. Craig, "How Do You Feel? Interoception: The Sense of the Physiological Condition of the Body," *Nature Reviews Neuroscience* 3, no. 8 (August 2002): 655 – 66, https://doi.org/10.1038/nrn894.

15 Ian R. Kleckner, Jiahe Zhang, Alexandra Touroutoglou, Lorena Chanes, Chenjie Xia, W. Kyle Simmons, Karen S. Quigley, Bradford C. Dickerson, and Lisa Feldman Barrett, "Evidence for a Large-Scale Brain System Supporting Allostasis and Interoception in Humans," *Nature Human Behaviour* 1, no. 5 (April 24, 2017): 1 – 14, https://doi.org/10.1038/s41562-017-0069.

16 Debra A. Gusnard, Erbil Akbudak, Gordon L. Shulman, and Marcus E. Raichle, "Medial Prefrontal Cortex and SelfReferential Mental Activity: Relation to a Default Mode of Brain Function," *Proceedings of the National Academy of Sciences* 98, no. 7 (March 27, 2001): 4259 – 64, https://doi.org/10.1073/pnas.071043098; and Randy L. Buckner, Jessica R. Andrews-Hanna, and Daniel L. Schacter, "The Brain's Default Network: Anatomy, Function, and Relevance to Disease," *Annals of the New York Academy of Sciences* 1124, no. 1 (March 2008): 1 – 38, https://doi.org/10.1196/annals.1440.011.

17 The exact anatomical parameters of the default mode network are notoriously unclear, but its role as a large-scale brain network essential to social function is less so. For more: Felicity Callard and Daniel S. Margulies, "What We Talk about When We Talk about the Default Mode Network," *Frontiers in Human Neuroscience* 8 (August 25, 2014), https://doi.org/10.3389/fnhum.2014.00619; and Chunliang Feng, Simon B. Eickhoff, Ting Li, Li Wang, Benjamin Becker, Julia A. Camilleri, Sébastien Hétu, and Yi Luo, "Common Brain Networks Underlying Human Social Interactions: Evidence from Large-Scale Neuroimaging Meta-Analysis," *Neuroscience & Biobehavioral Reviews* 126 (July 2021): 289 – 303, https://doi.org/10.1016/j.neubiorev.2021.03.025.

18 Michael D. Greicius, Ben Krasnow, Allan L. Reiss, and Vinod Menon, "Functional Connectivity in the Resting Brain: A Network Analysis of the Default Mode Hypothesis," *Proceedings of the National Academy of Sciences* 100, no. 1 (January 7, 2003): 253 – 58, https://doi.org/10.1073/pnas.0135058100;

and Buckner, Andrews-Hanna, and Schacter, "Brain's Default Network," https://doi.org/10.1196/annals.1440.011.

19 Buckner, Andrews-Hanna, and Schacter, "Brain's Default Network," https://doi.org/10.1196/annals.1440.011.

20 Jin-Xia Zheng, Lili Ge, Huiyou Chen, Xindao Yin, Yu-Chen Chen, and Wei-Wei Tang, "Disruption within Brain Default Mode Network in Postpartum Women without Depression," *Medicine* 99, no. 18 (May 2020), https://doi.org/10.1097/MD.0000000000020045; Alison E. Hipwell, Chaohui Guo, Mary L. Phillips, James E. Swain, and Eydie L. Moses-Kolko, "Right Frontoinsular Cortex and Subcortical Activity to Infant Cry Is Associated with Maternal Mental State Talk," *Journal of Neuroscience* 35, no. 37 (September 16, 2015): 12725–32, https://doi.org/10.1523/JNEUROSCI.1286-15.2015; and Paola Rigo, Gianluca Esposito, Marc H. Bornstein, Nicola De Pasapia, Corinna Manzardo, and Paola Venuti, "Brain Processes in Mothers and Nulliparous Women in Response to Cry in Different Situational Contexts: A Default Mode Network Study," *Parenting* 19, no. 1–2 (February 1, 2019): 69–85, https://doi.org/10.1080/15295192.2019.1555430.

21 Amanda J. Nguyen, Elisabeth Hoyer, Purva Rajhans, Lane Strathearn, and Sohye Kim, "A Tumultuous Transition to Motherhood: Altered Brain and Hormonal Responses in Mothers with Postpartum Depression," in "Papers from the Parental Brain 2018 Meeting, Toronto, Canada, July 2018," ed. Jodi L. Pawluski, Frances A. Champagne, and Oliver J. Bosch, special issue, *Journal of Neuroendocrinology* 31, no. 9 (September 2019): e12794, https://doi.org/10.1111/jne.12794; and Henry W. Chase, Eydie L. Moses-Kolko, Carlos Zevallos, Katherine L. Wisner, and Mary L. Phillips, "Disrupted Posterior Cingulate–Amygdala Connectivity in Postpartum Depressed Women as Measured with Resting BOLD fMRI," *Social Cognitive and Affective Neuroscience* 9, no. 8 (August 2014): 1069–75, https://doi.org/10.1093/scan/nst083.

22 Elseline Hoekzema, Erika Barba-Müller, Cristina Pozzobon, Marisol Picado, Florencio Lucco, David García-García, Juan Carlos Soliva, et al., "Pregnancy Leads to Long-Lasting Changes in Human Brain Structure," *Nature Neuroscience* 20, no. 2 (2017): 287–96, https://doi.org/10.1038/nn.4458; and Magdalena Martínez-García, María Paternina-Die, Erika Barba-Müller, Daniel Martín de Blas, Laura Beumala, Romina Cortizo, Cristina Pozzobon, et al., "Do Pregnancy-Induced Brain Changes Reverse? The Brain of a Mother Six Years after Parturition," *Brain Sciences* 11, no. 2 (January 28, 2021), https://doi.org/10.3390/brainsci11020168.

23 Eyal Abraham and Ruth Feldman, "The Neurobiology of Human Allomaternal Care; Implications for Fathering, Coparenting, and Children's Social Development," in "Evolutionary Perspectives on Non-Maternal Care in Mammals: Physiology, Behavior, and Developmental Effects," ed. Stacy Rosenbaum and Lee T. Gettler, special issue, *Physiology & Behavior* 193, part A (September 1, 2018): 25–34, https:// doi.org/10.1016/j.physbeh.2017.12.034.

24 Jennifer S. Mascaro, Patrick D. Hackett, and James K. Rilling, "Differential Neural Responses to Child and Sexual Stimuli in Human Fathers and Non-Fathers and Their Hormonal Correlates," *Psychoneuroendocrinology* 46 (August 2014): 153–63, https:// doi.org/10.1016/j.psyneuen.2014.04.014.

25 Disha Sasan, Phillip G. D. Ward, Meredith Nash, Edwina R. Orchard, Michael J. Farrell, Jakob Hohwy, and Sharna D. Jamadar, "'Phantom Kicks': Women's Subjective Experience of Fetal Kicks after the Postpartum Period," *Journal of*

Women's Health 30, no. 1 (January 2021): 36–44, https://doi.org/10.1089/jwh.2019.8191.

26 Kiarash Khosrotehrani, Kirby L. Johnson, Joseph Lau, Alain Dupuy, Dong Hyun Cha, and Diana W. Bianchi, "The Influence of Fetal Loss on the Presence of Fetal Cell Microchimerism: A Systematic Review," *Arthritis & Rheumatology* 48, no. 11 (November 2003): 3237–41, https://doi.org/10.1002/art.11324; and Amy M. Boddy, Angelo Fortunato, Melissa Wilson Sayres, and Athena Aktipis, "Fetal Microchimerism and Maternal Health: A Review and Evolutionary Analysis of Cooperation and Conflict beyond the Womb," *BioEssays* 37, no. 10 (October 2015): 1106–18, https://doi.org/10.1002/bies.201500059.

27 Diane Goldenberg, Narcis Marshall, Sofia Cardenas, and Darby Saxbe, "The Development of the Social Brain within a Family Context," in *The Social Brain: A Developmental Perspective*, ed. Jean Decety (Cambridge, MA: MIT Press, 2020), 107–24.

28 Shir Atzil, Wei Gao, Isaac Fradkin, and Lisa Feldman Barrett, "Growing a Social Brain," *Nature Human Behaviour* 2, no. 9 (September 2018): 624–36, https://doi.org/10.1038/s41562-018-0384-6.

29 Michael Numan and Larry J. Young, "Neural Mechanisms of Mother-Infant Bonding and Pair Bonding: Similarities, Differences, and Broader Implications," in "Parental Care," ed. Alison S. Fleming, Frederic Lévy, and Joe S. Lonstein, special issue, *Hormones and Behavior* 77 (January 2016): 98–112, https://doi.org/10.1016/j.yhbeh.2015.05.015.

30 Ruth Feldman, "Bio-Behavioral Synchrony: A Model for Integrating Biological and Microsocial Behavioral Processes in the Study of Parenting," *Parenting* 12, no. 2–3 (June 14, 2012): 154–64, https://doi.org/10.1080/15295192.2012.683342.

31 Ortal Shimon-Raz, Roy Salomon, Miki Bloch, Gabi Aisenberg Romano, Yaara Yeshurun, Adi Ulmer Yaniv, Orna Zagoory-Sharon, and Ruth Feldman, "Mother Brain Is Wired for Social Moments," *eLife* 10 (2021), e59436, https://doi.org/10.7554/eLife.59436.

32 Ruth Feldman, "The Neurobiology of Human Attachments," *Trends in Cognitive Sciences* 21, no. 2 (February 2017): 80–99, https://doi.org/10.1016/j.tics.2016.11.007.

33 Ruth Feldman, "The Adaptive Human Parental Brain: Implications for Children's Social Development," *Trends in Neurosciences* 38, no. 6 (June 2015): 387–99, https://doi.org/10.1016/j.tins.2015.04.004.

34 Atzil et al., "Growing a Social Brain," https://doi.org/10.1038/s41562-018-0384-6.

35 Shir Atzil, Alexandra Touroutoglou, Tali Rudy, Stephanie Salcedo, Ruth Feldman, Jacob M. Hooker, Bradford C. Dickerson, Ciprian Catana, and Lisa Feldman Barrett, "Dopamine in the Medial Amygdala Network Mediates Human Bonding," *Proceedings of the National Academy of Sciences* 114, no. 9 (February 28, 2017): 2361–66, https://doi.org/10.1073/pnas.1612233114.

36 Daniel S. Quintana, Jaroslav Rokicki, Dennis van der Meer, Dag Alnæs, Tobias Kaufmann, Aldo Córdova-Palomera, Ingrid Dieset, Ole A. Andreassen, and Lars T. Westlye, "Oxytocin Pathway Gene Networks in the Human Brain," *Nature Communications* 10, no. 1 (February 8, 2019): 668, https://doi.org/10.1038/s41467-019-08503-8; Benjamin Jurek and Inga D. Neumann, "The Oxytocin Receptor: From Intracellular Signaling to Behavior," *Physiological Reviews* 98, no. 3 (July 2018): 1805–908, https://doi.org/10.1152/physrev.00031.2017; and M. L. Boccia, P. Petrusz, K. Suzuki, L.

Marson, and C. A. Pedersen, "Immunohistochemical Localization of Oxytocin Receptors in Human Brain," *Neuroscience* 253 (December 3, 2013): 155–64, https://doi.org/10.1016/j.neuroscience.2013.08.048.

37 Atzil et al., "Dopamine Mediates Human Bonding," https://doi.org/10.1073/pnas.1612233114; and Ruth Feldman and Marian J. Bakermans-Kranenburg, "Oxytocin: A Parenting Hormone," in "Parenting," ed. Marinus H. van IJzendoorn and Marian J. Bakermans-Kranenburg, special issue, *Current Opinion in Psychology* 15 (June 1, 2017): 13–18, https://doi.org/10.1016/j.copsyc.2017.02.011.

38 Quintana et al., "Oxytocin Pathway Gene Networks," https://doi.org/10.1038/s41467-019-08503-8; and Brian Resnick, "Oxytocin, the So-Called 'Hug Hormone,' Is Way More Sophisticated Than We Thought," Vox, February 13, 2019, https://www.vox.com/science-and-health/2019/2/13/18221876/oxytocin-morality-valentines.

39 C. F. Ferris, K. B. Foote, H. M. Meltser, M. G. Plenby, K. L. Smith, and T. R. Insel, "Oxytocin in the Amygdala Facilitates Maternal Aggression," *Annals of the New York Academy of Sciences* 652, no. 1 (June 1992): 456–57, https://doi.org/10.1111/j.1749-6632.1992.tb34382.x.

40 Daniel S. Quintana and Adam J. Guastella, "An Allostatic Theory of Oxytocin," *Trends in Cognitive Sciences* 24, no. 7 (July 1, 2020): 515–28, https://doi.org/10.1016/j.tics.2020.03.008.

41 Carla Márquez, Humberto Nicolini, Michael J. Crowley, and Rodolfo Solís-Vivanco, "Early Processing (N170) of Infant Faces in Mothers of Children with Autism Spectrum Disorder and Its Association with Maternal Sensitivity," *Autism Research* 12, no. 5 (May 2019): 744–58, https://doi.org/10.1002/aur.2102.

42 This work builds on published research by Pereira and co-investigator Annabel Ferreira looking at how mother rats adjust their behavior to demanding pups. Mariana Pereira and Annabel Ferreira, "Demanding Pups Improve Maternal Behavioral Impairments in Sensitized and Haloperidol-Treated Lactating Female Rats," *Behavioural Brain Research* 175, no. 1 (November 25, 2006): 139–48, https://doi.org/10.1016/j.bbr.2006.08.013.

43 Jonathan Levy, Kaisu Lankinen, Maria Hakonen, and Ruth Feldman, "The Integration of Social and Neural Synchrony: A Case for Ecologically Valid Research Using MEG Neuroimaging," *Social Cognitive and Affective Neuroscience* 16, no. 1–2 (February 2021): 143–52, https://doi.org/10.1093/scan/nsaa061; and Riitta Hari, Linda Henriksson, Sanna Malinen, and Lauri Parkkonen, "Centrality of Social Interaction in Human Brain Function," *Neuron* 88, no. 1 (October 7, 2015): 181–93, https:// doi.org/10.1016/j.neuron.2015.09.022.

44 John Maubray, *The Female Physician* (London: James Holland, 1724), 75, http://archive.org/details/femalephysicianc00maub.

45 Charles J. Bayer, *Maternal Impressions: A Study of Child Life before and after Birth, and Their Effect upon Individual Life and Character* (Winona, MN: Jones & Kroeger, 1897), 13, 138–39, 147, 194–95, 251, http://archive.org/details/maternalimpressi00bayeiala.

46 For more on the modern trajectory of this old idea, see Lyz Lenz, *Belabored: A Vindication of the Rights of Pregnant Women* (New York: Bold Type Books, 2020).

47 W. T. Councilman, "Remarks on Maternal Impressions," *Boston Medical and Surgical Journal* 136, no. 2 (January 14, 1897): 32–34, https://doi.org/10.1056/NEJM189701141360203.

48 Sarah S. Richardson, *The Maternal Imprint: The Contested Science of Maternal-Fetal Effects* (Chicago: University of Chicago Press, 2021), 85.
49 Donna Bassin, Margaret Honey, and Meryle Mahrer Kaplan, eds., *Representations of Motherhood* (New Haven, CT: Yale University Press, 1994), 5.
50 As quoted in Erica Burman, *Deconstructing Developmental Psychology*, 2nd ed. (London: Routledge, 2008), 16–17.
51 Marjorie Lorch and Paula Hellal, "Darwin's 'Natural Science of Babies,'" *Journal of the History of the Neurosciences* 19, no. 2 (April 2010): 140–57, https://doi.org/10.1080/09647040903504823.
52 Sarah Menkedick, *Ordinary Insanity: Fear and the Silent Crisis of Motherhood in America* (New York: Pantheon, 2020), 199.
53 Rima D. Apple, *Perfect Motherhood: Science and Childrearing in America* (New Brunswick, NJ: Rutgers University Press, 2006), 6, 37–39, 53–54.
54 John B. Watson, *Psychological Care of Infant and Child* (London: W. W. Norton, 1928), 69–77.
55 B. R. Hergenhahn and Tracy Henley, *An Introduction to the History of Psychology*, 7th ed. (Belmont, CA: Wadsworth Cengage Learning, 2014), 392.
56 Robert Coughlan, "How to Survive Parenthood," *Life*, June 26, 1950.
57 AApple, *Perfect Motherhood*, 134.
58 Shari L. Thurer, *The Myths of Motherhood: How Culture Reinvents the Good Mother* (Boston: Houghton Mifflin Harcourt, 1994), 258–61.
59 Most notably, perhaps, this cover story: Kate Pickert, "The Man Who Remade Motherhood," *Time*, May 21, 2012, http://content.time.com/time/subscriber/article/0,33009,2114427,00.html.
60 William Sears and Martha Sears, *The Attachment Parenting Book: A Commonsense Guide to Understanding and Nurturing Your Baby* (Boston: Little, Brown, 2001), 4.
61 Shir Atzil, Talma Hendler, and Ruth Feldman, "Specifying the Neurobiological Basis of Human Attachment: Brain, Hormones, and Behavior in Synchronous and Intrusive Mothers," *Neuropsychopharmacology* 36, no. 13 (December 2011): 2603–15, https://doi.org/10.1038/npp.2011.172.
62 Ewa A. Miendlarzewska and Wiebke J. Trost, "How Musical Training Affects Cognitive Development: Rhythm, Reward and Other Modulating Variables," *Frontiers in Neuroscience* 7 (January 2014), https://doi.org/10.3389/fnins.2013.00279.
63 Christine E. Parsons, Katherine S. Young, Mikkel V. Petersen, Else-Marie Jegindoe Elmholdt, Peter Vuust, Alan Stein, and Morten L. Kringelbach, "Duration of Motherhood Has Incremental Effects on Mothers' Neural Processing of Infant Vocal Cues: A Neuroimaging Study of Women," *Scientific Reports* 7, no. 1 (May 11, 2017): 1727, https://doi.org/10.1038/s41598-017-01776-3.
64 Katherine S. Young, C. E. Parsons, A. Stein, and M. L. Kringelbach, "Interpreting Infant Vocal Distress: The Ameliorative Effect of Musical Training in Depression," *Emotion* 12, no. 6(2012): 1200–205, https://doi.org/10.1037/a0028705.
65 I'm With Her, "Toy Heart / Marry Me / Jerusalem," performed at *Live from Here*, June 15, 2019, YouTube video, 9:51, posted June 16, 2019, by *Live from Here*, https://www.youtube.com/watch?v=qbEfK-LsMSc.
66 Maurice Sendak, *Where the Wild Things Are*, reprint ed. (New York: HarperCollins, 1984).

5장 고대의 가계도

1 Sarah Blaffer Hrdy, *Mothers and Others: The Evolutionary Origins of Mutual Understanding* (Cambridge, MA: Belknap Press, 2009), 92–93.

2 Hrdy, *Mothers and Others*, 140.

3 Kristen Hawkes, "The Centrality of Ancestral Grandmothering in Human Evolution," *Integrative and Comparative Biology* 60, no. 3 (September 1, 2020): 765–81, https://doi.org/10.1093/icb/icaa029.

4 Hrdy, *Mothers and Others*.

5 "Edward O. Wilson, *Sociobiology: The New Synthesis* (Cambridge, MA: Belknap Press, 1975), 349.

6 Eyal Abraham, Talma Hendler, Irit Shapira-Lichter, Yaniv Kanat-Maymon, Orna Zagoory-Sharon, and Ruth Feldman, "Father's Brain Is Sensitive to Childcare Experiences," *Proceedings of the National Academy of Sciences* 111, no. 27 (July 8, 2014): 9792–97, https://doi.org/10.1073/pnas.1402569111; and E. R. Glasper, W. M. Kenkel, J. Bick, and J. K. Rilling, "More Than Just Mothers: The Neurobiological and Neuroendocrine Underpinnings of Allomaternal Caregiving," in "Parental Brain," ed. Susanne Brummelte and Benedetta Leuner, special issue, *Frontiers in Neuroendocrinology* 53 (April 2019): 100741, https://doi.org/10.1016/j.yfrne.2019.02.005.

7 As quoted in Marion Thomas, "Are Women Naturally Devoted Mothers? Fabre, Perrier, and Giard on Maternal Instinct in France under the Third Republic," *Journal of the History of the Behavioral Sciences* 50, no. 3 (June 2014): 280–301, https://doi.org/10.1002/jhbs.21666.

8 Marga Vicedo, *The Nature and Nurture of Love: From Imprinting to Attachment in Cold War America*, illustrated ed. (Chicago: University of Chicago Press, 2013), 67–68.

9 Konrad Z. Lorenz, "The Companion in the Bird's World," *Auk* 54, no. 3 (July 1937): 245–73, https://doi.org/10.2307/4078077.

10 John Bowlby, *Attachment and Loss*, vol. 1, *Attachment*, 2nd ed. (New York: Basic Books, 1982), 184.

11 Hrdy, *Mothers and Others*, 84.

12 Bowlby, *Attachment and Loss*, vol. 1, *Attachment*, 199.

13 Hrdy, *Mothers and Others*, 68.

14 Hrdy, *Mothers and Others*, 85–92.

15 Peter Jordan, "The Ethnohistory and Anthropology of 'Modern' Hunter-Gatherers," in *The Oxford Handbook of the Archaeology and Anthropology of Hunter-Gatherers*, ed. Vicki Cummings, Peter Jordan, and Marek Zvelebil (Oxford: Oxford University Press, 2014), https://doi.org/10.1093/oxfordhb/9780199551224.013.030; and Carol R. Ember, "Hunter-Gatherers (Foragers)," in *Explaining Human Culture*, ed. C. R. Ember, Human Relations Area Files, last modified June 1, 2020, http://hraf.yale.edu/ehc/summaries/hunter-gatherers.

16 Hrdy, *Mothers and Others*, 73–75.

17 "Hrdy, *Mothers and Others*, 73.

18 Kristen Hawkes, James O'Connell, and Nicholas Blurton Jones, "Hunter-Gatherer Studies and Human Evolution: A Very Selective Review," in "Centennial Anniversary Issue of AJPA," special issue, *American Journal of Physical Anthropology* 165, no. 4 (April 2018): 777–800, https://doi.org/10.1002/ajpa.23403.

19 Hawkes, O'Connell, and Blurton Jones, "Hunter-Gatherer Studies and Human Evolution," https://doi.org/10.1002/ajpa.23403.

20 Kristen Hawkes, James F. O'Connell, and Nicholas Blurton Jones, "Hard-

working Hadza Grandmothers," in *Comparative Socioecology: The Behavioural Ecology of Humans and Other Mammals*, ed. V. Standen and R. A. Foley (Oxford: Blackwell Scientific Publications, 1989), 341–66; and Hawkes, O'Connell, and Blurton Jones, "Hunter-Gatherer Studies and Human Evolution," https://doi.org/10.1002/ajpa.23403.

21 "Hawkes, O'Connell, and Blurton Jones, "Hunter-Gatherer Studies and Human Evolution," https://doi.org/10.1002/ajpa.23403.

22 Hrdy, *Mothers and Others*, 101.

23 Hawkes, "Ancestral Grandmothering," https://doi.org/10.1093/icb/icaa029.

24 Rebecca Sear and Ruth Mace, "Who Keeps Children Alive? A Review of the Effects of Kin on Child Survival," *Evolution and Human Behavior* 29, no. 1 (January 2008): 1–18, https://doi.org/10.1016/j.evolhumbehav.2007.10.001.

25 Simon N. Chapman, Jenni E. Pettay, Virpi Lummaa, and Mirkka Lahdenperä, "Limits to Fitness Benefits of Prolonged Post-Reproductive Lifespan in Women," *Current Biology* 29, no. 4 (February 18, 2019): 645–650.e3, https://doi.org/10.1016/j.cub.2018.12.052.

26 Sacha C. Engelhardt, Patrick Bergeron, Alain Gagnon, Lisa Dillon, and Fanie Pelletier, "Using Geographic Distance as a Potential Proxy for Help in the Assessment of the Grandmother Hypothesis," *Current Biology* 29, no. 4 (February 18, 2019): 651–56.e3, https://doi.org/10.1016/j.cub.2019.01.027.

27 Lee T. Gettler, "Direct Male Care and Hominin Evolution: Why Male–Child Interaction Is More Than a Nice Social Idea," *American Anthropologist* 112, no. 1 (March 2010): 7–21, https://doi.org/10.1111/j.1548-1433.2009.01193.x; Kim Hill and A. Magdalena Hurtado, "Cooperative Breeding in South American Hunter–Gatherers," *Proceedings of the Royal Society B: Biological Sciences* 276, no. 1674 (November 7, 2009): 3863–70, https://doi.org/10.1098/rspb.2009.1061; and Hillard Kaplan, Kim Hill, Jane Lancaster, and A. Magdalena Hurtado, "A Theory of Human Life History Evolution: Diet, Intelligence, and Longevity," *Evolutionary Anthropology* 9, no. 4 (2000): 156–85, https://doi.org/10.1002/1520-6505(2000)9:4〈156::AID-EVAN5〉3.0.CO;2-7. One long-standing obstacle to the grandmother hypothesis was the belief that ancestral human mothers would not have stayed near their own mothers in adulthood but would have moved to another group to mate. It turns out that was based—surprise, surprise—on inaccurate assumptions about the behavior of women in modern hunter-gatherer communities and an incomplete record of behavior among nonhuman apes, which do sometimes stay with their matrilineal group. See Hrdy, *Mothers and Others*, 239–47.

28 Stephanie Coontz, *The Way We Never Were: American Families and the Nostalgia Trap*, reprint ed. (New York: Basic Books, 1992).

29 Hrdy, *Mothers and Others*, 119–21.

30 Hawkes, "Ancestral Grandmothering," https://doi.org/10.1093/icb/icaa029; and Kristen Hawkes and Barbara L. Finlay, "Mammalian Brain Development and Our Grandmothering Life History," in "Evolutionary Perspectives on Non-Maternal Care in Mammals: Physiology, Behavior, and Developmental Effects," ed. Stacy Rosenbaum and Lee T. Gettler, special issue, *Physiology & Behavior* 193, part A (September 1, 2018): 55–68, https://doi.org/10.1016/j.physbeh.2018.01.013.

31 Hrdy, *Mothers and Others*, 121.

32 Elseline Hoekzema, Erika Barba-Müller, Cristina Pozzobon, Marisol Picado, Florencio Lucco, David García-García, Juan Carlos Soliva, et al., "Pregnancy Leads to Long-Lasting Changes in Human Brain Structure," *Nature Neuroscience* 20, no. 2 (2017): 287–96, https://doi.org/10.1038/nn.4458.

33 Elseline Hoekzema, Christian K. Tamnes, Puck Berns, Erika Barba-Müller, Cristina Pozzobon, Marisol Picado, Florencio Lucco, et al., "Becoming a Mother Entails Anatomical Changes in the Ventral Striatum of the Human Brain That Facilitate Its Responsiveness to Offspring Cues," *Psychoneuroendocrinology* 112 (February 2020): 104507, https://doi.org/10.1016/j.psyneuen.2019.104507.

34 María Paternina-Die, Magdalena Martínez-García, Clara Pretus, Elseline Hoekzema, Erika Barba-Müller, Daniel Martín de Blas, Cristina Pozzobon, et al., "The Paternal Transition Entails Neuroanatomic Adaptations That Are Associated with the Father's Brain Response to His Infant Cues," *Cerebral Cortex Communications* 1, no. 1 (2020), https://doi.org/10.1093/texcom/tgaa082.

35 Magdalena Martínez-García, María Paternina-Die, Erika Barba-Müller, Daniel Martín de Blas, Laura Beumala, Romina Cortizo, Cristina Pozzobon, et al., "Do Pregnancy-Induced Brain Changes Reverse? The Brain of a Mother Six Years after Parturition," *Brain Sciences* 11, no. 2 (January 28, 2021), https://doi.org/10.3390/brainsci11020168.

36 Pilyoung Kim, J. F. Leckman, L. C. Mayes, R. Feldman, X. Wang, and J. E. Swain, "The Plasticity of Human Maternal Brain: Longitudinal Changes in Brain Anatomy during the Early Postpartum Period," *Behavioral Neuroscience* 124, no. 5 (October 2010): 695–700, https://doi.org/10.1037/a0020884.

37 Eileen Luders, Florian Kurth, Malin Gingnell, Jonas Engman, Eu-Leong Yong, Inger S. Poromaa, and Christian Gaser, "From Baby Brain to Mommy Brain: Widespread Gray Matter Gain after Giving Birth," *Cortex* 126 (May 2020): 334–42, https://doi.org/10.1016/j.cortex.2019.12.029.

38 Erika Barba-Müller, Sinéad Craddock, Susanna Carmona, and Elseline Hoekzema, "Brain Plasticity in Pregnancy and the Postpartum Period: Links to Maternal Caregiving and Mental Health," *Archives of Women's Mental Health* 22, no. 2 (April 2019): 289–99, https://doi.org/10.1007/s00737-018-0889-z; and Pilyoung Kim, Alexander J. Dufford, and Rebekah C. Tribble, "Cortical Thickness Variation of the Maternal Brain in the First 6 Months Postpartum: Associations with Parental Self-Efficacy," *Brain Structure & Function* 223, no. 7 (September 2018): 3267–77, https://doi.org/10.1007/s00429-018-1688-z.

39 Benedetta Leuner and Sara Sabihi, "The Birth of New Neurons in the Maternal Brain: Hormonal Regulation and Functional Implications," *Frontiers in Neuroendocrinology* 41 (April 2016): 99–113, https://doi.org/10.1016/j.yfrne.2016.02.004; and Rand S. Eid, Jessica A. Chaiton, Stephanie E. Lieblich, Tamara S. Bodnar, Joanne Weinberg, and Liisa A. M. Galea, "Early and Late Effects of Maternal Experience on Hippocampal Neurogenesis, Microglia, and the Circulating Cytokine Milieu," *Neurobiology of Aging* 78 (June 2019): 1–17, https://doi.org/10.1016/j.neurobiolaging.2019.01.021.

40 Susanna Carmona, Magdalena Martínez-García, María Paternina-Die, Erika Barba-Müller, Lara M. Wierenga, Yasser Alemán-Gómez, Clara Pretus, et al., "Pregnancy and Adolescence Entail Similar Neuroanatomical Adaptations: A Comparative Analysis of Cerebral Morphometric Changes," *Human Brain Mapping* 40, no. 7 (January 20, 2019): 2143–52, https://doi.org/10.1002/hbm.24513.

41 Michal Schnaider Beeri, Michael Rapp, James Schmeidler, Abraham Reichenberg, Dushyant P. Purohit, Daniel P. Perl, Hillel T. Grossman, Isak Prohovnik, Vahram Haroutunian, and Jeremy M. Silverman, "Number of Children Is Associated with Neuropathology of Alzheimer's Disease in

Women," *Neurobiology of Aging* 30, no. 8 (August 2009): 1184–91, https://doi.org/10.1016/j.neurobiolaging.2007.11.011.

42 Ann-Marie G. de Lange, Tobias Kaufmann, Dennis van der Meer, Luigi A. Maglanoc, Dag Alnæs, Torgeir Moberget, Gwenaëlle Douaud, Ole A. Andreassen, and Lars T. Westlye, "Population-Based Neuroimaging Reveals Traces of Childbirth in the Maternal Brain," *Proceedings of the National Academy of Sciences* 116, no. 44 (October 29, 2019): 22341–46, https://doi.org/10.1073/pnas.1910666116; and Ann-Marie G. de Lange, Claudia Barth, Tobias Kaufmann, Melis Anatürk, Sana Suri, Klaus P. Ebmeier, and Lars T. Westlye, "The Maternal Brain: Region-Specific Patterns of Brain Aging Are Traceable Decades after Childbirth," *Human Brain Mapping* 41, no. 16 (August 7, 2020): 4718–29, https://doi.org/10.1002/hbm.25152.

43 Irene Voldsbekk, Claudia Barth, Ivan I. Maximov, Tobias Kaufmann, Dani Beck, Genevieve Richard, Torgeir Moberget, Lars T. Westlye, and Ann-Marie de Lange, "A History of Previous Childbirths Is Linked to Women's White Matter Brain Age in Midlife and Older Age," *Human Brain Mapping* 42, no. 13 (September 2021): 4372–86, https://doi.org/10.1002/hbm.25553.

44 Kaida Ning, Lu Zhao, Meredith Franklin, Will Matloff, Ishaan Batta, Nibal Arzouni, Fengzhu Sun, and Arthur W. Toga, "Parity Is Associated with Cognitive Function and Brain Age in Both Females and Males," *Scientific Reports* 10, no. 1 (April 8, 2020): 6100, https://doi.org/10.1038/s41598-020-63014-7.

45 De Lange et al., "Maternal Brain," https://doi.org/10.1002/hbm.25152; and Claudia Barth and Ann-Marie G. de Lange, "Towards an Understanding of Women's Brain Aging: The Immunology of Pregnancy and Menopause," in "Beyond Sex Differences: A Spotlight on Women's Brain Health," ed. Liisa Galea, Emily Jacobs, and Ann-Marie de Lange, special issue, *Frontiers in Neuroendocrinology* 58 (July 2020): 100850, https:// doi.org/10.1016/j.yfrne.2020.100850.

46 Edwina R. Orchard, Phillip G. D. Ward, Francesco Sforazzini, Elsdon Storey, Gary F. Egan, and Sharna D. Jamadar, "Relationship between Parenthood and Cortical Thickness in Late Adulthood," *PLoS ONE* 15, no. 7 (July 28, 2020): e0236031, https://doi.org/10.1371/journal.pone.0236031.

47 Edwina R. Orchard, Phillip G. D. Ward, Sidhant Chopra, Elsdon Storey, Gary F. Egan, and Sharna D. Jamadar, "Neuroprotective Effects of Motherhood on Brain Function in Late Life: A Resting-State fMRI Study," *Cerebral Cortex* 31, no. 2 (February 2021): 1270–83, https://doi.org/10.1093/cercor/bhaa293.

48 Barry S. Hewlett, *Intimate Fathers: The Nature and Context of Aka Pygmy Paternal Infant Care* (Ann Arbor: University of Michigan Press, 1992), 126, 168; Hrdy, *Mothers and Others*.

49 Pilyoung Kim, Paola Rigo, Linda C. Mayes, Ruth Feldman, James F. Leckman, and James E. Swain, "Neural Plasticity in Fathers of Human Infants," *Social Neuroscience* 9, no. 5 (October 2014): 522–35, https://doi.org/10.1080/17470919.2014.933713.

50 Ning et al., "Parity Is Associated with Cognitive Function," https://doi.org/10.1038/s41598-020-63014-7.

51 Marian C. Diamond, Ruth E. Johnson, and Carol Ingham, "Brain Plasticity Induced by Environment and Pregnancy," *International Journal of Neuroscience* 2, no. 4–5 (1971): 171–78, https://doi.org/10.3109/00207457109146999.

52 Orchard et al., "Neuroprotective Effects of Motherhood," https://doi.org/10.1093/cercor/bhaa293.

53 Paula Duarte-Guterman, Benedetta Leuner, and Liisa A. M. Galea, "The Long

and Short Term Effects of Motherhood on the Brain," in "Parental Brain," ed. Susanne Brummelte and Benedetta Leuner, special issue, *Frontiers in Neuroendocrinology* 53 (April 1, 2019): 100740, https://doi.org/10.1016/j.yfrne.2019.02.004; and Roksana Karim, Ha Dang, Victor W. Henderson, Howard N. Hodis, Jan St. John, Robert D. Brinton, and Wendy J. Mack, "Effect of Reproductive History and Exogenous Hormone Use on Cognitive Function in Mid and Late Life," *Journal of the American Geriatrics Society* 64, no. 12 (December 2016): 2448–56, https://doi.org/10.1111/jgs.14658; and Michelle Heys, Chaoqiang Jiang, Kar Keung Cheng, Weisen Zhang, Shiu Lun Au Yeung, Tai Hing Lam, Gabriel M. Leung, and C. Mary Schooling, "Life Long Endogenous Estrogen Exposure and Later Adulthood Cognitive Function in a Population of Naturally Postmenopausal Women from Southern China: The Guangzhou Biobank Cohort Study," *Psychoneuroendocrinology* 36, no. 6 (July 2011): 864–73, https://doi.org/10.1016/j.psyneuen.2010.11.009.

54 Beeri et al., "Number of Children Is Associated with Alzheimer's Disease," https://doi.org/10.1016/j.neurobiolaging.2007.11.011; and Hyesue Jang, Jong Bin Bae, Efthimios Dardiotis, Nikolaos Scarmeas, Peminder S. Sachdev, Darren M. Lipnicki, Ji Won Han, et al., "Differential Effects of Completed and Incomplete Pregnancies on the Risk of Alzheimer Disease," *Neurology* 91, no. 7 (August 14, 2018): e643–51, https://doi.org/10.1212/WNL.0000000000006000.

55 Molly Fox, Carlo Berzuini, and Leslie A. Knapp, "Cumulative Estrogen Exposure, Number of Menstrual Cycles, and Alzheimer's Risk in a Cohort of British Women," *Psychoneuroendocrinology* 38, no. 12 (December 2013): 2973–82, https://doi.org/10.1016/j.psyneuen.2013.08.005.

56 See reviews: Duarte-Guterman, Leuner, and Galea, "Effects of Motherhood on the Brain," https://doi.org/10.1016/j.yfrne.2019.02.004; and Nicholas P. Deems and Benedetta Leuner, "Pregnancy, Postpartum and Parity: Resilience and Vulnerability in Brain Health and Disease," *Frontiers in Neuroendocrinology* 57 (April 2020): 100820, https://doi.org/10.1016/j.yfrne.2020.100820.

57 Liisa A. M. Galea, Wansu Qiu, and Paula Duarte-Guterman, "Beyond Sex Differences: Short and Long-Term Implications of Motherhood on Women's Health," in "Sex Differences," ed. Susan Howlett and Stephen Goodwin, special issue, *Current Opinion in Physiology* 6 (December 2018): 82–88, https://doi.org/10.1016/j.cophys.2018.06.003; and Eid et al., "Early and Late Effects of Maternal Experience," https://doi.org/10.1016/j.neurobiolaging.2019.01.021.

58 James K. Rilling, Amber Gonzalez, and Minwoo Lee, "The Neural Correlates of Grandmaternal Caregiving," *Proceedings of the Royal Society B* 288, no. 1963 (November 24, 2021): 20211997, https://doi.org/10.1098/rspb.2021.1997.

59 Wilson, *Sociobiology*, 349.

60 Michael Griesser, Szymon M. Drobniak, Shinichi Nakagawa, and Carlos A. Botero, "Family Living Sets the Stage for Cooperative Breeding and Ecological Resilience in Birds," *PLoS Biology* 15, no. 6 (June 2017): e2000483, https://doi.org/10.1371/journal.pbio.2000483; Judith M. Burkart, Carel van Schaik, and Michael Griesser, "Looking for Unity in Diversity: Human Cooperative Childcare in Comparative Perspective," *Proceedings of the Royal Society B: Biological Sciences* 284, no. 1869 (December 20, 2017): 20171184, https://doi.org/10.1098/rspb.2017.1184; and Dieter Lukas and Tim Clutton-Brock, "Cooperative Breeding and Monogamy in Mammalian Societies,"

Proceedings of the Royal Society B: Biological Sciences 279, no. 1736 (June 7, 2012): 2151–56, https://doi.org/10.1098/rspb.2011.2468.
61 Griesser et al., "Family Living Sets the Stage," https://doi.org/10.1371/journal.pbio.2000483.
62 Lisa Horn, Thomas Bugnyar, Michael Griesser, Marietta Hengl, Ei-Ichi Izawa, Tim Oortwijn, Christiane Rössler, et al., "Sex-Specific Effects of Cooperative Breeding and Colonial Nesting on Prosociality in Corvids," *eLife* 9 (October 20, 2020): e58139, https://doi.org/10.7554/eLife.58139.
63 "About Crows," Mass Audubon, accessed June 22, 2021, https://www.massaudubon.org/learn/nature-wildlife/birds/crows/about.
64 Jessica Grose, "America's Mothers Are in Crisis," *New York Times*, February 4, 2021, https://www.nytimes.com/2021/02/04/parenting/working-moms-mental-health-coronavirus.html.
65 Mike DeBonis, "'Lefty Social Engineering': GOP Launches Cultural Attack on Biden's Plan for Day Care, Education and Employee Leave," *Washington Post*, April 30, 2021, https://www.washingtonpost .com /politics /lefty -social -engineering -gop -launches-cultural-attack-on-bidens-plan-for-day-care-education-and-employee-leave/2021/04/30/38983b6e-a9bc-11eb-8c1a-56f0cb4ff3b5_story.html; and Mical Raz, "The Secret to Passing Biden's Child Care Plan? Convincing People It Helps All Kids," *Washington Post*, May 17, 2021, https://www.washingtonpost.com/outlook/2021/05/17/secret-passing-bidens-child-care-plan-explaining-how-it-helps-all-kids/.

6장 돌봄 본능

1 Tali Kimchi, Jennings Xu, and Catherine Dulac, "A Functional Circuit Underlying Male Sexual Behaviour in the Female Mouse Brain," *Nature* 448, no. 7157 (August 2007): 1009–14, https://doi.org/10.1038/nature06089; and Zheng Wu, Anita E. Autry, Joseph E. Bergan, Mitsuko Watabe-Uchida, and Catherine G. Dulac, "Galanin Neurons in the Medial Preoptic Area Govern Parental Behaviour," *Nature* 509, no. 7500 (May 2014): 325–30, https://doi.org/10.1038/nature13307.
2 Michael J. Baum, "Sexual Differentiation of Pheromone Processing: Links to Male-Typical Mating Behavior and Partner Preference," in "50th Anniversary of the Publication of Phoenix, Goy, Gerall & Young 1959: Organizational Effects of Hormones," ed. Kim Wallen, special issue, *Hormones and Behavior* 55, no. 5 (May 2009): 579–88, https://doi.org/10.1016/j.yhbeh.2009.02.008.
3 For a good discussion about the history of the science of sexual differentiation of the brain, see Margaret M. McCarthy and Arthur P. Arnold, "Reframing Sexual Differentiation of the Brain," *Nature Neuroscience* 14, no. 6 (June 2011): 677–83, https://doi.org/10.1038/nn.2834. It's interesting to note that a lot of the early work on the parental brain also challenged the idea of separate circuits, separate sexes.
4 Rebecca M. Shansky and Anne Z. Murphy, "Considering Sex as a Biological Variable Will Require a Global Shift in Science Culture," *Nature Neuroscience* 24, no. 4 (April 2021): 457–64, https://doi.org/10.1038/s41593-021-00806-8; Rebecca M. Shansky, "Are Hormones a 'Female Problem' for Animal Research?," *Science* 364, no. 6443 (May 31, 2019): 825–26, https://doi.org/10.1126/science.aaw7570; Ann-Marie G. de Lange, Emily G. Jacobs, and Liisa A. M. Galea, "The Scientific Body of Knowledge: Whose Body Does It Serve? A Spotlight on Women's Brain Health," in "Beyond Sex Differences: A

Spotlight on Women's Brain Health," ed. Liisa A. M. Galea, Emily G. Jacobs, and Ann-Marie G. de Lange, special issue, *Frontiers in Neuroendocrinology* 60 (January 2021): 100898, https://doi.org/10.1016/j.yfrne.2020.100898; and Liisa A. M. Galea, "Chasing Red Herrings and Wild Geese: Sex Differences versus Sex Dimorphism," *Frontiers in Neuroendocrinology* 63 (October 2021): 100940, https://doi.org/10.1016/j.yfrne.2021.100940.

5 Larry Cahill, "Equal ≠ the Same: Sex Differences in the Human Brain," *Cerebrum* (blog), Dana Foundation, April 1, 2014, https:// www.dana.org/article/equal-≠-the-same-sex-differences-in-the-human-brain/; and Cordelia Fine, Daphna Joel, Rebecca Jordan-Young, Anelis Kaiser, and Gina Rippon, "Reaction to 'Equal ≠ the Same: Sex Differences in the Human Brain,'" *Cerebrum* (blog), Dana Foundation, December 15, 2014, https://dana.org/article/reaction-to-equal-≠-the-same-sex-differences-in-the-human-brain/.

6 Piotr Sorokowski et al., "Sex Differences in Human Olfaction: A Meta-Analysis," *Frontiers in Psychology* 10 (February 13, 2019): 242, https://doi.org/10.3389/fpsyg.2019.00242.

7 Catherine S. Woolley, "His and Hers: Sex Differences in the Brain," *Cerebrum* (blog), Dana Foundation, January 15, 2021, https://dana.org/article/cerebrum-sex-differences-in-the-brain/.

8 "Johannes Kohl, Anita E. Autry, and Catherine Dulac, "The Neurobiology of Parenting: A Neural Circuit Perspective," *BioEssays* 39, no. 1 (January 2017): 1–11, https://doi.org/10.1002/bies.201600159.

9 Jay S. Rosenblatt, Senator Hazelwood, and Jekeisa Poole, "Maternal Behavior in Male Rats: Effects of Medial Preoptic Area Lesions and Presence of Maternal Aggression," *Hormones and Behavior* 30, no. 3(September 1996): 201–15, https://doi.org/10.1006/hbeh.1996.0025.

10 Catherine Dulac, Lauren A. O'Connell, and Zheng Wu, "Neural Control of Maternal and Paternal Behaviors," *Science* 345, no. 6198 (August 15, 2014): 765–70, https://doi.org/10.1126/science.1253291.

11 "James K. Rilling and Jennifer S. Mascaro, "The Neurobiology of Fatherhood," in "Parenting," ed. Marinus H. van IJzendoorn and Marian J. Bakermans-Kranenburg, special issue, *Current Opinion in Psychology* 15 (June 1, 2017): 26–32, https://doi.org/10.1016/j.copsyc.2017.02.013.

12 Sarah Blaffer Hrdy, *Mothers and Others: The Evo lutionary Origins of Mutual Understanding* (Cambridge, MA: Belknap Press, 2009), 161–62.

13 Ariel Ramchandani, "She Got Pregnant. His Body Changed Too," *Atlantic*, June 3, 2021, https://www.theatlantic.com/family/archive/2021/06/when-men-get-pregnancy-symptoms-couvade-syndrome/619083/.

14 Marian J. Bakermans-Kranenburg, Anna Lotz, Kim Alyousefi-van Dijk, and Marinus van IJzendoorn, "Birth of a Father: Fathering in the First 1,000 Days," *Child Development Perspectives* 13, no. 4 (December 2019): 247–53, https://doi.org/10.1111/cdep.12347; and Hrdy, *Mothers and Others*, 98.

15 Anne E. Storey, Carolyn J. Walsh, Roma L. Quinton, and Katherine E. Wynne-Edwards, "Hormonal Correlates of Paternal Responsiveness in New and Expectant Fathers," *Evolution and Human Behavior* 21, no. 2 (March 2000): 79–95, https://doi.org/10.1016/S1090-5138(99)00042-2.

16 Anne E. Storey, Hayley Alloway, and Carolyn J. Walsh, "Dads: Progress in Understanding the Neuroendocrine Basis of Human Fathering Behavior," in "50th Anniversary of Hormones and Behavior: Past Accomplishments and Future Directions in Behavioral Neuroendocrinology," ed. Cheryl McCormick, special issue, *Hormones and Behavior* 119 (March 2020): 104660,

https://doi.org/10.1016/j.yhbeh.2019.104660.

17 Nicholas M. Grebe et al., "Pair-Bonding, Fatherhood, and the Role of Testosterone: A Meta-Analytic Review," *Neuroscience & Biobehavioral Reviews* 98 (March 2019): 221–33, https://doi.org/10.1016/j.neubiorev.2019.01.010.

18 Lee T. Gettler, Thomas W. McDade, Alan B. Feranil, and Christopher W. Kuzawa, "Longitudinal Evidence That Fatherhood Decreases Testosterone in Human Males," *Proceedings of the National Academy of Sciences* 108, no. 39 (September 27, 2011): 16194–99, https://doi.org/10.1073/pnas.1105403108.

19 Darby E. Saxbe, Robin S. Edelstein, Hannah M. Lyden, Britney M. Wardecker, William J. Chopik, and Amy C. Moors, "Fathers' Decline in Testosterone and Synchrony with Partner Testosterone during Pregnancy Predicts Greater Postpartum Relationship Investment," *Hormones and Behavior* 90 (April 2017): 39–47, https://doi.org/10.1016/j.yhbeh.2016.07.005.

20 Darby E. Saxbe, Emma K. Adam, Christine Dunkel Schetter, Christine M. Guardino, Clarissa Simon, Chelsea O. McKinney, and Madeleine U. Shalowitz, "Cortisol Covariation within Parents of Young Children: Moderation by Relationship Aggression," *Psychoneuroendocrinology* 62 (December 2015): 121–28, https://doi.org/10.1016/j.psyneuen.2015.08.006.

21 Nicholas M. Grebe, Ruth E. Sarafin, Chance R. Strenth, and Samuele Zilioli, "Pair-Bonding, Fatherhood, and the Role of Testosterone: A Meta-Analytic Review," *Neuroscience & Biobehavioral Reviews* 98 (March 2019): 221–33, https://doi.org/10.1016/j.neubiorev.2019.01.010.

22 Willemijn M. Meijer, Marinus H. van IJzendoorn, and Marian J. Bakermans-Kranenburg, "Challenging the Challenge Hypothesis on Testosterone in Fathers: Limited Meta-Analytic Support," *Psychoneuroendocrinology* 110 (December 2019): 104435, https://doi.org/10.1016/j.psyneuen.2019.104435.

23 For a fuller discussion of the cultural myths attached to testosterone and a counterargument that testosterone is the driver of male-typical behavior, see Cordelia Fine, *Testosterone Rex: Myths of Sex, Science, and Society* (New York: W. W. Norton, 2017); and Carole Hooven, *T: The Story of Testosterone, the Hormone That Dominates and Divides Us* (New York: Henry Holt, 2021).

24 Janet Shibley Hyde, R. S. Bigler, D. Joel, C. C. Tate, and S. M. van Anders, "The Future of Sex and Gender in Psychology: Five Challenges to the Gender Binary," *American Psychologist* 74, no. 2(March 2019): 171–93, https://doi.org/10.1037/amp0000307.

25 Hyde et al., "Future of Sex and Gender in Psychology," https://doi.org/10.1037/amp0000307. See Figure 2 in Paola Sapienza, Luigi Zingales, and Dario Maestripieri, "Gender Differences in Financial Risk Aversion and Career Choices Are Affected by Testosterone," *Proceedings of the National Academy of Sciences* 106, no. 36 (September 8, 2009): 15268–73, https://doi.org/10.1073/pnas.0907352106.

26 Hooven, *T: The Story of Testosterone*, 112.

27 David J. Handelsman, Angelica L. Hirschberg, and Stephane Bermon, "Circulating Testosterone as the Hormonal Basis of Sex Differences in Athletic Performance," *Endocrine Reviews* 39, no. 5 (October 2018): 803–29, https://doi.org/10.1210/er.2018-00020.

28 Anthony C. Hackney, "Hypogonadism in Exercising Males: Dysfunction or Adaptive-Regulatory Adjustment?," *Frontiers in Endocrinology* 11, no. 11 (January 31, 2020), https://doi.org/10.3389/fendo.2020.00011.

29 Grebe et al., "Pair-Bonding, Fatherhood, and the Role of Testosterone," https://doi.org/10.1016/j.neubiorev.2019.01.010.

30 Sari M. van Anders, Jeffrey Steiger, and Katherine L. Goldey, "Effects of Gendered Behavior on Testosterone in Women and Men," *Proceedings of the National Academy of Sciences* 112, no. 45(November 10, 2015): 13805 – 10, https://doi.org/10.1073/pnas.1509591112.
31 Hyde et al., "Future of Sex and Gender in Psychology," https://doi.org/10.1037/amp0000307; and Sari M. van Anders, Katherine L. Goldey, and Patty X. Kuo, "The Steroid/Peptide Theory of Social Bonds: Integrating Testosterone and Peptide Responses for Classifying Social Behavioral Contexts," *Psychoneuroendocrinology* 36, no. 9 (October 2011): 1265 – 75, https://doi.org/10.1016/j.psyneuen.2011.06.001.
32 Van Anders, Goldey, and Kuo, "Steroid/Peptide Theory of Social Bonds," https://doi.org/10.1016/j.psyneuen.2011.06.001; Alison S. Fleming, Carl Corter, Joy Stallings, and Meir Steiner, "Testosterone and Prolactin Are Associated with Emotional Responses to Infant Cries in New Fathers," *Hormones and Behavior* 42, no. 4 (December 2002): 399 – 413, https://doi.org/10.1006/hbeh.2002.1840; and Storey, Alloway, and Walsh, "Dads," https://doi.org/10.1016/j.yhbeh.2019.104660.
33 Van Anders, Goldey, and Kuo, "Steroid/Peptide Theory of Social Bonds," https://doi.org/10.1016/j.psyneuen.2011.06.001.
34 Robin S. Edelstein, Britney M. Wardecker, William J. Chopik, Amy C. Moors, Emily L. Shipman, and Natalie J. Lin, "Prenatal Hormones in First-Time Expectant Parents: Longitudinal Changes and Within-Couple Correlations," *American Journal of Human Biology* 27, no. 3 (May/June 2015): 317 – 25, https://doi.org/10.1002/ajhb.22670.
35 Emily S. Barrett, Van Tran, Sally Thurston, Grazyna Jasienska, Anne-Sofie Furberg, Peter T. Ellison, and Inger Thune, "Marriage and Motherhood Are Associated with Lower Testosterone Concentrations in Women," *Hormones and Behavior* 63, no. 1 (January 2013): 72 – 79, https://doi.org/10.1016/j.yhbeh.2012.10.012; and Christopher Kuzawa, Lee T. Gettler, Yuan-yen Huang, and Thomas W. McDade, "Mothers Have Lower Testosterone Than Non-Mothers: Evidence from the Philippines," *Hormones and Behavior* 57, no. 4 – 5 (April 2010): 441 – 47, https://doi.org/10.1016/j.yhbeh.2010.01.014.
36 Florencia Torche and Tamkinat Rauf, "The Transition to Fatherhood and the Health of Men," *Journal of Marriage and Family* 83, no. 2 (April 2021): 446 – 65, https://doi.org/10.1111/jomf.12732; Craig F. Garfield, Elizabeth Clark-Kauffman, and Matthew M. Davis, "Fatherhood as a Component of Men's Health," *JAMA* 296, no. 19 (November 15, 2006): 2365 – 68, https://doi.org/10.1001/jama.296.19.2365; and Gettler et al., "Longitudinal Evidence That Fatherhood Decreases Testosterone," https://doi.org/10.1073/pnas.1105403108.
37 Darby Saxbe, Maya Rossin-Slater, and Diane Goldenberg, "The Transition to Parenthood as a Critical Window for Adult Health," *American Psychologist* 73, no. 9 (December 2018): 1190 – 200, https://doi.org/10.1037/amp0000376.
38 Darby E. Saxbe, Christine Dunkel Schetter, Clarissa D. Simon, Emma K. Adam, and Madeleine U. Shalowitz, "High Paternal Testosterone May Protect against Postpartum Depressive Symptoms in Fathers, but Confer Risk to Mothers and Children," *Hormones and Behavior* 95 (September 2017): 103 – 12, https://doi.org/10.1016/j.yhbeh.2017.07.014.
39 Jonathan R. Scarff, "Postpartum Depression in Men," *Innovations in Clinical Neuroscience* 16, no. 5 – 6 (May 1, 2019): 11 – 14.
40 Jennifer S. Mascaro, Patrick D. Hackett, and James K. Rilling, "Differential Neural Responses to Child and Sexual Stimuli in Human Fathers and

Non-Fathers and Their Hormonal Correlates," *Psychoneuroendocrinology* 46 (August 2014): 153–63, https://doi.org/10.1016/j.psyneuen.2014.04.014.

41 Storey, Alloway, and Walsh, "Dads," https://doi.org/10.1016/j.yhbeh.2019.104660.

42 Mascaro, Hackett, and Rilling, "Differential Neural Responses to Child and Sexual Stimuli," https://doi.org/10.1016/j.psyneuen.2014.04.014.

43 Jennifer S. Mascaro, K. E. Rentscher, P. D. Hackett, M. R. Mehl, and J. K. Rilling, "Child Gender Influences Paternal Behavior, Language, and Brain Function," *Behavioral Neuroscience* 131, no. 3 (June 2017): 262–73, https://doi.org/10.1037/bne0000199.

44 Ting Li, Marilyn Horta, Jennifer S. Mascaro, Kelly Bijanki, Luc H. Arnal, Melissa Adams, Ronald G. Barr, and James K. Rilling, "Explaining Individual Variation in Paternal Brain Responses to Infant Cries," in "Evolutionary Perspectives on Non-Maternal Care in Mammals: Physiology, Behavior, and Developmental Effects," ed. Stacy Rosenbaum and Lee T. Gettler, special issue, *Physiology & Behavior* 193, part A (September 1, 2018): 43–54, https://doi.org/10.1016/j.physbeh.2017.12.033.

45 James K. Rilling, Lynnet Richey, Elissar Andari, and Stephan Hamann, "The Neural Correlates of Paternal Consoling Behavior and Frustration in Response to Infant Crying," *Developmental Psychobiology* 63, no. 5 (July 2021): 1370–83, https://doi.org/10.1002/dev.22092.

46 "James K. Rilling, "The Neural and Hormonal Bases of Human Parental Care," *Neuropsychologia* 51, no. 4 (March 2013): 731–47, https://doi.org/10.1016/j.neuropsychologia.2012.12.017.

47 Pilyoung Kim, Paola Rigo, Linda C. Mayes, Ruth Feldman, James F. Leckman, and James E. Swain, "Neural Plasticity in Fathers of Human Infants," *Social Neuroscience* 9, no. 5(October 2014): 522–35, https://doi.org/10.1080/17470919.2014.933713; María Paternina-Die, Magdalena Martínez-García, Clara Pretus, Elseline Hoekzema, Erika Barba-Müller, Daniel Martín de Blas, Cristina Pozzobon, et al., "The Paternal Transition Entails Neuroanatomic Adaptations That Are Associated with the Father's Brain Response to His Infant Cues," *Cerebral Cortex Communications* 1, no. 1 (November 4, 2020), https://doi.org/10.1093/texcom/tgaa082; and Françoise Diaz-Rojas, Michiko Matsunaga, Yukari Tanaka, Takefumi Kikusui, Kazutaka Mogi, Miho Nagasawa, Kohei Asano, Nobuhito Abe, and Masako Myowa, "Development of the Paternal Brain in Expectant Fathers during Early Pregnancy," *NeuroImage* 225 (January 15, 2021): 117527, https://doi.org/10.1016/j.neuroimage.2020.117527.

48 Damion J. Grasso, Jason S. Moser, Mary Dozier, and Robert Simons, "ERP Correlates of Attention Allocation in Mothers Processing Faces of Their Children," *Biological Psychology* 81, no. 2 (May 2009): 95–102, https://doi.org/10.1016/j.biopsycho.2009.03.001.

49 Johanna Bick, Mary Dozier, Kristin Bernard, Damion Grasso, and Robert Simons, "Foster Mother-Infant Bonding: Associations between Foster Mothers' Oxytocin Production, Electrophysiological Brain Activity, Feelings of Commitment, and Caregiving Quality," *Child Development* 84, no. 3 (May/June 2013): 826–40, https://doi.org/10.1111/cdev.12008.

50 Eyal Abraham, Talma Hendler, Irit Shapira-Lichter, Yaniv Kanat-Maymon, Orna Zagoory-Sharon, and Ruth Feldman, "Father's Brain Is Sensitive to Childcare Experiences," *Proceedings of the National Academy of Sciences* 111, no. 27 (July 8, 2014): 9792–97, https://doi.org/10.1073/pnas.1402569111.

51 Abraham et al., "Father's Brain Is Sensitive to Childcare Experiences," https://doi.org/10.1073/pnas.1402569111.
52 Kristi Chin, William J. Chopik, Britney M. Wardecker, Onawa P. LaBelle, Amy C. Moors, and Robin S. Edelstein, "Longitudinal Associations between Prenatal Testosterone and Postpartum Outcomes in a Sample of First-Time Expectant Lesbian Couples," *Hormones and Behavior* 125 (September 2020): 104810, https://doi.org/10.1016/j.yhbeh.2020.104810.
53 Thomas Page McBee, "What I Saw in My First 10 Years on Testosterone," *New York Times*, June 25, 2021, https://www.nytimes.com/2021/06/25/opinion/transgender-transition-testosterone.html.
54 Benjamin Fearnow, "Biden Admin Replaces 'Mothers' with 'Birthing People' in Maternal Health Guidance," *Newsweek*, June 7, 2021, https://www.newsweek.com/biden-admin-replaces-mothers-birthing-people-maternal-health-guidance-1598343; John Kass, "Why Are We Calling Mothers 'Birthing Persons'?," *Baltimore Sun*, June 21, 2021, https://www.baltimoresun.com/opinion/op-ed/bs-ed-op-0621-katz-birthing-mothers-20210621-4lvc7jtpnrd37ci24oikwattc4-story.html; and Rosie Kinchen, "Antenatal Guru Milli Hill Dropped by Charity after Insisting: It's 'Women,' Not 'Birthing People,'" *Sunday Times*, July 11, 2021, https://www.thetimes.co.uk/article/antenatal-guru-milli-hill-dropped-by-charity-after-insisting-its-women-not-birthing-people-ncl88m8gx.
55 Christi Carras, "'The Mandalorian' Star Pedro Pascal Channeled Han Solo and Clint Eastwood for Disney+," *Los Angeles Times*, August 26, 2019, https://www.latimes.com/entertainment-arts/tv/story/2019-08-26/mandalorian-pedro-pascal-star-wars-disney-plus.

7장 변화가 시작되는 곳

1 The following paper has a good representation of this spectrum in Fig. 1, though I'm unconvinced that "perinatal stress" is a separate affective state. Stress, to me, seems to be an innate part of the transition to parenthood that has variable effects across the continuum of parenting experiences. Sofia Rallis, Helen Skouteris, Marita McCabe, and Jeannette Milgrom, "The Transition to Motherhood: Towards a Broader Understanding of Perinatal Distress," *Women and Birth* 27, no. 1 (March 2014): 68-71, https://doi.org/10.1016/j.wombi.2013.12.004.
2 This is a widely used statistic, but spend any time looking at prevalence and incidence data and you'll see that it varies quite a bit from study to study, with different criteria related to severity and time frame, and wide differences depending on the population studied, their access to health care, and perhaps the degree of stigma associated with reporting symptoms. Most studies look primarily at depressive symptoms. The 2014 analysis from O'Hara and Wisner, below, made perhaps the most important point: "All of these reviews and empirical studies conclude that depression is common during pregnancy and after delivery in developing and developed countries." Michael W. O'Hara and Katherine L. Wisner, "Perinatal Mental Illness: Definition, Description and Aetiology," in "Perinatal Mental Health: Guidance for the Obstetrician-Gynaecologist," ed. Michael W. O'Hara, Katherine L. Wisner, and Gerald F. Joseph Jr., special issue, *Best Practice & Research Clinical Obstetrics & Gynaecology* 28, no. 1 (January 2014): 3-12, https://doi.org/10.1016/j.bpobgyn.2013.09.002; Dara Lee Luca, Caroline Margiotta, Colleen Staatz, Eleanor Garlow, Anna Christensen, and Kara Zivin, "Finan-

cial Toll of Untreated Perinatal Mood and Anxiety Disorders among 2017 Births in the United States," *American Journal of Public Health* 110, no. 6 (June 2020): 888–96, https://doi.org/10.2105/AJPH.2020.305619; Jean Ko, Karilynn M. Rockhill, Van T. Tong, Brian Morrow, and Sherry L. Farr, "Trends in Postpartum Depressive Symptoms—27 States, 2004, 2008, and 2012," *Morbidity and Mortality Weekly Report* 66, no. 6 (February 17, 2017): 153–58, https://doi.org/10.15585/mmwr.mm6606a1; and Louise M. Howard, Emma Molyneaux, Cindy-Lee Dennis, Tamsen Rochat, Alan Stein, and Jeannette Milgrom, "Non-Psychotic Mental Disorders in the Perinatal Period," *Lancet* 384, no. 9956 (November 15, 2014): 1775–88, https://doi.org/10.1016/S0140-6736(14)61276-9.

3 Ferris Jabr, "The Newest Edition of Psychiatry's 'Bible,' the *DSM-5*, Is Complete," *Scientific American*, January 28, 2013, https://www.scientificamerican.com/article/dsm-5-update/.

4 Samantha Meltzer-Brody and Stephen J. Kanes, "Allo-pregnanolone in Postpartum Depression: Role in Pathophysiology and Treatment," in "Allopregnanolone Role in the Neurobiology of Stress and Mood Disorders," ed. Graziano Pinna, special issue, *Neurobiology of Stress* 12 (February 3, 2020): 100212, https://doi.org/10.1016/j.ynstr.2020.100212.

5 J. A. Kountanis, M. Muzik, T. Chang, E. Langen, R. Cassidy, G. A. Mashour, and M. E. Bauer, "Relationship between Postpartum Mood Disorder and Birth Experience: A Prospective Observational Study," *International Journal of Obstetric Anesthesia* 44 (November 1, 2020): 90–99, https://doi.org/10.1016/j.ijoa.2020.07.008.

6 Liisa A. M. Galea and Vibe G. Frokjaer, "Perinatal Depression: Embracing Variability toward Better Treatment and Outcomes," *Neuron* 102, no. 1 (April 3, 2019): 13–16, https://doi.org/10.1016/j.neuron.2019.02.023.

7 Elizabeth O'Connor, Caitlyn A. Senger, Michelle L. Henninger, Erin Coppola, and Bradley N. Gaynes, "Interventions to Prevent Perinatal Depression: Evidence Report and Systematic Review for the US Preventive Services Task Force," *JAMA* 321, no. 6(February 12, 2019): 588–601, https://doi.org/10.1001/jama.2018.20865.

8 Katherine L. Wisner, Dorothy K. Y. Sit, Mary C. McShea, David M. Rizzo, Rebecca A. Zoretich, Carolyn L. Hughes, Heather F. Eng, et al., "Onset Timing, Thoughts of Self-Harm, and Diagnoses in Postpartum Women with Screen-Positive Depression Findings," *JAMA Psychiatry* 70, no. 5 (May 2013): 490–98, https://doi.org/10.1001/jamapsychiatry.2013.87.

9 Alan Stein, Rebecca M. Pearson, Sherryl H. Goodman, Elizabeth Rapa, Atif Rahman, Meaghan McCallum, Louise M. Howard, and Carmine M. Pariante, "Effects of Perinatal Mental Disorders on the Fetus and Child," *Lancet* 384, no. 9956 (November 15, 2014): 1800–819, https://doi.org/10.1016/S0140-6736(14)61277-0.

10 Jacquelyn Campbell, Sabrina Matoff-Stepp, Martha L. Velez, Helen Hunter Cox, and Kathryn Laughon, "Pregnancy-Associated Deaths from Homicide, Suicide, and Drug Overdose: Review of Research and the Intersection with Intimate Partner Violence," in "Maternal Mortality and Morbidity," special issue, *Journal of Women's Health* 30, no. 2 (February 2021): 236–44, https://doi.org/10.1089/jwh.2020.8875; V. Lindahl, J. L. Pearson, and L. Colpe, "Prevalence of Suicidality during Pregnancy and the Postpartum," *Archives of Women's Mental Health* 8, no. 2 (May 11, 2005): 77–87, https://doi.org/10.1007/s00737-005-0080-1; Lindsay K. Admon, Vanessa K. Dalton, Giselle E. Kolenic, Susan L. Ettner, Anca Tilea, Rebecca L. Haffajee, Rebecca M.

Brownlee, et al., "Trends in Suicidality 1 Year before and after Birth among Commercially Insured Childbearing Individuals in the United States, 2006 – 2017," *JAMA Psychiatry* 78, no. 2 (November 18, 2020): 171 – 76, https://doi.org/10.1001/jamapsychiatry .2020.3550; and Susan Bodnar-Deren, Kimberly Klipstein, Madeleine Fersh, Eyal Shemesh, and Elizabeth A. Howell, "Suicidal Ideation during the Postpartum Period," *Journal of Women's Health* 25, no. 12 (December 1, 2016): 1219 – 24, https://doi.org/10.1089/jwh.2015.5346.

11 Darby Saxbe, Maya Rossin-Slater, and Diane Goldenberg, "The Transition to Parenthood as a Critical Window for Adult Health," *American Psychologist* 73, no. 9 (December 2018): 1190 – 200, https://doi.org/10.1037/amp0000376.

12 Wisner et al., "Onset Timing, Thoughts of Self-Harm, and Diagnoses," https://doi.org/10.1001/jamapsychiatry.2013.87.

13 A. Josefsson and G. Sydsjö, "A Follow-Up Study of Postpartum Depressed Women: Recurrent Maternal Depressive Symptoms and Child Behavior after Four Years," *Archives of Women's Mental Health* 10, no. 4 (August 2007): 141 – 45, https://doi.org/10.1007/s00737-007-0185-9.

14 Jennifer Hahn-Holbrook, Taylor Cornwell-Hinrichs, and Itzel Anaya, "Economic and Health Predictors of National Postpartum Depression Prevalence: A Systematic Review, Meta-Analysis, and Meta-Regression of 291 Studies from 56 Countries," *Frontiers in Psychiatry* 8 (February 2018): 248, https://doi.org/10.3389/fpsyt.2017.00248.

15 Postpartum Depression: Action Towards Causes and Treatment (PACT) Consortium, "Heterogeneity of Postpartum Depression: A Latent Class Analysis," *Lancet Psychiatry* 2, no. 1 (January 2015): 59 – 67, https://doi.org/10.1016/S2215-0366(14)00055-8; and Karen T. Putnam, Marsha Wilcox, Emma Robertson-Blackmore, Katherine Sharkey, Veerle Bergink, Trine Munk-Olsen, Kristina M. Deligiannidis, et al., "Clinical Phenotypes of Perinatal Depression and Time of Symptom Onset: Analysis of Data from an International Consortium," *Lancet Psychiatry* 4, no. 6 (June 2017): 477 – 85, https://doi.org/10.1016/S2215-0366(17)30136-0.

16 Amanda J. Nguyen, Elisabeth Hoyer, Purva Rajhans, Lane Strathearn, and Sohye Kim, "A Tumultuous Transition to Motherhood: Altered Brain and Hormonal Responses in Mothers with Postpartum Depression," in "Papers from the Parental Brain 2018 Meeting, Toronto, Canada, July 2018," ed. Jodi L. Pawluski, Frances A. Champagne, and Oliver J. Bosch, special issue, *Journal of Neuroendocrinology* 31, no. 9 (September 2019): e12794, https://doi.org/10.1111/jne.12794.

17 E. L. Moses-Kolko, M. S. Horner, M. L. Phillips, A. E. Hipwell, and J. E. Swain, "In Search of Neural Endophenotypes of Postpartum Psychopathology and Disrupted Maternal Caregiving," in "Reviews from the 5th Parental Brain Conference, Regensburg, Germany, 11th – 14th of July 2013," special issue, *Journal of Neuroendocrinology* 26, no. 10 (2014): 665 – 84, https://doi.org/10.1111/jne.12183.

18 Aya Dudin, Kathleen E. Wonch, Andrew D. Davis, Meir Steiner, Alison S. Fleming, and Geoffrey B. Hall, "Amygdala and Affective Responses to Infant Pictures: Comparing Depressed and Non-Depressed Mothers and Non-Mothers," in "Papers from the Parental Brain 2018 Meeting, Toronto, Canada, July 2018," special issue, *Journal of Neuroendocrinology* 31, no. 9 (September 2019): e12790, https://doi.org/10.1111/jne.12790; and Kathleen E. Wonch, Cynthia B. de Medeiros, Jennifer A. Barrett, Aya Dudin, William A. Cunningham, Geoffrey B. Hall, Meir Steiner, and Alison S. Fleming, "Postpartum Depression and Brain Response to Infants: Differential Amygdala Re-

sponse and Connectivity," *Social Neuroscience* 11, no. 6 (December 2016): 600 – 17, https://doi.org/10.1080/17470919.2015.1131193.

19 Jodi L. Pawluski, James E. Swain, and Joseph S. Lonstein, "Neurobiology of Peripartum Mental Illness," in *Handbook of Clinical Neurology*, vol. 182, *The Human Hypothalamus: Neuropsychiatric Disorders*, ed. Dick F. Swaab, Ruud M. Bujis, Felix Kreier, Paul J. Lucassen, and Ahmad Salehi (Amsterdam: Elsevier, 2021), 63 – 82, https:// doi.org/10.1016/B978-0-12-819973-2.00005-8; and Nguyen et al., "Tumultuous Transition to Motherhood," https://doi.org/10.1111/jne.12794.

20 Chaohui Guo, Eydie Moses-Kolko, Mary Phillips, James E. Swain, and Alison E. Hipwell, "Severity of Anxiety Moderates the Association between Neural Circuits and Maternal Behaviors in the Postpartum Period," *Cognitive, Affective, & Behavioral Neuroscience* 18, no. 3 (June 2018): 426 – 36, https://doi.org/10.3758/s13415-017-0516-x.

21 "Pawluski, Swain, and Lonstein, "Neurobiology of Peripartum Mental Illness," https://doi.org/10.1016/B978-0-12-819973-2.00005-8; James E. Swain, S. Shaun Ho, Helen Fox, David Garry, and Susanne Brummelte, "Effects of Opioids on the Parental Brain in Health and Disease," *Frontiers in Neuroendocrinology* 54 (July 2019): 100766, https://doi.org/10.1016/j.yfrne.2019.100766; and Zheng Wu, Anita E. Autry, Joseph E. Bergan, Mitsuko Watabe-Uchida, and Catherine G. Dulac, "Galanin Neurons in the Medial Preoptic Area Govern Parental Behaviour," *Nature* 509, no. 7500 (May 2014): 325 – 30, https://doi.org/10.1038/nature13307.

22 Pilyoung Kim, "How Stress Can Influence Brain Adaptations to Motherhood," *Frontiers in Neuroendocrinology* 60(January 2021): 100875, https://doi.org/10.1016/j.yfrne.2020.100875; Mayra L. Almanza-Sepulveda, Alison S. Fleming, and Wibke Jonas, "Mothering Revisited: A Role for Cortisol?" in "50th Anniversary of Hormones and Behavior: Past Accomplishments and Future Directions in Behavioral Neuroendocrinology," ed. Cheryl McCormick, special issue, *Hormones and Behavior* 121 (May 1, 2020): 104679, https://doi.org/10.1016/j.yhbeh.2020.104679; and Molly J. Dickens, Jodi L. Pawluski, and L. Michael Romero, "Moving Forward from COVID-19: Bridging Knowledge Gaps in Maternal Health with a New Conceptual Model," *Frontiers in Global Women's Health* 1 (2020): 586697, https://doi.org/10.3389/fgwh.2020.586697.

23 Bruce S. McEwen, "What Is the Confusion with Cortisol?," *Chronic Stress* 3 (February 2019): 2470547019833647, https://doi.org/10.1177/2470547019833647.

24 McEwen, "What Is the Confusion with Cortisol?," https://doi.org/10.1177/2470547019833647; and Almanza-Sepulveda, Fleming, and Jonas, "Mothering Revisited," https://doi.org/10.1016/j.yhbeh.2020.104679.

25 Christopher Pittenger and Ronald S. Duman, "Stress, Depression, and Neuroplasticity: A Convergence of Mechanisms," *Neuropsychopharmacology* 33 (January 2008): 88 – 109, https://doi.org/10.1038/sj.npp.1301574; and Bruce S. McEwen and Peter J. Gianaros, "Stress and Allostasis-Induced Brain Plasticity," *Annual Review of Medicine* 62 (February 2011): 431 – 45, https://doi.org/10.1146/annurev-med-052209-100430.

26 Randi Hutter Epstein, "Bruce McEwen, 81, Is Dead; Found Stress Can Alter the Brain," *New York Times*, February 10, 2020, https://www.nytimes.com/2020/02/10/science/bruce-s-mcewen-dead.html; and Matthew N. Hill, Ilia N. Karatsoreos, E. Ron de Kloet, Sonia Lupien, and Catherine S. Woolley, "In Memory of Bruce McEwen: A Gentle Giant of Neuroscience," *Nature*

Neuroscience 23, no. 4 (April 2020): 473–74, https://doi.org/10.1038/s41593-020-0613-y.

27 Bruce S. McEwen, "Protective and Damaging Effects of Stress Mediators," *New England Journal of Medicine* 338, no. 3 (January 15, 1998): 171–79, https://doi.org/10.1056/NEJM199801153380307.

28 McEwen, "What Is the Confusion with Cortisol?," https://doi.org/10.1177/2470547019833647; and McEwen and Gianaros, "Stress and Allostasis-Induced Brain Plasticity," https://doi.org/10.1146/annurev-med-052209-100430.

29 Caroline Jung, Jui T. Ho, David J. Torpy, Anne Rogers, Matt Doogue, John G. Lewis, Raymond J. Czajko, and Warrick J. Inder, "A Longitudinal Study of Plasma and Urinary Cortisol in Pregnancy and Postpartum," *Journal of Clinical Endocrinology & Metabolism* 96, no. 5 (May 1, 2011): 1533–40, https://doi.org/10.1210/jc.2010-2395.

30 Elizabeth C. Braithwaite, Susannah E. Murphy, and Paul G. Ramchandani, "Effects of Prenatal Depressive Symptoms on Maternal and Infant Cortisol Reactivity," *Archives of Women's Mental Health* 19, no. 4 (August 2016): 581–90, https://doi.org/10.1007/s00737-016-0611-y; Almanza-Sepulveda, Fleming, and Jonas, "Mothering Revisited," https://doi.org/10.1016/j.yhbeh.2020.104679; and Molly J. Dickens and Jodi L. Pawluski, "The HPA Axis during the Perinatal Period: Implications for Perinatal Depression," *Endocrinology* 159, no. 11 (November 2018): 3737–46, https://doi.org/10.1210/en.2018-00677.

31 Alison S. Fleming, Meir Steiner, and Carl Corter, "Cortisol, Hedonics, and Maternal Responsiveness in Human Mothers," *Hormones and Behavior* 32, no. 2 (October 1997): 85–98, https://doi.org/10.1006/hbeh.1997.1407; Alison S. Fleming, Meir Steiner, and Veanne Anderson, "Hormonal and Attitudinal Correlates of Maternal Behaviour during the Early Postpartum Period in First-Time Mothers," *Journal of Reproductive and Infant Psychology* 5, no. 4 (1987): 193–205, https://doi.org/10.1080/02646838708403495; Joy Stallings, Alison S. Fleming, Carl Corter, Carol Worthman, and Meir Steiner, "The Effects of Infant Cries and Odors on Sympathy, Cortisol, and Autonomic Responses in New Mothers and Nonpostpartum Women," *Parenting* 1, no. 1–2 (2001): 71–100, https://doi.org/10.1080/15295192.2001.9681212; and Almanza-Sepulveda, Fleming, and Jonas, "Mothering Revisited," https://doi.org/10.1016/j.yhbeh.2020.104679.

32 Alison S. Fleming, Carl Corter, Joy Stallings, and Meir Steiner, "Testosterone and Prolactin Are Associated with Emotional Responses to Infant Cries in New Fathers," *Hormones and Behavior* 42, no. 4 (December 2002): 399–413, https://doi.org/10.1006/hbeh.2002.1840.

33 M. Dean Graham, Stephanie L. Rees, Meir Steiner, and Alison S. Fleming, "The Effects of Adrenalectomy and Corticosterone Replacement on Maternal Memory in Postpartum Rats," *Hormones and Behavior* 49, no. 3 (March 2006): 353–61, https://doi.org/10 .1016/j.yhbeh.2005.08.014.

34 Andrea Gonzalez, Jennifer M. Jenkins, Meir Steiner, and Alison S. Fleming, "Maternal Early Life Experiences and Parenting: The Mediating Role of Cortisol and Executive Function," *Journal of the American Academy of Child & Adolescent Psychiatry* 51, no. 7 (July 1, 2012): 673–82, https://doi.org/10.1016/j.jaac.2012.04.003.

35 Almanza-Sepulveda, Fleming, and Jonas, "Mothering Revisited," https://doi.org/10.1016/j.yhbeh.2020.104679.

36 Almanza-Sepulveda, Fleming, and Jonas, "Mothering Revisited," https://doi.

org/10.1016/j.yhbeh.2020.104679.

37 Sunaina Seth, Andrew J. Lewis, and Megan Galbally, "Perinatal Maternal Depression and Cortisol Function in Pregnancy and the Postpartum Period: A Systematic Literature Review," *BMC Pregnancy and Childbirth* 16, no. 1 (May 31, 2016): 124, https://doi.org/10.1186/s12884-016-0915-y.

38 Meltzer-Brody and Kanes, "Allopregnanolone in Postpartum Depression," https://doi.org/10.1016/j.ynstr.2020.100212; Jennifer L. Payne and Jamie Maguire, "Pathophysiological Mechanisms Implicated in Postpartum Depression," *Frontiers in Neuroendocrinology* 52 (January 2019): 165–80, https://doi.org/10.1016/j.yfrne.2018.12.001; Jamie Maguire and Istvan Mody, "GABAAR Plasticity during Pregnancy: Relevance to Postpartum Depression," *Neuron* 59, no. 2 (July 31, 2008): 207–13, https://doi.org/10.1016/j.neuron.2008.06.019; and Pawluski, Swain, and Lonstein, "Neurobiology of Peripartum Mental Illness," https://doi.org/10.1016/B978-0-12-819973-2.00005-8.

39 Maguire and Mody, "GABAAR Plasticity during Pregnancy," https://doi.org/10.1016/j.neuron.2008.06.019; Istvan Mody and Jamie Maguire, "The Reciprocal Regulation of Stress Hormones and GABAA Receptors," *Frontiers in Cellular Neuroscience* 6 (January 30, 2012): 4, https://doi.org/10.3389/fncel.2012.00004; and Jamie Maguire and Istvan Mody, "Behavioral Deficits in Juveniles Mediated by Maternal Stress Hormones in Mice," in "The Many Faces of Stress: Implications for Neuropsychiatric Disorders," ed. Laura Musazzi and Jordan Marrocco, special issue, *Neural Plasticity* 2016 (2016): 2762518, https://doi.org/10.1155/2016/2762518.

40 Miki Bloch, Peter J. Schmidt, Merry Danaceau, Jean Murphy, Lynnette Nieman, and David R. Rubinow, "Effects of Gonadal Steroids in Women with a History of Postpartum Depression," *American Journal of Psychiatry* 157, no. 6 (June 1, 2000): 924–30, https://doi.org/10.1176/appi.ajp.157.6.924; and Susanne Brummelte and Liisa A. M. Galea, "Postpartum Depression: Etiology, Treatment and Consequences for Maternal Care," in "Parental Care," ed. Alison S. Fleming, Frederic Lévy, and Joe S. Lonstein, special issue, *Hormones and Behavior* 77 (January 2016): 153–66, https://doi.org/10.1016/j.yhbeh.2015 .08.008.

44 Jodi L. Pawluski, Elseline Hoekzema, Benedetta Leuner, and Joseph S. Lonstein, "Less Can Be More: Fine Tuning the Maternal Brain," *Neuroscience & Biobehavioral Reviews* (journal pre-proof)(2021), https://doi.org/10.1016/j.neubiorev.2021.11.045.

42 Fleming, Steiner, and Anderson, "Hormonal and Attitudinal Correlates of Maternal Behaviour," https://doi.org/10.1080/02646838708403495.

43 A. M. Lomanowska, M. Boivin, C. Hertzman, and A. S. Fleming, "Parenting Begets Parenting: A Neurobiological Perspective on Early Adversity and the Transmission of Parenting Styles across Generations," in "Early Adversity and Brain Development," ed. Susanne Brummelte, special issue, *Neuroscience* 342 (February 7, 2017): 120–39, https://doi.org/10.1016/j.neuroscience.2015.09.029; and Joseph S. Lonstein, Frédéric Lévy, and Alison S. Fleming, "Common and Divergent Psychobiological Mechanisms Underlying Maternal Behaviors in Non-Human and Human Mammals," *Hormones and Behavior* 73 (July 2015): 156–85, https://doi.org/10.1016/j.yhbeh.2015.06.011.

44 Almanza-Sepulveda, Fleming, and Jonas, "Mothering Revisited," https://doi.org/10.1016/j.yhbeh.2020.104679.

45 In more typical years, the mothers would share a meal at the start of each

session and bring their children along, with free childcare provided. Sometimes the setup provided opportunities for realtime practice in navigating stressful moments with kids.

46 Alison S. Fleming and Gary W. Kraemer, "Molecular and Genetic Bases of Mammalian Maternal Behavior," *Gender and the Genome* 3 (February 2019): 1–14; and Ian C. G. Weaver, Nadia Cervoni, Frances A. Champagne, Ana C. D'Alessio, Shakti Sharma, Jonathan R. Seckl, Sergiy Dymov, Moshe Szyf, and Michael J. Meaney, "Epigenetic Programming by Maternal Behavior," *Nature Neuroscience* 7, no. 8 (August 2004): 847–54, https://doi.org/10.1038/nn1276.

47 Gonzalez et al., "Maternal Early Life Experiences and Parenting," https://doi.org/10.1016/j.jaac.2012.04.003.

48 Michelle R. VanTieghem and Nim Tottenham, "Neurobiological Programming of Early Life Stress: Functional Development of Amygdala-Prefrontal Circuitry and Vulnerability for Stress-Related Psychopathology," in *Current Topics in Behavioral Neurosciences*, vol. 38, *Behavioral Neurobiology of PTSD*, ed. Eric Vermetten, Dewleen G. Baker, and Victoria B. Risbrough (Cham, Switzerland: Springer, 2018), 117–36, https://link.springer.com/chapter/10.1007/7854_2016_42.

49 Kim, "How Stress Can Influence Brain Adaptations to Motherhood," https://doi.org/10.1016/j.yfrne.2020.100875; Pilyoung Kim, James F. Leckman, Linda C. Mayes, Michal-Ann Newman, Ruth Feldman, and James E. Swain, "Perceived Quality of Maternal Care in Childhood and Structure and Function of Mothers' Brain," *Developmental Science* 13, no. 4 (July 2010): 662–73, https://doi.org/10.1111/j.1467-7687.2009.00923.x; and Aviva K. Olsavsky, Joel Stoddard, Andrew Erhart, Rebekah Tribble, and Pilyoung Kim, "Neural Processing of Infant and Adult Face Emotion and Maternal Exposure to Childhood Maltreatment," *Social Cognitive and Affective Neuroscience* 14, no. 9 (September 2019): 997–1008, https://doi.org/10.1093/scan/nsz069.

50 Emilia L. Mielke, Corinne Neukel, Katja Bertsch, Corinna Reck, Eva Möhler, and Sabine C. Herpertz, "Maternal Sensitivity and the Empathic Brain: Influences of Early Life Maltreatment," *Journal of Psychiatric Research* 77 (June 2016): 59–66, https://doi.org/10.1016/j.jpsychires.2016.02.013.

51 Pilyoung Kim, Rebekah Tribble, Aviva K. Olsavsky, Alexander J. Dufford, Andrew Erhart, Melissa Hansen, Leah Grande, and Daniel M. Gonzalez, "Associations between Stress Exposure and New Mothers' Brain Responses to Infant Cry Sounds," *NeuroImage* 223 (December 2020): 117360, https://doi.org/10.1016/j.neuroimage.2020.117360.

52 VanTieghem and Tottenham, "Neurobiological Programming of Early Life Stress," https://doi.org/10.1007/7854_2016_42.

53 Kim, "How Stress Can Influence Brain Adaptations to Motherhood," https://doi.org/10.1016/j.yfrne.2020.100875.

54 Helena J. V. Rutherford, Sohye Kim, Sarah W. Yip, Marc N. Potenza, Linda C. Mayes, and Lane Strathearn, "Parenting and Addictions: Current Insights from Human Neuroscience," *Current Addiction Reports* 8 (September 2021): 380–88, https://doi.org/10.1007/s40429-021-00384-6.

55 Helena J. V. Rutherford and Linda C. Mayes, "Parenting Stress: A Novel Mechanism of Addiction Vulnerability," in "Stress and Substance Abuse throughout Development," ed. Roger Sorensen, Da-Yu Wu, Karen Sirocco, Cora lee Wetherington, and Rita Valentino, special issue, *Neurobiology of Stress* 11 (November 1, 2019): 100172, https://doi.org/10.1016/j.ynstr.2019.100172.

56 Karen Milligan, Tamara Meixner, Monique Tremblay, Lesley A. Tarasoff, Amelia Usher, Ainsley Smith, Alison Niccols, and Karen A. Urbanoski, "Parenting Interventions for Mothers with Problematic Substance Use: A Systematic Review of Research and Community Practice," *Child Maltreatment* 25, no. 3 (August 2020): 247–62, https://doi.org/10.1177/1077559519873047; and Allison L. West, Sarah Dauber, Laina Gagliardi, Leeya Correll, Alexandra Cirillo Lilli, and Jane Daniels, "Systematic Review of Community and Home-Based Interventions to Support Parenting and Reduce Risk of Child Maltreatment among Families with Substance-Exposed Newborns," *Child Maltreatment* 25, no. 2 (May 2020): 137–51, https://doi.org/10.1177/1077559519866272.

57 Amanda F. Lowell, Elizabeth Peacock-Chambers, Amanda Zayde, Cindy L. DeCoste, Thomas J. McMahon, and Nancy E. Suchman, "Mothering from the Inside Out: Addressing the Intersection of Addiction, Adversity, and Attachment with Evidence-Based Parenting Intervention," *Current Addiction Reports* (July 15, 2021): 605–15, https://doi.org/10.1007/s40429-021-00389-1; and Nancy E. Suchman, Cindy L. DeCoste, Thomas J. McMahon, Rachel Dalton, Linda C. Mayes, and Jessica Borelli, "Mothering from the Inside Out: Results of a Second Randomized Clinical Trial Testing a Mentalization-Based Intervention for Mothers in Addiction Treatment," in "Attachment in the Context of Atypical Caregiving: Harnessing Insights from a Developmental Psychopathology Perspective," ed. Glenn I. Roisman and Dante Cicchetti, special issue, *Development and Psychopathology* 29, no. 2 (May 2017): 617–36, https://doi.org/10.1017/S0954579417000220.

58 Rachel N. Lipari and Struther L. Van Horn, "Children Living with Parents Who Have a Substance Use Disorder," *The CBHSQ Report* (Rockville, MD: Substance Abuse and Mental Health Services Administration, August 24, 2017), http://www.ncbi.nlm.nih.gov/books/NBK464590/.

59 Alex F. Peahl, Vanessa K. Dalton, John R. Montgomery, Yen-Ling Lai, Hsou Mei Hu, and Jennifer F. Waljee, "Rates of New Persistent Opioid Use after Vaginal or Cesarean Birth among US Women," *JAMA Network Open* 2, no. 7 (July 26, 2019): e197863, https:// doi.org/10.1001/jamanetworkopen.2019.7863.

60 Marjo Susanna Flykt, Saara Salo, and Marjukka Pajulo, "'A Window of Opportunity': Parenting and Addiction in the Context of Pregnancy," *Current Addiction Reports* 8 (December 2021): 578–94, https://doi.org/10.1007/s40429-021-00394-4. Rodent studies support this idea. Mariana Pereira and Joan Morrell have conducted numerous studies that involve giving rats accustomed to cocaine a choice between the drug and pups. In the early postpartum period, rat mothers choose the pups, or pup-related environments. That effect wanes in the later postpartum period. M. Pereira and J. I. Morrell, "Functional Mapping of the Neural Circuitry of Rat Maternal Motivation: Effects of Site-Specific Transient Neural Inactivation," in "The Parental Brain," special issue, *Journal of Neuroendocrinology* 23, no. 11 (November 2011): 1020–35, https://doi.org/10.1111/j.1365-2826.2011.02200.x.

61 Katherine Rosenblum, Jamie Lawler, Emily Alfafara, Nicole Miller, Melisa Schuster, and Maria Muzik, "Improving Maternal Representations in High-Risk Mothers: A Randomized, Controlled Trial of the Mom Power Parenting Intervention," *Child Psychiatry & Human Development* 49, no. 3 (June 2018): 372–84, https://doi.org/10.1007/s10578-017-0757-5.

62 James E. Swain, S. Shaun Ho, Katherine L. Rosenblum, Diana Morelen, Carolyn J. Dayton, and Maria Muzik, "Parent–Child Intervention Decreases

Stress and Increases Maternal Brain Activity and Connectivity during Own Baby-Cry: An Exploratory Study," in "Attachment in the Context of Atypical Caregiving: Harnessing Insights from a Developmental Psychopathology Perspective," ed. Glenn I. Roisman and Dante Cicchetti, special issue, *Development and Psychopathology* 29, no. 2 (May 2017): 535–53, https://doi.org/10.1017/S0954579417000165; and S. Shaun Ho, Maria Muzik, Katherine L. Rosenblum, Diana Morelen, Yoshio Nakamura, and James E. Swain, "Potential Neural Mediators of Mom Power Parenting Intervention Effects on Maternal Intersubjectivity and Stress Resilience," *Frontiers in Psychiatry* 11 (December 8, 2020): 569924, https:// doi.org/10.3389/fpsyt.2020.568824.

63 Fleming and Kraemer, "Molecular and Genetic Bases of Mammalian Maternal Behavior," https://doi.org/10.1177/2470289719827306; and Viara R. Mileva-Seitz, Marian J. Bakermans-Kranenburg, and Marinus H. van IJzendoorn, "Genetic Mechanisms of Parenting," in "Parental Care," ed. Alison S. Fleming, Frederic Lévy, and Joe S. Lonstein, special issue, *Hormones and Behavior* 77 (January 2016): 211–23, https://doi.org/10.1016/j.yhbeh.2015.06.003.

64 W. Jonas, V. Mileva-Seitz, A. W. Girard, R. Bisceglia, J. L. Kennedy, M. Sokolowski, M. J. Meaney, A. S. Fleming, and M. Steiner, "Genetic Variation in Oxytocin rs2740210 and Early Adversity Associated with Postpartum Depression and Breastfeeding Duration," *Genes, Brain and Behavior* 12, no. 7 (October 2013): 681–94, https:// doi.org/10.1111/gbb.12069.

65 Divya Mehta, Carina Quast, Peter A. Fasching, Anna Seifert, Franziska Voigt, Matthias W. Beckmann, Florian Faschingbauer, et al., "The 5-HTTLPR Polymorphism Modulates the Influence on Environmental Stressors on Peripartum Depression Symptoms," *Journal of Affective Disorders* 136, no. 3 (February 2012): 1192–97, https://doi.org/10.1016/j.jad.2011.11.042.

66 Viara Mileva-Seitz, Meir Steiner, Leslie Atkinson, Michael J. Meaney, Robert Levitan, James L. Kennedy, Marla B. Sokolowski, and Alison S. Fleming, "Interaction between Oxytocin Genotypes and Early Experience Predicts Quality of Mothering and Postpartum Mood," *PLoS ONE* 8, no. 4 (April 18, 2013): e61443, https://doi.org/10.1371/journal.pone.0061443.

67 Abigail Tucker, *Mom Genes: Inside the New Science of Our Ancient Maternal Instinct* (New York: Gallery Books, 2021), 145.

68 Sohye Kim, Peter Fonagy, Jon Allen, and Lane Strathearn, "Mothers' Unresolved Trauma Blunts Amygdala Response to Infant Distress," *Social Neuroscience* 9, no. 4 (2014): 352–63, https://doi.org/10.1080/17470919.2014.896287.

69 "Sarah S. Richardson, *The Maternal Imprint: The Contested Science of Maternal-Fetal Effects* (Chicago: University of Chicago Press, 2021), 8.

70 The Maternal ImprintRichardson, *Maternal Imprint*, 160, 215–22.

71 Richardson, *Maternal Imprint*, 24.

72 Albert L. Siu and the US Preventive Services Task Force, "Screening for Depression in Adults: US Preventive Services Task Force Recommendation Statement," *JAMA* 315, no. 4 (January 26, 2016): 380–87, https://doi.org/10.1001/jama.2015.18392.

73 "Preventative Services Coverage," Centers for Disease Control and Prevention, accessed October 3, 2021, https://www.cdc.gov/nchhstp/highqualitycare/preventiveservices/index.html. Note that the dozen states that have not expanded Medicaid coverage under the Affordable Care Act are not required to cover preventive services given an A or B grade by the task force, but they are offered financial incentive to do so.

74 US Preventive Services Task Force, "Interventions to Prevent Perinatal De-

pression: US Preventive Services Task Force Recommendation Statement," *JAMA* 321, no. 6 (February 12, 2019): 580–87, https://doi.org/10.1001/jama.2019.0007.

75 Researchers have tested some screening tools, including a framework developed by Meltzer-Brody and colleagues at Chapel Hill that builds off the literature on Adverse Childhood Experiences to calculate a pregnant person's cumulative psychosocial risk factors. Yasmin V. Barrios, Joanna Maselko, Stephanie M. Engel, Brian W. Pence, Andrew F. Olshan, Samantha Meltzer-Brody, Nancy Dole, and John M. Thorp, "The Relationship of Cumulative Psychosocial Adversity with Antepartum Depression and Anxiety," *Depression and Anxiety* 38, no. 10 (October 2021): 1034–45, https:// doi.org/10.1002/da.23206.

76 "State Health Facts: Births Financed by Medicaid," Kaiser Family Foundation, December 17, 2021, https://www.kff.org/medicaid/state-indicator/births-financed-by-medicaid/.

77 Kaia Hubbard, "Many States Face Shortage of Mental Health Providers," *US News & World Report*, June 10, 2021, https://www.usnews.com/news/best-states/articles/2021-06-10/northeastern-states-have-fewest-mental-health-provider-shortages.

78 Gus A. Mayopoulos, Tsachi Ein-Dor, Gabriella A. Dishy, Rasvitha Nandru, Sabrina J. Chan, Lauren E. Hanley, Anjali J. Kaimal, and Sharon Dekel, "COVID-19 Is Associated with Traumatic Childbirth and Subsequent Mother-Infant Bonding Problems," *Journal of Affective Disorders* 282 (March 1, 2021): 122–25, https://doi.org/10.1016/j.jad.2020.12.101; and Elizabeth L. Adams, Danyel Smith, Laura J. Caccavale, and Melanie K. Bean, "Parents Are Stressed! Patterns of Parent Stress across COVID-19," *Frontiers in Psychiatry* 12 (April 2021): 626456, https://doi.org/10.3389/fpsyt.2021.626456.

79 "Lauren M. Osborne, Mary C. Kimmel, and Pamela J. Surkan, "The Crisis of Perinatal Mental Health in the Age of Covid-19," *Maternal and Child Health Journal* 25 (March 2021): 349–52, https://doi.org/10.1007/s10995-020-03114-y.

80 Stephen Kanes, Helen Colquhoun, Handan Gunduz-Bruce, Shane Raines, Ryan Arnold, Amy Schacterle, James Doherty, et al., "Brexanolone (SAGE-547 Injection) in Post-Partum Depression: A Randomised Controlled Trial," *Lancet* 390, no. 10093 (July 29, 2017): 480–89, https://doi.org/10.1016/S0140-6736(17)31264-3; and Samantha Meltzer-Brody, Helen Colquhoun, Robert Riesenberg, C. Neill Epperson, Kristina M. Deligiannidis, David R. Rubinow, Haihong Li, et al., "Brexanolone Injection in Post-Partum Depression: Two Multicentre, Double-Blind, Randomised, Placebo-Controlled, Phase 3 Trials," *Lancet* 392, no. 10152 (September 22, 2018): 1058–70, https://doi.org/10.1016/S0140-6736(18)31551-4.

81 Sage Therapeutics, Inc., *Form 10-Q*, for the period ending June 30, 2021 (filed August 3, 2021), US Securities and Exchange Commission; and Adam Feuerstein, "Biotech in the Time of Coronavirus: The Return of Biotech Mergers, Acquisitions, and Deals," STAT, April 13, 2020, https://www.statnews.com/2020/04/13/biotech-in-the-time-of-coronavirus-the-return-of-mergers-acquisitions-and-deals/.

82 Matthew Herper and Adam Feuerstein, "Sage's New Antidepressant Faces Major Setback in New Study," STAT, December 5, 2019, https://www.statnews.com/2019/12/05/sages-new-antidepressant-faces-major-setback-in-new-study/; and Kristina M. Deligiannidis, Samantha Meltzer-Brody, Handan Gunduz-Bruce, James Doherty, Jeffrey Jonas, Sigui Li, Abdul J.

Sankoh, et al., "Effect of Zuranolone vs Placebo in Postpartum Depression," *JAMA Psychiatry* 78, no. 9 (June 30, 2021): 951–59, https://doi.org/10.1001/jamapsychiatry.2021.1559.

83 Jodi L. Pawluski, Ming Li, and Joseph S. Lonstein, "Serotonin and Motherhood: From Molecules to Mood," in "Parental Brain," ed. Susanne Brummelte and Benedetta Leuner, special issue, *Frontiers in Neuroendocrinology* 53 (April 2019): 100742, https://doi.org/10.1016/j.yfrne.2019.03.001.

84 Joseph S. Lonstein, "The Dynamic Serotonin System of the Maternal Brain," *Archives of Women's Mental Health* 22, no. 2 (April 2019): 237–43, https://doi.org/10.1007/s00737-018-0887-1.

85 Lonstein, "Dynamic Serotonin System of the Maternal Brain," https://doi.org/10.1007/s00737-018-0887-1.

86 Jodi L. Pawluski, Rafaella Paravatou, Alan Even, Gael Cobraiville, Marianne Fillet, Nikolaos Kokras, Christina Dalla, and Thierry D. Charlier, "Effect of Sertraline on Central Serotonin and Hippocampal Plasticity in Pregnant and Non-Pregnant Rats," *Neuropharmacology* 166(April 2020): 107950, https://doi.org/10.1016/j.neuropharm.2020.107950.

87 Pawluski, Li, and Lonstein, "Serotonin and Motherhood," https://doi.org/10.1016/j.yfrne.2019.03.001.

88 Jennifer Valeska Elli Brown, Claire A. Wilson, Karyn Ayre, Lindsay Robertson, Emily South, Emma Molyneaux, Kylee Trevillion, Louise M. Howard, and Hind Khalifeh, "Antidepressant Treatment for Postnatal Depression," *Cochrane Database of Systematic Reviews*, no. 2 (February 2021), https://doi.org/10.1002/14651858.CD013560.pub2.

89 "Martha Hostetter and Sarah Klein, "Restoring Access to Maternity Care in Rural America," *Transforming Care* (Commonwealth Fund, September 30, 2021), https://doi.org/10.26099/CYCC-FF50; and Peiyin Hung, Carrie E. Henning-Smith, Michelle M. Casey, and Katy B. Kozhimannil, "Access to Obstetric Services in Rural Counties Still Declining, with 9 Percent Losing Services, 2004–14," *Health Affairs* 36, no. 9 (September 2017): 1663–71, https://doi.org/10.1377/hlthaff.2017.0338.

90 Kim, "How Stress Can Influence Brain Adaptations to Motherhood," https://doi.org/10.1016/j.yfrne.2020.100875; Nora Ellmann, *Community-Based Doulas and Midwives: Key to Addressing the U.S. Maternal Health Crisis* (Center for American Progress, April 2020), https://www.americanprogress .org / article /community -based -doulas-midwives/; and David L. Olds, Harriet Kitzman, Elizabeth Anson, Joyce A. Smith, Michael D. Knudtson, Ted Miller, Robert Cole, Christian Hopfer, and Gabriella Conti, "Prenatal and Infancy Nurse Home Visiting Effects on Mothers: 18-Year Follow-Up of a Randomized Trial," *Pediatrics* 144, no. 6 (December 2019): e20183889, https://doi.org/10.1542/peds.2018-3889.

91 "Sarah Menkedick, *Ordinary Insanity: Fear and the Silent Crisis of Motherhood in America* (New York: Pantheon, 2020), 354.

92 Hillary Frank, "Ina May's Guide, Completely Revised and Updated," *The Longest Shortest Time* (December 10, 2019), https://longestshortesttime.com/episode-218-ina-mays-guide-completely-revised-and-updated/.

93 Ina May Gaskin, *Ina May's Guide to Childbirth*, revised and updated (New York: Bantam, 2003, revised 2019). Notably, this version still has a big quote on the cover from Christiane Northrup, the celebrity women's health doctor who became notorious for spreading misinformation about the pandemic and vaccines. Colin Woodard, "Instagram Blocks Account of Celebrity Maine Doctor Who Spreads Vaccine Disinformation," *Press Herald*, April

30, 2021, https://www.pressherald.com/2021/04/30/instagram-blocks-account-of-celebrity-maine-doctor-who-spreads-vaccine-disinformation/.

94 "Gaskin, *Ina May's Guide to Childbirth*, rev. ed., 293.

95 Sharon Dekel, Caren Stuebe, and Gabriella Dishy, "Childbirth Induced Posttraumatic Stress Syndrome: A Systematic Review of Prevalence and Risk Factors," *Frontiers in Psychology* 8 (April 11, 2017): 560, https://doi.org/10.3389/fpsyg.2017.00560.

96 Sharon Dekel, Tsachi Ein-Dor, Zohar Berman, Ida S. Barsoumian, Sonika Agarwal, and Roger K. Pitman, "Delivery Mode Is Associated with Maternal Mental Health Following Childbirth," *Archives of Women's Mental Health* 22, no. 6 (December 2019): 817–24, https://doi.org/10.1007/s00737-019-00968-2.

97 Sabrina J. Chan, Tsachi Ein-Dor, Philip A. Mayopoulos, Michelle M. Mesa, Ryan M. Sunda, Brenna F. McCarthy, Anjali J. Kaimal, and Sharon Dekel, "Risk Factors for Developing Posttraumatic Stress Disorder Following Childbirth," *Psychiatry Research* 290 (August 2020): 113090, https://doi.org/10.1016/j.psychres.2020.113090.

98 Freya Thiel and Sharon Dekel, "Peritraumatic Dissociation in Childbirth-Evoked Posttraumatic Stress and Postpartum Mental Health," *Archives of Women's Mental Health* 23, no. 2 (April 2020): 189–97, https://doi.org/10.1007/s00737-019-00978-0.

99 Zohar Berman, Freya Thiel, Anjali J. Kaimal, and Sharon Dekel, "Association of Sexual Assault History with Traumatic Childbirth and Subsequent PTSD," *Archives of Women's Mental Health* 24 (October 2021): 767–71, https://doi.org/10.1007/s00737-021-01129-0.

100 Chan et al., "Risk Factors for Developing Posttraumatic Stress Disorder Following Childbirth," https://doi.org/10.1016/j.psychres.2020.113090.

101 oSharon Dekel, Tsachi EinDor, Gabriella A. Dishy, and Philip A. Mayopoulos, "Beyond Postpartum Depression: Posttraumatic Stress-Depressive Response Following Childbirth," *Archives of Women's Mental Health* 23, no. 4 (August 2020): 557–64, https://doi.org/10.1007/s00737-019-01006-x.

102 Neven Henigsberg, Petra Kalember, Zrnka Kova i Petrovi , and Ana Še i , "Neuroimaging Research in Posttraumatic Stress Disorder—Focus on Amygdala, Hippocampus and Prefrontal Cortex," in "Theranostic Approach to PTSD," ed. Nela Pivac, special issue, *Progress in Neuro-Psychopharmacology and Biological Psychiatry* 90(March 2, 2019): 37–42, https://doi.org/10.1016/j.pnpbp.2018.11.003; and Konstantinos Bromis, Maria Calem, Antje A. T. S. Reinders, Steven C. R. Williams, and Matthew J. Kempton, "Meta-Analysis of 89 Structural MRI Studies in Posttraumatic Stress Disorder and Comparison with Major Depressive Disorder," *American Journal of Psychiatry* 175, no. 10 (October 2018): 989–98, https://doi.org/10.1176/appi.ajp.2018.17111199.

103 Zohar Berman, Freya Thiel, Gabriella A. Dishy, Sabrina J. Chan, and Sharon Dekel, "Maternal Psychological Growth Following Childbirth," *Archives of Women's Mental Health* 24, no. 2 (April 1, 2021): 313–20, https://doi.org/10.1007/s00737-020-01053-9.

104 Gus A. Mayopoulos, Tsachi Ein-Dor, Kevin G. Li, Sabrina J. Chan, and Sharon Dekel, "COVID-19 Positivity Associated with Traumatic Stress Response to Childbirth and No Visitors and Infant Separation in the Hospital," *Scientific Reports* 11 (June 29, 2021): 13535, https://doi.org/10.1038/s41598-021-92985-4. This study paints a really stark picture of what it was like for women delivering in the first wave of the pandemic who also tested positive for

the virus. They often delivered without support people. They were more likely to be separated from their infants after birth. They reported more pain during delivery and poorer outcomes for their babies, with more needing NICU care. All these factors surely contributed to their poorer psychological outcomes, too.

105 Ananya S. Iyengar, Tsachi Ein-Dor, Emily X. Zhang, Sabrina J. Chan, Anjali J. Kaimal, and Sharon Dekel, "Racial and Ethnic Disparities in Maternal Mental Health during COVID-19," MedRxiv (December 2, 2021), https://doi.org/10.1101/2021.11.30.21265428.

106 Saraswathi Vedam, Kathrin Stoll, Tanya Khemet Taiwo, Nicholas Rubashkin, Melissa Cheyney, Nan Strauss, Monica McLemore, et al., "The Giving Voice to Mothers Study: Inequity and Mistreatment during Pregnancy and Childbirth in the United States," *Reproductive Health* 16 (June 11, 2019): 77, https://doi.org/10.1186/s12978-019-0729-2.

107 *Birthing While Black: Examining America's Black Maternal Health Crisis, Before the House Oversight and Reform Committee*, 117th Cong. (2021) (testimony of Cori Bush, Congresswoman from Missouri).

8장 거울 속의 그 사람

1 Sian Cain, "Lucy Ellmann: 'We Need to Raise the Level of Discourse,'" *Guardian*, December 7, 2019, https://www.theguardian.com/books/2019/dec/07/lucy-ellmann-ducks-newburyport-interview.

2 Matthew Brett and Sallie Baxendale, "Motherhood and Memory: A Review," *Psychoneuroendocrinology* 26, no. 4 (May 2001): 339–62, https://doi.org/10.1016/S0306-4530(01)00003-8.

3 Charles M. Poser, Marilyn R. Kassirer, and Janis M. Peyser, "Benign Encephalopathy of Pregnancy: Preliminary Clinical Observations," *Acta Neurologica Scandinavica* 73, no. 1 (January 1986): 39–43, https://doi.org/10.1111/j.1600-0404.1986.tb03239.x.

4 Marla V. Anderson and Mel D. Rutherford, "Cognitive Reorganization during Pregnancy and the Postpartum Period: An Evolutionary Perspective," *Evolutionary Psychology* 10, no. 4 (October 2012): 659–87, https://doi.org/10.1177/147470491201000402.

5 Dustin M. Logan, Kyle R. Hill, Rochelle Jones, Julianne Holt-Lunstad, and Michael J. Larson, "How Do Memory and Attention Change with Pregnancy and Childbirth? A Controlled Longitudinal Examination of Neuropsychological Functioning in Pregnant and Postpartum Women," *Journal of Clinical and Experimental Neuropsychology* 36, no. 5 (May 2014): 528–39, https://doi.org/10.1080/13803395.2014.912614.

6 Anderson and Rutherford, "Cognitive Reorganization during Pregnancy and the Postpartum Period," https://doi.org/10.1177/147470491201000402.

7 Sasha J. Davies, Jarrad A. G. Lum, Helen Skouteris, Linda K. Byrne, and Melissa J. Hayden, "Cognitive Impairment during Pregnancy: A Meta-Analysis," *Medical Journal of Australia* 208, no. 1 (January 2018): 35–40, https://doi.org/10.5694/mja17.00131.

8 Elizabeth Hampson, Shauna-Dae Phillips, Sarah J. Duff-Canning, Kelly L. Evans, Mia Merrill, Julia K. Pinsonneault, Wolfgang Sadée, Claudio N. Soares, and Meir Steiner, "Working Memory in Pregnant Women: Relation to Estrogen and Antepartum Depression," in "Estradiol and Cognition: Molecules to Mind," ed. Victoria Luine and Maya Frankfurt, special issue, *Hormones and Behavior* 74 (August 2015): 218–27, https://doi.org/10.1016/j.yh-

beh.2015.07.006.

9 Claire M. Vanston and Neil V. Watson, "Selective and Persistent Effect of Foetal Sex on Cognition in Pregnant Women," *NeuroReport* 16, no. 7 (May 12, 2005): 779–82, https://doi.org/10.1097/00001756-200505120-00024.

10 Laura M. Glynn, "Increasing Parity Is Associated with Cumulative Effects on Memory," *Journal of Women's Health* 21, no. 10 (October 2012): 1038–45, https://doi.org/10.1089/jwh.2011.3206.

11 Jin-Xia Zheng, Lili Ge, Huiyou Chen, Xindao Yin, Yu-Chen Chen, and Wei-Wei Tang, "Disruption within Brain Default Mode Network in Postpartum Women without Depression," *Medicine* 99, no. 18 (May 2020): e20045, https://doi.org/10.1097/MD.0000000000020045.

12 Elseline Hoekzema, Erika Barba-Müller, Cristina Pozzobon, Marisol Picado, Florencio Lucco, David García-García, Juan Carlos Soliva, et al., "Pregnancy Leads to Long-Lasting Changes in Human Brain Structure," *Nature Neuroscience* 20, no. 2 (2017): 287–96, https://doi.org/10.1038/nn.4458.

13 Liisa A. M. Galea, Brandi K. Ormerod, Sharadh Sampath, Xanthoula Kostaras, Donald M. Wilkie, and Maria T. Phelps, "Spatial Working Memory and Hippocampal Size across Pregnancy in Rats," *Hormones and Behavior* 37, no. 1 (February 2000): 86–95, https://doi.org/10.1006/hbeh.1999.1560.

14 Pawluski, Hoekzema, Leuner, and Lonstein, "Less Can Be More: Fine Tuning the Maternal Brain," https://doi.org/10.1016/j.neubiorev.2021.11.045; Jodi L. Pawluski, Kelly G. Lambert, and Craig H. Kinsley, "Neuroplasticity in the Maternal Hippocampus: Relation to Cognition and Effects of Repeated Stress," in "Parental Care," ed. Alison S. Fleming, Frederic Lévy, and Joe S. Lonstein, special issue, *Hormones and Behavior* 77 (January 2016): 86–97, https://doi.org/10.1016/j.yhbeh.2015.06.004; and J. L. Pawluski, A. Valença, A. I. M. Santos, J. P. Costa-Nunes, H. W. M. Steinbusch, and T. Strekalova, "Pregnancy or Stress Decrease Complexity of CA3 Pyramidal Neurons in the Hippocampus of Adult Female Rats," *Neuroscience* 227 (December 27, 2012): 201–10, https://doi.org/10.1016/j.neuroscience.2012.09.059.

15 Paula Duarte-Guterman, Benedetta Leuner, and Liisa A. M. Galea, "The Long and Short Term Effects of Motherhood on the Brain," in "Parental Brain," ed. Susanne Brummelte and Benedetta Leuner, special issue, *Frontiers in Neuroendocrinology* 53 (April 2019): 100740, https://doi.org/10.1016/j.yfrne.2019.02.004.

16 Erica R. Glasper, Molly M. Hyer, Jhansi Katakam, Robyn Harper, Cyrus Ameri, and Thomas Wolz, "Fatherhood Contributes to Increased Hippocampal Spine Density and Anxiety Regulation in California Mice," *Brain and Behavior* 6, no. 1 (January 2016): e00416, https://doi.org/10.1002/brb3.416; and Erica R. Glasper, Yevgenia Kozorovitskiy, Ashley Pavlic, and Elizabeth Gould, "Paternal Experience Suppresses Adult Neurogenesis without Altering Hippocampal Function in *Peromyscus Californicus*," *Journal of Comparative Neurology* 519, no. 11 (August 1, 2011): 2271–81, https://doi.org/10.1002/cne.22628.

17 "Pawluski, Lambert, and Kinsley, "Neuroplasticity in the Maternal Hippocampus," https://doi.org/10.1016/j.yhbeh.2015.06.004.

18 Rand S. Eid, Jessica A. Chaiton, Stephanie E. Lieblich, Tamara S. Bodnar, Joanne Weinberg, and Liisa A. M. Galea, "Early and Late Effects of Maternal Experience on Hippocampal Neurogenesis, Microglia, and the Circulating Cytokine Milieu," *Neurobiology of Aging* 78 (June 2019): 1–17, https://doi.org/10.1016/j.neurobiolaging.2019.01.021; and Duarte-Guterman, Leuner, and Galea, "Effects of Motherhood on the Brain," https://doi.org/10.1016/

j.yfrne.2019.02.004.
19 Lisa Y. Maeng and Tracey J. Shors, "Once a Mother, Always a Mother: Maternal Experience Protects Females from the Negative Effects of Stress on Learning," *Behavioral Neuroscience* 126, no. 1 (February 2012): 137 –41, https://doi.org/10.1037/a0026707.
20 Jessica D. Gatewood, Melissa D. Morgan, Mollie Eaton, Ilan M. McNamara, Lillian F. Stevens, Abbe H. Macbeth, Elizabeth A. A. Meyer, et al., "Motherhood Mitigates Aging-Related Decrements in Learning and Memory and Positively Affects Brain Aging in the Rat," *Brain Research Bulletin* 66, no. 2 (July 30, 2005): 91 –98, https://doi.org/10.1016/j.brainresbull.2005.03.016; and Pawluski, Lambert, and Kinsley, "Neuroplasticity in the Maternal Hippocampus," https://doi.org/10.1016/j.yhbeh.2015.06.004.
21 Pawluski, Lambert, and Kinsley, "Neuroplasticity in the Maternal Hippocampus," https://doi.org/10.1016/j.yhbeh.2015.06.004.
22 Mayra L. Almanza-Sepulveda, Elsie Chico, Andrea Gonzalez, Geoffrey B. Hall, Meir Steiner, and Alison S. Fleming, "Executive Function in Teen and Adult Women: Association with Maternal Status and Early Adversity," *Developmental Psychobiology* 60, no. 7 (November 2018): 849 –61, https://doi.org/10.1002/dev.21766.
23 Bridget Callaghan, Clare McCormack, Nim Tottenham, and Catherine Monk, "Evidence for Cognitive Plasticity during Pregnancy via Enhanced Learning and Memory," *Memory* (January 5, 2022): 1 –18, https://doi.org/10.1080/09658211.2021.2019280.
24 Todd C. Frankel, "Safety Agency Bans Range of Unregulated Baby Sleep Products Tied to at Least 90 Deaths," *Washington Post*, June 2, 2021, https://www.washingtonpost.com/business/2021/06/02/cpsc-bans-inclined-sleepers/.
25 Harvey R. Colten and Bruce M. Altevogt, eds., "Extent and Health Consequences of Chronic Sleep Loss and Sleep Disorders," in *Sleep Disorders and Sleep Deprivation: An Unmet Public Health Problem* (Washington, DC: National Academies Press, 2006), https://www.ncbi.nlm.nih.gov/books/NBK19961/.
26 "Adam J. Krause, Eti Ben Simon, Bryce A. Mander, Stephanie M. Greer, Jared M. Saletin, Andrea N. Goldstein-Piekarski, and Matthew P. Walker, "The Sleep-Deprived Human Brain," *Nature Reviews Neuroscience* 18, no. 7 (May 18, 2017): 404 – 18, https://doi.org/10.1038/nrn.2017.55.
27 Krause et al., "Sleep-Deprived Human Brain," https://doi.org/10.1038/nrn.2017.55.
28 David Richter, Michael D. Krämer, Nicole K. Y. Tang, Hawley E. Montgomery-Downs, and Sakari Lemola, "Long-Term Effects of Pregnancy and Childbirth on Sleep Satisfaction and Duration of First-Time and Experienced Mothers and Fathers," *Sleep* 42, no. 4 (April 2019), https://doi.org/10.1093/sleep/zsz015.
29 Katherine Ellison, *The Mommy Brain: How Motherhood Makes Us Smarter* (New York: Basic Books, 2005), 22.
30 Sue Bhati and Kathy Richards, "A Systematic Review of the Relationship between Postpartum Sleep Disturbance and Postpartum Depression," *Journal of Obstetric, Gynecologic & Neonatal Nursing* 44, no. 3(May –June 2015): 350 –57, https://doi.org/10.1111/1552-6909.12562.
31 Eliza M. Park, Samantha Meltzer-Brody, and Robert Stickgold, "Poor Sleep Maintenance and Subjective Sleep Quality Are Associated with Postpartum Maternal Depression Symptom Severity," *Archives of Women's Mental*

Health 16, no. 6 (December 2013): 539–47, https://doi.org/10.1007/s00737-013-0356-9.
32 Hawley E. Montgomery-Downs, Salvatore P. Insana, Megan M. Clegg-Kraynok, and Laura M. Mancini, "Normative Longitudinal Maternal Sleep: The First 4 Postpartum Months," *American Journal of Obstetrics and Gynecology* 203, no. 5 (November 2010): 465.e1–465.e7, https://doi.org/10.1016/j.ajog.2010.06.057.
33 Lily K. Gordon, Katherine A. Mason, Emily Mepham, and Katherine M. Sharkey, "A Mixed Methods Study of Perinatal Sleep and Breastfeeding Outcomes in Women at Risk for Postpartum Depression," *Sleep Health* 7, no. 3 (June 2021): 353–61, https://doi.org/10.1016/j.sleh.2021.01.004; and Jessica L. Obeysekare, Zachary L. Cohen, Meredith E. Coles, Teri B. Pearlstein, Carmen Monzon, E. Ellen Flynn, and Katherine M. Sharkey, "Delayed Sleep Timing and Circadian Rhythms in Pregnancy and Transdiagnostic Symptoms Associated with Postpartum Depression," *Translational Psychiatry* 10, 14 (January 21, 2020), https://doi.org/10.1038/s41398-020-0683-3.
34 Shir Atzil, Talma Hendler, Orna Zagoory-Sharon, Yonatan Winetraub, and Ruth Feldman, "Synchrony and Specificity in the Maternal and the Paternal Brain: Relations to Oxytocin and Vasopressin," *Journal of the American Academy of Child & Adolescent Psychiatry* 51, no. 8 (August 1, 2012): 798–811, https://doi.org/10.1016/j.jaac.2012.06.008.
35 Eyal Abraham, Gadi Gilam, Yaniv Kanat-Maymon, Yael Jacob, Orna Zagoory-Sharon, Talma Hendler, and Ruth Feldman, "The Human Coparental Bond Implicates Distinct Corticostriatal Pathways: Longitudinal Impact on Family Formation and Child Well-Being," *Neuropsychopharmacology* 42, no. 12 (November 2017): 2301–13, https://doi.org/10.1038/npp.2017.71.
36 Elizabeth Redcay and Leonhard Schilbach, "Using Second-Person Neuroscience to Elucidate the Mechanisms of Social Interaction," *Nature Reviews Neuroscience* 20, no. 8 (August 2019): 495–505, https://doi.org/10.1038/s41583-019-0179-4; and Mattia Gallotti and Chris D. Frith, "Social Cognition in the We-Mode," *Trends in Cognitive Sciences* 17, no. 4 (April 2013): 160–65, https://doi.org/10.1016/j.tics.2013.02.002.
37 Redcay and Schilbach, "Using Second-Person Neuroscience to Elucidate the Mechanisms of Social Interaction," https://doi.org/10.1038/s41583-019-0179-4.
38 Atiqah Azhari, Mengyu Lim, Andrea Bizzego, Giulio Gabrieli, Marc H. Bornstein, and Gianluca Esposito, "Physical Presence of Spouse Enhances Brain-to-Brain Synchrony in Co-Parenting Couples," *Scientific Reports* 10, no. 1 (May 5, 2020): 7569, https://doi.org/10.1038/s41598-020-63596-2.
39 Shir Atzil, Talma Hendler, and Ruth Feldman, "The Brain Basis of Social Synchrony," *Social Cognitive and Affective Neuroscience* 9, no. 8 (August 2014): 1193–202, https://doi.org/10.1093/scan/nst105.
40 Morten L. Kringelbach, Eloise A. Stark, Catherine Alexander, Marc H. Bornstein, and Alan Stein, "On Cuteness: Unlocking the Parental Brain and Beyond," *Trends in Cognitive Sciences* 20, no. 7(July 2016): 545–58, https://doi.org/10.1016/j.tics.2016.05.003.
41 Kringelbach et al., "On Cuteness," https://doi.org/10.1016/j.tics.2016.05.003.
42 Michael Gilead and Nira Liberman, "We Take Care of Our Own: Caregiving Salience Increases Out-Group Bias in Response to Out-Group Threat," *Psychological Science* 25, no. 7 (July 2014): 1380–87, https://doi.org/10.1177/0956797614531439.
43 Ruth Feldman, "The Neurobiology of Mammalian Parenting and the Bioso-

cial Context of Human Caregiving," in "Parental Care," ed. Alison S. Fleming, Frederic Lévy, and Joe S. Lonstein, special issue, *Hormones and Behavior* 77 (January 2016): 3–17, https://doi.org/10.1016/j.yhbeh.2015.10.001.

44 Marian C. Diamond, Ruth E. Johnson, and Carol Ingham, "Brain Plasticity Induced by Environment and Pregnancy," *International Journal of Neuroscience* 2, no. 4–5 (1971): 171–78, https://doi.org/10.3109/00207457109146999.

45 "Alison Gopnik, *The Philosophical Baby: What Children's Minds Tell Us about Truth, Love, and the Meaning of Life*(New York: Picador USA, 2010).

46 Marianna Graziosi and David Yaden, "Interpersonal Awe: Exploring the Social Domain of Awe Elicitors," *Journal of Positive Psychology* 16, no. 2 (2021): 263–71, https://doi.org/10.1080/17439760.2019.1689422.

47 Alice Chirico, Vlad Petre Glaveanu, Pietro Cipresso, Giuseppe Riva, and Andrea Gaggioli, "Awe Enhances Creative Thinking: An Experimental Study," *Creativity Research Journal* 30, no. 2 (April 2018): 123–31, https://doi.org/10.1080/10400419.2018.1446491.

48 "Molly Dickens, "Baby's First Race: An Interview with Olympian Alysia Montaño," Preg U, June 26, 2017, https://preg-u.bloomlife.com/interview-with-alysia-montano-ce0dcbc6f286.

49 New York TimesAlysia Montaño (video by Max Cantor, Taige Jensen, and Lindsay Crouse), "Nike Told Me to Dream Crazy, Until I Wanted a Baby," *New York Times*, May 12, 2019, https://www.nytimes.com/2019/05/12/opinion/nike-maternity-leave.html.

50 Allyson Felix (video by Lindsay Crouse, Taige Jensen, and Max Cantor), "Allyson Felix: My Own Nike Pregnancy Story," *New York Times*, May 22, 2019, https://www.nytimes.com/2019/05/22/opinion/allyson-felix-pregnancy-nike.html.

51 Katherine Goldstein, "Where Are the Mothers?," *Nieman Reports*, July 26, 2017, https://niemanreports.org/articles/where-are-the-mothers/.

52 Dave Sheinin, Bonnie Berkowitz, and Rick Maese, "They Are Olympians. They Are Mothers. And They No Longer Have to Choose," *Washington Post*, July 20, 2021, https://www.washingtonpost.com/sports/olympics/interactive/2021/olympics-mothers/.

9장 너와 나 사이

1 I first told this story for the Sunday magazine of the *Boston Globe*. See Chelsea Conaboy, "Motherhood Brings the Most Dramatic Brain Changes of a Woman's Life," *Globe Magazine, Boston Globe*, July17, 2018, https://www.bostonglobe.com/magazine/2018/07/17/pregnant-women -care -ignores -one -most -profound -changes -new -mom -faces/CF5wyP0b5EGCcZ8fzLUWbP/story.html.

2 "Louisa May Alcott, *Little Women; or Meg, Jo, Beth, and Amy*(Boston: Little, Brown, 1916), 92.

3 Sandra Blakeslee, "Dr. T. Berry Brazelton, Who Explored Babies' Mental Growth, Dies at 99," *New York Times*, March 14, 2018, https://www.nytimes.com/2018/03/14/obituaries/dr-t-berry-brazelton-dies.html.

4 Amy O'Connor, "'Pregnancy Brain' or Forgetfulness During Pregnancy," What to Expect, October 2, 2020, https://www.whattoexpect.com/pregnancy/symptoms-and-solutions/forgetfulness.aspx.

5 Orli Dahan, "The Birthing Brain: A Lacuna in Neuroscience," *Brain and Cog-*

nition 150 (June 2021): 105722, https://doi.org/10.1016/j.bandc.2021.105722.

6 Timothy G. Dinan and John F. Cryan, "Microbes, Immunity, and Behavior: Psychoneuroimmunology Meets the Microbiome," *Neuropsychopharmacology* 42, no. 1 (January 2017): 178–92, https://doi.org/10.1038/npp.2016.103.

7 Nusiebeh Redpath, Hannah S. Rackers, and Mary C. Kimmel, "The Relationship between Perinatal Mental Health and Stress: A Review of the Microbiome," *Current Psychiatry Reports* 21, no. 3 (March 2, 2019): 18, https://doi.org/10.1007/s11920-019-0998-z.

8 Omry Koren, Julia K. Goodrich, Tyler C. Cullender, Aymé Spor, Kirsi Laitinen, Helene Kling Bäckhed, Antonio Gonzalez, et al., "Host Remodeling of the Gut Microbiome and Metabolic Changes during Pregnancy," *Cell* 150, no. 3 (August 3, 2012): 470–80, https://doi.org/10.1016/j.cell.2012.07.008; and Hannah S. Rackers, Stephanie Thomas, Kelsey Williamson, Rachael Posey, and Mary C. Kimmel, "Emerging Literature in the Microbiota-Brain Axis and Perinatal Mood and Anxiety Disorders," *Psychoneuroendocrinology* 95 (September 2018): 86–96, https://doi.org/10.1016/j.psyneuen.2018.05.020.

9 *Encyclopedia Britannica Online*, s.v. "Chimera," accessed October 31, 2021, https://www.britannica.com/topic/Chimera-Greek-mythology.

10 "Diana W. Bianchi, Kiarash Khosrotehrani, Sing Sing Way, Tippi C. MacKenzie, Ingeborg Bajema, and Keelin O'Donoghue, "Forever Connected: The Lifelong Biological Consequences of Fetomaternal and Maternofetal Microchimerism," *Clinical Chemistry* 67, no. 2 (February 2021): 351–62, https://doi.org/10.1093/clinchem/hvaa304.

11 Jeremy M. Kinder, Ina A. Stelzer, Petra C. Arck, and Sing Sing Way, "Immunological Implications of Pregnancy-Induced Microchimerism," *Nature Reviews Immunology* 17, no. 8 (August 2017): 483–94, https://doi.org/10.1038/nri.2017.38.

12 Kinder et al., "Immunological Implications of Pregnancy-Induced Microchimerism," https://doi.org/10.1038/nri.2017.38.

13 Bianchi et al., "Forever Connected," https://doi.org/10.1093/clinchem/hvaa304.

14 Amy M. Boddy, Angelo Fortunato, Melissa Wilson Sayres, and Athena Aktipis, "Fetal Microchimerism and Maternal Health: A Review and Evolutionary Analysis of Cooperation and Conflict beyond the Womb," *BioEssays* 37, no. 10 (October 2015): 1106–18, https://doi.org/10.1002/bies.201500059.

15 William F. N. Chan, Cécile Gurnot, Thomas J. Montine, Joshua A. Sonnen, Katherine A. Guthrie, and J. Lee Nelson, "Male Microchimerism in the Human Female Brain," *PLoS ONE* 7, no. 9 (September 26, 2012): e45592, https://doi.org/10.1371/journal.pone.0045592.

16 "Liisa A. M. Galea, Wansu Qiu, and Paula Duarte-Guterman, "Beyond Sex Differences: Short and Long-Term Implications of Motherhood on Women's Health," in "Sex Differences," ed. Susan Howlett and Stephen Goodwin, special issue, *Current Opinion in Physiology* 6 (December 2018): 82–88, https://www.sciencedirect.com/science/article/pii/S2468867318300865.

17 "Gender Studies in Product Development: Historical Overview," US Food and Drug Administration, February 16, 2018, https://www.fda.gov/science-research/womens-health-research/gender-studies-product-development-historical-overview; and Londa Schiebinger, "Women's Health and Clinical Trials," *Journal of Clinical Investigation* 112, no. 7 (October 2003): 973–77, https://doi.org/10.1172/JCI19993.

18 Anna C. Mastroianni, Ruth Faden, and Daniel Federman, eds., *Women and Health Research*, vol. 1, *Ethical and Legal Issues of Including Women in*

Clinical Studies (Washington, DC: National Academies Press, 1994).
19 Rowena J. Dolor, Chiara Melloni, Ranee Chatterjee, Nancy M. Allen LaPointe, Judson B. Williams Jr., Remy R. Coeytaux, Amanda J. McBroom, et al., *Treatment Strategies for Women with Coronary Artery Disease*, in *Comparative Effectiveness Review* (Agency for Healthcare Research and Quality, August 2012), https://www.ncbi.nlm.nih.gov/books/NBK100775/.
20 Matthew E. Arnegard, Lori A. Whitten, Chyren Hunter, and Janine Austin Clayton, "Sex as a Biological Variable: A 5-Year Progress Report and Call to Action," in "Incorporating Sex and Gender throughout Scientific Endeavors: Update and Call to Action," special issue, *Journal of Women's Health* 29, no. 6 (June 2020): 858–64, https://doi.org/10.1089/jwh.2019.8247.
21 "Sex and Gender Analysis Policies of Major Granting Agencies," Gendered Innovations, accessed November 2, 2021, https://www.genderedinnovations.se /page /en -US /72 /Major _Granting_Agencies.
22 Nicole C. Woitowich, Annaliese Beery, and Teresa Woodruff, "A 10-Year Follow-Up Study of Sex Inclusion in the Biological Sciences," *eLife* 9 (June 9, 2020): e56344, https://doi.org/10.7554/eLife.56344; and Jenna Haverfield and Cara Tannenbaum, "A 10-Year Longitudinal Evaluation of Science Policy Interventions to Promote Sex and Gender in Health Research," *Health Research Policy and Systems* 19 (June 15, 2021): 94, https://doi.org/10.1186/s12961-021-00741-x.
23 Rebecca K. Rechlin, Tallinn F. L. Splinter, Travis E. Hodges, Arianne Y. Albert, and Liisa A. M. Galea, "Harnessing the Power of Sex Differences: What a Difference Ten Years Did Not Make," *BioRxiv*(November 4, 2021), https://doi.org/10.1101/2021.06.30.450396.
24 Ansley Waters, Society for Women's Health Research Alzheimer's Disease Network, and Melissa H. Laitner, "Biological Sex Differences in Alzheimer's Preclinical Research: A Call to Action," *Alzheimer's & Dementia: Translational Research & Clinical Interventions* 7, no. 1 (February 14, 2021): e12111, https://doi.org/10.1002/trc2.12111.
25 "Basic HHS Policy for Protection of Human Research Subjects," *Code of Federal Regulations*, title 45, part 46, effective July 14, 2009 (Rockville, MD: Office for Human Research Protections), https://www.hhs.gov/ohrp/regulations-and-policy/regulations/regulatory-text/index.html; and Carolyn Y. Johnson, "Long Overlooked by Science, Pregnancy Is Finally Getting Attention It Deserves," *Washington Post*, March 6, 2019, https://www.washingtonpost.com/national/health-science/long-overlooked-by-science-pregnancy-is-finally-getting-attention-it-deserves/2019/03/06/a29ae9bc-3556–11e9-af5b-b51b7ff322e9_story.html.
26 Center for Drug Evaluation and Research, "Pregnant Women: Scientific and Ethical Considerations for Inclusion in Clinical Trials," Draft Guidance Document, docket FDA-2018-D-1201 (US Food and Drug Administration, April 2018), https://www.fda.gov/regulatory-information/search-fda-guidance-documents/pregnant-women-scientific-and-ethical-considerations-inclusion-clinical-trials.
27 Task Force on Research Specific to Pregnant Women and Lactating Women, *Report to Secretary, Health and Human Services, Congress*, September 2018, https://www.nichd.nih.gov/sites/default/files/2018–09/PRGLAC_Report.pdf.
28 Johnson, "Pregnancy Is Finally Getting Attention," https://www.washingtonpost.com/national/health-science/long-overlooked-by-science-pregnancy-is-finally-getting-attention-it-deserves/2019/03/06/a29ae9bc-3556–11e9-af5b-b51b7ff322e9_story.html?utm_term=.362cb58e9639.

29 Gladys M. Martinez, Kimberly Daniels, and Isaedmarie Febo-Vazquez, "Fertility of Men and Women Aged 15–44 in the United States: National Survey of Family Growth, 2011–2015," in *National Health Statistics Reports*, no. 113 (Hyattsville, MD: National Center for Health Statistics, 2018), 1–17.

30 Bianchi et al., "Forever Connected," https://doi.org/10.1093/clinchem/hvaa304.

31 Bianchi et al., "Forever Connected," https://doi.org/10.1093/clinchem/hvaa304.

32 Victoria C. Musey, Delwood C. Collins, Paul I. Musey, D. Martino-Saltzman, and John R. K. Preedy, "Long-Term Effect of a First Pregnancy on the Secretion of Prolactin," *New England Journal of Medicine* 316, no. 5 (January 29, 1987): 229–34, https://doi.org/10.1056/NEJM198701293160501; and Caitlin M. Taylor et al., "Applying a Women's Health Lens to the Study of the Aging Brain," *Frontiers in Human Neuroscience* 13 (2019): 224, https://doi.org/10.3389/fnhum.2019.00224.

33 Paula Duarte-Guterman, Benedetta Leuner, and Liisa A. M. Galea, "The Long and Short Term Effects of Motherhood on the Brain," in "Parental Brain," ed. Susanne Brummelte and Benedetta Leuner, special issue, *Frontiers in Neuroendocrinology* 53 (April 2019): 100740, https://doi.org/10.1016/j.yfrne.2019.02.004; and Nicholas P. Deems and Benedetta Leuner, "Pregnancy, Postpartum and Parity: Resilience and Vulnerability in Brain Health and Disease," *Frontiers in Neuroendocrinology* 57 (April 2020): 100820, https://doi.org/10.1016/j.yfrne.2020.100820.

34 Samantha Tang and Bronwyn M. Graham, "Hormonal, Reproductive, and Behavioural Predictors of Fear Extinction Recall in Female Rats," *Hormones and Behavior* 121 (May 2020): 104693, https://doi.org/10.1016/j.yhbeh.2020.104693.

35 Tang and Graham, "Predictors of Fear Extinction Recall in Female Rats," https://doi.org/10.1016/j.yhbeh.2020.104693; and J. S. Milligan-Saville and B. M. Graham, "Mothers Do It Differently: Reproductive Experience Alters Fear Extinction in Female Rats and Women," *Translational Psychiatry* 6, no. 10 (October 2016): e928, https://doi.org/10.1038/tp.2016.193.

36 Claire Cain Miller, "The World 'Has Found a Way to Do This': The U.S. Lags on Paid Leave," *New York Times*, October 25, 2021, https://www.nytimes.com/2021/10/25/upshot/paid-leave-democrats.html.

37 Mona L. Siegel, "The Forgotten Origins of Paid Family Leave," *New York Times*, November 29, 2019, https://www.nytimes.com/2019/11/29/opinion/mothers-paid-family-leave.html.

38 Isabel V. Sawhill, Richard V. Reeves, and Sarah Nzau, "Paid Leave as Fuel for Economic Growth," Middle Class Memos, Brookings Institution, June 27, 2019, https://www.brookings.edu/blog/up-front/2019/06/27/paid-leave-as-fuel-for-economic-growth/; Alexandra Boyle Stanczyk, "Does Paid Family Leave Improve Household Economic Security Following a Birth? Evidence from California," *Social Service Review* 93, no. 2 (June 2019): 262–304, https://doi.org/10.1086/703138; *Paid Family and Medical Leave: Good for Business*, fact sheet (Washington, DC: National Partnership for Women & Families, September 2018), https://www.nationalpartnership.org/our-work/resources/economic-justice/paid-leave/paid-leave-good-for-business.pdf; and "Evaluation of the California Paid Family Leave Program," executive summary (San Francisco: Bay Area Council Economic Institute, June 19, 2020), http://www.bayareaeconomy.org/report/evaluation-of-the-california-paid-family-leave-program/.

39 Jenna Stearns, "The Effects of Paid Maternity Leave: Evidence from Temporary Disability Insurance," *Journal of Health Economics* 43 (September 2015): 85 – 102, https://doi.org/10.1016/j.jhealeco.2015.04.005.
40 Shirlee Lichtman-Sadot and Neryvia Pillay Bell, "Child Health in Elementary School Following California's Paid Family Leave Program," *Journal of Policy Analysis and Management* 36, no. 4(2017): 790 – 827, https://doi.org/10.1002/pam.22012.
41 Maureen Sayres Van Niel, Richa Bhatia, Nicholas S. Riano, Ludmila de Faria, Lisa Catapano-Friedman, Simha Ravven, Barbara Weissman, et al., "The Impact of Paid Maternity Leave on the Mental and Physical Health of Mothers and Children: A Review of the Literature and Policy Implications," *Harvard Review of Psychiatry* 28, no. 2 (April 2020): 113 – 26, https://doi.org/10.1097/HRP.0000000000000246.
42 Van Niel et al., "Impact of Paid Maternity Leave," https://doi.org/10.1097/HRP.0000000000000246.
43 "Infant and Toddler Nutrition: Recommendations and Benefits," Centers for Disease Control and Prevention, July 9, 2021, https://www.cdc.gov/nutrition/infantandtoddlernutrition/breastfeeding/recommendations-benefits.html.
44 Van Niel et al., "Impact of Paid Maternity Leave," https://doi.org/10.1097/HRP.0000000000000246.
45 Mauricio Avendano, Lisa F. Berkman, Agar Brugiavini, and Giacomo Pasini, "The Long-Run Effect of Maternity Leave Benefits on Mental Health: Evidence from European Countries," *Social Science & Medicine* 132 (May 2015): 45 – 53, https://doi.org/10.1016/j.socscimed.2015.02.037.
46 Joia Crear-Perry, "Paid Maternity Leave Saves Lives," *Bloomberg Opinion*, June 24, 2021, https://www.bloomberg.com /opinion /articles /2021 – 06 – 24 /paid -maternity -leave -would -help-relieve-america-s-maternal-mortality-crisis.
47 Danielle Kurtzleben, "Lots of Other Countries Mandate Paid Leave. Why Not the U.S.?," NPR, July 15, 2015, https://www.npr.org/sections /itsallpolitics /2015 /07 /15 /422957640 /lots -of -other-countries-mandate-paid-leave-why-not-the-us.
48 "Matt Walsh (@MattWalshBlog), "In terms of bondingwith dad, the most important time is a little later in the child's life. Dads will do much more bonding in toddler years than in early infancy. Infants are focused almost entirely on mommy. It's biological. Not sure why this point is upsetting to people," Twitter, October 15, 2021, https://twitter.com/MattWalshBlog/status/1449068469627105281; and Matt Walsh (@MattWalshBlog), "You can also still bond with your child while working. I'm very well bonded with all four of my kids and I had no paternity leave for any of them," Twitter, October15, 2021, https://twitter.com/MattWalshBlog/status/1449029551359725586.
49 Sofia I. Cardenas, Michaele Francesco Corbisiero, Alyssa R. Morris, and Darby E. Saxbe, "Associations between Paid Paternity Leave and Parental Mental Health across the Transition to Parenthood: Evidence from a Repeated-Measure Study of First-Time Parents in California," *Journal of Child and Family Studies* 30 (December 2021): 3080 – 94, https://doi.org/10.1007/s10826-021-02139-3.
50 Eva Diniz, T nia Brandão, Lígia Monteiro, and Manuela Veríssimo, "Father Involvement during Early Childhood: A Systematic Review of the Literature," *Journal of Family Theory & Review* 13, no. 1(March 2021): 77 – 99,

https://doi.org/10.1111/jftr.12410; and Jeffrey Rosenberg and W. Bradford Wilcox, "The Importance of Fathers in the Healthy Development of Children" (Washington, DC: U.S. Department of Health and Human Services, Children's Bureau, 2006), https://www.childwelfare.gov/pubs/usermanuals/fatherhood/.

51 Nancy Folbre, *The Rise and Decline of Patriarchal Systems: An Intersectional Political Economy* (New York: Verso, 2021), 34–37.

52 Gretchen Livingston and Kim Parker, "8 Facts about American Dads," *Pew Research Center* (blog), June 12, 2019, https://www.pewresearch.org/fact-tank/2019/06/12/fathers-day-facts/.

53 "John Bowlby, *Attachment and Loss*, vol. 2, *Separation: Anxiety and Anger* (New York: Basic Books, 1973), 73.

54 Thomas S. Weisner, "Sibling Interdependence and Child Caretaking: A Cross-Cultural View," in *Sibling Relationships: Their Nature and Significance across the Lifespan*, ed. Michael E. Lamb and Brian Sutton-Smith (Hillsdale, NJ: Psychology Press, 1982), 305–25.

55 Marc H. Bornstein, Diane L. Putnick, Paola Rigo, Gianluca Esposito, James E. Swain, Joan T. D. Suwalsky, Xueyun Su, et al., "Neurobiology of Culturally Common Maternal Responses to Infant Cry," *Proceedings of the National Academy of Sciences* 114, no. 45 (November 7, 2017): E9465–73, https://doi.org/10.1073/pnas.1712022114.

56 Sara Ruddick, *Maternal Thinking: Toward a Politics of Peace* (Boston: Beacon Press, 1995), 9–11, 18, 69–72, 119–23.

57 "Ruddick, *Maternal Thinking*, 121.

58 Ruddick, *Maternal Thinking*, xii, 70.

59 "Ruddick, *Maternal Thinking*, 123.

60 matrescenceDana Raphael, "Matrescence, Becoming a Mother, a 'New/Old' *Rite de Passage*," in *Being Female: Reproduction, Power, and Change*, ed. Dana Raphael (Chicago: Aldine, 1975), 65–71, http://archive.org/details/beingfemalerepro0000inte.

61 Aurelie Athan and Lisa Miller, "Motherhood as Opportunity to Learn Spiritual Values: Experiences and Insights of New Mothers," *Journal of Prenatal and Perinatal Psychology and Health* 27, no. 4 (2013): 220–53.

62 Aurélie Athan and Lisa Miller, "Spiritual Awakening through the Motherhood Journey," *Journal of the Association for Research on Mothering* 7, no. 1 (January 2005): 17–31, https://jarm.journals.yorku.ca/index.php/jarm/article/view/4951.

63 Aurélie M. Athan, "Reproductive Identity: An Emerging Concept," *American Psychologist* 75, no. 4 (2020): 445–56, https://doi.org/10.1037/amp0000623.

64 "Jochebed," *Art-Journal* 35, no. 12 (January 1873): 304.

65 Lilian Whiting, *Italy: The Magic Land* (Boston: Little, Brown, 1910), 121.

찾아보기

ㄱ
가난 81, 117, 165, 166, 245
가부장적 규범 69, 402
가족 임금 69
가족 통합 케어 161
가톨릭 63, 206
각인 30, 36~38, 78, 211, 224, 332
갈라닌 108~110, 254
갈레아, 리사 366, 367, 406, 407
감각피질 240
감마-아미노부티르산(GABA) 315
감정 조절 28, 49, 146, 276, 298, 308, 320~323, 378, 418, 428
강박 장애 142, 271, 301
개스킨, 이나 메이 345~347
건강보험 86, 87, 336, 416
건강보험개혁법 336
건망증 360, 363, 365, 370, 388, 401
검스, 알렉시스 폴린 15
게틀러, 리 261, 273
경쟁 66, 69, 71, 94, 193, 218, 260, 267, 268, 385, 430
고래 243
고릴라 211
고양이 35, 40, 41, 121
고프닉, 앨리슨 387
골든버그, 다이앤 270
골디, 캐서린 269, 317
골딘, 클라우디아 67
공감 10, 51, 175, 190, 240, 275, 313, 321, 378, 382, 384, 427, 431
공동체 81, 82, 177, 206, 207, 213, 215, 322, 343, 385, 386, 416, 417, 423, 424
공포 소멸 411
과스텔라, 애덤 182
구처, 카라 389
국립 아동건강 및 인간발달연구소 278, 382

국제 산후 지원 15
권력 62, 64, 80, 189, 267
귀여움 37, 38, 121, 291, 382, 384
그래소, 다미언 279
그레이엄, 브론윈 411, 412
글루코코르티코이드 341
금전적 인센티브 지연 과제 114
기능적 근적외선 분광법(fNIRS) 379
기독교 62, 64, 71, 72
기억력 저하 228, 229, 364, 365~367
김, 필영 227, 321, 322

ㄴ

나이키 389, 390
나일스, 미미 57, 58, 85, 86, 88
낙태 79, 80, 234
남성성 81, 265, 268, 269, 286
내수용 감각 169, 173, 374
내측전두피질 172
내측전전두피질 124, 146, 170, 179, 378
네트워크 연결성 179, 180
노예제 65
노튼, 도나 385
논바이너리 10, 265
논바이너리 부모 14, 81, 208
뇌 이미지 102, 112, 169
뇌전도 147
누먼, 마이클 175
뉴런 103, 104, 106, 108~110, 127, 228, 366, 367, 405
뉴먼, 샌드라 117
니콜스-체스트넛, 로건 285~287
닉슨, 리처드 M. 79, 80

ㄷ

다원주의 페미니스트 72
다윈, 찰스 58, 59, 66, 71~75, 77, 92, 94, 187, 273, 385
다한, 오를리 403
대경산(grand multiparity) 238
대뇌피질 43
더포드, 알렉스 128
데이비스, 앤절라 65
데켈, 샤론 347~351, 353
도전 가설 260, 264, 269, 273, 275
도파민 123~126, 128, 132, 166, 168, 178~181, 341, 373
돌봄 14, 15, 22, 33,58, 59, 63, 81, 86, 87, 92, 108~111, 124, 162, 175, 178, 189, 192, 207, 208, 211, 213, 214, 224, 236, 242, 247, 249, 250, 255, 258, 268~270, 273, 277, 308, 309, 313, 316, 322, 324, 326, 327, 330, 333, 336, 369, 374, 376, 384, 385, 419, 420, 422~424, 428, 432
돌봄 회로 29, 45
동물 모델 107, 124, 237, 252, 316
동물 연구 12, 28, 108, 112, 125, 183, 320, 405
동성 부모 208
동시성 176, 179, 181, 193, 195, 198, 199, 206, 381
동종 부모 208, 212, 213, 220~222, 239, 242, 243, 281
두뇌 네트워크 158, 297
두딘, 아야 307, 308, 317
둘라 23, 342
둘락, 캐서린 108~110, 249~251, 253~255
드랑주, 앤마리 G. 232
디에틸스틸베스트롤 406
디킨스, 몰리 343, 388, 390~393
디폴트 모드 네트워크 169~171, 173, 177

ㄹ
람찬다니, 아리엘 259
랑구르 94
래피얼, 다나 431
랜들, 하이디 284
러더퍼드, 멜 364
러더퍼드, 헬레나 115, 116, 120, 122, 143, 147, 149~151, 323
러딕, 세라 14, 427, 428
러먼, 대니얼 41, 42, 46
레비, 프레데릭 107
레즈비언 281, 282
렉먼, 제임스 142~145
렌즈, 리즈 73, 83, 145
로드, 오드리 297, 428
로렌츠, 콘라트 36~41, 44, 46, 47, 78, 96, 121, 211
로버츠, 제이크 256, 283
로신-슬레이터, 마야 270
로웰, 어맨다 324, 325
로이스, 크리스티나 352~356
로젠블랫, 제이 S. 35, 40~47, 95, 255, 385
론스타인, 조셉 107
르페이지, 폴 88
리처드슨, 세라 332, 333
리치, 에이드리언 428
릴렉신 105
릴링, 제임스 273~278

ㅁ
마모셋 212, 214, 261
마음 이론 170, 172, 226, 274, 428
마이크로키메리즘 174, 404, 405, 409
마투, 아이샤 428
마틴, 니나 85
맘스라이징 385
맘 파워 프로그램 325
매큐언, 브루스 311, 312, 352
맥과이어, 제이미 315, 338, 339
맥니시, 홀리 88
맥두걸, 윌리엄 74, 75
맥마스터 대학 307, 364
맥비, 토머스 페이지 287
맥케이브, 메러디스 223, 224, 240, 241
맥클로스키, 알리사 295, 318, 325
맨친, 조 414
머신 러닝 231
메디케이드 87, 333, 336, 337
메이스, 린다 424, 425
메인 보이즈 투 멘 256, 283, 284
멘케딕, 세라 188, 343
멜처-브로디, 서맨사 300, 301, 305, 306, 338
모디, 이스트반 315
모렐, 조앤 146
모브레이, 존 186
모성 돌봄 330
모성 동기 49, 124, 133, 134, 175, 181
모성 본능 20, 21, 27, 28, 34, 35, 39, 46, 48, 60, 70, 71, 75~83, 88, 91~93, 95, 96, 121, 187, 297, 339, 402, 417
모성 유전학 331
"모성의 구조화" 127
"모성의 기억" 313
"모성적 사고" 427
모성 행동 32, 35, 42~47, 94, 107, 110, 111, 124~126, 128, 147, 175, 211, 255, 320
모세 434, 435
모유 수유 31, 47, 62, 81, 89, 130, 131, 148, 159, 174, 178, 181, 191, 195, 238, 257, 289, 314, 327, 372, 399, 415, 416, 429
몬타노, 알리시아 388~390

무지크, 마리아 326, 327
미국 국립과학재단 278
미국 국립보건원 278, 390, 407
미국 산부인과의사협회 87, 337
미국 식품의약국(FDA) 300, 406, 407
미국 아동국 187
미국 질병예방특별위원회 336, 399
미국 질병통제예방센터 301
미생물 군집 403, 404
미어캣 242
밀너, 유리 109
밀너, 줄리아 109
밀러, 리사 118, 414
밀러, 클레어 케인 118, 414
밀레바-세이츠, 비아라 331

ㅂ

바댕테르, 엘리자베트 95, 96
바르바-뮬러, 에리카 225
바소프레신 269, 274
바이든, 조 80
바이어, C. J. 186, 187, 189, 190
박물학자 210
반 앤더스, 사리 266~270
반응성 107, 123, 126, 129, 130, 193, 197, 206, 312, 313, 315, 316, 320, 334
배럿, 리사 펠드먼 104, 166, 167, 169, 176, 178
배럿, 에이미 코니 82
백질 102, 230, 232, 308, 312, 368
버드송, 미아 82, 343
버크 해리스, 나딘 333
번더슨, 매디슨 114, 115
베단텀, 샹커 132
보상 시스템 124, 125, 222, 373
보육 15, 22, 78~80, 116, 192, 193, 245, 417, 420
복내측전전두피질 378
복측선조체 226
복측피개영역 110, 124, 125
본스타인, 마크 382
볼비, 존 78, 79, 191, 211, 213, 421
부모됨 10, 15, 30~32, 46~48, 52, 58, 80, 86, 90, 95, 96, 112, 116, 160, 163, 197, 210, 230, 231, 234, 237~239, 251, 271, 290, 336, 349, 368, 375, 387, 391, 402, 413, 421, 431, 432, 436
부모의 뇌 12~14, 28~34, 37, 44, 61, 92, 109, 112, 120, 122, 123, 129~131, 147, 158, 159, 168, 176, 182~184, 186, 192, 194, 197, 208, 223, 224, 230, 251, 281, 283, 285, 287, 290, 292, 297, 299, 303, 309, 317, 321~334, 360, 361, 374, 375~377, 380, 382, 384~386, 401~403, 420, 424, 425, 428, 432
부모-자녀 간 상호 작용 280, 314
부모 행동 208, 249, 373
부시, 코리 352
부정적 아동기 경험(ACEs) 333
부티지지, 피터 418
분만 85, 86, 88, 105, 125, 126, 130, 131, 137, 181, 238, 257, 289, 290, 296, 312, 325, 329, 342, 345, 347, 348, 353, 354, 403
불안 장애 30, 129, 145, 150, 300, 412, 425
뷰캐넌, 팻 80
브레이즐턴, 베리 27, 28, 397~402
브렉사놀론 300
블랙웰, 앙투아네트 브라운 72, 73, 75, 77, 94, 432
블루먼솔, 스티븐 147, 148

블룸라이프 388
비동시성 195
비버 242
비세도, 마르가 37, 38, 78, 211
비안치, 다이애나 409, 410
비출산 부모 130, 258, 283, 291, 361
비치, 프랭크 A. 주니어 35, 285
빅, 요해나 279
빈센트, 에밀리 21, 52, 371

ㅅ

사냥 74, 215, 219, 245, 369
사산 89, 250, 348
사춘기 50, 51, 265, 267
사회 다윈주의 71
사회적 목표 269
사회적 유대 37, 175, 242, 268
사회적 인식 158, 160, 298, 428
산모 사망률 76, 85, 87
산업혁명 66
산후기 13, 14, 87, 146
산후 우울증 12, 28, 86, 129, 139, 145, 171, 184, 195, 271, 296, 297, 299~306, 308, 316, 318, 327, 334, 338~342, 344, 348, 374, 375, 416
산후 우울증과 싸우는 엄마 유전자(Mom Genes Fight PPD) 305, 306
상측두고랑 130, 172, 281
상측두회 236
새폴스키, 로버트 375
색스비, 다비 262, 263, 270, 271, 277, 278, 289, 291, 292, 303, 384
샌닥, 모리스 201
생식권 34
서러, 섀리 62, 66, 78, 190
서비골 기관 249, 250
서치먼, 낸시 324
서트랄린 341
선조체 226, 378
선택적 세로토닌 재흡수억제제(SSRI) 340
설리, 제임스 187, 188
설전부 170, 172
설치류 43, 49, 109~112, 129, 147, 181, 255, 311, 321, 340, 410
섬엽 240
성격, 관계, 호르몬 연구소 184, 282
성모 마리아 62, 63, 74, 91
성별 임금 격차 83
성별 차이 245, 251~254, 407
세계보건기구 301
세계육상연맹 266
세로토닌 327, 340, 341
세이지 테라퓨틱스 300, 338, 339
소뇌 128
소셜 미디어 52, 89, 91, 191, 290, 305, 334
수렵채집 사회 211, 213, 215, 217, 219, 235
수르칸, 패멀라 338
수면 15, 21, 50, 141, 151, 159, 162, 166, 174, 185, 193, 195, 230, 334, 347, 354, 365, 367, 371~377
수유 22, 31, 40, 44, 47, 62, 81, 89, 123, 130, 131, 138, 148, 159, 174, 178, 181, 191, 195, 234, 238, 257, 289, 296, 314, 327, 337, 372, 392, 399, 401, 403, 415, 416, 429
슈나이얼라, T. C. 40, 48
슈미트, 피터 11, 12, 13
스머츠, 바버라 93
스웨인, 제임스 227, 326, 427
스타인, 앨런 107, 282, 382
스털링, 피터 164~166
스트레스 24, 39, 46, 92, 111, 117, 145,

161, 162, 165, 166, 193, 194, 230, 263, 270, 271, 297, 298, 300, 301, 309~312, 314~316, 319, 320, 322~324, 326, 327, 336, 337, 339, 342, 343, 348~352, 368, 369, 375, 380, 388, 390, 403, 404, 415, 417, 430
스티븐슨, 벳시 245
스펜서, 허버트 71, 83
스포크, 벤저민 189, 190
시냅스 28, 103, 104, 229, 253, 340
시상하부 108, 179, 254, 310, 315
시스젠더 14, 123, 258, 279, 288, 290
시어스, 마사 79, 191
시어스, 윌리엄 79, 191
신경가소성 126
신경계 36, 146, 222, 228, 311, 315, 341
신경과학 13, 92, 108, 114, 166, 169, 175~177, 183, 194, 222, 225, 251~253, 264, 266, 273, 292, 307, 311, 314, 315, 323, 365, 373, 375, 379, 384, 387, 400, 403, 406, 407
신경내분비계 265
신경 발생 368
신경스테로이드 315
신경전달물질 106, 108, 110, 124, 308, 315, 340
신경줄기세포 227, 228
신경펩타이드 108, 125, 180, 269, 274
신경 활동 28, 104, 126, 130, 176, 192, 226, 280, 306, 320, 326
신생아 21, 36, 39, 87, 90, 111, 119, 122, 123, 138, 143~145, 149, 155, 156, 159~162, 175, 178, 192, 216, 220, 224, 235, 258, 261, 276, 288, 291, 337, 375, 390, 415, 418
신체 예산 166, 167, 174, 176

ㅇ

아기 도식(Kindchenschema) 121, 382
아동 발달 38, 78, 79, 161, 187, 188, 302, 319, 323
아동 발달 종합법 79
아밀로이드 전구체 368
아브라함, 이얄 280
아빠됨 270, 274, 275, 361
아슬레타 392
아이어, 조지프 164, 165
아임 위드 허(I'm With Her) 199
아체족 215
아칠, 시르 176~182, 193~195, 197, 201, 378, 380, 382
아카데미상 시상식 90
안와전두피질 122, 128, 198
알로스타시스 164~166, 168, 176~178, 182, 194~197, 311, 312, 382
알로프레그나놀론 315, 316, 338
알츠하이머 231, 232, 238, 239, 353, 368, 408, 410
알트만, 스튜어트 93
알트만, 진 93
애착 36, 38, 78, 79, 95, 159, 191, 192, 194, 195, 211, 226, 227, 273, 331, 346, 421~423
애플, 리마 188~190
앤더슨, 말라 364
앤더슨, 킴 64, 65
양가감정 39, 118
양육 22, 33, 37, 44, 47, 66, 81, 82, 93~95, 108~112, 115, 117, 121, 122, 125, 126, 128~130, 143, 146, 150, 161, 163, 164, 174, 175, 177, 178, 182, 188, 189, 191, 194~196, 208~210, 212, 231, 235, 238, 239, 245, 250, 251, 257~260, 262, 268, 269, 275,

276, 280~283, 285, 288~291, 298, 309, 314, 317~321, 323, 327, 330, 334, 339, 361, 367, 369, 370, 377~379, 382, 384, 385, 418, 423~425, 427, 428, 430
양전자 단층촬영(PET) 178
어데이, 카미나 161, 162
어머니기(matrescence) 431
엄마됨 10, 28, 32, 35, 50, 66, 89, 118, 233, 289, 343, 367, 377
"엄마들을 위한 마셜 플랜" 80
엄마의 뇌 14, 15, 27, 28, 33, 44, 47, 49, 50, 52, 60, 83, 92, 102, 112, 131, 149, 159, 183, 193, 223, 225, 229, 231, 251, 278, 285, 326, 360, 361, 369, 375, 381
"엄마 효과" 218
에델스타인, 로빈 282
에디딘, 미아 143, 144
에스트라디올 105, 250, 260, 265, 316, 410, 411
에스트로겐 92, 105, 107, 109, 110, 238, 239, 274, 312, 341, 410
에이선, 오렐리 118, 431, 432, 433
HPA 축 310, 315~317, 343, 403
에인스워스, 메리 421, 422
N-메틸-D 아스파르트산염 (NMDA) 412
엘리슨, 캐서린 375
엘만, 루시 360
여성건강연구협회 408
여성 인권 290
열쇠와 자물쇠 비유 37
영아 살해 94, 116, 117
영장류 93~96, 175, 207, 211~213, 222, 261
예측 모델 179
오도노반, 이퍼 198~201
오스본, 로런 338
오월라비 미첼, 앨리스 23, 48
오차드, 위니 173, 234, 235, 238, 397
오코넬, 로런 255
오코넬, 제임스 215
오토, 힐트루드 421
옥시토신 92, 105, 107, 124~126, 130, 176, 180~182, 265, 269, 274, 275, 279, 280, 316, 327, 341
올리버, 메리 151, 152
와이즈너, 토머스 422, 423
왓슨, 존 B. 189
왓킨스, 세라 199
외상 후 스트레스 장애 145, 300, 349
요게벳 434, 435
"용량" 효과 233
우드, 웬디 132
우울증 12, 28, 29, 86, 129, 139, 143, 145, 171, 184, 195, 198, 259, 271, 296, 297, 299~308, 316, 318, 325, 327, 333, 334, 336~342, 344, 348, 349, 355, 364, 365, 373~376, 398, 399, 403, 416
우, 젱 255
운동선수 266, 390, 392
울리, 캐서린 64, 90, 94, 157, 253, 382
울리히, 로럴 대처 64
원격 의료 337, 338, 343
월시, 맷 418
웡두디 305
웡, 앨리 89, 91
웨스터벨트, 에이미 68, 69
위니코트, 도널드 118, 119, 141, 142, 158, 427, 428
위탁 부모 280, 283
윌슨, E. O. 208, 242, 243
유대 15, 24, 37~39, 47, 48, 68, 69, 89, 105, 159, 167, 175, 177, 179~182,

185, 191, 195, 196, 197, 205, 206, 211, 218, 223, 224, 242, 257, 268, 280, 289, 296, 297, 318~320, 349, 351, 378, 402, 418, 421, 432
유전자형 40, 239
유전학 331, 409
육아 기술 31, 361
육아 프로그램 323, 324
음식 공유 215
이브 62, 63, 71
이타주의 175, 378, 419
인종 차별 37, 68, 75, 82, 85, 165, 193, 322, 352, 416, 426
인지 기능 33, 231, 232, 233, 238, 239, 363, 365, 366, 368~371, 387
"일차적 모성 몰두" 427
「잃어버린 엄마들Lost Mothers」 85
임신성 당뇨 86
입양 38, 234, 279, 281, 291, 355, 418

ㅈ

자가면역질환 409
자간전증 86, 405
자기공명영상(fMRI) 13
자로스, 세라 199, 200
자살 303, 305, 333
자연 분만 125, 126, 130, 289, 325, 345
"자연적인 비계(飛階)" 175
장-뇌 연결성 403
장수 216, 219, 222, 240
전국 출산 형평성 공동체 416
전시각중추(MPOA) 92, 108, 183, 254, 320
전전두피질 124, 146, 149, 160, 166, 170, 179, 236, 320, 339, 349, 378, 380
정신분석 35, 78, 118, 141, 158, 428
정신의학 182, 301, 306, 326, 407
정신 질환의 진단 및 통계 편람(DSM) 301
정신화(mentalization) 170~172, 179, 321, 324~326, 378, 381
제왕절개 89, 126, 130, 155, 325, 345~348, 350, 353, 354, 405, 429
제이콥슨, 에릭 198, 199
제임스, 윌리엄 74
젠더 13, 242, 251, 266, 268, 287, 291, 332, 407, 419
조산사 57, 58, 86~88, 290, 342, 345, 417
조절 장애 311
존스, 니컬러스 블러튼 215
존슨, 캐럴린 Y. 408
졸로프트 341
'좋은 엄마'의 이상 81
죄책감 26, 118, 141, 187, 190, 296, 349, 355, 399
주산기 우울증 336, 342
줄레소 300, 338, 339
중격의지핵 115, 124, 127, 166
중뇌 124, 128, 227
중독 22, 33, 115~117, 150, 322~325
중전두회 275
"지속적인 돌봄과 접촉" 모델 211
진화 50, 59, 71~73, 93~96, 112, 116, 145, 164, 167, 175~177, 182, 206~208, 210, 220, 225, 238, 239, 242, 254, 255, 258, 281, 379, 384, 385, 388, 403, 405
"질-자궁경부 자극" 126
"집 안의 천사" 67

ㅊ

채집 211, 213, 215~217, 219, 221, 235
청소년의 뇌 50, 229
초기 인류 64, 207, 211, 213, 242
축삭돌기 103, 230

출산 부모 29, 44, 49, 58, 81, 85, 96, 118, 123, 129, 145, 146, 181, 195, 209, 224, 230, 257, 258, 274, 289, 290, 300~302, 314, 316, 336, 342, 343, 345, 346, 348, 349, 361, 363, 364, 404~406, 409, 410, 415, 416, 418
출산 유대 191
출산율 76, 245
출산 전후 기분 및 불안 장애 129, 300
출산 휴가 21, 23, 91, 372, 414
친족 생존 218

ㅋ

카모나, 수재나 225, 229
칼라일, 브랜디 173
커버, 린다 70
커힐, 래리 252
켄달, 미키 81
켈러, 하이디 421
코로나19 24, 49, 350
코르티솔 47, 260, 262, 274, 310~317, 332, 352, 375
코르티코스테론 311, 313
쿠르디, 알란 383
쿠르디, 압둘라 383
쿠르츨레벤, 대니얼 417
쿠바드 증후군 259
쿠오, 패티 269
쿠자와, 크리스토퍼 261
쿤츠, 스테파니 66, 68
쿵족(!Kung) 213, 215
퀸타나, 대니얼 182
크레이그, A. D. 169
크리어-페리, 요야 416, 417, 425, 426
크링겔바흐, 모튼 382, 384
클로즈, 프랜시스 69
클린턴, 첼시 137, 138
키멀, 메리 338

ㅌ

탈리도마이드 406
태교 186, 187
태반 105, 174, 312
태아 세포 174, 404, 405, 409
터커, 애비게일 331
테스토스테론 250, 260~269, 271, 274, 275, 282, 287
토머스, 매리언 210, 422
트라우마 33, 46, 89, 162, 166, 174, 297, 298, 300, 321, 325, 331, 333, 347~355, 371, 436
트랜스젠더 10, 14, 81, 89, 285, 287, 288, 322
트랜스젠더 부모 322

ㅍ

파슨스, 크리스틴 376, 377
파커, 로지카 118
페레이라, 마리아나 133, 134, 136, 146, 183, 184
페리나탈 서포트 워싱턴 144
페미니즘 15
펠드먼, 루스 142, 176, 280, 380, 385
펠릭스, 앨리슨 389, 390, 392
편도체 110, 124, 126, 127, 129, 130, 136, 146, 166, 179, 180, 198, 232, 280, 281, 307, 308, 311, 320, 339, 349, 374, 411, 412
폐경 217, 222, 243
포유류 아기 121, 206
폴루스키, 조디 49~52, 314, 341, 342, 438
폴브레, 낸시 419, 420
표정 115, 160, 222, 274, 275, 434
프랭크, 힐러리 345, 346

프로게스테론 105, 107, 110, 265, 315, 316, 341, 410, 411
프로락틴 105, 107, 260, 269, 289, 341, 410
프리다(Frida) 89~91
플라시보 342
플레밍, 앨리슨 46, 47, 107, 125, 135, 316, 317, 331, 334, 335, 438
피임 75, 76, 80, 117, 218, 238, 411, 433
피질 구조 126
핀레이, 바버라 222

ㅎ

하자족(Hadza) 213, 215, 216
할머니 가설 216, 219, 220, 222, 240
항상성(homeostasis) 164, 166
항우울제 33, 156, 311, 340, 341, 371
해마 117, 124, 227, 228, 232, 233, 239, 253, 311, 341, 349, 366, 367, 373
핵가족 82, 215, 216, 220
햄린, 킴벌리 71~73
행위 동시성 181
허디, 세라 블래퍼 77, 93~95, 116, 117, 211~214, 217, 220~222, 259, 438
헌신 19, 20, 22, 63, 66, 84, 85, 117, 151, 152, 160, 178, 206, 209, 245, 251, 260, 262~264, 273, 282, 297, 330, 385, 420, 427, 434
헨들러, 탈마 380
현출성 123, 126~129, 166, 169, 177, 179, 281, 322
협동 207, 220, 260
협동 번식 242~244, 259
호르몬 11, 28, 29, 31, 42~45, 47, 50, 51, 96, 104~108, 110, 112, 125, 129, 131, 151, 174, 181, 182, 194, 228~230, 234, 235, 238, 251, 252, 258, 260, 262, 265, 268~270, 273~275, 277, 282, 283, 289, 297, 300, 310, 311, 314~316, 341, 374, 378, 385, 390, 404, 406, 410, 411
호, 춘 326
호크스, 크리스틴 207, 215, 216, 219~222, 242
호크제마, 엘세리네 224, 225, 227~231, 239, 366
호혜성 119, 385
홀링워스, 레타 75~77
"황금 시간" 346
회백질 28, 102, 110, 149, 172, 226, 227~229, 236, 321
후방대상피질 170, 172, 179
훅스, 벨 428
휴렛, 배리 235
흑인 여성 23, 67, 85, 352, 415

추천사

저는 지난 20년간 발달심리학자이자 뇌과학자로서 산후 초기 부모들의 뇌를 연구해왔습니다. 이를 통해 이 시기 부모들(엄마와 아빠 모두)의 뇌에 놀라운 변화가 일어난다는 것을 발견했습니다. 출산과 양육은 우리 종의 생존에 가장 중요한 필수 요소입니다. 이를 고려할 때, 아이를 잘 돌보기 위해 부모의 뇌에 거대한 변화가 일어난다는 사실은 그리 놀라운 일이 아닐 수도 있습니다.

그러나 뇌의 변화만큼이나 놀라웠던 점은, 많은 부모들이 육아로 인해 불행하다고 느낀다는 것이었습니다. 실제로 미국을 포함한 많은 나라에서 부모들이 아이가 없는 비슷한 연령대의 사람들보다 불행하게 느낀다고 보고되고 있습니다. 물론 육아를 하게 되면 물질적으로나 정신적으로 희생이 많아질 수밖에 없습니다. 그러한 희생에도 불구하고, 많은 부모들이 기쁨과 행복을 기대하며 아이를 갖는 결정을 내립니다. 그러나 어떤 이유에서인지 행복감을 느끼기는커녕 아이를 갖기 전보다 더 불행하다고 느끼는 부모들이 점점 더 많아지고 있는 것 같습니다. 이것이 바로 지금 한국을 비롯한 많은 나라들이 저출산 문제로 고민하는 이유 중 하나인 듯합니다.

이 책은 현대 사회에서 부모들이 경험하는 어려움들을 인문학, 사회과학, 정치학, 생물학 그리고 뇌과학의 관점에서 잘 설명하고 있습니다. 저를 비롯한 이 분야의 연구자들이 그동안 밝혀냈듯이, 그리고 이 책이 잘 설명하고 있듯이, 아이를 낳고 부모가 되는 일은 서서히 진행되는 발달의 한 과정입니다. 부모의 뇌는 아이를 출산하고 양육하는 과정에서 서서히 그러나 지속적으로 변화합니다. 이 사실은 아이의 성장과 변화에 주변의 조건 없는 지원이 필요하듯, 부모가 되는 과정에도 그러한 지원이 필요하다는 것을 시사합니다. 부모가 되는 일은 부모 자신도 모르는 것이 당연한 성장의 과정으로 볼 필요가 있습니다. 그래서 지금 잘하고 있는 부분들을 격려하고 지지하는 것이 힘겨운 육아를 헤쳐나갈 비결이 될 것입니다.

이 책에서 저자는 출산 후 일어나는 생물학적, 정서적 변화들이 최종적으로 우리를 더 성숙하고 이타적인 존재로 만든다는 메시지를 전합니다. 만약 당신이 소중한 아기를 맞이하여 부모가 되기로 결정했다면, 그건 삶의 다음 단계로 성장하기로 결정한 것입니다. 그 과정에서 아이와 함께 이전보다 더 행복해지는 데 도움이 되기를 바라며 이 책을 추천합니다.

– 김필영(덴버대학교 심리학과 교수)

아기를 낳는다고 모성애가 저절로 생기지 않는다. 뇌에서 활성화된 '돌봄 신경회로'가 부모와 아이의 끊임없는 상호작용에 의해 발달한다. 현재까지 연구는 존 볼비의 애착 이론에 근거를 두고 있지만, 저자는 뇌과학 연구에 기초한 부모됨을 규명한다. 즉, 유아 애착의 발달은 정해진 설계가 없고, 엄마-아기에만 국한되지 않으며, 사회적 맥락에서 이해되어야 한다고 주장한다. 이 책은 심각한 저출산으로 국가적 위기에 처해 있는 한국 사회에 출산과 돌봄에 대한 놀라운 통찰력을 제공해준다. **– 권준수(서울대학교 의과대학 정신과학교실 교수)**

아이를 돌보는 사람의 뇌에 관해 뚜렷한 답보다는 질문을 더 많이 던지는 책이지만, 말하고자 하는 바는 명확하고 묵직하다. 이 주제에 관한 과학 연구는 여전히 부족하지만, 그럼에도 우리는 이미 알만큼 알고 있다는 것. 이제 양육자들을 돕기 위해 필요한 일을 할 때라는 것이 그것이다. 책을 읽고 나면 "더 많은 연구가 필요하다"는 말 뒤에 숨는 권력가의 말을 음소거하고, 개인의 평생에 영향을 미치는 출산과 육아에 관한 질문들의 답을 찾는 여정을 기쁘게 시작할 수 있다.

– 우아영(『아기 말고 내 몸이 궁금해서』 저자)

부모가 된다는 것은 종종 압도적인 감정과 죄책감과 수치심을 불러일으키는 신념의 유입을 동반한다. 코나보이는 우리 뇌에서 실제로 일어나는 일에 대한 연구를 분석하여 양육에 대한 비현실적인 기대감을 없애고 진정한 도움을 얻을 수 있도록 돕는다.

– 이브 로드스키, 『페어 플레이 프로젝트』 저자

놀랍고, 당황스럽고, 일상적으로 비난받는 육아 경험에 대한 놀랍도록 상세하고 상쾌하고 긍정적인 리뷰…. 불안에 휩싸인 초보(및 기존) 부모에게 추천할 만한 책이다.

– 지나 리폰, 『편견 없는 뇌』 저자

부모가 되는 것에 대한 신경학적, 인지적 연구를 파고든 코나보이는 돌봄이 흔히 생각하는 것만큼 본능적이지 않다고 주장한다. … 코나

보이의 상세한 연구와 통념 깨기는 설득력 있는 주장으로 이어진다. 놀랍고 깨달음을 주는 이 책은 모든 돌봄 제공자들이 반드시 읽어야 할 필독서이다.

—『퍼블리셔스 위클리』

매력적인 데뷔작. 저자는 신경생물학자, 인류학자, 영장류학자, 심리학자, 내분비학자 등의 과학 연구를 많은 부모들이 공감하는 필요와 불안에 대한 접근하기 쉬운 산문으로 능숙하게 번역한다.

—『커커스 리뷰』

코나보이의 책은 육아 매뉴얼이 아니다. 신경생물학적 연구로 가득 찬 대중 과학서로, 매혹적이면서도 읽기 쉽다. 강력히 추천한다.

—『라이브러리 저널』

이 책은 첫 페이지부터 나를 사로잡았다. 코나보이는 모성과 돌봄의 공개적인 비밀, 즉 우리가 그 활동에 의해 아름답고도 불안정한 방식으로 어떻게 심오하게 재구성되는지를 둘러싼 침묵 속으로 두려움 없이 자신을 쏟아붓는다.

— 앤절라 가브스,『필수 노동』 저자

이 책은 수세기 동안 여성과 어머니에 대한 우리의 관념을 형성해온 윤리와 생물학의 해롭고 잘못된 이야기를 직접적으로 겨냥한다. 흥미로우면서도 공감할 수 있는 이 책에서 코나보이는 새로운 과학이 '모성 본능'에 대한 고정관념을 어떻게 파괴하고 있는지 보여준다. 부모뿐 아니라 돌봄을 제공하는 모두가 번창할 수 있는 세상을 만들기 위해 정책 입안자와 조직 리더들이 반드시 읽어야 할 책이다.

— 브리짓 슐트,『타임 푸어』 저자

나는 이 책에서 신경과학에 대해 많은 것을 배웠다. 그러나 동시에 해로운 신화가 만들어지는 과정에 대해, 흔히 통용되는 모성에 관한 환원적이고 성차별적인 이야기와 과학 사이의 거대한 틈에 대해서도 배웠다. 실제 가족이 어떻게 만들어지는지, 임신과 육아로 인해 뇌와 마음과 신체가 어떻게 변화하는지에 대한 과학이 그것이다. 코나보이는 부모와 자녀, 그리고 자신에 대해 생각하는 방식을 바꿀 수 있는 관대하고도 매력적이며 심오한 책을 집필했다.

– 레베카 트레이스터, 『싱글 레이디스』 저자

공감으로 가득한 두려움 없이 연구된 이 책은 내 마음을 날려버렸다. 코나보이가 복잡한 과학을 해부하고 연구가 여전히 부족함을 지적하는 동안에도, 여기에는 경이로움과 희망(그리고 유머!)이 가득하다. 모든 새내기 부모, 관료, 국회의원이 이 책을 읽는다면 하룻밤 사이에 100년의 진보를 이룰 수 있을 것이다.

– 로런 스미스 브로디, 『5번째 임신』 저자

이 책은 회고록이자 과학 탐사물이다. 수많은 미스터리를 풀어줄 뿐만 아니라 모성, 육아 그리고 우리 자신에 대해 이미 알고 있다고 생각했던 많은 것을 재구성하는 데 도움이 되기 때문이다. 이 책은 패러다임을 바꾼다.

– 에이미 엘리스 넛, 『10대의 뇌』 저자

코나보이는 부모됨의 진실과 그것이 우리를 변화시키는 방식에 대해 밝은 빛을 비추어준다. 이 책은 신경과학에 관한 것이지만 궁극적으로는 인간 마음의 신비, 즉 우리가 어떻게 우리 자신이 되는지, 임신과 출산, 육아의 신비로 인해 어떻게 변화하는지에 관한 책이기도 하다. 아이를 키울 계획이 있거나, 키우고 있거나, 키운 적이 있는 모든 사람을 위한 책이다. **– 제니퍼 피니 보일런, 『그녀는 거기 없다』 저자**

첼시 코나보이는 부모됨 그리고 돌봄의 의미에 대해 중요한 새 이야기를 제시한다. 세심한 연구와 지극히 개인적인 이야기를 담은 『부모됨의 뇌과학』은 육아와 돌봄이 어떻게 우리를 형성하고 변화시키며 인간으로 만드는지 탐구한다. 설득력 있고 연민을 불러일으키는 이 책은 육아의 다양성을 소중히 여기고 축하하는 미래를 바라는 우리에게 꼭 필요한 책이다. **– 엘리너 클레혼, 『불편한 여자들』 저자**

매우 복잡하지만 중요한 주제에 대한 매혹적인 통찰. 『부모됨의 뇌과학』은 중요한 삶의 순간에 부모의 뇌가 어떻게 그리고 왜 변화하는지에 대해 더 많이 이해하고 싶은 모든 사람이 꼭 읽어야 할 책이다. 코나보이는 많은 사람들이 자신을 더 잘 이해하는 데 도움이 될 설득력 있고 읽기 쉬운 글을 썼다.

– 멜리사 호겐붐, 『엄마라는 이상한 이름』 저자

옮긴이 정지현
스무 살 때 남동생의 부탁으로 두툼한 신디사이저 사용설명서를 번역해준 것을 계기로 번역의 매력과 재미에 빠졌다. 대학 졸업 후 출판번역 에이전시 베네트랜스 전속 번역가로 활동 중이며 현재 미국에 거주하면서 책을 번역한다. 옮긴 책으로 『자신에게 너무 가혹한 당신에게』, 『5년 후 나에게』, 『자신에게 엄격한 사람들을 위한 심리책』, 『타인보다 민감한 사람의 사랑』, 『콜 미 바이 유어 네임』 등이 있다.

부모됨의 뇌과학

초판 1쇄 발행 2024년 4월 25일
지은이 첼시 코나보이
옮긴이 정지현

펴낸곳 코쿤북스
등록 제2019-000006호
주소 서울특별시 서대문구 증가로25길 22 401호
표지 디자인 THISCOVER
본문 디자인 필요한 디자인

ISBN 979-11-978317-6-8 03590